INSECTS OF THE WORLD

세계곤충도감

주흥재 · 김현채 · 김성수 · 윤인호

(주)교학사

INSECTS OF THE WORLD

세계곤충도감

책을 펴내며

곤충에 남다른 관심을 가진 지도 30여 년이 흘렀다. 그 동안 산과 들에서 여러 곤충을 만나고 그 서식지를 둘러보았으며, 희귀종을 찾기 위해 며칠을 산 속에 머물면서 곤충들을 관찰한 적도 있다. 그러다 보니 계절이나 그 날의 날씨만 보고도 어떤 곤충을 만날 수 있을지를 알 정도가 되었다. 이렇게 열심히 곤충을 찾아다니게 된 것은 작은 미물이지만 큰 매력을 느껴서였을 것이다.

그러던 중 언제부터인가 다른 나라의 곤충에도 관심을 두게 되었다. 열대 우림에 사는 형형색색의 나비와 딱정벌레로부터 중앙 아시아의 거친 황무지에 사는 하얀 날개에 다양한 붉은 점무늬가 들어 있는 모시나비류, 중앙 아메리카의 정글 속에서 살포시 날아와 꽃에 앉는 화려한 독나비들과 거칠게 생긴 하늘소 무리들, 그리고 시베리아의 차가운 기후 속에 따뜻한 날개를 포개고 바위에 앉는 한랭성 곤충에 이르기까지, 곤충들과의 만남이 자연스러워지고 한 차원 높은 연구의 단계로 발전하게 되었다.

이 도감은 곤충 전문가는 물론 일반 곤충 애호가와 학생 등 넓은 층의 독자를 대상으로 하였다. 따라서 전문적인 내용이 적더라도 세계의 곤충을 이해하려는 많은 사람을 배려하는 쪽으로 집필하였다.

현재 밝혀진 세계의 곤충은 120만 종 이상이다. 이 도감에 실린 종만으로 곤충 전체를 이해하기에는 크게 부족하며, 또 이 도감에 소개한 곤충이 나비와 딱정벌레에 치중한 감도 없지 않다. 그러나 현실적으로 작고 희귀한 종류를 모두 수집한다는 것 자체가 불가능할 뿐만 아니라 일반인의 관심 대상도 아니어서 대형이고 색이 화려한 종을 선정했던 점을 미리 밝혀 둔다.

그리고 이 도감을 출판해야겠다는 용기를 가지게 된 것은 공동 저자인 고(故) 윤인호 씨가 생전에 여러 경로로 수집해 온 희귀 나비류 사진이 있었기 때문이다. 더욱이 주흥재 박사가 외국 여행 중 여러 가지 어려운 여건 속에서도 짬짬이 수집해 온 많은 자료들과 김현채 씨가 동남아 여러 국가를 다니면서 얻은 귀중한 자료들을 모두 이 도감에 실을 수 있었던 것은 큰 행운이며, 곤충의 다양함을 선보일 수 있게 된 것은 큰 보람이 아닐 수 없다.

그 동안 여러 책자나 뉴스 매체에서 세계의 곤충을 다룬 내용을 보면 단편적인 것뿐이었다. 곤충 이름만 보더라도 즉흥적으로 지어진 경우도 많았다. 또, 우리 나라 학계에서도 한국산 곤충을 파악하는 데만 집중되어 있어서 외국 곤충을 체계적으로 연구할 계제가 아니었다. 이러한 상황에서 이번 '세계곤충도감'의 발간은 많은 사람들에게 외국의 곤충을 살펴볼 첫 계기를 마련하게 되었다는 점에서 다소 기쁘게 생각한다.

끝으로, 이 도감이 완성되기까지 큰 도움을 주신 김용식, 손정달, 이영준, 정영운, 박경태, 김태완님 등 여러분께 감사드린다. 또, 이 도감의 출판을 허락해 주신 교학사 양철우 사장님께 감사드리고, 도감을 기획하신 유홍희 부장님, 편집하신 황정순 부장님과 편집부 여러분에게 감사드린다.

2007년 10월

저 자

차 례

신북구

신열대구

에티오피아구

부 록

일러두기

1. 이 책은 세계의 동물 분포구인 구북구, 에티오피아구, 동양구, 오스트레일리아구, 신열대구, 신북구의 6개 구에 분포하는 곤충의 표본 사진과 해설을 수록하였다. 동양구는 다양한 곤충을 입수할 수 있어서 뉴기니, 동남 아시아, 인도·히말라야, 타이완권으로 나누어 설명하였고, 구북구는 유럽과 동북 아시아권으로, 에티오피아구는 마다가스카르를 따로 떼어 설명하였다. 또, 신북구와 신열대구는 북아메리카와 중앙 아메리카, 남아메리카권으로 나누어 설명하였다.

2. 해설은 곤충의 형태적 특성, 생태, 분포 지역 등을 서술하였고, 필요에 따라 유사종과의 차이점을 설명하였다.

3. 종의 배열은 가급적 계통 분류에 따랐으나 크기나 색 등을 고려하여 순서를 바꾸기도 하였다.

4. 종마다 곤충의 실제 크기를 기재하였으며, 크기 표시는 곤충의 실제 크기를 1.0으로 하고 책에 수록된 사진의 축소, 확대 정도를 소숫점 아래 둘째 자리까지 배율로 표시하였다(예:×0.9, ×1.15).

5. 곤충의 크기 수치 중 개체 수가 많은 종의 경우는 비교적 상세한 수치를 기록하였으나 개체 수가 적어서 일반적인 크기를 가늠하기 어려운 종은 ○○mm 안팎으로 표시하였다.

6. 표본은 위에서 본 모습을 실었으며, 아랫면의 특징이 돋보일 때에는 위아래 모두, 또는 아랫면(▲)만을 나타내었다.

7. 학명은 속과 종으로 이루어진 이명법을 사용하였으며, 종 이하는 타당성이 있는 경우에만 반영하였다. 동정이 불분명한 경우에는 sp.를 달아 놓았다. 또, 최신의 학명을 사용하였으나 개중에는 문헌 수집이 어려워 불충분한 것도 있으며, 학자 간의 견해차가 있는 부분은 저자의 의견을 반영하였다.

8. 우리말 이름은 여러 학습 도감이나 잡지 등에 소개된 것에서 일부를 참고하였으나, 대부분 날개의 모양이나 색깔, 특이한 행동을 근거로 필자가 명명하였다. 우리말로 바꾸기에 적절하지 않은 것은 라틴명을 그대로 사용하였다.

9. 암수 표시는 뚜렷한 경우에 한하여 수컷을 ♂, 암컷을 ♀으로 하였다.

10. 이 책에 실린 '나비 채집기'는 저자 중 한 사람인 주흥재 박사의 기록임을 밝힌다.

11. 곤충에 관한 이해를 돕기 위해 책 앞부분에는 곤충의 구조와 분류를 다룬 개설을 싣고, 부록에 용어 해설을 실었다.

이 책을 보는 방법

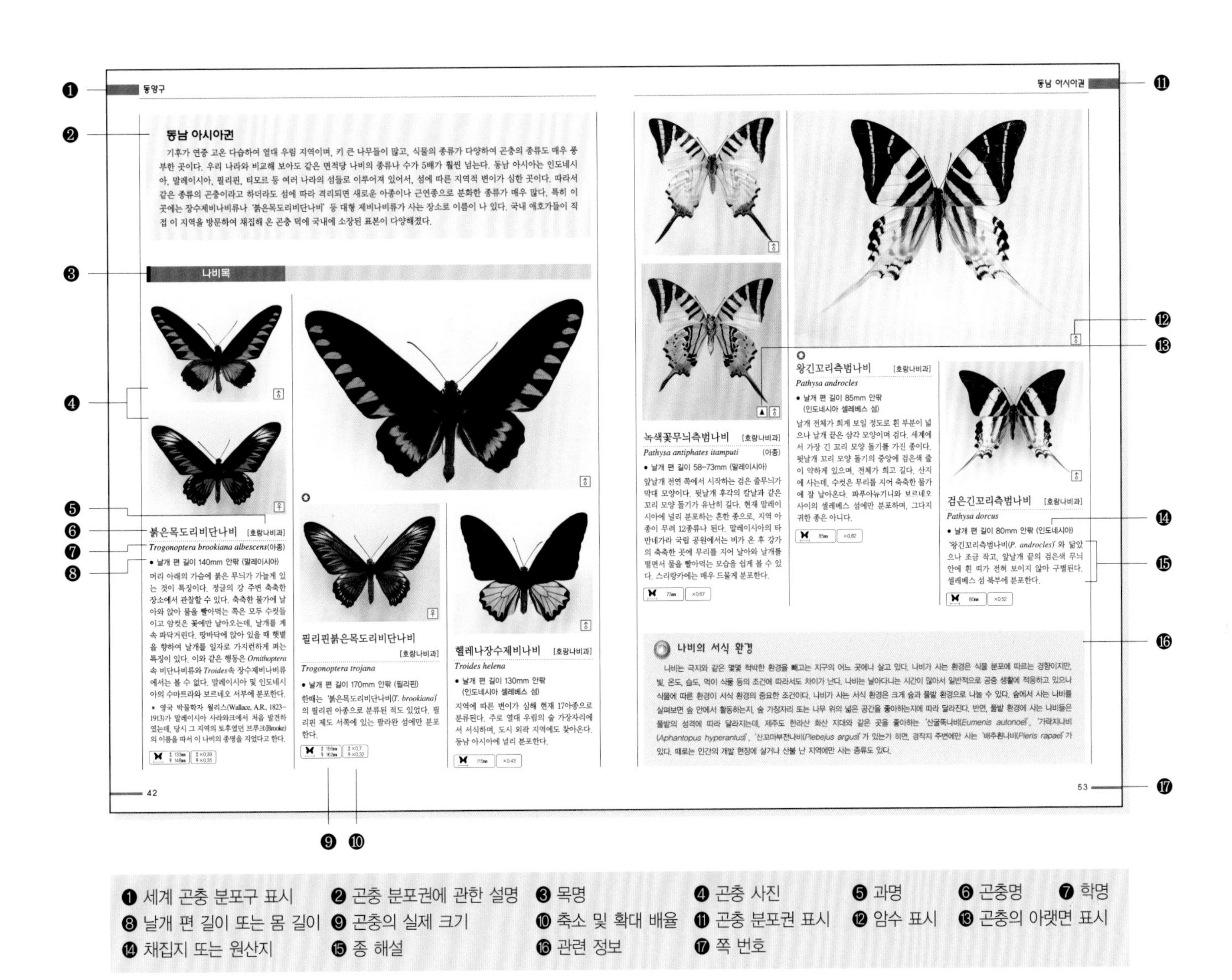

동양구 / 동남 아시아권

동남 아시아권

기후가 연중 고온 다습하여 열대 우림 지역이며, 키 큰 나무들이 많고, 식물의 종류가 다양하여 곤충의 종류도 매우 풍부한 곳이다. 우리 나라와 비교해 보아도 같은 면적당 나비의 종류나 수가 5배가 훨씬 넘는다. 동남 아시아는 인도네시아, 말레이시아, 필리핀, 티모르 등 여러 나라의 섬들로 이루어져 있어서, 섬에 따른 지역적 변이가 심한 곳이다. 따라서 같은 종류의 곤충이라고 하더라도 섬에 따라 격리되면 새로운 아종이나 근연종으로 분화한 종류가 매우 많다. 특히 이 곳에는 장수제비나비류나 '붉은목도리비단나비' 등 대형 제비나비류가 사는 장소로 이름이 나 있다. 국내 애호가들이 직접 이 지역을 방문하여 채집해 온 곤충 덕에 국내에 소장된 표본이 다양해졌다.

나비목

붉은목도리비단나비 [호랑나비과]

Trogonoptera brookiana albescens(아종)

- 날개 편 길이 140mm 안팎 (말레이시아)

머리 아래의 가슴에 붉은 무늬가 가늘게 있는 것이 특징이다. 정글의 강 주변 축축한 장소에서 관찰할 수 있다. 축축한 물가에 날아와 앉아 물을 빨아먹는 쪽은 모두 수컷들이고 암컷은 꽃에만 날아오는데, 날개를 계속 파닥거린다. 땅바닥에 앉아 있을 때 햇볕을 향하여 날개를 일자로 가지런하게 펴는 특징이 있다. 이와 같은 행동은 *Ornithoptera*속 비단나비류와 *Troides*속 장수제비나비류에서는 볼 수 없다. 말레이시아 및 인도네시아의 수마트라와 보르네오 서부에 분포한다.

* 영국 박물학자 월리스(Wallace, A.R., 1823–1913)가 말레이시아 사라와크에서 처음 발견하였는데, 당시 그 지역의 토후였던 브루크(Brooke)의 이름을 따서 이 나비의 종명을 지었다고 한다.

♂ 133㎜ ♀ 148㎜ | ♂×0.39 ♀×0.35

필리핀붉은목도리비단나비 [호랑나비과]

Trogonoptera trojana

- 날개 편 길이 170mm 안팎 (필리핀)

한때는 '붉은목도리비단나비(*T. brookiana*)'의 필리핀 아종으로 분류된 적도 있었다. 필리핀 제도 서쪽에 있는 팔라완 섬에만 분포한다.

♂ 156㎜ ♀ 162㎜ | ♂×0.7 ♀×0.32

헬레나장수제비나비 [호랑나비과]

Troides helena

- 날개 편 길이 130mm 안팎 (인도네시아 셀레베스 섬)

지역에 따른 변이가 심해 현재 17아종으로 분류된다. 주로 열대 우림의 숲 가장자리에서 서식하며, 도시 외곽 지역에도 찾아온다. 동남 아시아에 널리 분포한다.

115㎜ | ×0.43

녹색꽃무늬측범나비 [호랑나비과]

Pathysa antiphates itamputi (아종)

- 날개 편 길이 58–73mm (말레이시아)

앞날개 전연 쪽에서 시작하는 검은 줄무늬가 막대 모양이다. 뒷날개 후각의 칼날과 같은 꼬리 모양 돌기가 유난히 길다. 현재 말레이시아에 널리 분포하는 흔한 종으로, 지역 아종이 무려 12종류나 된다. 말레이시아의 타만네가라 국립 공원에서는 비가 온 후 강가의 축축한 곳에 무리를 지어 날아와 날개를 떨면서 물을 빨아먹는 모습을 쉽게 볼 수 있다. 스리랑카에는 매우 드물게 분포한다.

73㎜ | ×0.67

왕긴꼬리측범나비 [호랑나비과]

Pathysa androcles

- 날개 편 길이 85mm 안팎 (인도네시아 셀레베스 섬)

날개 전체가 희게 보일 정도로 흰 부분이 넓으나 날개 끝은 삼각 모양이며 검다. 세계에서 가장 긴 꼬리 모양 돌기를 가진 종이다. 뒷날개 꼬리 모양 돌기의 중앙에 검은색 줄이 약하게 있으며, 전체가 희고 길다. 산지에 사는데, 수컷은 무리를 지어 축축한 물가에 잘 날아온다. 파푸아뉴기니와 보르네오 사이의 셀레베스 섬에만 분포하며, 그다지 귀한 종은 아니다.

85㎜ | ×0.82

검은긴꼬리측범나비 [호랑나비과]

Pathysa dorcus

- 날개 편 길이 80mm 안팎 (인도네시아)

'왕긴꼬리측범나비(*P. androcles*)' 와 닮았으나 조금 작고, 앞날개 끝의 검은색 무늬 안에 흰 띠가 전혀 보이지 않아 구별된다. 셀레베스 섬 북부에 분포한다.

80㎜ | ×0.52

나비의 서식 환경

나비는 극지와 같은 몇몇 척박한 환경을 빼고는 지구의 어느 곳에나 살고 있다. 나비가 사는 환경은 식물 분포에 따르는 경향이지만, 빛, 온도, 습도, 먹이 식물 등의 조건에 따라서도 차이가 난다. 나비는 날아다니는 시간이 많아서 일반적으로 공중 생활에 적응하고 있으나 식물에 따른 환경이 서식 환경의 중요한 조건이다. 나비가 사는 서식 환경은 크게 숲과 풀밭 환경으로 나눌 수 있다. 숲에서 사는 나비를 살펴보면 숲 안에서 활동하는지, 숲 가장자리 또는 나무 위의 넓은 공간을 좋아하는지에 따라 달라진다. 반면, 풀밭 환경에 사는 나비들은 풀밭의 성격에 따라 달라지는데, 제주도 한라산 화산 지대와 같은 곳을 좋아하는 '산굴뚝나비(*Eumenis autonoe*)', '가락지나비(*Aphantopus hyperantus*)', '산꼬마부전나비(*Plebejus argus*)'가 있는가 하면, 경작지 주변에만 사는 '배추흰나비(*Pieris rapae*)'가 있다. 때로는 인간의 개발 현장에 살거나 산불 난 지역에만 사는 종류도 있다.

42 / 53

❶ 세계 곤충 분포구 표시 ❷ 곤충 분포권에 관한 설명 ❸ 목명 ❹ 곤충 사진 ❺ 과명 ❻ 곤충명 ❼ 학명
❽ 날개 편 길이 또는 몸 길이 ❾ 곤충의 실제 크기 ❿ 축소 및 확대 배율 ⓫ 곤충 분포권 표시 ⓬ 암수 표시 ⓭ 곤충의 아랫면 표시
⓮ 채집지 또는 원산지 ⓯ 종 해설 ⓰ 관련 정보 ⓱ 쪽 번호

곤충의 크기를 나타내는 방법

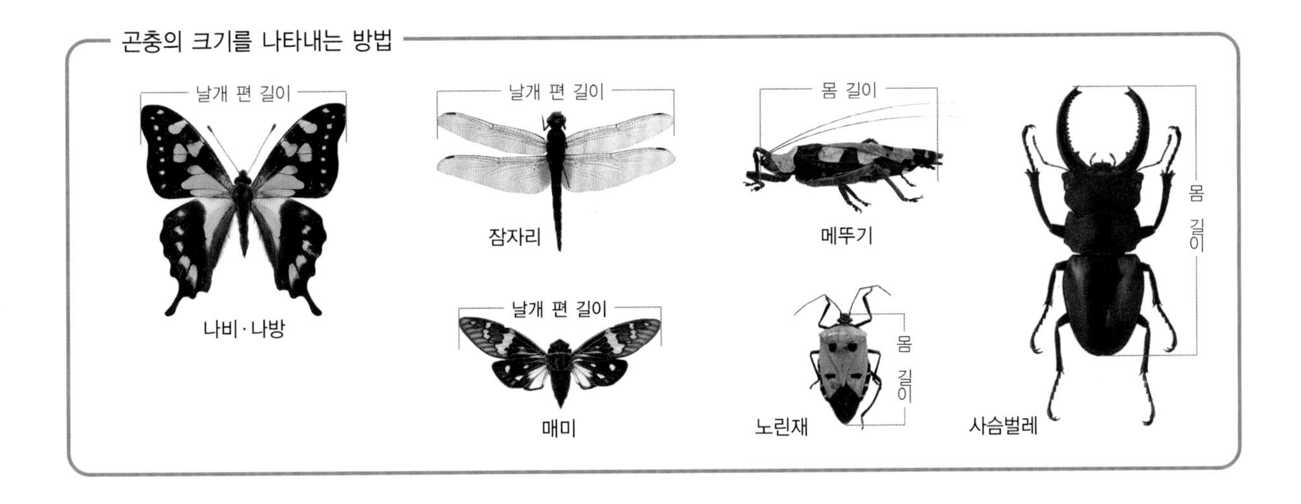

세계 곤충 분포구

❶ 오스트레일리아구

동물 분포상 특이한 생물인 캥거루와 오리너구리 같은 다른 지역에서 볼 수 없는 포유류가 서식하는 곳으로, 뉴기니 섬 일부와 오스트레일리아, 뉴질랜드를 포함한다. 뉴기니는 오스트레일리아의 북쪽과 인도네시아 보르네오의 동쪽에 위치하며, 파푸아뉴기니와 서이리안으로 나뉘어 있는데, 동쪽으로 솔로몬 제도, 서쪽으로 몰루카 제도 등 여러 작은 섬으로 이루어져 있다. 곤충은 동양구와 비슷한 종이 대부분이나 살아 있는 화석으로 다룰 수 있는 원시적인 종이 있다. 일반적으로 색이 아름답거나 거대한 곤충이 많으며, 섬에 따른 고유종들이 많다. 이 책에서는 뉴기니권과 오스트레일리아권으로 나누어 소개한다.

❷ 동양구

동양구는 인도에서 타이완과 필리핀 그리고 말레이시아와 인도네시아 셀레베스, 티모르까지의 지역을 말한다. 열대 우림이 대부분으로 대형의 장수제비나비를 비롯한 여러 제비나비류가 서식하고 있으며, 다양하고 아름다운 곤충들이 많다. 이는 동남 아시아 일대가 산맥이 발달하고 여러 섬들로 이루어져 있기 때문에 지리적 격리에 따른 종 분화가 많았던 것으로 여겨진다. 지금도 신종이 계속 발표되고 있어, 앞으로 이 지역에서 더 많은 종이 소개될 것으로 보인다. 이 분포구의 북부 지역인 인도와 네팔, 미얀마 북부에는 특화된 곤충들이 있다. 이 책에서는 동양구를 뉴기니권과 동남 아시아권, 인도·히말라야권, 타이완권으로 나누어 소개한다.

❸ 구북구

구북구는 동물 지리학적으로 가장 넓어서 북반구를 거의 차지하는데, 유럽에서 극동 아시아까지와 사하라 사막을 포함한 아프리카 대륙 북부까지 이른다. 이 지역은 주로 온대성 기후로, 극지의 혹한 기후와 중국 남부 쪽의 일부 아열대 기후까지를 포함하고 있어서 계절 변화가 뚜렷하다. 구북구는 사하라 사막에 의해 에티오피아구와 구분되고 히말라야 산맥에 의해 동양구와 구분되지만, 중국 남부 지역은 분포학적으로 나누기가 모호한 점이 있다. 유럽에서 곤충학 연구가 처음 시작된 관계로 이 분포구에 대한 연구는 비교적 잘 되어 있으나 중앙 아시아 지역에 대해서는 알려지지 않은 부분이 많다. 이 책에서는 구북구를 다시 유럽권과 동북 아시아권으로 나누어 설명했으며, 인도·히말라야권의 일부를 소개하고 있다.

❹ 신북구

신북구는 주로 북반구의 온대와 한대의 기후대이며, 알래스카와 캐나다에서 미국 플로리다까지의 지역을 말한다. 단, 미국 남부 지역은 아열대 기후여서 신열대구의 곤충들이 진출하고 있다. 차가운 기후대의 곤충들은 구북구 종들과 공통종이거나 근연종들로 이루어져 구북구와 신북구를 합쳐 전북구라고도 한다. 이 지역은 과거 신생대 제4기 빙하기 때 육지로 연결되었던 적이 있었는데, 이 때 아시아에서 넘어온 것으로 추정된 곤충들이 많다. 이 책에서는 북아메리카권으로 소개한다.

❺ 신열대구

신열대구는 멕시코에서 남아메리카 대륙 모두를 포함한다. 멕시코나 코스타리카의 고원 지대, 페루의 고산 지대, 아마존 강 유역의 열대 우림 지역 등 여러 생태 환경으로 이루어져 있어서 많은 종들이 분포하고 있다. 특히 화려한 몸 색깔과 무늬를 가지고 있는 모르포나비류, 부엉이나비류, 독나비류가 이 지역에만 분포하며, 보석처럼 빛나는 부전나비 종류가 많고, 붉은색, 푸른색, 노란색이 대비되는 '삼원색네발나비' 도 분포한다. 이 밖에 대형 딱정벌레, 발광방아벌레 등 다양한 곤충이 있다. 이 책에서는 중앙 아메리카권과 남아메리카권으로 나누어 소개한다.

❻ 에티오피아구

에티오피아구는 사하라 사막 이남의 전 아프리카 지역과 마다가스카르 섬을 포함하고 있다. 마다가스카르는 아프리카 대륙과 다른 독특한 곤충상을 보이는데, 이는 섬이라는 고립된 환경이 오랫동안 지속되어 아프리카 대륙과 전혀 색다른 형질을 가진 곤충으로 분화되었기 때문인 것으로 풀이된다. 에티오피아구는 2500종 이상의 나비들이 서식할 정도로 곤충상이 풍부한 곳이다. 하지만 이 지역을 대표하는 곳은 열대 우림이 잘 발달한 아프리카 서부 쪽이다. 그 밖의 지역은 사바나 초원이 펼쳐지므로 곤충이 다양하다고 할 수 없으며, 광활한 초원에 적응한 특수한 곤충들이 살아가고 있다. 이 책에서는 아프리카권과 마다가스카르권으로 나누어 소개한다.

곤충의 구조

현재 곤충은 동물의 3/4을 차지하고 100만 종 이상 알려져 있어서 지구상에서 가장 잘 적응한 무리이다. 곤충은 지금으로부터 3억 년 전 고생대 석탄기에 처음 출현하여, 고등 식물이 번성할 무렵 다양한 곤충이 생겨났다. 그 후 곤충은 기후나 지형 변화에 의해 진화가 이루어지고, 대륙을 이동하거나 곤충들 사이에 서로 영향을 끼쳐 많은 종류가 생겨났다.

곤충은 상당히 다양하게 생겼다. 각각의 작은 곤충을 크게 확대해 보면 마치 우주 괴물처럼 보이지만 실제로는 너무 작기 때문에 그다지 공포감을 느끼지 않는다. 반면에 어떤 곤충은 앙증맞게 보기도 하고 아름다움의 상징으로 여기기도 한다. 이와 같이 다양한 곤충을 자세히 살펴보면 다음의 일정한 틀이 있음을 알 수 있다.

곤충의 몸은 보통 앞뒤로 길고 원통형을 하고 있다. 몸은 여러 마디로 나누어져 있는데, 크게 머리(head), 가슴(thorax), 배(abdomen)의 세 부분으로 나뉜다. 머리에는 겹눈과 홑눈, 더듬이 따위의 감각 기관과 입이 있고, 가슴에는 2쌍의 날개와 3쌍의 다리가 있으며, 배는 여러 마디로 이루어져 있고, 끝에 생식기와 꼬리털이 있다.

곤충의 몸은 견고한 큐티클층으로 덮여 있어 형태를 유지하고, 내부를 보호하며, 물이 증발되는 것을 막아 준다. 이를 외골격(exoskeleton)이라고 한다. 이에 대하여 내골격(endoskeleton)은 골격과 이에 부착된 근육을 말한다. 이 밖에 곤충의 몸은 판들이 연결되어 있고, 판과 판 사이는 주름 등으로 경계가 이루어지며, 이들을 이어 주는 관절이 있다.

머리는 뇌가 있는 곳으로, 겉면에 1-6마디가 붙어서 생긴 통 모양을 하고 있다. 여기에는 일반적으로 1쌍의 겹눈과 3개의 홑눈, 1쌍의 더듬이가 있다. 겹눈은 수많은 낱눈으로 이루어져 있으며, 종에 따라 크기와 생김새가 조금씩 다르다. 집파리는 겹눈 하나에 무려 4000여 개의 낱눈이 있다. 홑눈은 단일 렌즈로 되어 있는데, 머리에 보통 3개가 있다. 2개는 이마의 정중선 양쪽에, 1개는 정중앙에 위치한다. 더듬이는 머리 정면에서 쌍으로 길게 뻗어 나왔으며, 쉽게 움직일 수 있는 구조를 하고 있다. 머리와 붙은 부위부터 밑마디, 흔들마디, 채찍마디로 이어져 있다. 입은 아래로 향하는 종류와 앞으로 향하는 종류, 노린재처럼 뒤로 향하는 종류로 크게 나눌 수 있고, 큰턱, 작은턱, 아랫입술이 붙어 있어서 입틀이라고 따로 부를 수 있다. 입은 씹거나 흡수하는 형태로 크게 나눈다.

가슴에는 다리와 날개가 붙어 있다. 다리는 몸에 붙어 있는 곳에서부터 밑마디, 도래마디, 넓적다리마디, 종아리마디, 발목마디로 나눈다. 종류마다 특징이 다른데, 메뚜기처럼 뛰기에 알맞거나 사마귀처럼 포획하기에 알맞거나, 또는 땅강아지처럼 흙을 파기에 알맞은 다리로 변형되어 있다. 발목마디의 끝에는 발톱이 있어서 앉을 때 움켜쥐기에 알맞다. 따라서 파리는 천장에 붙을 수 있으며, 심지어 유리에도 붙을 수 있다.

곤충의 날개는 박쥐나 새의 날개와는 근본이 다른 기관이다. 박쥐와 새의 날개는 앞다리가 변형된 것으로, 배측판이 늘어나 판 모양의 날개로 변한 곤충과 기원이 아주 다르다. 곤충의 날개는 다른 기관과 달리 속에 근육이 없어서 가슴과 이어진 근육의 힘으로 날아다닐 수 있다.

곤충 중에는 날개가 없는 경우도 있고, 필요가 없어서 퇴화된 종류도 있다. 특이하게 파리들은 앞날개 한 쌍만 있는데, 뒷날개는 '평균곤(halter)' 이란 곤봉 모양으로 되어 몸의 균형을 잡는 감각 기관으로 변하였다. 또, 날개는 여러 맥이 있는데, 앞쪽에서부터 전연맥, 아전연맥, 경맥, 분맥, 중맥, 주맥, 둔맥이 있으며, 가로로 된 횡맥이 있다. 이 맥들은 날개를 지탱해 주는 뼈대와 같은 역할을 한다.

배는 단순하고, 10-11마디로 이루어진다. 몸의 부분 중 큰 편으로, 애벌레 때에 다리가 붙어 있는 곳이다. 하지만 어른벌레가 되면 이 다리들은 모두 없어진다. 배 끝에는 여러 모양의 꼬리털과 생식기가 있다.

● 메뚜기의 부위별 명칭

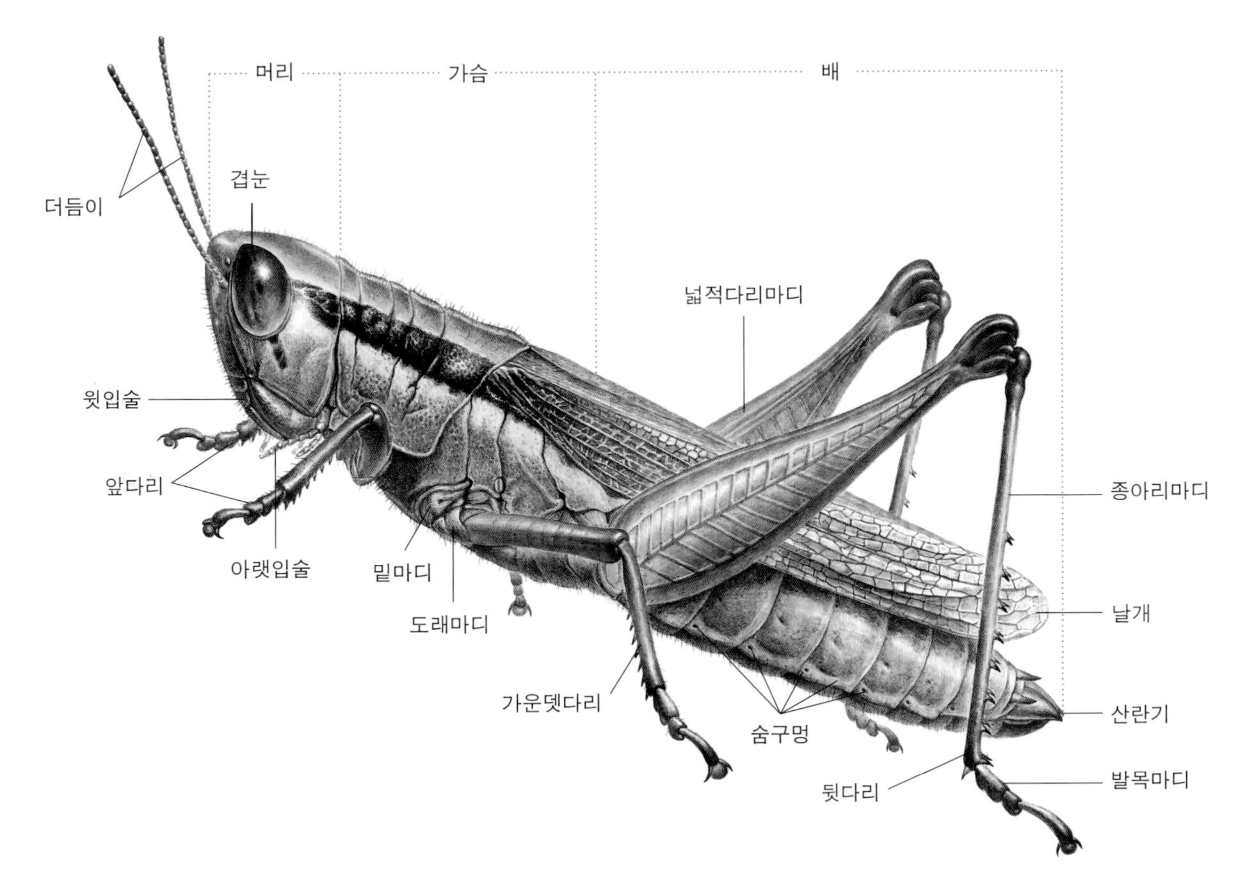

● 사슴벌레의 부위별 명칭

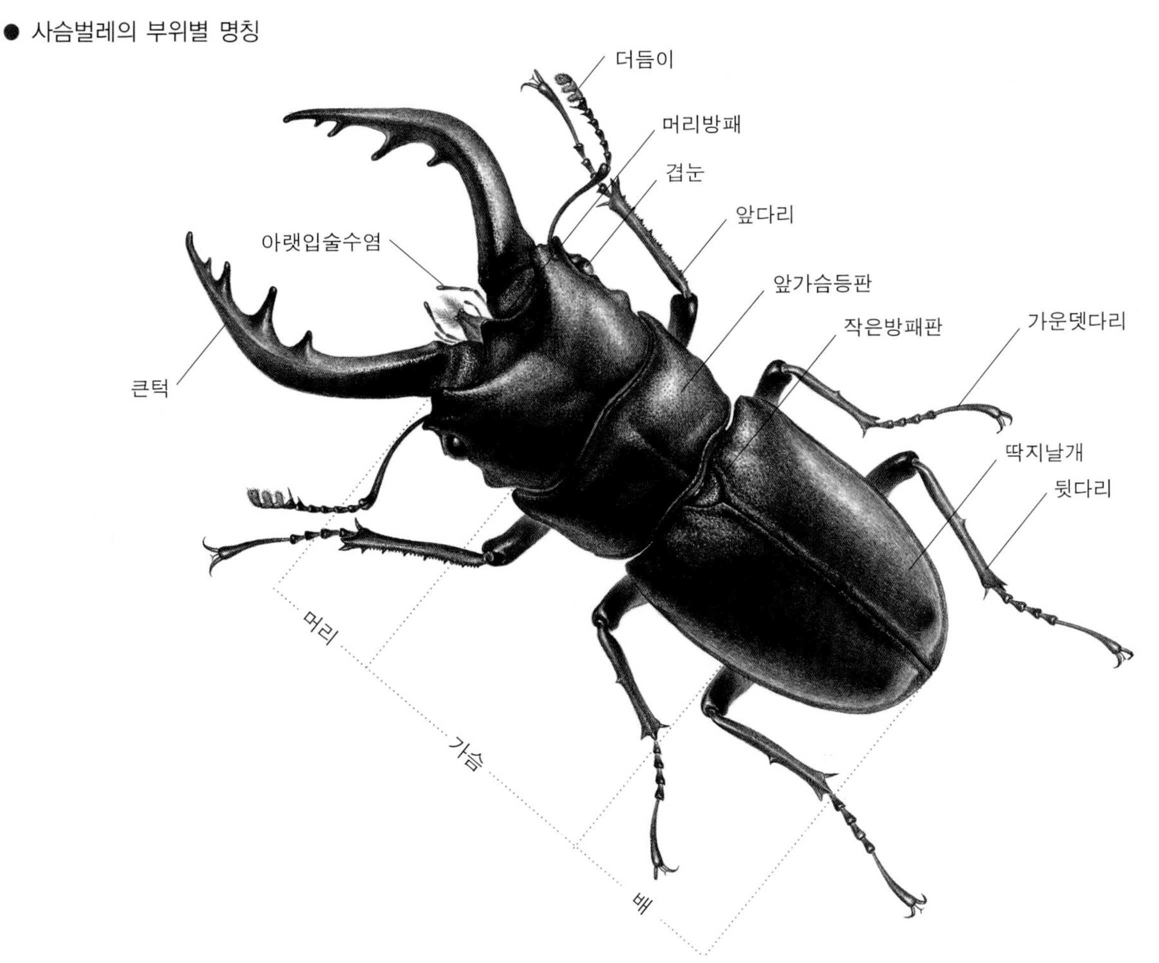

나비의 구조

나비는 날개에 비늘가루가 가득한 곤충으로, 곤충 무리 중 딱정벌레 다음으로 종류가 많다. 나비가 포함된 나비목(Lepidoptera)은 예전에 '인시목(鱗翅目)'이라고 했는데, '인시'라는 말은 날개에 비늘가루가 덮여 있음을 뜻한다.

이와 같이 나비는 날개의 무늬가 아름다워서 예부터 인간의 정서적 공간에서 흔하게 볼 수 있었다. 나비가 특별히 아름다운 색과 무늬를 갖게 된 데에는 천적을 피하고 자연 환경에 나름대로 적응하기 위해 진화된 자연스런 결과일 것이다.

형태 면에서 보면 나비의 몸은 크게 머리, 가슴, 배의 세 부분으로 나뉜다.

머리에는 1쌍의 겹눈이 크게 자리잡고 있고, 감각을 담당하는 1쌍의 더듬이가 머리 위로 뻗어 있다. 나비와 나방을 더듬이의 생김새로 구별할 때가 많은데, 나비는 끝이 부푼 곤봉 모양인 데 반해 나방은 실 모양이거나 빗살 모양, 톱니 모양 등이어서 차이가 나기 때문이다. 입은 시계 태엽처럼 감겨 있다가 빨대처럼 길게 늘여 꽃의 꿀이나 나뭇진, 발효된 과일의 액체를 빨아먹게 되어 있으나, 나방 중 원시적인 몇몇 종은 아직도 꽃가루를 씹어먹는 저작형(咀嚼型) 입틀을 가지고 있다.

가슴에는 잘 날 수 있는 기능적인 날개 1쌍과 다리 3쌍이 달려 있다. 다리는 걷기에 불편하지만 발톱이나 가시 덕분에 물체를 붙잡는 기능이 탁월하다. 날개는 세 부분으로 나뉘는 가슴의 가운데와 뒤에 1쌍씩 달려 있다. 날개의 색은 낮에 적응한 나비와 나방이 밝고 화려한 데 비해 밤에 적응한 무리는 그렇지 않다. 나비 중에는 특별히 사람의 눈에 띄지 않는 자외선에만 반사하는 색을 가지는 종류가 있어서 짝짓기할 때 암컷이 수컷을 불러들이는 데 쓰이고 있다. 날개의 모양이나 색깔이 때로는 새와 같은 천적들에게 독이 있다는 경고의 뜻을 전달하거나 다른 물체와 닮는 의태를 함으로써 생존의 확률을 높이고 있다.

배에는 마디 양쪽으로 숨관이 있고, 호흡과 순환의 중추적 기능을 담당하는 기관이 몸 속에 있을 뿐, 특별히 돌출한 부속 기관은 없다. 다만, 배 끝 2-3마디는 생식에 관여하는데, 종류에 따라 생식기의 구조가 다르므로 종을 구별하는 데 유용하다.

● 산호랑나비 애벌레의 부위별 명칭

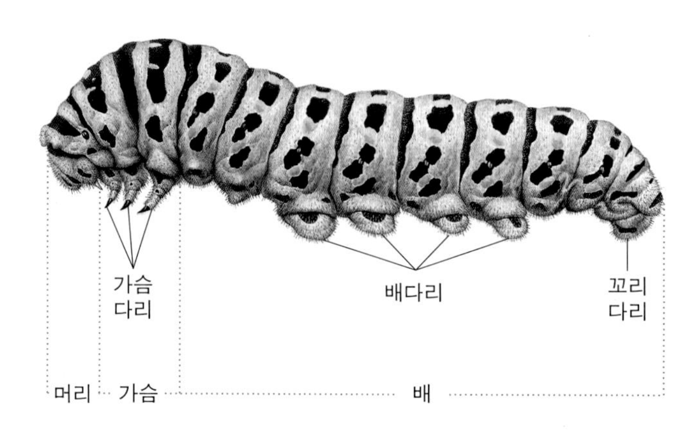

● 산호랑나비의 부위별 명칭

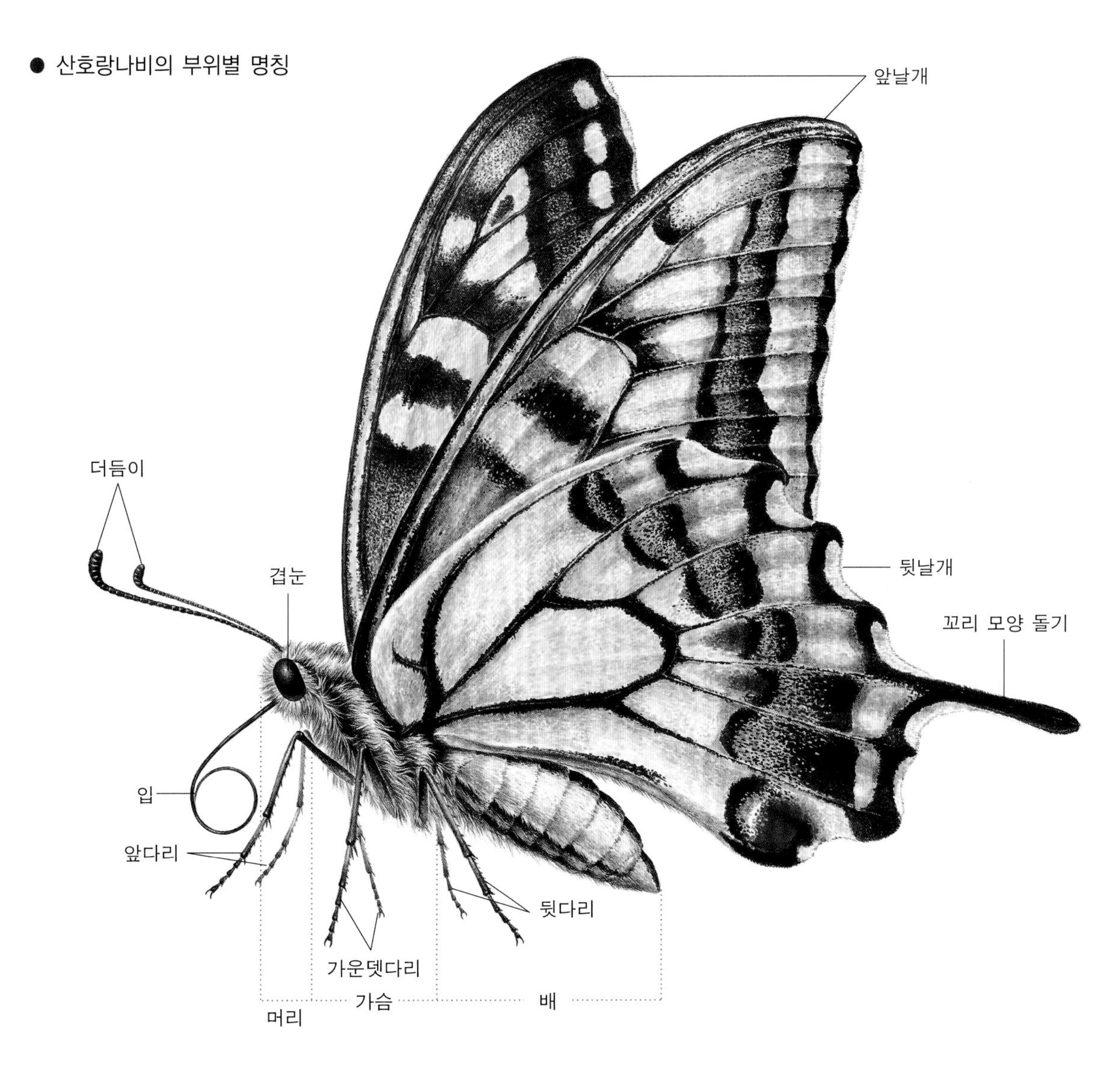

● 나비의 날개맥과 날개실 명칭

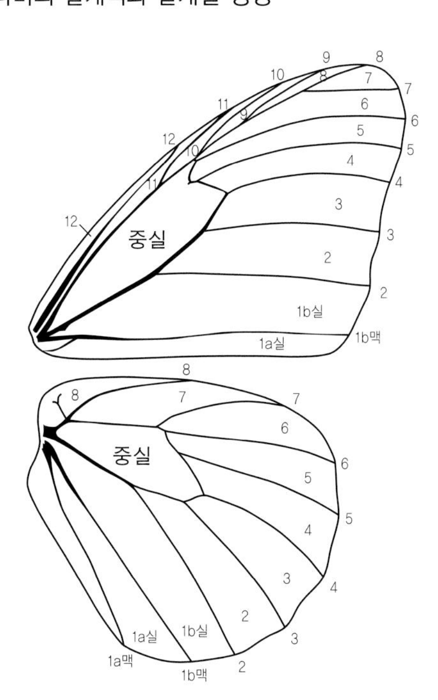

● 나비 날개의 부위별 명칭

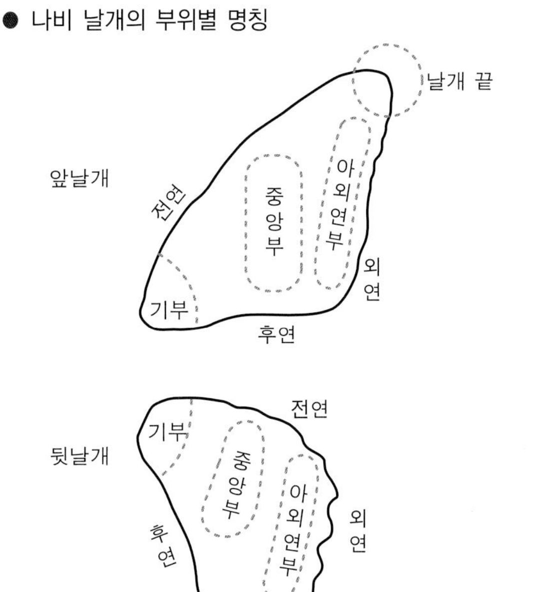

곤충의 분류

곤충이 속한 절지동물에는 매우 다양한 무리가 있는데, 이 중 곤충이 가장 많고, 그 밖에 거미강에 속하는 거미와 진드기(응애), 지네강의 지네와 그리마, 노래기강의 노래기, 갑각강의 새우나 가재 등이 있다.

곤충은 절지동물문 곤충강에 속하는데, 곤충강은 무시아강(無翅亞綱, Apterygota)과 유시아강(有翅亞綱, Pterygota)으로 분류된다.

무시아강은 톡토기, 낫발이, 좀붙이, 좀 따위로 다리는 3쌍이지만 날개도 없고, 어떤 것은 배에 다리가 남아 있어서 일부에서는 곤충에서 빼자는 의견도 있다.

유시아강은 이에 비해 진화가 더 되어 가슴의 등 쪽으로 날개가 생겼다. 한편 벼룩이나 빈대, 개미 등은 원래 날개가 있다가 퇴화된 무리로 유시아강에 포함한다. 유시아강은 날개가 있더라도 날개가 뒤로 젖혀지지 않아 등 위로 접을 수 없는 무리와 접어 포갤 수 있는 무리가 있는데, 후자가 훨씬 진화된 무리이다. 여기서 앞의 무리를 고시류(古翅類, Paleoptera)라고 하고, 뒤의 무리를 신시류(新翅類, Neoptera)라고 한다. 고시류에는 하루살이와 잠자리가 있고, 나머지 날개가 있는 무리는 신시류이다. 신시류는 다시 외시류(外翅類, Exopterygota)와 내시류(內翅類, Endopterygota)로 나뉜다. 외시류는 생활사에서 번데기 시기를 거치지 않는 매미 따위의 곤충을 말하며, 내시류는 번데기 시기가 있다.

곤충을 분류할 때 학자들마다 의견이 다를 수 있지만 일반적으로 원시적인 종류에서 진화한 종류 쪽으로 나열한다. 곤충의 몸을 서로 비교해 볼 때, 파리가 가장 진화한 것으로 보고 있다. 현재 우리 나라의 곤충은 30목으로 나뉘어 있다.

[한국산 곤충 분류표]

무시아강 (Apterygota)

- 톡토기목 (Collembola)
- 낫발이목 (Protura)
- 좀붙이목 (Diplura)
- 좀목 (Zygentoma)

유시아강 (Pterygota)

- **고시류** (Paleoptera)
  - 하루살이목 (Ephemeroptera)
  - 잠자리목 (Odonata)
- **신시류** (Neoptera)
  - 외시류 (Exopterygota)
    - 바퀴목 (Blattaria)
    - 사마귀목 (Mantodea)
    - 흰개미목 (Isoptera)
    - 귀뚜라미붙이목 (Grylloblatodea)
    - 메뚜기목 (Orthoptera)
    - 집게벌레목 (Dermaptera)
    - 대벌레목 (Phasmida)
    - 강도래목 (Plecoptera)
    - 다듬이벌레목 (Psocoptera)
    - 이목 (Phthiraptera)
    - 매미목 (Homoptera)
    - 노린재목 (Hemiptera)
    - 총채벌레목 (Thysanoptera)
  - 내시류 (Endopterygota)
    - 뱀잠자리목 (Megaloptera)
    - 약대벌레목 (Rapidioptera)
    - 뿔잠자리목 (Neuroptera)
    - 딱정벌레목 (Coleoptera)
    - 부채벌레목 (Strepsiptera)
    - 밑들이목 (Mecoptera)
    - 벼룩목 (Siphonaptera)
    - 날도래목 (Trichoptera)
    - 나비목 (Lepidoptera)
    - 벌목 (Hymenoptera)
    - 파리목 (Diptera)

나비의 분류

나비는 계통 분류로 볼 때 동물계 절지동물문 곤충강 나비목에 속한다. 지구상에 더 번성한 나방과 같은 특징을 가진 무리이다. 현재 나비목에 속하는 종류는 전세계에 20만 종에 이르는데, 그 중 2만여 종이 나비이다. 이들은 다음의 5개 과(科)로 나뉜다.

호랑나비과 (Papilionidae)

대형이고, 날개의 색깔이 화려한 종류가 많다. 특히 뉴기니 섬에 분포하는 비단나비류는 세계 최대의 나비로, 날개 색이 매우 화려한 것으로 유명하다. 호랑나비과에 속하는 종류는 대부분 열대 지방에 집중 분포하며, 중앙 아시아를 중심으로 한 유라시아 대륙과 북아메리카 등지의 한랭한 곳에 서식하는 모시나비류는 원시적인 종류에 속한다. 뒷날개에 꼬리 모양 돌기가 있는 종류가 많으며, 애벌레는 머리와 앞가슴 사이에 취각(吹角)이 있어서 천적을 물리치는 데 이용한다. 특히 영어권에서는 뒷날개 후각 부위의 꼬리 모양 돌기가 제비의 꼬리와 닮았다고 해서 'swallowtail'이라고 한다.

이 과는 멕시코에 분포하는 원시호랑나비(*Baronia brevicornia*)의 1종만으로 이루어진 원시호랑나비아과(Baroniinae)와 모시나비와 애호랑나비 계열로 된 모시나비아과(Parnassiinae), 청띠제비나비와 호랑나비, 사향제비나비 계열로 된 호랑나비아과(Papilioninae)로 세분된다. 전세계에 600여 종이 있다.

흰나비과 (Pieridae)

날개는 흰색, 노란색, 오렌지색이 보통이나 가끔 붉은색과 검은색을 띠는 중형의 나비로, 애벌레는 배추벌레처럼 생겼다. 앞다리와 가운뎃다리, 뒷다리의 생김새나 크기가 거의 같으나 앞다리에 가시가 없는 점이 특이하다. 빨리 나는 노랑나비 계열과는 달리 대부분 천천히 날아다니는데, 개중에는 멀리 이동하는 미접도 있다. 산림과 해안, 고산 환경에 적응한 무리가 많지만 배추흰나비처럼 우리 생활과 연관된 종류도 많다. 둥근날개흰나비아과(Pseudopontiinae), 기생나비아과(Dismorphinae), 노랑나비아과(Coliadinae), 흰나비아과(Pierinae)의 4아과로 나뉜다. 전세계에 1200여 종이 알려져 있다.

부전나비과 (Lycaenidae)

많은 종류가 포함된 과이며, 열대에는 날개 편 길이가 50mm 정도 되는 대형이 있긴 하지만 대부분 소형이다. 뒷날개에 꼬리 모양 돌기와 검은색 점이 있는데, 앉았을 때 머리인 것처럼 보이게 하여 천적들의 공격 부위를 덜 치명적인 날개 끝으로 유도하는 전략을 구사한다. 암수의 날개 색깔이 다른 종이 많으며 짚신처럼 생긴 애벌레의 식성도 매우 다양해서 이끼를 먹는 종류로부터 육식성인 것, 개미와 공생하는 종류 등이 있다.

세계에 5000여 종이 알려져 있는데, 대부분 열대와 아열대 지역에 분포한다. 부전나비과는 현재 바둑돌부전나비아과(Miletinae), 뾰족부전나비아과(Curetinae), 녹색부전나비아과(Theclinae), 주홍부전나비아과(Lycaeninae), 부전나비아과(Polyommatinae), 이끼부전나비아과(Lipteninae), 털부전나비아과(Poritiinae), 진디부전나비아과(Liphyrinae), 네발부전나비아과(Riodininae)의 9개 아과로 나뉘는데, 네발부전나비아과는 다른 부전나비와 달리 다음과 같은 특징이 있다.

- 네발부전나비아과 (Riodininae)

생김새나 생태 면에서 볼 때 변화가 매우 많은 소형의 무리로, 부전나비과와 네발나비과의 중간 형질을 가진다. 부전나비류의 특징을 좀더 가지고 있으므로 현재 부전나비과에 넣어 분류한다. 암컷은 부전나비처럼 6개의 다리를 가지고 있으나 수컷은 앞다리 2개가 퇴화하여 네 발로 걷는다. 그러나 앞의 두 다리는 짝짓기할 때 암컷을 잡는 데 중요한 역할을 한다. 중남미에 1000여 종이 알려져 있다.

네발나비과 (Nymphalidae)

날개가 두껍고 힘이 있으며, 화려한 색을 가진 종류가 많다. 중형에서 대형까지 크기도 다양하지만 여러 형질이 나타나므로 연구자에 따라서는 여러 과로 나누었던 적도 있었다. 이들의 공통된 특징으로는 앞다리가 퇴화되어 거의 사용하지 않는 점을 들고 있다. 애벌레는 머리나 몸에 돌기가 나 있는데, 아예 이 돌기가 퇴화된 무리도 많아 생김새는 매우 다양하다. 전세계에 7000여 종이 알려져 있다.

● 부엉이나비아과 (Brassolinae)

뒷날개 아랫면에 큰 눈알 모양 무늬가 있어 부엉이 눈과 닮았다. 중앙 아메리카와 남아메리카의 열대 우림에 서식하며, 어른벌레는 흐린 날이나 저녁 무렵처럼 어두워질 때 활발하게 날아다니는 습성이 있고, 숲 속의 어두운 곳을 선호한다. 계통적으로 볼 때 뱀눈나비아과와 큰무늬나비아과와 가깝다. 애벌레는 바나나와 같은 외떡잎식물을 먹는데, 배 끝이 둘로 나누어져 있다. 전세계에 80여 종이 알려져 있다.

● 큰무늬나비아과 (Amathusiinae)

인도에서 오스트레일리아구 일대에만 분포하는데, 대개 대형인 종류가 많다. 어른벌레는 부엉이나비처럼 흐린 날 또는 저녁 무렵과 같이 어두워질 때 활발하게 날아다니는 습성이 있으며, 숲 속의 어두운 곳을 선호한다. 바나나의 진에 잘 날아온다. 남아메리카의 모르포나비류와 가까운 계통이지만 뱀눈나비아과와도 공통점이 많다. 애벌레는 외떡잎식물만 먹는다. 전세계에 100여 종이 알려져 있다.

● 뱀눈나비아과 (Satyrinae)

날개 색깔이 검거나 갈색인 종류가 대부분이고 드물게 흰색인 종류가 있다. 소형에서 중형이 대부분이며, 날개에 눈알 모양 무늬가 많은 특징이 있다. 대개 숲속에 적응한 무리보다 개방된 풀밭에 사는 종류가 더 많다. 애벌레는 외떡잎식물인 벼과 식물을 주로 먹는다. 전세계에 2500여 종이 알려져 있다.

● 쌍돌기나비아과 (Charaxinae)

뒷날개의 후각 부위에 하나에서 여러 개의 돌기가 톱날과 같이 뾰족하게 튀어나온다. 산림 지대에 사는데, 나는 힘이 세고, 날개가 아름다운 종류가 많다. 애벌레의 머리에 1개 또는 2개의 사슴뿔 모양의 돌기가 나 있다. 보통 아열대에서 온대 지역에 분포하며, 300~400여 종이 알려져 있다.

● 모르포나비아과 (Morphinae)

수컷의 날개는 금속성의 진한 청색이 나타나는 대형의 아름다운 나비로, 주로 중앙 아메리카와 남아메리카의 열대 우림에서만 보인다. 큰무늬나비아과와 계통적으로 가까우면서 네발나비아과와도 매우 닮았다. 계통적으로 볼 때 원시적 형질이 많은 종류이다. 전세계에 80여 종이 알려져 있다.

● 네발나비아과 (Nymphalinae)

이 아과는 과거에 넓은 의미로 쓰여 많은 아과를 포함한 독립된 과로 인정해 오다가 새로운 분류법에 따라 생겨났다. 현재는 여러 아과로 나뉜 한 아과로 알려져 있다. 전세계에 3000여 종이 알려져 있다.

● 독나비아과 (Heliconiinae)

대부분 중앙 아메리카와 남아메리카의 열대 우림에 서식한다. 애벌레는 독성이 있는 식물의 잎을 먹고 자라는데, 어른벌레가 되어서도 이 독성 물질을 몸 속에 지니고 있어서 천적들의 공격을 피한다. 이런 이유 때문에 이들과 의태하려는 종류가 다른 아과 중에서도 많이 있다. 어른벌레는 빠르지 않게 날다가 꽃의 꿀과 꽃가루를 빨아먹는다. 애벌레는 몸에 길게 6줄의 가시 돌기가 나 있으며, 머리에 1쌍의 돌기가 있다. 전세계에 70여 종이 분포한다.

● 희미날개나비아과 (Acraeinae)

소형 또는 중형 크기의 나비로, 몇몇 종은 인도, 오스트레일리아권에서 발견되지만 대부분 아프리카에서 볼 수 있다. 일반적으로 좁은 날개와 가는 배를 가지고 있으며, 날개의 색깔은 아프리카의 땅과 어울리는 적갈색이 주류를 이루고 있다. 천적들을 피하기 위해 가슴에서 불쾌한 노란 액체가 분비된다. 이 나비의 모습이나 행동을 닮으려는 다른 나비의 의태 현상이 많다. 전세계에 250여 종이 알려져 있다.

● 왕나비아과 (Danainae)

애벌레 때 먹은 유독 식물의 독 성분을 몸에 지니는 것으로 유명하다. 대개 가슴에 흰 점이 박혀 있는데, 작은 새들에게 몸에 독이 있다는 경고와 맛이 없다는 의미를 전달하려는 것으로 보인다. 전세계에 450여 종이 알려져 있다.

● 잠자리나비아과 (Ithomiinae)

날개는 대부분 투명하거나 주황색, 검은색이며, 배가 유난히 길어 잠자리처럼 보인다. 계통적으로 왕나비아과 및 요정날개나비아과(Tellervinae)와 가까우며, 특히 암컷 앞다리의 분절은 4-5개의 마디로 되어 있는 것이 특징이다. 어른벌레는 매스꺼운 성분의 체액을 가지고 있어서 독나비처럼 천적을 피한다. 중앙 아메리카와 남아메리카에만 국한되어 분포하며, 3000여 종이 알려져 있다.

● 뿔나비아과 (Libytheinae)

아랫입술수염이 특히 길어서 뿔처럼 보이는 종류로, 세계에 10종만 알려져 있을 정도로 작은 그룹이다. 모두 비슷한 무늬를 지니고 있으며, 계통적으로 원시적인 형질을 가지고 있다. 애벌레는 모두 느릅나무과 식물을 먹는다.

이 밖에 네발나비과에는 먹무늬나비아과(Calinaginae), 요정날개나비아과(Tellervinae), 줄나비아과(Limenitidinae), 오색나비아과(Apaturinae)가 있다.

팔랑나비과 (Hesperiidae)

날개에 비해 몸이 커서 날갯짓이 매우 빠른 종류이다. 더듬이 끝이 마치 갈고리처럼 보이며, 언뜻 보면 나방과 닮은 점이 많다. 머리와 몸은 크고, 앞날개는 짧은 편이며 끝이 뾰족하여 삼각형을 이룬다. 대부분 소형이며, 날개와 몸은 갈색 또는 흑갈색이 주류이나 청색, 녹색, 노란색을 띠는 등 원색적인 것도 간혹 있다. 나비 중 가장 원시적인 그룹이지만 나방과는 계통이 전혀 다르다. 애벌레는 외떡잎식물을 먹는 종류가 대부분이지만 쌍떡잎식물을 먹는 종류도 있다.

영어권에서는 'skippers'라고 하는데, 가볍게 톡톡 튄다는 생태적 의미를 담고 있는 것으로 보인다. 전세계에 3000여 종이 분포하며, 이 중에 2000종이 남아메리카에 분포한다.

오스트레일리아구

AUSTRALIAN REGION

뉴기니권

뉴기니는 열대 우림 지역으로, 산림이 발달하여 다양한 식물이 서식하고 있어서 세계 나비의 보고라고 할 만큼 다양한 곤충의 종류가 산다. 특히 해발 1500~2500m의 높은 산들은 물론 5026m의 스카루노 산이 있어, 해발 고도에 따른 곤충의 수직적 분포가 다양하다. 유명한 비단나비류의 몇몇 종은 고도가 높은 곳에만 서식한다. 이 곳에서 서쪽에 있는 몰루카 제도는 동남 아시아적 요소가 강하지만, 동쪽의 솔로몬 제도는 이 곳 특유의 고유종이나 아종이 분포한다. 특히 뒷고운흰나비류(*Delias* sp.)는 매우 다양하다. 곤충은 동양구와 비슷한 종이 대부분이나 살아 있는 화석으로 다룰 수 있는 원시적인 종이 있다. 일반적으로 색이 아름답거나 거대한 곤충이 많으며, 섬에 따른 형태적 차이가 커서 곤충 애호가들이 한 번쯤 방문하여 다양한 곤충을 직접 체험하고 싶어하는 장소이다.

나비목

♂

♂ 145mm ♀ 165mm | ♂×0.7 ♀×0.31

♀

빅토리아비단나비 [호랑나비과]

Ornithoptera victoriae victoriae (아종)

- 날개 편 길이 120-166mm (솔로몬 제도)

지역에 따른 무늬의 차이가 커서 날개에 금색 부분이 발달한 것, 녹색만으로 된 것 등 다양하다. 날개는 좌우로 가늘고 길다. 암컷은 날개에 황백색 무늬가 많아서 같은 속 나비류의 암컷들 중 가장 아름답다. 종명은 영국의 빅토리아 여왕의 이름에서 따왔으며, 솔로몬 제도에 분포한다.

♂

빅토리아비단나비 [호랑나비과]

Ornithoptera victoriae reginae (아종)

- 날개 편 길이 120-140mm (솔로몬 말라이타 섬)

날개 끝 부위의 녹색 무늬가 넓으며, '알렉산더비단나비(*O. alexandrae*)' 와 같이 처음에는 산탄총으로 쏴서 잡았다고 한다. 말라이타 섬에 분포한다.

120㎜ | ×0.8

극락비단나비 [호랑나비과]

Ornithoptera paradisea

● 날개 편 길이 140mm 안팎 (파푸아뉴기니)

'실꼬리비단나비(*O. meridionalis*)' 처럼 뒷날개에 가는 꼬리 모양 돌기가 있다. 검고 흰 바탕이 대조를 이루는 암컷과는 달리, 수컷 날개는 검은 바탕에 금색과 금록색이 어우러져 있다. 높은 지대의 정글 위에서만 날아다녀 채집하기가 쉽지 않다. 꼬리 모양 돌기는 다른 제비나비류(*Papilio*)와 다르게 뒷날개 제2맥이 길게 뻗친다. 파푸아뉴기니에 분포한다.

♂ 115mm ♀ 160mm | ♂×0.95 ♀×0.32

키메라비단나비 [호랑나비과]

Ornithoptera chimaera

● 날개 편 길이 140mm 안팎 (파푸아뉴기니)

보통 같은 속에 속하는 수컷들은 날개 색깔이 녹색 또는 금색이나, 암컷들은 어두운 갈색을 띤다. 고도가 높은 지역에 살며, 채집 금지종이다. 수집가들을 위하여 이 종을 사육하는 곳이 있는데, 이 곳에서 표본을 입수할 수 있다. 뉴기니 남동부의 고산지에만 분포한다.

♂ 130mm ♀ 157mm | ♂×0.82 ♀×0.32

제왕비단나비 [호랑나비과]

Ornithoptera priamus

● 날개 편 길이 150mm 안팎 (파푸아뉴기니)

지역에 따라 색채 변이가 많아 지역 차이에 따른 14아종이 알려져 있다. 수컷의 날개 색깔에 따라 크게 오렌지색계, 청색계, 녹색계로 나뉜다. 이들 모두가 같은 조상에서 분화한 것으로 보고 있으나, 학자에 따라서는 서로 다른 종에서 분화된 것으로 보는 견해도 있다. 몰루카 제도 북부와 뉴기니, 솔로몬 제도, 오스트레일리아 북부에 널리 분포하는 흔한 종이다.

♂ 123mm ♀ 170mm | ♂×0.41 ♀×0.75

실꼬리비단나비 [호랑나비과]

Ornithoptera meridionalis

● 날개 편 길이 110mm 안팎 (파푸아뉴기니)

수컷의 뒷날개의 꼬리 모양 돌기가 가늘고 끝이 부풀어진 모습이 인상적이다. 암컷도 흰무늬가 선명하여 매우 아름답다. 파푸아뉴기니 남동부와 서이리안에 치우쳐 분포하며, 최근에 서식지의 환경 파괴가 심각하다.

♂ 102mm ♀ 120mm | ♂×0.8 ♀×0.42

붉은제왕비단나비 [호랑나비과]

Ornithoptera croesus

- 날개 편 길이 160mm 안팎 (파푸아뉴기니)

수컷의 날개 윗면은 검은색, 붉은색, 금색이 어우러져 있지만, 암컷은 검은색과 회황색의 무늬가 있다. '제왕비단나비(*O. priamus*)'와 닮아서 과거에는 '제왕비단나비'의 아종으로 여긴 적도 있다. 보통 낮은 고도의 습지 주위에 산다. 파푸아뉴기니의 몰루카 제도에 퍼져 살며, 세계 적색 목록에 감소 추세종으로 올라 있다.

♂ 150mm ♀ 165mm | ♂×1.0 ♀×0.31

푸른제왕비단나비 [호랑나비과]

Ornithoptera urvilliana

- 날개 편 길이 160mm 안팎 (파푸아뉴기니)

앞날개 중앙에 넓게 검은빛을 띠는 것 외에는 날개 전체가 짙은 청색을 띤다. 파푸아뉴기니의 부건빌과 솔로몬 제도에 분포하며, 현재 대량으로 인공 사육되고 있다고 한다.

♂ 137mm ♀ 186mm | ♂×0.7 ♀×0.27

알렉산더비단나비 [호랑나비과]

Ornithoptera alexandrae

● 날개 편 길이 170–280mm (파푸아뉴기니)

암컷의 날개를 편 길이가 280mm에 이를 정도로 나비 중 세계 최대이다. 밀림의 나무 끝 위로만 날아다니기 때문에 포충망으로 잡는다는 것은 거의 불가능하다. 비단나비류 중 가장 귀한 종으로, 뉴기니 동북부 지역의 좁은 범위에만 분포한다.

* 이 종의 암컷을 처음 발견했던 미크라는 사람은, 당시 높은 나무 위로만 날아다니기 때문에 산탄총으로 쏴서 잡았다고 한다. 이 때 잡았던 표본은 아직도 영국의 대영박물관 표본실에 원기재를 한 모식 표본으로 보관되어 있다.

♂ 179mm ♀ 260mm | ♂×0.78 ♀×0.2

♂ 125mm ♀ 160mm | ♂×0.8 ♀×0.31

티토누스비단나비 [호랑나비과]

Ornithoptera tithonus

● 날개 편 길이 110–160mm (서이리안)

생김새로 보아 '골리앗비단나비(*O. goliath*)'와 닮았으나 날개 모양이 다르고, 수컷 앞날개 윗면에 검은색 띠무늬가 2개 있는 점이 다르다. 크기는 훨씬 작다. 비단나비류 중 가장 고지에 살며, 뉴기니 서부에 분포한다. 세계 적색 목록에 정보 불충분종으로 올라 있다.

골리앗비단나비 [호랑나비과]

Ornithoptera goliath

● 날개 편 길이 130–185mm (파푸아뉴기니)

개체마다 날개의 무늬가 조금씩 다르다. 서식지가 섬에 의해 나누어져 몇 아종이 알려져 있는데, 뒷날개 아랫면의 녹색 점무늬가 크고 작은 등의 차이가 있다. 뉴기니 서부의 낮은 지대에 분포한다.

♂ 130mm ♀ 185mm | ♂×0.38 ♀×0.68

로스실드비단나비 [호랑나비과]

Ornithoptera rothschildi

● 날개 편 길이 140mm 안팎 (파푸아뉴기니)

암컷은 '티토누스비단나비(*O. tithonus*)'와 매우 흡사하다. 알파크 산맥에 사는 고산성 나비이다. 한동안 잘 발견되지 않는 희귀종으로 알려져 수집가들에게 고가에 팔렸으나 다산지가 밝혀짐에 따라 현재 비교적 흔한 종이 되었다. 뉴기니 서부에 주로 분포한다.

♂ 110mm ♀ 141mm | ♂×0.85 ♀×0.36

연노랑점박이제비나비 [호랑나비과]

Papilio aegeus emenus (아종)

- 날개 편 길이 75–132mm (파푸아뉴기니)

수컷의 날개는 검은 바탕에 주로 뒷날개에 연한 노란색 띠무늬가 중앙에 발달하고 날개 끝 주위에도 약하게 나타난다. 암컷은 바탕색이 조금 엷고 뒷날개에 붉은 점이 아외연을 따라 발달했으며, 크기에 따른 변이가 심하다. 초령 애벌레는 새똥처럼 생겼다가 다 자라면 녹색으로 변한다. 먹이 식물은 귤나무 종류이다. 파푸아뉴기니 일대 섬에서 오스트레일리아권까지 널리 분포한다.

검정노랑박이제비나비 [호랑나비과]

Papilio fuscus

- 날개 편 길이 115mm 안팎 (솔로몬 제도)

우리 나라 '무늬박이제비나비(*P. helenus*)'와 닮았으나, 앞날개 외횡대에 곧게 연미색 띠가 뚜렷하고 뒷날개의 연미색 무늬가 길쭉하게 발달한다. 솔로몬 제도 외에도 여러 아종이 인도네시아에 분포한다.

먹구름띠제비나비 [호랑나비과]

Papilio (Chilasa) laglaizei

- 날개 편 길이 93–98mm (파푸아뉴기니)

이 종은 의태를 설명할 때 꼭 등장하는 나비이다. 의태 관계에 있는 '먹구름띠제비나방(*Alcides agathyrsus*)'과는 더듬이의 생김새만 다를 뿐 거의 같다. '먹구름띠제비나방'과 함께 정글 상층부에서 살며, 파푸아뉴기니 외에도 인도네시아 등 여러 곳에서 발견되는 것으로 보아 드문 종은 아니다.

연노랑무늬박이제비나비 [호랑나비과]

Papilio euchenor

- 날개 편 길이 72–110mm (파푸아뉴기니)

'무늬박이제비나비(*P. helenus*)'와 같은 연미색 무늬가 앞날개와 뒷날개에 퍼져 있다. 흔한 종으로, 파푸아뉴기니와 인도네시아 동부에 분포한다.

청줄박이제비나비 [호랑나비과]

Papilio gambrisius

- 날개 편 길이 135mm 안팎 (인도네시아 세람 섬)

수컷의 앞날개는 검은 바탕에 흰 띠가 날개 끝 부위에 있고, 뒷날개는 넓게 노란색 무늬가 있다. 이에 비해 암컷은 날개의 연미색 무늬가 넓고 뒷날개의 외횡대에 청색 띠가 넓게 나타난다. 뉴기니와 인도네시아의 여러 섬에 분포한다.

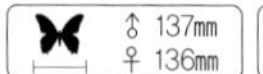

♂

큰보라제비나비 [호랑나비과]

Papilio ulysses

- 날개 편 길이 105mm 안팎 (파푸아뉴기니)

원명 아종이다. 날개의 중앙에서 기부까지 광택을 띤 남색이어서 매우 아름다운 종이다. 파푸아뉴기니 일대에 국한하여 분포하며, 그리 귀한 종이 아니어서 쉽게 볼 수 있다. 그러나 퀸즐랜드에서는 이 종을 보호하고 있다고 한다. 여러 아종이 알려져 있다.

105mm ×0.9

♂

큰보라제비나비 [호랑나비과]

Papilio ulysses telegonus (아종)

- 날개 편 길이 100mm 안팎 (파푸아뉴기니 바카나)

날개의 남색 부분이 축소되어 있다. 바카나 섬에 분포한다.

100mm ×0.45

♀

큰보라제비나비 [호랑나비과]

Papilio ulysses autolycus (아종)

- 날개 편 길이 110mm 안팎 (인도네시아 세람 섬)

원명 아종에 비해 더 크다. 인도네시아 세람 섬 일대에 분포한다.

110mm ×0.45

♂

청보라제비나비 [호랑나비과]

Papilio lorquinianus

- 날개 편 길이 80mm 안팎 (파푸아뉴기니)

큰보라제비나비류보다 조금 작으며, 남색 부위가 더 밝다. 날개의 외연은 번지듯 녹색 무늬가 나타난다. 인도네시아의 여러 지역에 분포하며, 드물지 않다. 현재 5종류의 지역 아종이 알려져 있다.

80mm ×0.53

♂

데이포부스제비나비 [호랑나비과]

Papilio deiphobus

- 날개 편 길이 123mm 안팎 (인도네시아 세람 섬)

'멤논제비나비(*P. memnon*)' 와 닮았으나 전체적인 색조가 더 어둡다. 무미형 개체를 가끔 볼 수 있다. 몰루카 제도의 세람 섬에 분포한다.

123mm ×0.4

▲ ♂

안경테뒷고운흰나비 [흰나비과]

Delias ligata

- 날개 편 길이 41mm 안팎 (파푸아뉴기니)

날개 윗면은 흰색과 검은색이어서 단순한 모양이나 아랫면에는 붉은색 줄이 뒷날개의 외횡선을 따라 나 있다. 물가에 잘 날아와 앉는다. 뉴기니와 그 부속 섬에 분포한다.

41mm ×1.1

수염선두리뒷고운흰나비 [흰나비과]

Delias maudei

- 날개 편 길이 60mm 안팎 (파푸아뉴기니)

날개 윗면은 단순한 흰색이나 아랫면은 검은 비늘이 발달되어 있다. 파푸아뉴기니를 중심으로 분포한다.

희미무늬뒷고운흰나비 [흰나비과]

Delias schmassmanni

- 날개 편 길이 31mm 안팎 (파푸아뉴기니)

날개의 무늬가 뚜렷하지 않다. 파푸아뉴기니를 중심으로 분포한다.

줄뒷고운흰나비 [흰나비과]

Delias niepelti

- 날개 편 길이 62mm 안팎 (파푸아뉴기니 동북부)

'메키뒷고운흰나비(*D. meeki*)'와 닮았으나 뒷날개 아랫면의 전연부에 흰무늬가 없다. 파푸아뉴기니 동북부의 해발 1400~2400m의 고산 지대에만 산다.

뒷붉은선두리뒷고운흰나비 [흰나비과]

Delias mysis

- 날개 편 길이 57mm 안팎 (파푸아뉴기니)

앞날개 끝은 검은색으로, 그 가운데에 4개의 흰 점이 있다. 뒷날개 아랫면 외연에 붉은 띠가 있다. 뉴기니와 오스트레일리아 북부에 분포한다.

점박이뒷고운흰나비 [흰나비과]

Delias sagessa

- 날개 편 길이 37mm 안팎 (파푸아뉴기니)

같은 속의 나비 중 작은 편에 속한다. 애벌레는 열대 우림의 나무 꼭대기에 기생하는 겨우살이 같은 기생 식물을 먹기 때문에 발견하기 힘들다. 뉴기니와 그 인접 섬에 분포한다.

흑표범뒷고운흰나비 [흰나비과]

Delias timorensis

- 날개 편 길이 48mm 안팎 (파푸아뉴기니)

날개 아랫면의 기부에서 날개 중앙에 조금 못 미쳐까지 짙은 노란색이고, 바깥쪽으로는 검은 바탕에 앞날개에는 흰 띠가 있으며, 뒷날개에는 붉은 띠가 가늘게 나타난다. 뉴기니와 동티모르에 분포한다.

검은선두리뒷고운흰나비 [흰나비과]

Delias imitator

- 날개 편 길이 42mm 안팎 (서이리안)

날개 아랫면만 보아서는 '아로아뒷고운흰나비(*D. aroa*)'와 비슷하나 전체적으로 어둡고, 뒷날개 아랫면의 노란색 바탕 색조가 없다. 날개의 전연과 외연 대부분이 검은색으로 굵게 테를 이룬다. 서이리안에 분포한다.

검은눈뒷고운흰나비 [흰나비과]

Delias albertisi

- 날개 편 길이 51mm 안팎 (파푸아뉴기니)

뒷날개의 아랫면 중앙에 검은색 점무늬가 있다. 파푸아뉴기니에 분포한다.

검은구름뒷고운흰나비 [흰나비과]

Delias lemoulti

- 날개 편 길이 42mm 안팎 (파푸아뉴기니)

앞날개는 날개 끝만 빼고 검은색이다. 파푸아뉴기니에 분포한다.

아로아뒷고운흰나비 [흰나비과]

Delias aroa

- 날개 편 길이 39mm 안팎 (파푸아뉴기니)

날개 아랫면은 검은색 바탕에 연노란색 무늬가 섞여 있다. 숲 사이 계곡의 축축한 곳에 모인다. 맑은 날만 꽃에 날아오며, 높이 날기 때문에 채집하기가 어렵다. 파푸아뉴기니에 분포한다.

앞붉은큰흰나비 [흰나비과]

Hebomoia leucippe

- 날개 편 길이 97mm 안팎 (인도네시아 세람 섬)

동남 아시아의 '끝분홍나비(*H. glaucippe*)'와 근연종으로, 앞날개 전체가 붉고 뒷날개가 노란색인 점이 다르다. 세람 섬과 몰루카 제도에 분포한다.

* 학자에 따라서는 '끝분홍나비'의 아종으로 보는 사람도 있다.

97mm ×1.0

파랑뾰족흰나비 [흰나비과]

Appias celestina

- 날개 편 길이 46mm 안팎 (파푸아뉴기니)

암컷은 수컷과 달리 두 가지 형이 있는데, 그 하나는 은빛이 감도는 청색을 띠고, 다른 하나는 날개 중앙이 노란색, 바깥쪽으로 흑갈색을 띤다. 수컷은 암컷보다 자주 발견되며, 열대 우림 지역을 재빨리 날아다닌다. 파푸아뉴기니 일대에 분포한다.

♂ 46mm ♀ 58mm | ♂×1.0 ♀×0.85

갈색눈썹큰무늬나비 [네발나비과]

Morphotenaris schoenbergi

- 날개 편 길이 120mm 안팎 (파푸아뉴기니 서북부)

날개가 희고, 앞날개 기부에서 외연까지 굵은 갈색 줄무늬가 있어, 마치 짙은 갈색 눈썹이 있는 모양이다. 큰무늬나비아과 중 특이한 모양이며, 종명 *schoenbergi*는 오스트리아의 유명한 작곡가 이름에서 따온 것이다. 파푸아뉴기니 서북부 지역에 분포한다.

120mm | ×0.85

뉴기니오색나비 [네발나비과]

Apaturina erminea

- 날개 편 길이 90mm 안팎 (파푸아뉴기니)

오색나비류 중 유일하게 파푸아뉴기니에 사는 종류로, '오색나비(*A. ilia*)'처럼 뒷날개 후각 부근에 눈 모양의 무늬가 있다. 암수 모두 지역적 변이가 심해 색채의 변화가 다양하다. 열대 우림의 숲에서 살아간다. 몰루카 제도로부터 뉴기니와 솔로몬 제도에 분포한다.

90mm | ×0.55

멋진노랑쌍돌기나비 [네발나비과]

Polyura pyrrhus scipio (아종)

- 날개 편 길이 70~90mm (파푸아뉴기니)

날개 가장자리로 넓은 검은 띠가 두드러진다. 뒷날개에는 청색 줄무늬가 외횡대와 외연에 가늘게 나타난다. 숲 가장자리를 힘차게 날아다니며, 쉴 때에는 높이 있는 나뭇잎 위에 앉는다. 발효된 수액에 잘 날아온다. 몰루카 제도와 파푸아뉴기니, 오스트레일리아 등지에 분포한다.

87mm | ×0.57

두흰줄보라제비나방 [제비나방과]

Alcides agathyrsus

- 날개 편 길이 100mm 안팎 (파푸아뉴기니, 오스트레일리아 북부)

제비나방 무리는 나비처럼 날아다니며, 날개 색이 예쁜 종들이 많다. 파푸아뉴기니와 오스트레일리아에만 분포한다.

♂ 100mm ♂ 88mm | ♂×0.5 ♂×0.57

딱정벌레목

깔다구길쭉길앞잡이 [길앞잡이과]

Tricondyla aptera

- 몸 길이 21mm 안팎 (파푸아뉴기니)

눈은 크고 튀어나왔다. 앞가슴등판 앞뒤 가장자리가 가늘고, 전체가 원기둥 모양이다. 다리는 가늘고 길어서, 언뜻 보면 개미와 닮아 보인다. 파푸아뉴기니와 몰루카 제도, 오스트레일리아 북동부, 필리핀 등지에 널리 분포한다.

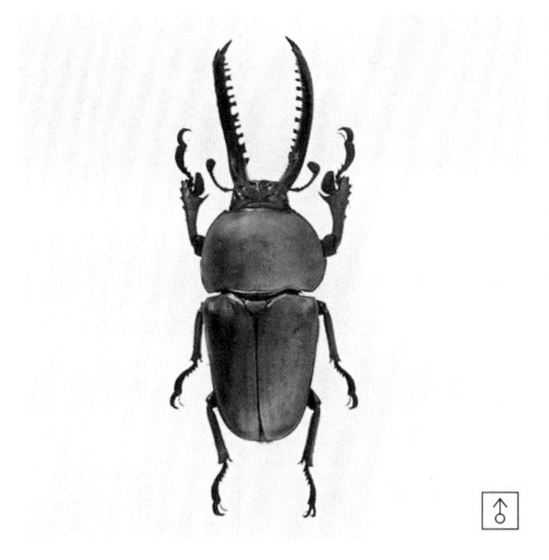

아돌피네뿔솟은사슴벌레 [사슴벌레과]

Lamprima adolphinae

- 몸 길이 ♂ 24–49mm, ♀ 22–25mm (파푸아뉴기니)

큰턱은 길고 잔가시 돌기가 붙어 있다. 큰턱을 옆에서 보면 끝 부분이 위로 솟아 있다. 앞가슴등판의 등 면은 알 모양으로 생겼다. 다른 사슴벌레와 다르게 낮에 활동하며, 꽃에 날아온다. 놀라면 풍뎅이처럼 재빠르게 맴돌면서 난다. 뉴기니 섬을 중심으로 분포한다.

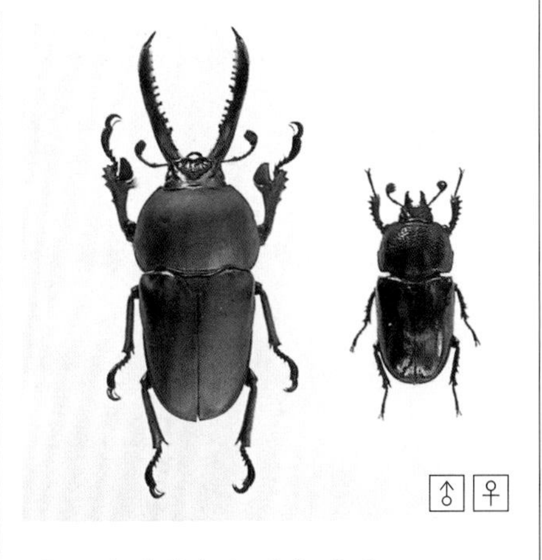

아돌피네뿔솟은사슴벌레 [사슴벌레과]

Lamprima adolphinae olivacea (아종)

- 몸 길이 ♂ 41mm, ♀ 20mm 안팎 (파푸아뉴기니)

같은 속의 종들은 특히 딱지날개가 광택이 강한 아름다운 녹색을 띤다. 개중에는 지역에 따라 짙은 갈색과 청갈색을 띠는 등 약간의 색채 변이가 생긴다. 큰턱은 잔가시돌기가 발달하고 앞쪽으로 굽는다. 암컷은 몸이 작고, 큰턱의 크기가 매우 작다. 파푸아뉴기니에 분포한다.

♂ 41mm ♀ 20mm | ×1.0

검은긴뿔사슴벌레 [사슴벌레과]

Cyclommatus imperator

- 몸 길이 ♂ 30–89mm, ♀ 27–28mm (파푸아뉴기니)

개체에 따라 적갈색을 띠기도 하나 대체로 녹색이 도는 짙은 갈색인 개체가 많다. 몸 전체의 색이 균일한 편이다. 수컷은 큰턱이 매우 커서 거의 몸 길이와 같아 보인다. 산지에 사는 것으로 알려져 있다. 파푸아뉴기니에서 서이리안 와메나까지 분포한다.

65mm | ×1.35

롤레이예쁜비단벌레 [비단벌레과]

Cyphogastra rollei

- 몸 길이 26mm 안팎 (인도네시아)

*Cyphogastra*속의 특징은 딱지날개가 배 끝에서 삼각형으로 좁아지는 것이다. 딱지날개의 색이 매우 아름답다. 현재까지 티모르와 가까운 모아 섬에만 분포한다.

금줄예쁜비단벌레 [비단벌레과]

Cyphogastra venerea

- 몸 길이 30mm 안팎 (인도네시아)

앞가슴등판에 금색을 띤 부분이 나타나며, '롤레이예쁜비단벌레(*C. rollei*)'와 달리 딱지날개의 색은 단순하게 녹색을 띤다. 인도네시아와 파푸아뉴기니에 분포한다.

녹색잔줄예쁜비단벌레 [비단벌레과]

Cyphogastra foveicollis

- 몸 길이 29mm 안팎 (파푸아뉴기니)

앞가슴등판의 후각은 방아벌레류처럼 모가 진다. 또, 앞가슴등판 양 가장자리에 금색 무늬가 있으며, 딱지날개는 금색을 띤 녹색이다. 딱지날개에는 작은 홈줄이 많아 줄무늬처럼 보인다. 뉴기니에 분포한다.

29mm ×1.3

♂ ♀

삼각뿔투구벌레 [풍뎅이과]

Eupatorus beccarii

- 몸 길이 45-60mm (파푸아뉴기니)

수컷 머리에는 1개의 위로 솟은 뿔과 앞가슴 위에 난 1쌍의 뿔에 가시 돌기가 나 있다. 머리와 앞가슴등판은 검은색이고 딱지날개는 짙은 황갈색이다. 암컷은 '장수풍뎅이(*Allomyrina dichotoma*)' 처럼 조금 작고 뿔 돌기가 거의 없다. 현재 뉴기니에만 분포한다.

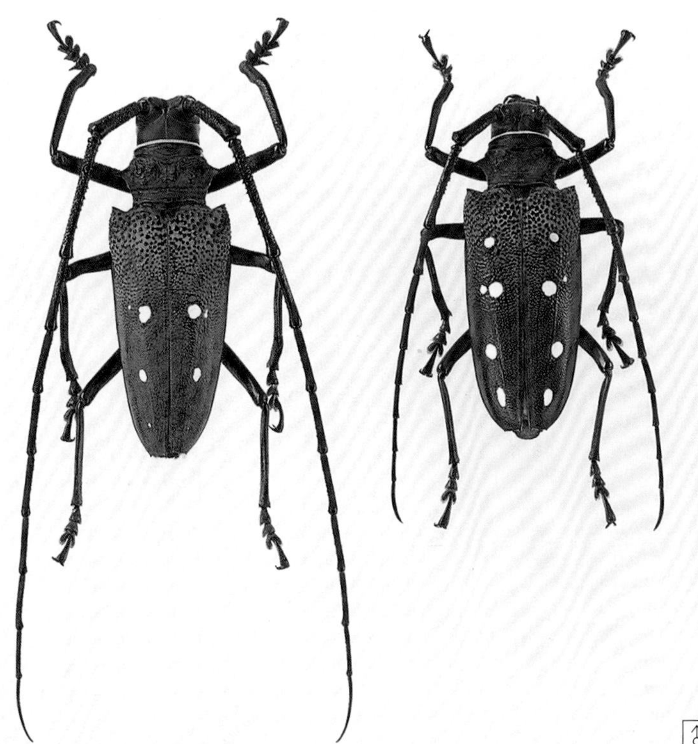

흰점무늬왕하늘소 [하늘소과]

Batocera laena sappho (아종)

- 몸 길이 ♂ 32–54mm, ♀ 36–56mm (파푸아뉴기니)

'두점왕하늘소(*B. thomsoni*)'와 닮았으나 약간 작은 편이고, 딱지날개의 흰 점무늬가 4개 이상이므로 구별된다. 인도네시아에서 파푸아뉴기니에 걸쳐 널리 분포한다.

* *Batocera*속 하늘소는 아시아와 아프리카를 중심으로 널리 분포하며, 수십 종이 알려져 있다. 대부분 대형이고, 수컷의 더듬이는 몸의 2배 이상이 되는 경우가 많다. 몸은 대부분 회갈색 바탕에 흰색, 노란색, 붉은색 무늬가 등 위에 나타난다.

♂ 55mm ♀ 52mm | ×0.87

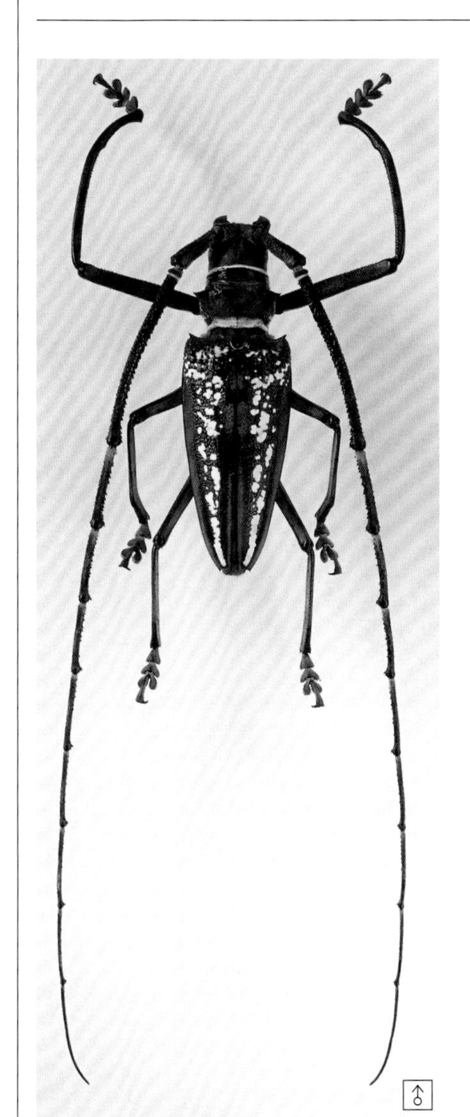

월리스긴수염왕하늘소 [하늘소과]

Batocera wallacei

- 몸 길이 ♂ 72mm, ♀ 70mm 안팎 (파푸아뉴기니)

수컷의 더듬이는 몸 길이의 2배를 넘는 경우가 많고, 딱지날개가 갈색 바탕에 크림을 바른 듯한 생김새이다. 암컷은 크림색이 덜하다. 딱지날개의 양 어깨 위가 추켜진 듯 보이고, 끝이 뾰족하다. 애벌레는 망고, 고무나무, 미모사 등의 열대 식물 줄기를 파먹는다. 파푸아뉴기니를 중심으로 인도네시아의 여러 섬에 널리 분포한다.

* 다윈(Darwin)과 함께 진화론으로 유명한 영국의 박물학자 월리스(Wallace A. R.)의 이름이 붙은 하늘소이다.

♂ 72mm ♀ 70mm | ♂×0.65 ♀×0.8

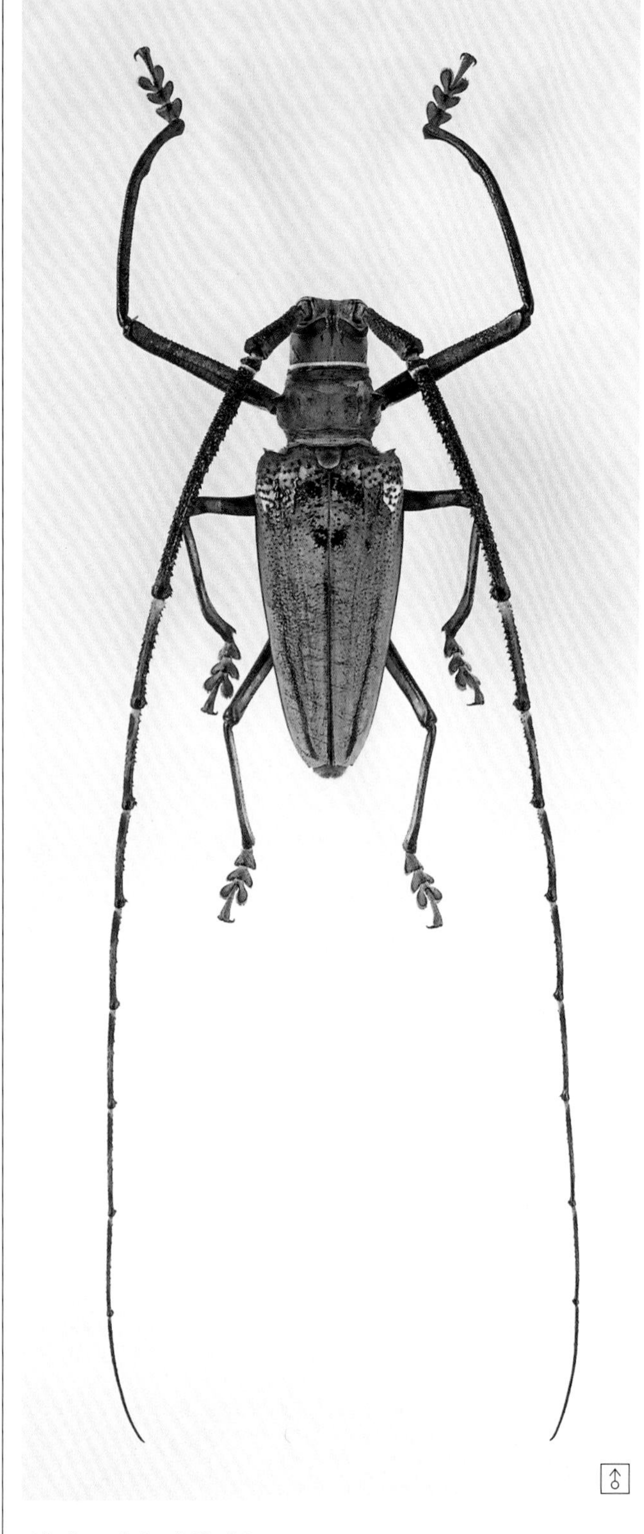

윌리스긴수염왕하늘소 [하늘소과]

Batocera wallacei proserpina (아종)

- 몸 길이 43-82mm (파푸아뉴기니)

'민무늬남방하늘소(*Rosenbergia mandibularis*)' 의 아종과 거의 비슷한 생김새이나 딱지날개의 크림색이 훨씬 덜하다. 더듬이는 잔털이 빽빽이 나 있으며, 수컷 더듬이는 길이가 몸의 2.5배 정도이나 암컷 더듬이는 몸의 1.5배 정도이다. 파푸아뉴기니와 아루 섬, 키 섬 등에 국한하여 분포한다.

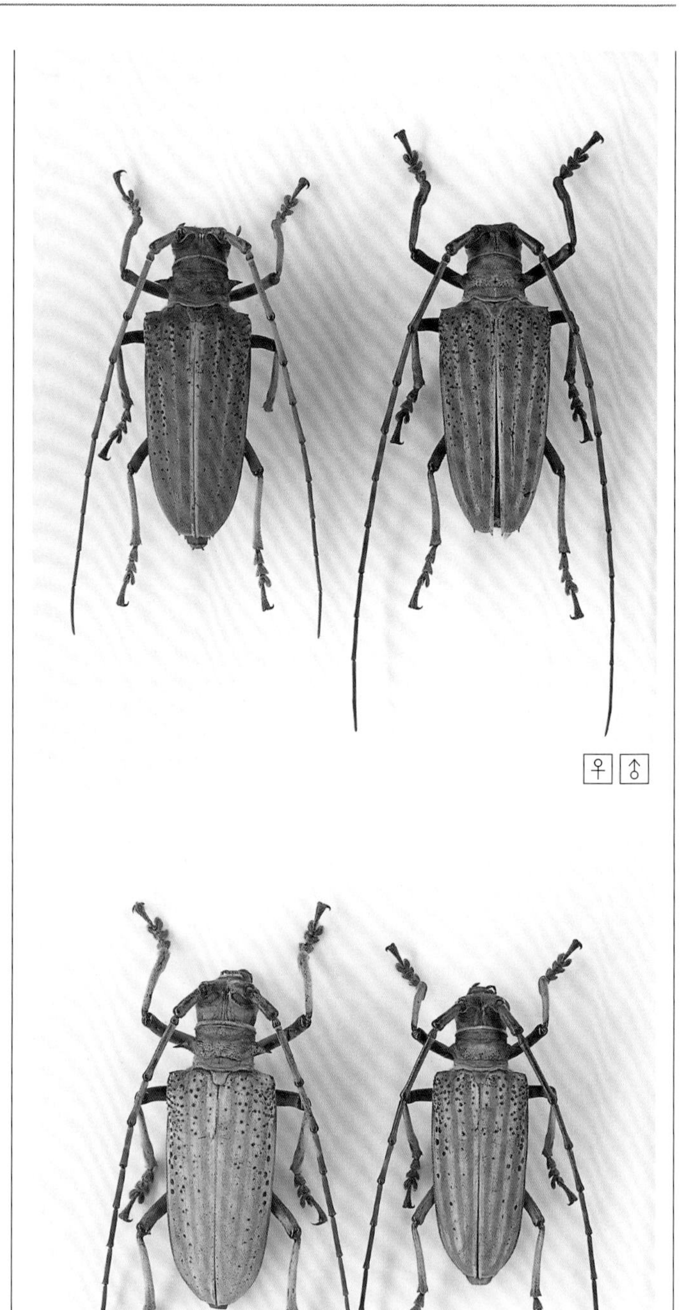

♀ ♂

홍줄남방하늘소 [하늘소과]

Rosenbergia weiskei

- 몸 길이 44-53mm (파푸아뉴기니)

몸과 딱지날개의 주황색 줄무늬가 아름다운 종으로, 딱지날개 어깨부분에 검은색 과립이 있다. 몸 전체에 잔털이 빽빽이 나 있다. 여러 색채 변이가 생기며, 파푸아뉴기니에 분포한다.

♀ 50mm, ♂ 48mm
♀ 53mm, ♂ 49mm
×0.85

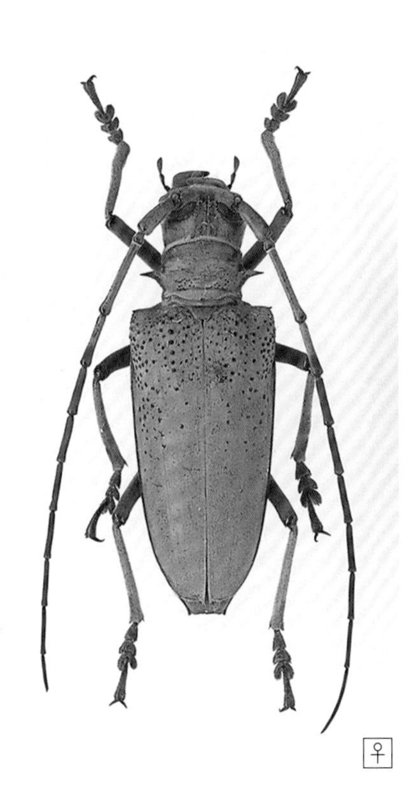

민무늬남방하늘소 [하늘소과]

Rosenbergia mandibularis

- 몸 길이 36–54mm (파푸아뉴기니)

'홍줄남방하늘소(*R. weiskei*)' 와 닮았으나 딱지날개에 주황색 줄무늬가 없다. 파푸아뉴기니에 분포한다.

54mm ×1.1

청보라맵시하늘소 [하늘소과]

Sphingnotus miribalis

- 몸 길이 32mm 안팎 (파푸아뉴기니)

녹색과 청색의 금속 광택이 강해서 매우 아름답다. 딱지날개는 녹색 바탕에 흰 가로줄 2개가 뚜렷하다. 끝은 좁아지다가 자른 듯이 보인다. 파푸아뉴기니 주위의 솔로몬 제도에 분포한다.

32mm ×1.1

청가루맵시하늘소 [하늘소과]

Sphingnotus albertisi

- 몸 길이 30mm 안팎 (파푸아뉴기니)

'보라가루맵시하늘소(*S. insignis*)' 와 닮았으나 바탕색에 청색 광택이 강해서 구별된다. 그러나 계통적으로 '보라가루맵시하늘소' 와 가까워 아종으로 보기도 한다. 파푸아뉴기니 일대에 분포한다.

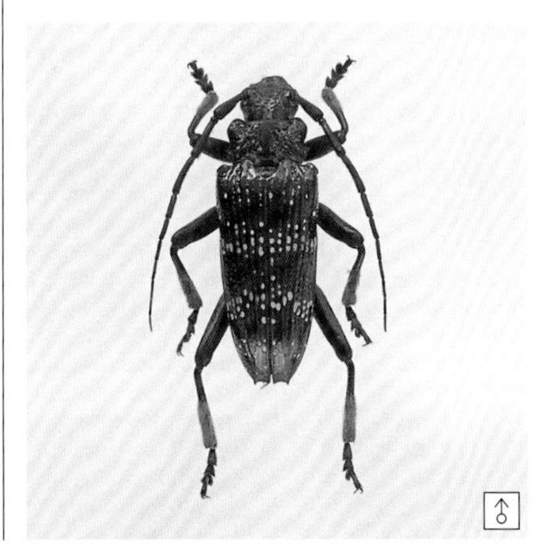

보라가루맵시하늘소 [하늘소과]

Sphingnotus insignis

- 몸 길이 29–40mm (파푸아뉴기니)

몸은 갈색 바탕에 흰 점무늬가 가루처럼 퍼져 있다. '청보라맵시하늘소(*S. miribalis*)' 와 닮았으나 가슴의 홈이 더 뚜렷하고 딱지날개의 홈줄이 더 뚜렷하다. 다리의 노란색 무늬는 두 종이 거의 닮았다. 파푸아뉴기니 주위의 솔로몬 제도, 비스마르크 제도에 분포한다.

하늘줄무늬보석바구미 [바구미과]

Eupholus sp.

- 몸 길이 28–34mm (파푸아뉴기니)

몸이 매우 단단해서 새들이 먹을 수 없기 때문에 이들을 닮으려는 곤충이나 거미가 많다. 몸의 아름다운 무늬가 마치 보석 같은 느낌이 들어 여성용 장신구의 재료로 쓰이기도 한다. 이들은 바탕색이 하늘색을 띠고, 딱지날개에 검은 띠로 나누어진 두 부분의 색이 조금 다른 특징이 있다. 개체 변이가 심하며, 지역에 따른 변이가 많아 종의 구별이 쉽지 않다. 뉴기니, 필리핀, 타이완 등지에 분포한다. 분포의 중심은 파푸아뉴기니이다.

28–34mm ×1.0

메뚜기목

뉴기니큰나뭇잎여치 [여치과]

Siliguofera sp.

- 몸 길이 60mm 안팎 (파푸아뉴기니)

날개가 매우 발달하였고, 나뭇잎처럼 생겼다. 날개를 편 길이는 150mm 정도이다. 뉴기니에 분포한다.

60mm ×0.7

나비 채집기 ❶

남태평양 팔라우 공화국의 곤충과 풍경

❶ 남태평양에 위치한 팔라우 공화국은 작은 섬들로 이루어져 있지만 열대 정글이 발달하였다.

❷ 한 장소에서 이 메뚜기 애벌레가 많이 발견되었다.

❸ 마을로 가는 길 주변에서 발견한 메뚜기

❹ 작은 습지에서 발견한 잠자리

오스트레일리아권

오스트레일리아 중앙부의 사막 지대를 제외하고는 열대와 아열대계 곤충이 많으며, 아직 발견되지 않은 종들이 많을 것으로 추정된다. 대륙 중앙부의 광대한 지역은 대부분 황무지여서 곤충의 종류가 많지 않다. 이에 비하면 대륙 북부와 동부 지역은 주로 유칼리나무로 된 산림이 펼쳐져 있고, 다른 대륙과 오래 격리된 관계로 독특하게 분화된 곤충상을 보인다. 뉴질랜드 역시 섬이어서 곤충상이 독특하다.

나비목

명주사향제비나비 [호랑나비과]

Cressida cressida

- 날개 편 길이 75–100mm (오스트레일리아)

우리 나라 '애호랑나비(*Luehdorfia puziloi*)' 처럼 짝짓기 후 암컷의 배에 교미주머니가 생겨 다시 짝짓기할 수 없게 된다. 특이하게 앞다리가 길어서 더듬이처럼 보인다. 암컷의 앞날개는 수컷보다 더 넓고, 날개의 비늘가루가 적어 투명해 보인다. 오스트레일리아와 파푸아뉴기니 일부에서만 보이는 원시적 호랑나비 종류이다.

86mm ×1.2

♀

연노랑점박이제비나비 [호랑나비과]

Papilio aegeus

- 날개 편 길이 75–132mm (오스트레일리아)

뉴기니산이 *emenus*라는 아종인 데 비해 이 개체는 원명 아종에 해당한다. 뉴기니 일대 섬들과 오스트레일리아권에 분포하며, 지역에 따른 형태 차이는 크지 않다.

90mm ×1.1

청점박이제비나비 [호랑나비과]

Graphium stresemanni

- 날개 편 길이 60mm 안팎
  (인도네시아 세람 섬)

날개는 흑갈색 바탕에 청색과 녹색 무늬가 퍼져 있는데, 외횡선 쪽으로 청색 점이 줄지어 있다. 뒷날개의 꼬리 모양 돌기는 제비나비류(*papilio*속)와 닮았으며, '청띠제비나비(*G. sarpedon*)'와 가까운 계통인 것으로 보인다. 아직 애벌레의 먹이 식물이 확인되지 않았다. 동남 아시아 일대에 널리 분포하며, 세계 적색 목록에 희귀종으로 올라 있다.

은빛붉은뒷고운흰나비 [흰나비과]

Delias argenthona

- 날개 편 길이 60mm 안팎
  (오스트레일리아)

계절적 변이가 심하다. 특히 건기에 출현하는 개체는 작고 검어서 *'seminigra'* 라는 형으로 부른다. 오스트레일리아 북서부와 이리안 섬 주변에 분포한다.

60mm ×0.85

뾰족날개뒷고운흰나비 [흰나비과]

Delias pasithoe

- 날개 편 길이 70mm 안팎
  (오스트레일리아)

흰나비치고는 날개의 검은 부분이 많다. 인도 북부에서 선덜랜드와 필리핀에 분포한다.

70mm ×0.72

연노랑흰나비 [흰나비과]

Catopsilia pomona

- 날개 편 길이 59mm 안팎
  (오스트레일리아 황금 해안)

평지의 풀밭에 많고, 꽃에 잘 찾아온다. 동양구 각지에 분포하며, 우리 나라에서도 채집되어 기록된 적이 있다.

검붉은뒷고운흰나비 [흰나비과]

Delias nigrina

- 날개 편 길이 51mm 안팎
  (오스트레일리아)

뒷날개 아랫면은 대부분의 흰나비과 나비들과 생김새가 다르다. 오스트레일리아 동부와 중부에 분포한다.

자바흰나비 [흰나비과]

Anaphaeis java teutonia (아종)

- 날개 편 길이 46mm 안팎
  (오스트레일리아)

날개 윗면보다 아랫면에 검은색 줄무늬가 많이 있다. 오스트레일리아 전 대륙과 인도네시아 부속 여러 섬에 분포하며, 원명 아종은 인도네시아 자바에 분포한다.

깃검은주홍부전나비 [부전나비과]

Hypochrysops apelles

- 날개 편 길이 28mm 안팎 (오스트레일리아)

날개 끝과 뒷날개 전연은 검은색을 띠고, 그 밖에는 주황색을 띤다. 날개 아랫면은 겨자색을 띤다. 열대와 아열대의 맹그로브 숲에 살며, 애벌레는 맹그로브 잎을 먹는다. 오스트레일리아 북부에 분포한다.

남방오색나비 [네발나비과]

Hypolimnas bolina

- 날개 편 길이 80mm 안팎 (오스트레일리아)

수컷보다 암컷의 색깔 변이가 심하다. 오스트레일리아 아열대 지역의 숲 지대나 풀밭에 산다.

쐐기풀멋쟁이나비 [네발나비과]

Vanessa itea

- 날개 편 길이 48mm 안팎 (오스트레일리아)

우리 나라 '큰멋쟁이나비(*V. indica*)'와 근연종으로 생김새가 많이 닮았다. 애벌레의 먹이 식물은 쐐기풀이다. 오스트레일리아 남부와 뉴질랜드에 분포한다.

빗살까마귀왕나비 [네발나비과]

Euploea core

- 날개 편 길이 80mm 안팎 (오스트레일리아 황금 해안)

평지의 길가에 흔하며 유유히 날아다닌다. 동양구와 오스트레일리아구에 널리 분포한다. 우리 나라 제주도의 가로수로 심어져 있는 유도화와 같은 식물에서도 발견된다.

붉은눈뱀눈나비 [네발나비과]

Tisiphone abeona

- 날개 편 길이 54mm 안팎 (오스트레일리아 블루 마운틴)

우리 나라의 '뱀눈그늘나비(*Lasiommata deidamia*)'와 행동이 비슷한 종이다. 암석이 많은 산지에 살며, 오스트레일리아 시드니 부근의 블루 마운틴에서 많이 볼 수 있으며, 현재까지 오스트레일리아에서만 발견된다.

* 사진의 표본은 블루 마운틴을 직접 방문하여 산불을 막기 위해 넓혀진 산길에서 채집한 것이다.

바퀴목

민날개바퀴 [왕바퀴과]

Opisthoplatia sp.

- 몸 길이 90mm 안팎 (오스트레일리아)

몸은 타원형으로, 붉은색이 감도는 흑갈색이다. 몸 가장자리와 다리에는 날카로운 가시 돌기가 나 있다. 날개가 없어 숲 바닥을 기어다니며 생활한다. 오스트레일리아에 분포한다.

동양구

ORIENTAL REGION

동남 아시아권

기후가 연중 고온 다습하여 열대 우림 지역이며, 키 큰 나무들이 많고, 식물의 종류가 다양하여 곤충의 종류도 매우 풍부한 곳이다. 우리 나라와 비교해 보아도 같은 면적당 나비의 종류나 수가 5배가 훨씬 넘는다. 동남 아시아는 인도네시아, 말레이시아, 필리핀, 티모르 등 여러 나라의 섬들로 이루어져 있어서, 섬에 따른 지역적 변이가 심한 곳이다. 따라서 같은 종류의 곤충이라고 하더라도 섬에 따라 격리되면 새로운 아종이나 근연종으로 분화한 종류가 매우 많다. 특히 이곳에는 장수제비나비류나 '붉은목도리비단나비' 등 대형 제비나비류가 사는 장소로 이름이 나 있다. 국내 애호가들이 직접 이 지역을 방문하여 채집해 온 곤충 덕에 국내에 소장된 표본이 다양해졌다.

나비목

붉은목도리비단나비 [호랑나비과]

Trogonoptera brookiana albescens(아종)

- 날개 편 길이 140mm 안팎 (말레이시아)

머리 아래의 가슴에 붉은 무늬가 가늘게 있는 것이 특징이다. 정글의 강 주변 축축한 장소에서 관찰할 수 있다. 축축한 물가에 날아와 앉아 물을 빨아먹는 쪽은 모두 수컷들이고 암컷은 꽃에만 날아오는데, 날개를 계속 파닥거린다. 땅바닥에 앉아 있을 때 햇볕을 향하여 날개를 일자로 가지런하게 펴는 특징이 있다. 이와 같은 행동은 *Ornithoptera*속 비단나비류와 *Troides*속 장수제비나비류에서는 볼 수 없다. 말레이시아 및 인도네시아의 수마트라와 보르네오 서부에 분포한다.

＊ 영국 박물학자 월리스(Wallace, A.R., 1823–1913)가 말레이시아 사라와크에서 처음 발견하였는데, 당시 그 지역의 토후였던 브루크(Brooke)의 이름을 따서 이 나비의 종명을 지었다고 한다.

♂ 133mm ♀ 148mm | ♂×0.39 ♀×0.35

필리핀붉은목도리비단나비 [호랑나비과]

Trogonoptera trojana

- 날개 편 길이 170mm 안팎 (필리핀)

한때는 '붉은목도리비단나비(*T. brookiana*)'의 필리핀 아종으로 분류된 적도 있었다. 필리핀 제도 서쪽에 있는 팔라완 섬에만 분포한다.

♂ 156mm ♀ 162mm | ♂×0.7 ♀×0.32

헬레나장수제비나비 [호랑나비과]

Troides helena

- 날개 편 길이 130mm 안팎 (인도네시아 셀레베스 섬)

지역에 따른 변이가 심해 현재 17아종으로 분류된다. 주로 열대 우림의 숲 가장자리에서 서식하며, 도시 외곽 지역에도 찾아온다. 동남 아시아에 널리 분포한다.

장수제비나비 [호랑나비과]

Troides aeacus

- 날개 편 길이 120mm 안팎 (말레이시아)

암수의 성 차이가 뚜렷하다. 수컷의 앞날개는 검은색 바탕이고, 뒷날개는 황금색 바탕에 검은색 점무늬가 나타난다. 암컷은 뒷날개에 검은색 무늬가 발달하여 어둡게 보인다. 먹이 식물이나 서식지에 대한 정보가 충분하지 않다. 인도 북서부로부터 말레이 반도, 인도차이나 반도, 중국 남부와 타이완에 걸쳐 널리 분포한다.

99mm ×0.95

장수제비나비 [호랑나비과]

Troides aeacus praecox (아종)

- 날개 편 길이 140mm 안팎 (타이)

*Troides*속 나비는 대형으로, 동남 아시아에서 인도권까지 분포한다. 앞날개는 검고 뒷날개는 금빛이 찬란하다. 이들 모두 CITES (야생 동식물의 국제 거래에 관한 협약)에 등록되어 있다. 이 아종은 타이에 분포한다.

140mm ×0.36

테두리검은장수제비나비 [호랑나비과]

Troides haliphron

- 날개 편 길이 140mm 안팎 (말레이시아, 인도네시아 자바, 세루아)

수컷은 앞날개가 검고 뒷날개 중앙에만 황금색 무늬가 있는 데 반해, 암컷은 앞날개의 흰줄 무늬와 뒷날개의 황금색 무늬가 더 넓다. 인도네시아의 여러 섬에 분포한다.

♂ 88mm ♀ 170mm ♂×0.59 ♀×0.3

보르네오장수제비나비 [호랑나비과]

Troides amphrysus

- 날개 편 길이 130mm 안팎 (인도네시아)

뒷날개의 금색 부위가 넓다. 수컷은 뒷날개 내연에 황금색 긴 털이 있으나 암컷은 검다. 인도네시아의 자바와 순다 열도, 수마트라, 말레이 반도, 랑카위 섬에 널리 분포한다.

130mm ×0.4

희미무늬장수제비나비 [호랑나비과]

Troides cuneifera

- 날개 편 길이 112–127mm (인도네시아 수마트라)

'보르네오장수제비나비(*T. amphrysus*)'와 닮았으나 수컷 배의 등 면에 검은 무늬가 있어 구별된다. 이 종 쪽이 훨씬 높은 곳에 적응되어 있다. 말레이 반도와 수마트라, 자바의 고산 지대에 산다.

♂ 112mm ♀ 127mm ♂×0.46 ♀×0.41

배얼룩장수제비나비 [호랑나비과]

Troides hypolitus cellularis (아종)

- 날개 편 길이 160mm 안팎 (인도네시아 셀레베스 섬)

뒷날개는 황금빛으로, '금제비나비'로 불러도 될 만큼 화려하다. 애벌레의 몸에 독성이 있어 천적으로부터의 피해를 덜 받고 있는데, 이 종이 속한 사향제비나비류 전체의 공통된 특징이다. 꽃에 날아와 꿀을 빨 때에는 앞날개를 쉼 없이 파닥거리며, 한 꽃에 오래 머무르지 않는다. 예민해서 가까이 다가서서 관찰하기가 힘들다. 꽃에 날아와 꿀을 빠는 모습이 마치 큰 새가 앉아 있는 것 같은 착각이 들 정도로 대형종이다. 장수제비나비류(*Troides* spp.)는 파푸아뉴기니에서 인도까지 분포하며, 20여 종이 있으나 그 대부분의 종들은 말레이 반도와 셀레베스 섬에 집중되어 있다.

♂ 150mm ♀ 155mm | ♂×0.7 ♀×0.33

깊은산장수제비나비 [호랑나비과]

Troides vandepolli

- 날개 편 길이 103–133mm (인도네시아 수마트라)

날개의 밑부분이 특이하게 검은색을 띤다. 고도가 높은 곳에 산다. 꽃에 날아와 꿀을 빨 때에는 날갯짓을 계속한다. 자바 서부와 수마트라 서부에 분포한다.

♂ 103mm ♀ 133mm | ♂×0.47 ♀×0.39

수검은장수제비나비 [호랑나비과]

Troides dohertyi

- 날개 편 길이 130mm 안팎 (인도네시아)

같은 속 나비류 중에서 작은 편에 속한다. 수컷은 뒷날개 내연의 접힌 부분만 빼고 전체가 검다. 암컷도 검은 편인데, 뒷날개 중앙에 약하게 금색 띠무늬가 있다. 인도네시아의 탈라우드 제도에 분포한다.

♂ 103mm ♀ 133mm | ♂×0.5 ♀×0.39

붉은무늬사향제비나비 [호랑나비과]

Atrophaneura kuhni

- 날개 편 길이 107mm 안팎 (인도네시아)

'딕소니사향제비나비(*A. dixoni*)' 또는 '뒷붉은사향제비나비(*A. semperi*)'와 닮았으나, 암컷의 뒷날개 아랫면의 붉은 무늬가 긴 막대 모양이다. 인도네시아의 셀레베스 섬에 분포한다.

107mm | ×0.46

♀

가는꼬리사향제비나비 [호랑나비과]

Pachliopta coon doubledayi (아종)

- 날개 편 길이 89mm 안팎 (말레이시아 타만네가라)

전체적으로 날개의 너비가 좁으며, 특히 뒷날개의 꼬리 모양 돌기는 가늘고 끝이 둥글어 매우 위태롭게 보인다. 밀림의 환한 공간을 1m 전후의 높이에서 직선으로 날아다니는데, 그다지 빠르지 않다. 말레이시아와 인도네시아, 미얀마 남부, 아삼에 분포한다.

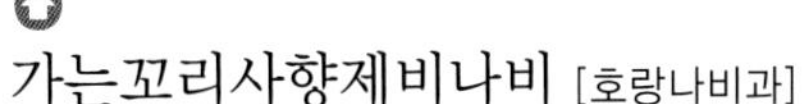
89mm ×1.1

♂

긴꼬리사향제비나비 [호랑나비과]

Pachliopta mariae

- 날개 편 길이 87mm 안팎 (필리핀)

사향제비나비류로 뒷날개의 꼬리 모양 돌기가 가늘고 길다. 간혹 지역에 따라 이 돌기가 굵어지는 아종도 있다. 필리핀 제도를 중심으로 분포한다.

87mm ×0.53

▲ ♂

♀

뒷붉은사향제비나비 [호랑나비과]

Atrophaneura semperi

- 날개 편 길이 95–124mm (필리핀)

몸통은 붉은색을 띠고 날개는 검은데, 수컷보다 암컷이 뒷날개의 붉은 무늬가 발달되어 있다. 그러나 이 무늬는 지역에 따라 변이가 심하다. 주로 깊은 산 계곡 주변에 살고, 암수 모두 낮은 키의 나무에 핀 꽃에 날아온다. 현재 7아종이 알려져 있으며, 필리핀과 인도네시아 등지에 분포한다.

♂ 95mm ♀ 124mm ♂×0.55 ♀×0.42

▲ ♀

딕소니사향제비나비 [호랑나비과]

Atrophaneura dixoni

- 날개 편 길이 100mm 안팎 (인도네시아 셀레베스 섬)

암컷은 뒷날개 아랫면의 후각 부근에 붉은 띠가 두 줄 나 있다. 셀레베스 섬의 특산종으로, 산지에 분포한다.

100mm ×0.45

♂

잘레우쿠스사향제비나비 [호랑나비과]

Atrophaneura zaleucus

- 날개 편 길이 72mm 안팎 (타이)

꽃에 잘 날아오며, 지역적으로 형태 차이가 크다. 시킴과 타이를 거쳐 말레이 반도까지 분포하는데, 말레이시아에서는 고도가 높은 곳에서 볼 수 있다.

72mm ×0.66

흰목도리사향제비나비 [호랑나비과]

Atrophaneura priapus

- 날개 편 길이 100mm 안팎 (인도네시아 자바 서부)

머리 뒤의 가슴 앞부분이 흰색으로, '붉은목도리비단나비(*Trogonoptera brookiana*)'를 연상하게 된다. 수컷은 뒷날개 내연이 흰색이다. 뒷날개에 꼬리 모양 돌기가 없다. 미얀마에서 인도네시아 각지에 분포한다.

100mm ×0.5

꼬마사향제비나비 [호랑나비과]

Pachliopta aristolochiae kotzebuea (아종)

- 날개 편 길이 62mm 안팎 (필리핀)

우리 나라의 '사향제비나비(*Atrophaneura alcinous*)'와 닮았으나 뒷날개의 붉은 점이 더 뚜렷하고, 중앙 부위에 흰 점 띠가 3개 있어 구별된다. 머리와 배 끝에 붉은색이 뚜렷하다. '흰띠제비나비(*Papilio polytes*)'의 암컷과 닮았다. 인도와 스리랑카에서 타이, 중국 남부, 말레이 반도와 파푸아뉴기니까지 널리 분포한다.

62mm ×0.8

무늬박이제비나비 [호랑나비과]

Papilio helenus palawanicus (아종)

- 날개 편 길이 110mm 안팎 (필리핀)

같은 종은 지역에 따라 여러 아종으로 구분되는데, 이 아종은 전체적으로 어둡다. 그 밖에 생김새나 꽃을 찾는 습성, 짝짓기 등의 특징은 우리 나라에서 채집되는 종과 큰 차이가 없다. 필리핀의 팔라완 섬에 분포한다.

95mm ×0.9

무늬박이제비나비 [호랑나비과]

Papilio helenus sataspes (아종)

- 날개 편 길이 114mm 안팎 (인도네시아)

뒷날개의 연미색 무늬의 아랫부분은 잘린 듯한 모양이다. 인도네시아의 셀레베스 섬에 분포한다.

* 학자에 따라 뒷날개의 연미색 무늬에 대한 해석에 약간의 차이가 있어서 종 *sataspes*로 승격해서 취급하기도 한다.

117mm ×0.43

이스와라무늬박이제비나비 [호랑나비과]

Papilio iswara

- 날개 편 길이 137mm 안팎 (말레이시아)

'무늬박이제비나비(*P. helenus sataspes*)'와 닮았으나 더 큰 종이다. 날개는 전체적으로 검은데, 뒷날개의 연미색 무늬가 넓다. 암컷은 후각 부근에 붉은 고리 무늬가 있다. 주로 산 위를 잘 날아다니며, 매우 흔한 종이다. 미얀마에서 싱가포르까지 분포한다.

135mm ×0.38

번개무늬제비나비 [호랑나비과]

Papilio diophantus

- 날개 편 길이 96mm 안팎 (인도네시아 수마트라)

뒷날개의 노란색 무늬가 바깥쪽으로 흩어져 있어 '번개무늬'라는 이름이 붙었다. 뒷날개 아랫면의 기부 전연에 두 줄의 짧은 붉은 띠가 있다. 인도네시아 수마트라의 북부 산악 지대에만 분포하며, 계곡을 유유히 날아다닌다.

96mm ×0.52

큰무늬박이제비나비 [호랑나비과]

Papilio nephelus sunatus (아종)

- 날개 편 길이 90mm 안팎 (인도네시아)

날개 끝 부위에 날개 외연과 평행한 흰 띠가 나타나고, 뒷날개에는 날개 중앙에 거의 절반 이상을 차지할 정도로 넓은 흰무늬가 있다. 항상 숲 가까이에서 쉬지 않고 빠르게 날아다닌다. 미얀마와 중국 남부에서 순다 열도까지 분포한다.

90mm ×0.56

멤논제비나비 [호랑나비과]

Papilio memnon anceus (아종)

- 날개 편 길이 90–101mm (인도네시아 수마트라)

뒷날개에 꼬리 모양 돌기가 없다. 암컷은 앞날개 기부 위쪽으로 붉은 막대 무늬가 있다. 암컷은 여러 형이 나타나는데, 이를 다형 현상(polymorphism)이라고 한다. 이 종은 여러 아종으로 분류되며, 주로 산지에 많다. 인도네시아의 수마트라에 분포한다.

♂ 101mm ♀ 98mm ♂×0.5 ♀×0.48

멤논제비나비 [호랑나비과]

Papilio memnon agenor (아종)

- 날개 편 길이 120mm 안팎 (말레이시아)

전체적으로 색이 짙다. 시킴과 아삼에서 말레이 반도에 걸쳐 분포한다.

120mm ×0.84

아케론민꼬리제비나비 [호랑나비과]

Papilio acheron

- 날개 편 길이 97mm 안팎 (보르네오)

날개 윗면은 '멤논제비나비(*P. memnon*)'의 어두운 형에 해당하나, 아랫면은 뒷날개 외횡대에 회황색이 넓게 외연을 따라 나타나며, 그 가운데에 검은 점무늬가 일렬로 나열된다. 주로 보르네오 북부에 분포한다.

97mm ×0.53

♂ 110㎜ ♀ 110㎜ | ♂×1.0 ♀×0.45

루만민꼬리제비나비 [호랑나비과]

Papilio rumanzovia

- 날개 편 길이 110–115mm (필리핀)

수컷은 날개의 색깔이 완전히 검고 청색 비늘가루가 약하게 감도나, 암컷은 앞날개 기부와 뒷날개 후각 부근에 붉은 점이 있는 것 외에도 뒷날개 중앙이 흰색을 띠어서 차이가 난다. 지역적인 차이가 나타나는데, 때로는 암컷의 날개가 밝아지거나 뒷날개 중앙의 흰색 부위가 넓어진다. 필리핀과 타이완, 인도네시아에 분포한다.

로위제비나비 [호랑나비과]

Papilio lowi

- 날개 편 길이 88mm 안팎 (필리핀)

뒷날개의 중앙에서 바깥쪽으로 폭넓게 청회색 무늬가 있고, 검은 맥이 방사상으로 부챗살처럼 퍼져 있다. 보르네오 북부와 필리핀의 팔라완 섬에 분포한다.

흰띠제비나비 [호랑나비과]

Papilio polytes

- 날개 편 길이 80–100mm (사이판)

수컷은 '남방제비나비(*P. protenor*)' 처럼 검은색 바탕이지만 뒷날개 중앙에 흰 점 띠가 뚜렷하여 크게 구별된다. 암컷은 수컷과 닮은 형도 있지만 전혀 다른 형도 있다. 경작지 주변이나 산 가장자리 빈터에 산다. 먹이식물은 귤나무류이다. 인도와 스리랑카에서 필리핀, 중국 남부, 일본 남쪽 섬과 남태평양 제도까지 널리 분포한다.

80㎜ | ×0.6

파리스보라제비나비 [호랑나비과]

Papilio paris

- 날개 편 길이 80–135mm (인도네시아 자바)

'산제비나비(*P. maackii*)' 와 닮았으나 뒷날개 중앙 바깥쪽으로 청색 무늬가 넓게 나타난다. 암컷은 수컷보다 노란색이 더 강하다. 흔한 종으로, 숲 지대에 산다. 애벌레는 운향과 식물을 먹으며, 건드리면 노란색 취각을 뻗친다. 인도와 타이의 낮은 지대와 중국 남서부의 고도가 높은 곳에 분포하지만 말레이 반도에는 분포하지 않는다.

80㎜ | ×0.6

불루메보라제비나비 [호랑나비과]

Papilio blumei

- 날개 편 길이 120mm 안팎 (인도네시아 셀레베스 섬)

날개는 검은 바탕에 녹색 가루가 퍼져 있으며, 날개 중앙을 가로지르는 띠는 밝은 남빛을 띠어 매우 아름다운 나비에 속한다. 인도네시아의 셀레베스 섬에만 분포하며, 현지에서는 매우 흔한 종이다. 현재까지 두 아종이 알려져 있다.

팔라완보라날개제비나비 [호랑나비과]

Papilio palinurus

- 날개 편 길이 70–84mm (필리핀)

검은 바탕에 녹색 가루가 은하수처럼 퍼져 있다. 날개 중앙의 녹색 띠가 뚜렷하다. 흔한 종이나 말레이시아의 아종은 매우 드문 것으로 알려져 있다. 필리핀의 팔라완 섬에 분포한다.

청보라날개제비나비 [호랑나비과]

Papilio peranthus

- 날개 편 길이 90mm 안팎 (인도네시아)

날개의 중앙에서 기부 쪽으로 청록색을 띤다. 인도네시아의 자바에 분포한다.

청보라날개제비나비 [호랑나비과]

Papilio peranthus adamantius (아종)

- 날개 편 길이 90mm 안팎 (인도네시아)

원명 아종보다 녹색 띠의 너비가 훨씬 좁다. 인도네시아의 셀레베스 섬에 분포한다.

105mm ×0.49

까마귀보라제비나비 [호랑나비과]

Papilio karna carnatus (아종)

- 날개 편 길이 91mm 안팎 (인도네시아)

'파리스보라제비나비(*P. paris*)' 와 닮았으나 뒷날개의 녹색 무늬의 너비가 조금 좁으며, 후각 쪽으로 급하게 좁아진다. 보르네오 북부에 분포한다.

티모르보라제비나비 [호랑나비과]

Papilio pericles

- 날개 편 길이 70mm 안팎 (인도네시아 티모르)

앞날개보다 뒷날개가 더 넓어 보인다. 날개 기부의 대부분은 남빛이 두드러지고 몸의 윗부분도 남빛이다. 주로 산 가장자리를 따라 날아다니는데, 흔하지 않은 편이다. 인도네시아 동부 소순다 열도와 티모르에 분포한다.

63mm ×0.69

노란줄점제비나비 [호랑나비과]

Papilio gigon

- 날개 편 길이 116mm 안팎 (인도네시아 셀레베스 섬)

날개는 검은색 바탕에 날개 끝에서 뒷날개 내연 중앙에 이르는 노란색 띠가 두드러진다. 뒷날개의 아랫면에 붉은 줄무늬가 어지럽게 나타난다. 앞날개의 전연이 둥글게 부풀어 있다. 인도네시아의 셀레베스 섬 주변에 분포한다.

108㎜ ×0.9

필리핀호랑나비 [호랑나비과]

Papilio benguelana

- 날개 편 길이 77mm 안팎 (필리핀)

언뜻 보면 호랑나비를 옆으로 늘여놓은 듯한 생김새이다. 현재 필리핀의 한 지역에서만 발견되는 유존종으로, 세계 적색 목록에 감소 추세종으로 올라 있다.

필리핀노란줄점제비나비 [호랑나비과]

Papilio demolion delostenus (아종)

- 날개 편 길이 78mm 안팎 (필리핀)

'노란줄점제비나비(*P. gigon*)'와 닮았으나 약간 작다. 날개의 노란 줄의 너비도 좁은 편이고, 앞날개 전연의 부푼 정도가 보다 약하다. 필리핀의 팔라완 섬에만 분포한다.

셀레베스청띠제비나비 [호랑나비과]

Graphium meyeri

- 날개 편 길이 74mm 안팎 (인도네시아 셀레베스 섬)

'도손청띠제비나비(*G. doson*)'와 닮았으나 뒷날개의 청색 띠가 흑갈색 선으로 나뉘어 있는 점이 다르다.

74㎜ ×0.7

유존종(遺存種)

'필리핀호랑나비'는 필리핀 루손 섬의 해발 2000m 이상의 산지에만 분포하며, 계통적으로 가까운 '호랑나비(*Papilio xuthus*)'와 닮았다. 이 종은 과거 빙하기에 필리핀이 육지와 연결되어 있었을 때 온대성인 '호랑나비'와 함께 살던 같은 종이었다. 후에 기온이 올라가면서 필리핀이 섬으로 분리될 때 온대 기후와 같은 고지에 고립되어 살게 된 것으로 보인다. 오랜 세월 동안 대륙과의 유전자 이동이 이루어지지 않아 새로운 종으로 분화할 수 있었던 것이다. 이와 같은 유존종의 예로 우리 나라 제주도의 '산굴뚝나비(*Hipparchia autonoe*)'나 '가락지나비(*Aphantopus hyperantus*)'의 아종 분화를 들 수 있다.

청띠제비나비 [호랑나비과]

Graphium sarpedon milon (아종)

- 날개 편 길이 59mm 안팎
  (인도네시아 셀레베스 섬)

날개 중앙의 청색 띠가 짙고 가늘다. 셀레베스 섬을 중심으로 분포한다.

* '청띠제비나비(*G. sarpedon*)'의 아종으로 취급하기도 하지만, 학자에 따라서는 종 *milon*으로 승격해서 취급하기도 한다.

청띠제비나비 [호랑나비과]

Graphium sarpedon nipponum (아종)

- 날개 편 길이 58mm 안팎 (필리핀)

우리 나라 남부 및 제주도에 사는 종과 큰 차이가 없다. 이 밖에 일본 남부와 타이완, 중국 남부를 비롯하여 동남 아시아 일대에 분포한다.

도손청띠제비나비 [호랑나비과]

Graphium doson gyndes (아종)

- 날개 편 길이 57mm 안팎 (필리핀)

'청띠제비나비(*G. sarpedon*)'와 닮았으나 날개 중앙의 세로띠의 바탕색이 엷고, 외횡대에 점무늬가 줄지어 있어서 구별된다. 뒷날개 아랫면에는 붉은색 띠가 가늘게 나타난다. 인도에서 필리핀까지의 아열대와 열대 지역에 분포하며, 일부는 일본 남부 섬까지 진출하고 있다.

* 청띠제비나비류(*Graphium* spp.)는 머리가 유난히 크고, 다리와 더듬이는 비늘가루로 덮여 있다. 앉을 때 날개를 길게 세우는 버릇이 있다. 수컷은 뒷날개 후연의 접힌 부분에 흰 털이 있다.

청띠꼬리제비나비 [호랑나비과]

Graphium sandawanum

- 날개 편 길이 55mm 안팎 (필리핀)

날개의 밝은 청색 띠가 넓게 발달하고 뒷날개에 꼬리 모양 돌기가 있다. 필리핀에만 분포한다.

유리필루스청띠제비나비 [호랑나비과]

Graphium eurypylus mecisteus (아종)

- 날개 편 길이 64mm 안팎
  (인도네시아 세람 섬)

원명 아종은 오스트레일리아 북부에 서식하고, 이 아종은 팔라완 섬과 말레이 반도, 보르네오, 자바 등지에 분포한다.

♀

먹구름청띠제비나비 [호랑나비과]

Graphium codrus celebensis (아종)

- 날개 편 길이 74mm 안팎 (인도네시아)

'청띠제비나비(*G. sarpedon*)'와 같은 띠무늬는 앞날개에만 보이고, 뒷날개는 기부에서 날개 중앙까지 회색 비늘가루가 펴져 있다. 전체 모양은 날개의 너비가 좁고, 뒷날개의 후각 부근에 꼬리 모양 돌기가 길게 뻗쳐 세로로 긴 모양새를 한다. 주로 열대 우림의 나무 꼭대기 위를 활발하게 날아다닌다. 인도네시아의 셀레베스 섬에 분포한다.

74mm ×0.6

♂

먹구름청띠제비나비 [호랑나비과]

Graphium codrus empedovana (아종)

- 날개 편 길이 68mm 안팎 (인도네시아)

아종 *celebensis*보다 날개의 바탕색이 밝고, 앞날개의 띠무늬가 위아래로 4개의 점으로 나타나 구별된다. 아종 *celebensis*와 달리 말레이 반도와 인도네시아의 자바, 수마트라, 보르네오에 널리 분포한다.

68mm ×0.74

♂

말레이얼룩줄측범나비 [호랑나비과]

Pathysa ramaceus pendleburyi (아종)

- 날개 편 길이 68mm 안팎 (말레이시아 타만네가라)

날개는 가로로 길고, 줄무늬가 가로로 줄을 그은 것같이 보인다. 수컷은 왕나비류의 *Parantica*속 또는 *Ideopsis*속과, 암컷은 *Euploea*속과 의태 관계에 있다. 사실은 몸에 독이 없으나 새들은 독성이 있는 것으로 판단하고 피한다. 랑카위 섬과 말레이 반도, 보르네오에 분포한다.

* 사진의 표본은 말레이시아의 타만네가라 국립 공원에서 비가 온 후 강가의 습지에 날아온 것을 손으로 직접 채집한 것이다.

68mm ×0.75

♂

녹색점띠제비나비 [호랑나비과]

Graphium agamemnon

- 날개 편 길이 70mm 안팎 (필리핀)

날개 전체가 흑갈색 바탕에 연녹색 원무늬가 흩어져 있다. 이것은 열대 우림의 숲을 날아다닐 때 숲의 녹색 바탕에 몸을 노출시키지 않으려는 생존 전략으로 해석된다. 몸 가까이의 날개 기부는 녹색이 막대 모양으로 보이는데, 이것도 몸을 보호하려는 의도로 이해된다. 인도 북부에서 동남아를 거쳐 필리핀, 타이완까지 널리 분포한다.

62mm ×1.3

녹색꽃무늬측범나비 [호랑나비과]

Pathysa antiphates itamputi (아종)

- 날개 편 길이 58-73mm (말레이시아)

앞날개 전연 쪽에서 시작하는 검은 줄무늬가 막대 모양이다. 뒷날개 후각의 칼날과 같은 꼬리 모양 돌기가 유난히 길다. 현재 말레이시아에 널리 분포하는 흔한 종으로, 지역 아종이 무려 12종류나 된다. 말레이시아의 타만네가라 국립 공원에서는 비가 온 후 강가의 축축한 곳에 무리를 지어 날아와 날개를 떨면서 물을 빨아먹는 모습을 쉽게 볼 수 있다. 스리랑카에는 매우 드물게 분포한다.

왕긴꼬리측범나비 [호랑나비과]

Pathysa androcles

- 날개 편 길이 85mm 안팎 (인도네시아 셀레베스 섬)

날개 전체가 희게 보일 정도로 흰 부분이 넓으나 날개 끝은 삼각 모양이며 검다. 세계에서 가장 긴 꼬리 모양 돌기를 가진 종이다. 뒷날개 꼬리 모양 돌기의 중앙에 검은색 줄이 약하게 있으며, 전체가 희고 길다. 산지에 사는데, 수컷은 무리를 지어 축축한 물가에 잘 날아온다. 파푸아뉴기니와 보르네오 사이의 셀레베스 섬에만 분포하며, 그다지 귀한 종은 아니다.

검은긴꼬리측범나비 [호랑나비과]

Pathysa dorcus

- 날개 편 길이 80mm 안팎 (인도네시아)

'왕긴꼬리측범나비(*P. androcles*)' 와 닮았으나 조금 작고, 앞날개 끝의 검은색 무늬 안에 흰 띠가 전혀 보이지 않아 구별된다. 셀레베스 섬 북부에 분포한다.

나비의 서식 환경

나비는 극지와 같은 몇몇 척박한 환경을 빼고는 지구의 어느 곳에나 살고 있다. 나비가 사는 환경은 식물 분포에 따르는 경향이지만, 빛, 온도, 습도, 먹이 식물 등의 조건에 따라서도 차이가 난다. 나비는 날아다니는 시간이 많아서 일반적으로 공중 생활에 적응하고 있으나 식물에 따른 환경이 서식 환경의 중요한 조건이다. 나비가 사는 서식 환경은 크게 숲과 풀밭 환경으로 나눌 수 있다. 숲에서 사는 나비를 살펴보면 숲 안에서 활동하는지, 숲 가장자리 또는 나무 위의 넓은 공간을 좋아하는지에 따라 달라진다. 반면, 풀밭 환경에 사는 나비들은 풀밭의 성격에 따라 달라지는데, 제주도 한라산 화산 지대와 같은 곳을 좋아하는 '산굴뚝나비(*Eumenis autonoe*)', '가락지나비(*Aphantopus hyperantus*)', '산꼬마부전나비(*Plebejus argus*)' 가 있는가 하면, 경작지 주변에만 사는 '배추흰나비(*Pieris rapae*)' 가 있다. 때로는 인간의 개발 현장에 살거나 산불 난 지역에만 사는 종류도 있다.

얼룩줄측범나비 [호랑나비과]

Pathysa (Paranticopsis) delessertii

- 날개 편 길이 65mm 안팎 (필리핀)

날개의 무늬나 색이 '왕나비(*Parantica sita*)'와 의태 관계에 있다. 나는 모습도 왕나비류처럼 빠르지 않다. 수컷은 여러 마리가 축축한 땅바닥에 잘 내려앉는다. 인도네시아의 자바에서는 절멸된 것으로 알려져 있으나 순다 열도에서는 쉽게 발견된다. 필리핀의 팔라완 섬에도 분포한다.

유리긴꼬리제비나비 [호랑나비과]

Lamproptera curius

- 날개 편 길이 30–50mm (말레이시아)

뒷날개의 꼬리 모양 돌기가 유난히 길고, 앞날개의 중앙에서 바깥쪽으로 투명하다. 날개 중앙의 띠는 흰색이다. 수컷은 물가에 잘 날아와 물을 먹는다. 날 때에는 잠자리와 같아 보일 때가 많으며, 매우 빠르다. 아삼에서 미얀마와 중국 남부, 말레이시아, 인도네시아 여러 섬에 분포한다.

흑표범제비나비 [호랑나비과]

Pathysa rhesus

- 날개 편 길이 53mm 안팎 (인도네시아)

날개의 바탕색이 근연종 중 가장 어둡다. 학자들은 인도의 시킴과 아삼에 분포하는 *P. aristeus*의 셀레베스 대치종으로 보고 있다.

뾰족날개뒷고운흰나비 [흰나비과]

Delias pasithoe

- 날개 편 길이 55mm 안팎 (인도네시아)

'연지곤지뒷고운흰나비(*D. crithoe*)'와 닮았으나 무늬가 조금 다르다. 동양구 일대에 널리 분포한다.

붉은꽃뒷고운흰나비 [흰나비과]

Delias descombesi

- 날개 편 길이 65–77mm
  (♂ 말레이시아, ♀ 인도네시아 발리)

날개 윗면은 흰색이나 아랫면은 검은색 비늘가루가 많이 덮여 있다. 평지에서 해발 2400m의 고산까지 연중 흔하게 볼 수 있다. 시킴과 인도차이나 반도, 말레이 반도, 자바, 소순다 열도 등지에 분포한다.

♂ 65mm ♀ 77mm | ♂×0.8 ♀×0.67

연노랑뒷고운흰나비 [흰나비과]

Delias levicki

- 날개 편 길이 60mm 안팎 (필리핀)

수컷의 앞날개 끝은 검고 나머지 부분은 흰데 반해, 암컷은 앞날개뿐만 아니라 뒷날개에도 검은 무늬가 있다. 날개 아랫면은 녹색으로 같은 속 중에서 독특한 색상을 띤다. 필리핀의 민다나오에만 분포한다.

벨리사마뒷고운흰나비 [흰나비과]

Delias belisama

- 날개 편 길이 65mm 안팎 (인도네시아)

날개 아랫면에만 검은색 무늬가 짙게 나타난다. 인도네시아의 보르네오와 수마트라, 발리에 분포하며, 지역에 따라 5아종으로 구분한다.

붉은뒷고운흰나비 [흰나비과]

Delias hyparete

- 날개 편 길이 66mm 안팎 (타이)

날개 윗면은 흰색이나 뒷날개의 아랫면은 아외연부에 선홍색 무늬가 있어 아름답고 기부와 중앙부에 노란 무늬가 잘 어우러져 있다. 암컷의 바탕색은 어둡다. 평지에 흔하나 고도가 높은 곳에서도 간간이 발견된다. 간혹 인가의 정원에 날아오는데, 어두워질 때까지 날아다닌다. 동양구에 널리 분포한다.

♂ 60mm ♀ 66mm | ♂×0.84 ♀×0.77

광채뒷고운흰나비 [흰나비과]

Delias splendida

- 날개 편 길이 60mm 안팎 (인도네시아 티모르)

뒷날개의 노란색 바탕이 넓은 종이다. 티모르에 분포한다.

하팔리나뒷고운흰나비 [흰나비과]

Delias hapalina conspectirubra (아종)

- 날개 편 길이 42mm 안팎 (인도네시아)

날개 아랫면의 붉은 무늬는 후각 부위에서만 약하게 나타난다. 인도네시아, 말레이시아에 분포한다.

검은줄뒷노랑흰나비 [흰나비과]

Prioneris philonome

- 날개 편 길이 64mm 안팎 (말레이시아)

'두줄굵은흰나비(*P. thestylis*)'와 닮았으며, 매우 흔한 종이다. 말레이 반도와 선덜랜드에서 인도 북부와 시킴, 인도차이나 반도까지 널리 분포한다.

64mm ×1.3

핍시뒷고운흰나비 [흰나비과]

Delias phippsi

- 날개 편 길이 40mm 안팎 (인도네시아)

'텟세이뒷고운흰나비(*D. tessei*)'와 닮았으나 날개 아랫면의 검은색 무늬가 더 넓고, 뒷날개 아랫면의 외횡대에 가는 붉은 띠가 있어 구별된다. 인도네시아 일대에 분포한다.

40mm ×1.15

갈색댕기뒷고운흰나비 [흰나비과]

Delias isse echo (아종)

- 날개 편 길이 49mm 안팎 (인도네시아)

뒷날개 아랫면의 기부에서 날개 중앙까지는 연녹색이고, 그 바깥으로는 흑갈색 바탕에 아외연을 따라 엷은 주홍빛 원무늬가 줄지어 있다. 인도네시아 일대에 분포한다.

49mm ×0.95

검은비단흰나비 [흰나비과]

Leptosia nina

- 날개 편 길이 37~50mm (인도네시아 발리)

날개 끝 부위에 검은색 무늬가 나타난다. 그 밖의 다른 부분은 흰색이나 뒷날개 아랫면은 녹색 기가 보인다. 대나무 숲 주위를 항상 1m 이하의 높이로 천천히 날아다닌다. 인도에서 말레이시아와 인도네시아, 중국 남부까지 분포한다.

37mm ×1.4

연지곤지뒷고운흰나비 [흰나비과]

Delias crithoe

- 날개 편 길이 60mm 안팎 (인도네시아 자바)

*D. henningia*와 닮았으나 뒷날개 아랫면의 노란색 부위가 넓고 선명하다. 또, 뒷날개 기부의 붉은색 무늬가 조금 축소되어 있다. 인도네시아 자바와 수마트라, 그 밖의 여러 섬에 분포하는데, 현재 여러 아종으로 분류된다.

60mm ×0.83

에페리아얼룩흰나비 [흰나비과]

Cepora eperia celebensis (아종)

- 날개 편 길이 62mm 안팎 (인도네시아)

뒷날개 아랫면은 노란색 바탕에 외연이 갈색을 띤다. 흔한 종으로, 평지를 빠르지 않게 날아다닌다. 열대 아시아와 오스트레일리아에 널리 퍼져 있으며, 인도네시아의 셀레베스 섬에 분포한다.

62mm ×0.8

두줄굵은흰나비 [흰나비과]

Prioneris thestylis

- 날개 편 길이 61mm 안팎 (타이)

'검은줄뒷노랑흰나비(*P. philonome*)' 와 닮았으나 뒷날개 아랫면의 노란색 색조가 더 넓고, 기부에서 불분명한 검은 띠 2 개가 전연과 중앙으로 뻗어 있다. 매우 빠르게 날아다닌다. 보르네오 북부와 말레이 반도에서 미얀마와 인도 북부까지 분포한다.

61mm ×1.3

자바흰나비 [흰나비과]

Anaphaeis java

- 날개 편 길이 45–55mm (인도네시아 발리)

날개 윗면은 중앙의 바깥쪽으로 검다. 날개 아랫면은 기부 부위만 노란색 무늬가 보이고 대부분은 검어 보인다. 특히 암컷은 검은 나비라 할 만큼 어둡다. 지역에 따른 변이가 심해 10여 개의 아종이 파푸아뉴기니와 피지, 사모아, 자바, 오스트레일리아에 분포하는 것으로 알려져 있다.

 53mm ×0.9

암검은뽀족흰나비 [흰나비과]

Appias libythea olferna (아종)

- 날개 편 길이 45mm 안팎 (말레이시아 타만네가라)

날개의 바탕색은 암컷 쪽이 매우 어둡다. 인도와 스리랑카, 미얀마에서는 아주 흔한 종인데, 말레이 반도에서는 1950년까지만 해도 귀했다. 그러나 그 이후 정확한 원인은 알 수 없지만 길가나 정원 등지에 흔해졌다고 한다. 말레이시아 타만네가라 마을 주변의 밝은 풀밭을 매우 빠르게 날아다니는데, 우리 나라 '배추흰나비(*Pieris rapae*)' 처럼 흔하다.

♂ 45mm ♀ 49mm ♂×1.1 ♀×1.0

아다뽀족흰나비 [흰나비과]

Appias ada

- 날개 편 길이 44mm 안팎 (타이)

날개 윗면은 흰색이나 아랫면은 가장자리가 검은 색인데, 뒷날개의 바깥 가장자리가 넓게 검기도 한다. 타이, 라오스, 말레이시아 등지에 분포한다.

* 종명 *ada*는 원래 adah로 h가 탈락한 것이다. 성서에 나오는 이름이며, '빛' 이라는 뜻이다.

♂ 44mm ♂ 51mm ♂×1.0 ♂×0.9

깃검은뽀족흰나비 [흰나비과]

Appias paulina

- 날개 편 길이 45mm 안팎 (필리핀)

근연종 중에서 날개 가장자리의 검은 부분이 넓다. 동남 아시아에 분포한다.

 45mm ×1.1

인드라뾰족흰나비 [흰나비과]

Appias indra plana (아종)

- 날개 편 길이 47mm 안팎 (말레이시아)

숲 지역에 흔한 종이다. 원명 아종보다 날개 끝의 검은 부분이 조금 넓다. 말레이 반도와 랑카위 섬에 분포하고, 이 밖에 중국과 선덜랜드에 분포한다.

×1.0

판다뾰족흰나비 [흰나비과]

Saletara liberia panda (아종)

- 날개 편 길이 46mm 안팎 (인도네시아)

*Saletara*속은 분류적으로 *Appias*속과 매우 가깝다. 이 종은 아종 *panda*를 승격시켜 *liberia*와 다른 독립종으로 보는 학자도 있다. 인도네시아의 자바에 분포한다.

×1.1

주홍뾰족흰나비 [흰나비과]

Appias nero

- 날개 편 길이 55mm 안팎 (인도네시아 자바)

아종 *zarinda*와 달리 날개맥과 날개 가장자리가 검다.

×1.6

왕흰뾰족흰나비 [흰나비과]

Appias hombroni

- 날개 편 길이 70mm 안팎 (인도네시아)

같은 속의 수컷은 날개 끝이 뾰족하여 열대 우림 가장자리에서 빠르게 날아다닌다. 보통 암수가 다른데, 암컷 쪽이 광택이 덜 나고 훨씬 어둡다. 인도네시아의 셀레베스 섬에 분포한다.

×0.7

주홍뾰족흰나비 [흰나비과]

Appias nero zarinda (아종)

- 날개 편 길이 70mm 안팎 (인도네시아 셀레베스 섬)

날개가 흰색인 *Appias*속 수컷 중에서 붉은 날개는 이 종뿐이다. 수컷의 날개는 전체가 주홍빛을 띠어 아름다우나 암컷은 날개 외연이 검고 뒷날개에 검은 줄무늬가 나타난다. 수컷보다 암컷을 보기가 매우 어렵다. 주로 동양구 열대 우림의 확 트인 공간에서 빠르게 날아다니는데, 수컷은 축축한 습지에 잘 모이나 암컷은 높은 나무 끝에서 활동한다. 암수 모두 꽃에 잘 날아온다. 현재 지역적인 형태 차이가 많아 여러 아종으로 구분하고 있다. 인도 북부에서 미얀마와 말레이시아, 필리핀, 셀레베스 섬에 널리 분포한다.

70mm ×0.75

끝분홍나비 [흰나비과]

Hebomoia glaucippe aturia (아종)

- 날개 편 길이 100mm 안팎 (말레이시아)

날개 끝이 선명하게 붉어 다른 종들과 잘 구별된다. 날개 아랫면은 낙엽과 같은 분위기로 얼룩지듯 보인다. 암컷은 수컷보다 검은색 무늬가 짙게 나타난다. 아시아에서 가장 큰 흰나비로 평지에 흔하며, 5~6월에 꽃에 잘 날아온다. 수컷은 물가에 잘 날아오나 암컷은 숲 지대를 잘 벗어나지 않는다. 야외에서 수컷은 빨리 날기 때문에 채집하기 어렵다. 인도에서 말레이시아와 중국 남부, 일본 남부 지역까지 널리 분포한다. 지역에 따라 여러 아종으로 구분한다.

♂ 88mm ♀ 88mm | ♂×1.1 ♀×0.6

끝분홍나비 [흰나비과]

Hebomoia glaucippe philippensis (아종)

- 날개 편 길이 68mm 안팎 (필리핀)

원명 아종보다 붉은 무늬가 더 발달되었다. 필리핀 북부 지방에 분포한다.

×0.78

끝분홍나비 [흰나비과]

Hebomoia glaucippe lycogynia (아종)

- 날개 편 길이 82mm 안팎 (인도네시아)

원명 아종보다 앞날개의 붉은 무늬가 더 넓게 나타난다. 인도네시아에 분포한다.

♂×1.15 ♂×0.62

연노랑흰나비 [흰나비과]

Catopsilia pomona

- 날개 편 길이 52–60mm
  (♂ 사이판, ♀ 인도네시아 발리)

수컷은 날개가 밝은 색이나 암컷은 어두운 색이며, 수컷의 날개 기부는 레몬색인 경우가 많다. 더듬이는 개체에 따라 연분홍색과 검은색의 두 가지 경우가 있다. 야외에서 발견하더라도 너무 빨라 채집하기가 어렵다. 동양구에 널리 분포하며, 우리 나라에는 여름철에서 가을철에 남부 지방과 그 인근 섬, 제주도 등지에 날아와 일시적으로 서식한다.

♂ 56mm ♀ 60mm | ♂×1.7 ♀×0.82

연노랑흰나비 [흰나비과]

Catopsilia pomona f. *crocale* (아종)

- 날개 편 길이 52–60mm
  (인도네시아 발리)

더듬이가 연분홍색인 원명 아종과 달리 흑갈색이다. 동남 아시아에 널리 분포한다.

♂ 52mm ♀ 60mm | ♂×1.0 ♀×0.85

뒷날개노랑흰나비 [흰나비과]

Catopsilia scylla

- 날개 편 길이 52–57mm
  (필리핀, 인도네시아 발리)

앞날개는 흰색으로 전연과 외연에 검은 테두리가 있고, 뒷날개는 주황색으로 물들어 있다. 암컷은 날개에 검은 점이 있다. 마을 주변 또는 도로나 개간한 곳에 모이며, 애벌레는 콩과식물을 먹는다. 동남 아시아에 널리 분포한다.

♂ 52mm, ♂ 56mm ♀ 57mm | ♂×0.95 ♀×0.9

옥색흰나비 [흰나비과]

Pareronia anais

- 날개 편 길이 56mm 안팎 (타이)

수컷은 날개가 옥색 바탕이고 맥과 전연 및 외연이 굵게 검은 테를 이루고 있다. 이에 비해 암컷은 전체적으로 비슷하나 약간 어두운 분위기이다. 평지에서 높은 산지까지의 숲 가장자리에서 흔히 보이는 종이다. 쉬지 않고 빠르게 날아다니며, 종종 꽃을 찾는다. 과거에는 *valeria*의 아종으로 취급하기도 했으나 형태나 생식기 등의 차이로 독립종으로 취급하고 있다. 말레이 반도에서 타이와 미얀마를 거쳐 중국 남부까지 분포한다.

발리분홍흰나비 [흰나비과]

Ixias reinwardti

- 날개 편 길이 50mm 안팎 (인도네시아 발리)

앞날개에 굵은 검은색 그물무늬가 있다. 수컷은 앞날개 기부 가까이에 오렌지색이 있으나 암컷은 없다. 인도네시아의 발리 섬과 그 주변 섬에서만 산다.

타이완남방노랑나비 [흰나비과]

Eurema blanda

- 날개 편 길이 40-42mm (인도네시아 발리)

우리 나라 '남방노랑나비(*E. hecabe*)'와 닮았으며, 동양구에 널리 분포한다.

* 속명 *Eurema*는 원래 발견 또는 발명을 뜻하는 'heurema'에서 유래한 말로 h가 생략된 것이다. 종명 *blanda*는 '아첨꾼'이란 뜻이다.

타이완남방노랑나비 [흰나비과]

Eurema blanda ssp. (아종)

- 날개 편 길이 35mm 안팎 (타이완)

원명 아종에 비해 날개 가장자리가 검다. 아직 아종이 규명되지 않았다. 타이완에만 분포한다.

40mm ×1.3

타이완남방노랑나비 [흰나비과]

Eurema blanda snelleni (아종)

- 날개 편 길이 40mm 안팎 (말레이시아 타만네가라)

우리 나라 '남방노랑나비(*E. hecabe*)'와 거의 닮았으나 뒷날개 바깥 가장자리의 검은색 테 무늬가 더 넓다. 말레이시아 타만네가라 국립 공원의 마을 주변에서 가끔 보인다. 말레이시아, 타이 등지에 분포한다.

♂

말레이남방노랑나비 [흰나비과]

Eurema simulatrix

- 날개 편 길이 35mm 안팎 (말레이시아 타만네가라)

같은 속 나비는 *Catopsilia*속과 생태적인 면이 비슷하다. 무엇보다 애벌레는 같은 먹이 식물을 먹을 때가 많다. 이 종은 날개 아랫면 끝 부위의 흑갈색 무늬 너비가 넓다. 마을 주변의 길가나 개간한 땅에 많으며, 타만네가라에서 쉽게 발견할 수 있다.

35mm ×1.5

♂

닮은남방노랑나비 [흰나비과]

Gandaca harina

- 날개 편 길이 40mm 안팎 (말레이시아)

남방노랑나비속(*Eurema* spp.)과 매우 닮았으나 수컷 생식기와 뒷날개의 날개맥 위치가 다르다. 이 종은 '노랑나비'의 원시형으로 보고 있다. 시킴과 말레이 반도를 거쳐 뉴기니까지 분포한다.

40mm ×1.3

나비 채집기 ❷

동남 아시아 나비의 생태

동남 아시아는 나비가 화려하고 큰 종류가 많아서 애호가들이 자주 찾는 곳이다. 그러나 도시 주변보다는 열대 우림이 발달한 정글을 찾아 나서야 아름다운 나비를 직접 대면할 수 있다. 말레이시아 일대를 돌면서 인상 깊었던 나비를 소개한다.

붉은목도리비단나비(*Trogonoptera brookiana*) 암컷

붉은목도리비단나비(*Trogonoptera brookiana*) 수컷

헬레나장수제비나비(*Troides helena*) 수컷

붉은목도리비단나비 수컷이 집단으로 물을 빨아먹는 모습

꽃에 날아온 도손청띠제비나비(*Graphium doson*)

연노랑띠쌍돌기나비(*Polyura athamas*) 수컷

아마사뒷흰긴꼬리부전나비(*Zeltis amasa maximinianus*)

린케우스점박이왕나비(*Idaea lynceus*)

노란줄점제비나비(*Papilio gigon*) 수컷

옆구리흰뱀눈나비(*Neorina lowii neophyta*)

뒷넓은네발부전나비 [부전나비과]

Abisara kausambi

- 날개 편 길이 35mm 안팎 (말레이시아 타만네가라)

날개는 갈색 바탕에 날개 끝 주위로 밝은 부분이 나타나고, 뒷날개의 꼬리 모양 돌기가 있는 부분이 완만하게 바깥쪽으로 뻗어 있다. 열대 우림의 가장자리에서 볼 수 있으며, 언뜻 보기에 뱀눈나비류(Satyrinae)와 같은 인상을 준다. 말레이시아, 인도네시아에 분포한다.

35mm ×1.4

발리남색부전나비 [부전나비과]

Arhopala araxes

- 날개 편 길이 50mm 안팎 (인도네시아 발리)

날개 윗면은 남색이 강하게 빛난다. 햇빛이 강하게 비칠 때에는 시원한 넓은 잎 사이에서 쉬나 오후 4시 이후에는 수컷들이 어울려 나무 위에서 매우 빠르게 날면서 점유 행동을 한다. 말레이시아와 인도네시아에 분포한다.

50mm ×1.9

말레이뾰족부전나비 [부전나비과]

Curetis santana malayica (아종)

- 날개 편 길이 35mm 안팎 (말레이시아 타만네가라)

일본산 '뾰족부전나비(*C. acuta*)' 보다 날개의 바탕색이 밝고 금속 광택이 나는 주황색 부위가 넓다. 애벌레 주위에는 항상 개미들이 모이는데, 단물을 내어 유인함으로써 천적을 물리치는 것으로 보인다. 열대 우림의 가장자리에서 빠르게 날아다닌다. 미얀마에서 선덜랜드까지 분포한다.

35mm ×1.4

앞검은뾰족부전나비 [부전나비과]

Curetis freda

- 날개 편 길이 31mm 안팎 (말레이시아)

'말레이뾰족부전나비(*C. santana*)' 와 닮았으나 앞날개 후연의 검은 테두리가 없다는 점이 다르다. 또, 날개 아랫면의 외횡대 안쪽의 흑갈색 띠가 더 뚜렷하다. 습성은 두 종이 비슷하다. 말레이시아에 분포하며, 인도네시아에서는 아직 이 종의 기록이 없다.

31mm ×1.6

꼬리바둑돌부전나비 [부전나비과]

Castalius rosimon

- 날개 편 길이 25–30mm (인도네시아 발리)

날개는 흰 바탕에 검은 점무늬와 외연에 검은 띠가 발달하는 소형 나비이다. 뒷날개의 꼬리 모양 돌기가 매우 가늘다. 날개 기부에는 청색 비늘가루가 약하게 나타난다. 건기에 나타나는 개체는 우기의 개체보다 더 작고 무늬가 희미하다. 애벌레는 대추나무 잎을 먹는다. 인도와 스리랑카에서 말레이시아까지 널리 분포한다.

25mm ×2.0

♂

♀

소철꼬리부전나비 [부전나비과]

Chilades pandava

- 날개 편 길이 25–28mm
  (말레이시아 타만네가라)

수컷은 날개 외연에 좁은 검은 띠가 있는 데 반해, 암컷은 그 너비가 넓고 뒷날개 후각에 눈 모양 무늬가 있다. 뒷날개의 꼬리 모양 돌기는 가늘다. 길가의 꽃이 핀 곳이면 흔하게 볼 수 있으며, 비가 약하게 오는 날에도 볼 수 있다. 스리랑카와 미얀마에서 말레이 반도를 거쳐 선덜랜드까지 분포한다.

* 최근 이 책의 저자 주흥재 박사가 제주도에서 처음으로 채집하여 우리 나라 미접으로 보고한 적이 있다.

♂ 26㎜ ♀ 28㎜ | ♂×1.95 ♀×1.8

♂

흑백뾰족부전나비 [부전나비과]

Miletus symethus

- 날개 편 길이 35mm 안팎
  (인도네시아 발리)

앞날개의 흰색 부분은 날개의 절반 이상을 차지하고, 뒷날개 전연부는 암갈색이지만 중앙부는 흰색이다. 인도 북부에서 말레이시아와 순다 열도, 필리핀까지 널리 분포한다.

▲ ♂

꼬마예쁜부전나비 [부전나비과]

Caleta roxus pothus (아종)

- 날개 편 길이 22mm 안팎
  (말레이시아 타만네가라)

날개 윗면은 날개 테두리와 기부가 검고 날개 중앙에서 사선으로 굵게 흰무늬가 발달한다. 아랫면은 외횡대에 검은 원무늬가 띠처럼 발달한다. 낮은 지대의 길가에서 발견되며, 축축한 습지에 정착한다. 필리핀과 인도차이나 반도에도 분포한다.

22㎜ | ×2.2

♂

▲ ♂

잔물결부전나비 [부전나비과]

Jamides celeno aelianus (아종)

- 날개 편 길이 30mm 안팎
  (말레이시아 타만네가라)

평지에서 고지까지 서식하는 매우 흔한 종이다. 정원이나 나무를 베고 풀밭을 조성한 곳에 산다. 애벌레에게는 개미들이 모인다. 인도와 스리랑카에서 타이완과 중국 남부, 뉴기니까지 널리 분포한다.

연푸른물결부전나비 [부전나비과]

Jamides alecto

- 날개 편 길이 30–45mm (인도네시아 발리)

날개 외연에 검은 띠가 있는 것 외에는 하늘색 바탕이다. 뒷날개 후각에는 검은 점과 꼬리 모양 돌기가 있다. 날개 아랫면은 물결 모양으로 보이며, 뒷날개 후각에 오렌지색 점무늬가 있다. 암컷은 날개 외연으로 검은 테두리가 넓다. 주로 숲 가장자리나 경작지 주변에 흔하다. 인도에서 미얀마를 거쳐 말레이시아와 인도네시아, 필리핀, 셀레베스 섬까지 널리 분포한다.

발리연푸른부전나비 [부전나비과]

Catopyrops keiria

- 날개 편 길이 27mm 안팎 (인도네시아 발리)

수컷의 날개 윗면의 색은 우리 나라 '암먹부전나비(*Everes argiades*)' 수컷과 매우 닮았으나 날개 전체로 보면 더 둥글어 보인다. 인도네시아와 말레이시아에 분포한다.

27㎜ ×1.85

깃붉은부전나비 [부전나비과]

Heliophorus epicles

- 날개 편 길이 25mm 안팎 (인도네시아)

날개 아랫면은 짙은 귤색으로 바깥 가장자리가 검은색이다. 고산지 숲에만 산다. 인도 북부와 중국 동남부, 선덜랜드에 분포하나 보르네오에서는 아직까지 발견되지 않았다.

25㎜ ×1.9

검은점먹부전나비 [부전나비과]

Pithecops corvus

- 날개 편 길이 21mm 안팎 (인도네시아 발리)

날개 윗면은 전체가 먹빛을 띠나 아랫면은 은색 바탕에 뒷날개 전연의 바깥쪽으로 검은색 점이 뚜렷하다. 동양구에 널리 분포한다.

21㎜ ×2.4

두비오사먹부전나비 [부전나비과]

Prosotas dubiosa lumpura (아종)

- 날개 편 길이 15mm 안팎 (말레이시아 타만네가라)

매우 작은 나비로, 우리 나라 '먹부전나비(*Tongeia fischeri*)' 를 연상시킨다. 뒷날개의 후각에 검은 점이 뚜렷하고 크다. 스리랑카에서 피지 섬까지 널리 분포한다.

15㎜ ×3.3

로히타쌍꼬리부전나비 [부전나비과]

Spindasis lohita senama (아종)

- 날개 편 길이 26mm 안팎 (말레이시아 타만네가라)

우리 나라 '쌍꼬리부전나비(*S. takanonis*)'와 매우 닮았으나 날개 아랫면의 노란색 바탕이 좀더 갈색을 띤다. 또, 우리 나라 '쌍꼬리부전나비'는 아침과 석양에 활발하게 나는데, 이 종은 마을 주변의 빈 터에서 아침부터 종일 활발하게 난다. 꽃에 날아오며, 암컷은 꽃에서 채집하기가 쉽다. 근연종이 많으며, 날개 아랫면의 흑갈색 줄무늬 사이 은색 띠의 유무와 모양에 따라 구별된다. 인도와 스리랑카, 타이완, 선덜랜드에 분포한다.

26㎜ ×2.8

긴쌍꼬리은부전나비 [부전나비과]

Hypolycaena nigra

- 날개 편 길이 22mm 안팎 (인도네시아)

날개 윗면은 검은색이나 아랫면은 은색 바탕이며, 뒷날개의 꼬리 모양 돌기가 매우 길다.

22㎜ ×1.8

보르네오주홍부전나비 [부전나비과]

Sithon micea

- 날개 편 길이 24mm 안팎 (인도네시아)

'긴쌍꼬리은부전나비(*Hypolycaena nigra*)'와 날개 아랫면이 닮았으나 색깔이 좀더 짙다. 인도네시아의 보르네오에 분포한다.

24㎜ ×1.8

주홍긴꼬리부전나비 [부전나비과]

Loxura atymnus fuconius (아종)

- 날개 편 길이 28mm 안팎 (말레이시아 타만네가라)

우리 나라 '귤빛부전나비(*Japonica lutea*)'와 닮았으며, 꼬리 모양 돌기가 매우 길다. 마을 주변의 나무 주위를 날아다닌다. 인도와 스리랑카에서 소순다 열도와 셀레베스 섬까지 널리 분포한다.

28㎜ ×1.7

세꼬리주홍부전나비 [부전나비과]

Drupadia theda thesmia (아종)

- 날개 편 길이 27mm 안팎 (말레이시아)

뒷날개 후각 부위의 꼬리 모양 돌기는 3개이다. 숲 주변에 사는 흔한 종이다. 미얀마 남부와 선덜랜드, 필리핀, 셀레베스 섬에 널리 분포한다.

27㎜ ×1.6

셀레베스왕얼룩나비 [네발나비과]

Idea blanchardi

- 날개 편 길이 110mm 안팎 (인도네시아)

날개는 흰색 바탕에 검은색 무늬가 맥과 외연부에 엷게 나타나며, 짙은 검은 점무늬가 앞날개 중심 부위에 나타난다. 높이 날아다니다가 여러 꽃을 찾는데, 날개가 커서 먼 거리를 이동할 때도 있다. 왕나비아과 중 가장 큰 대형종이다. 셀레베스와 그 부속 섬에 여러 아종이 분포한다.

110㎜ ×0.9

왕얼룩나비 [네발나비과]

Idea leuconoe

- 날개 편 길이 112mm 안팎 (필리핀)

숲 속이나 숲 가장자리를 유유히 날아다닌다. 일본의 오키나와에서는 3~11월에 볼 수 있으며, 여름에 많다. 동양구에 널리 분포한다.

112㎜ ×0.46

노랑무늬얼룩나비 [네발나비과]

Parantica cleona

- 날개 편 길이 57mm 안팎 (인도네시아 셀레베스 섬)

날개 전체가 어두운 분위기이고, 노란 무늬가 날개 기부에서 중앙까지 퍼져 있다. 인도네시아의 셀레베스 섬에 분포한다.

57㎜ ×0.9

은하수얼룩나비 [네발나비과]

Ideopsis (Radena) juventa garia (아종)

- 날개 편 길이 68mm 안팎 (필리핀)

날개 끝이 뾰족하며, 날개 가장자리에 흰 점무늬가 줄지어 나타난다. 지역에 따른 변이가 심하다. 동양구에 널리 분포한다.

68㎜ ×0.77

파란줄얼룩나비 [네발나비과]

Ideopsis (Radena) similis

- 날개 편 길이 78mm 안팎 (필리핀)

지역에 따른 변이가 심하지 않다. 중국 남부와 인도, 스리랑카, 필리핀, 수마트라에 널리 분포한다.

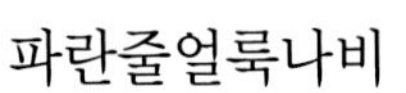

78㎜ ×0.65

아기얼룩나비 [네발나비과]

Ideopsis gaura perakana (아종)

- 날개 편 길이 92mm 안팎 (인도네시아 수마트라)

이 종이 포함된 속은 *Idea*속과 닮았으나 뒷날개가 더욱 둥글다. 주로 열대 우림 숲을 무대로 살아간다. 말레이 반도와 선덜랜드, 필리핀에 분포한다.

92㎜ ×0.55

점박이왕얼룩나비 [네발나비과]

Idea hypermnestra linteata (아종)

- 날개 편 길이 135mm 안팎 (말레이시아 카메런 하일랜드)

대형종으로, 흰 바탕에 검은 점무늬가 퍼져 있다. 같은 속의 나비는 동남 아시아(말레이 반도에서 뉴기니까지) 특산종이나, '왕얼룩나비(*I. leuconoe*)' 처럼 필리핀과 타이완, 일본까지 분포 영역을 넓힌 것도 있다.

135mm ×0.7

검은줄얼룩나비 [네발나비과]

Danaus (Salatura) melanippus edmondii (아종)

- 날개 편 길이 71mm 안팎 (보르네오)

뒷날개에 방사상으로 흰 줄무늬가 있고, 외횡대에는 흰 점이 별박이처럼 박혀 있다. 주로 평지에 흔하며, 인도에서 미얀마를 거쳐 인도네시아까지 널리 분포한다.

71mm ×0.72

대만왕나비 [네발나비과]

Parantica melanus

- 날개 편 길이 65mm 안팎 (중국 남부)

높은 곳에 산다. 우리 나라에도 날아오는 미접이다. 원명 아종은 중국 남부와 인도차이나 반도에 분포하며, 그 밖의 아종은 동양구 전역에 널리 서식한다.

＊ 이 종을 채집한 것을 저자 주흥재 박사가 '제주의 나비'(공저, 2002)에 처음 기록하였다.

65mm ×0.8

흰날개왕나비 [네발나비과]

Parantica vitrina

- 날개 편 길이 80mm 안팎 (필리핀)

날개 가장자리를 제외하고는 흰색인데, 검은색 맥으로 나누어져 있다. 암컷은 수컷보다 더 크고 색이 어둡다. 원명 아종은 필리핀 루손 섬에 분포하고, 그 밖의 지역에는 *oenone*라는 아종이 분포한다.

64mm ×0.8

끝검은왕나비 [네발나비과]

Danaus (Anosia) chrysippus

- 날개 편 길이 58mm 안팎 (필리핀, 인도네시아 셀레베스 섬)

우리 나라에는 살지 않지만 한여름에 날아오는 미접이다. '왕나비(*Parantica sita*)' 와 달리 주로 평지의 풀밭이나 해변가에 많다. 그리스와 아프리카 열대 지역, 동남아 일대, 오스트레일리아에 분포한다. 셀레베스의 개체는 날개에 검은빛이 돈다.

♂ 58mm ♀ 58mm ×0.88

♂

별선두리왕나비 [네발나비과]

Danaus (Salatura) genutia

- 날개 편 길이 75mm 안팎 (필리핀)

바닷가의 맹그로브 숲 사이를 매우 낮게 날아다니는데, 잡기가 쉽지 않다. 인도와 스리랑카에서 중국과 필리핀, 일본 남부 섬까지 분포한다.

75㎜ ×1.3

♂

흰줄까마귀왕나비 [네발나비과]

Euploea midamus

- 날개 편 길이 65mm 안팎 (말레이시아)

'흰별박이왕나비(*E. algea horsfieldi*)'와 닮았으나 훨씬 크고, 뒷날개 전연 쪽으로 타원 모양의 밝은 색 무늬가 있다. 날개의 색과 무늬의 변이가 많아 기존의 종 구별에 의문점이 남아 있다. 말레이시아와 인도네시아 등지에 분포한다.

65㎜ ×0.75

♂

♂

♀

흰별박이왕나비 [네발나비과]

Euploea algea horsfieldi (아종)

- 날개 편 길이 60mm 안팎 (인도네시아 셀레베스 섬)

이 종의 대부분의 아종은 뒷날개의 아외연에 흰 사선무늬가 방사상으로 뻗어 있는데, 이 아종만 사선무늬가 없고 흰 점무늬가 중앙과 아외연에 약간 들어 있다. 동양구 전체에 여러 아종이 분포한다.

60㎜ ×0.85

♀

보라점박이왕나비 [네발나비과]

Euploea leucostictos

- 날개 편 길이 55–72mm (♂ 필리핀, ♀ 사이판)

수컷은 앞날개 후연이 아래로 부푼 모양이나 암컷은 직선 모양이다. 동양구와 오스트레일리아구, 남태평양의 여러 섬들에 분포하며, 각 지역마다 여러 변이가 생긴다.

♂ 60㎜ ♀ 72㎜ ♂×0.8 ♀×0.7

♀

앞점박이왕나비 [네발나비과]

Euploea mulciber

- 날개 편 길이 72–85mm (♂ 필리핀, ♀ 말레이시아 타만네가라)

수컷은 암컷보다 앞날개에 보랏빛 광채가 더 난다. 지역에 따라 여러 아종으로 구분한다. 주로 숲길을 따라 날아다니며, 꽃에 앉아 꿀을 빨아먹는다. 동양구에 널리 분포한다.

♂ 72㎜ ♀ 85㎜ ♂×0.7 ♀×0.6

빗살까마귀왕나비 [네발나비과]

Euploea core

- 날개 편 길이 77mm 안팎 (인도네시아 발리)

전체가 검은색 바탕이며, 날개 끝 부위에 흰무늬가 있다. 지역에 따라 변이가 생긴다. 애벌레는 독성이 있는 식물을 먹고 자란다. 동양구와 오스트레일리아구에 널리 분포한다.

안주홍표범나비 [네발나비과]

Phalanta phalantha

- 날개 편 길이 45mm 안팎 (말레이시아 타만네가라)

날개의 전체 모습은 역사다리꼴이며, 날개 아랫면에 검은 점이 적어서 전체가 연한 주홍빛을 띤다. 애벌레는 여느 표범나비류처럼 제비꽃을 먹지 않고 버드나무류의 잎을 먹는다. 에티오피아와 동양구에 널리 분포하며, 일본 남부에 날아오는 미접으로 알려져 있지만, 우리나라에는 전혀 기록이 없다.

타이완알락표범나비 [네발나비과]

Cupha erymanthis lotis (아종)

- 날개 편 길이 47mm 안팎 (말레이시아 타만네가라)

낮은 지대의 숲에 산다. 동양구에 널리 분포하며, 말레이시아 타만네가라 국립 공원의 마을 주변에서 쉽게 발견된다. 원명 아종은 타이완에 분포한다.

수노랑뾰족네발나비 [네발나비과]

Vindula dejone erotella (아종)

- 날개 편 길이 70mm 안팎 (말레이시아 타만네가라)

'에로타뾰족네발나비(*V. erota chersonesia*)'와 매우 닮았으나 앞날개 중앙의 흰색과 갈색의 경계선이 직선이다. 평지의 숲 속 빈터에 많다. 타이와 필리핀, 몰루카 제도에 분포한다.

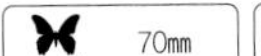

황토색꼬리표범나비 [네발나비과]

Vagrans egista

- 날개 편 길이 53mm 안팎 (말레이시아)

뒷날개는 꼬리 모양 돌기가 흔적적으로 나타난다. 숲 절개지의 암석이나 땅 위에 잘 모이며, 인도에서 남태평양의 여러 섬들에 분포한다.

에로타뾰족네발나비 [네발나비과]

Vindula erota chersonesia (아종)

- 날개 편 길이 70–95mm (인도네시아)

날개 색이 수컷은 황토색 바탕이고 암컷은 회갈색 바탕으로 서로 다르다. 매우 빠른 나비로, 산림 지대에 살며 진흙 바닥이나 나뭇진에 잘 날아온다. 날개 끝이 뾰족한 나비는 대개 빨리 나는 종류인데, 꽃에도 자주 날아온다. 인도와 파키스탄에서 말레이시아와 인도네시아에 분포한다.

74mm ×1.23

붉은레이스날개나비 [네발나비과]

Cethosia biblis sandakana (아종)

- 날개 편 길이 60mm 안팎 (필리핀)

날개 색이 수컷은 붉은색 바탕이며, 암컷은 수컷과 닮은 것도 있고 전체가 자갈색인 형도 있다. 연중 볼 수 있으며, 인도 북부에서 중국과 말레이시아, 인도네시아, 필리핀에 분포한다.

60mm ×0.85

불꽃레이스날개나비 [네발나비과]

Cethosia myrina

- 날개 편 길이 83mm 안팎 (인도네시아)

같은 속 중에서 큰 편에 속하며, 인도네시아와 셀레베스 섬에 분포한다.

83mm ×0.8

점박이레이스날개나비 [네발나비과]

Cethosia cyane

- 날개 편 길이 70mm 안팎 (타이)

종명의 'cyan' 이라는 말은 짙은 청색을 뜻하는데, 앞날개 아랫면 기부에 이 색이 나타난다. 암컷은 날개 색이 어둡다. 타이, 라오스, 미얀마 등지에 분포한다.

70mm ×1.0

♂

▲ ♂

82mm ×1,2 ×0,6

톱날레이스날개나비 [네발나비과]

Cethosia penthesilea methypsea (아종)

- 날개 편 길이 70-82mm (인도네시아 보르네오, 말레이시아)

이 종이 포함된 속은 날개 모양과 색이 우아하며, 새와 같은 천적에게 맛이 없음을 나타내는 붉은색 계열이 많다. 날개 가장자리에 대부분 레이스 무늬가 있어 특색이 있다. 숲 가장자리에 흔하며, 암컷은 숲에 살기 때문에 눈에 잘 띄지 않는다. 말레이시아에서부터 대·소순다 열도를 거쳐 티모르와 오스트레일리아 북부까지 분포한다.

♀

회색남방공작나비 [네발나비과]

Junonia atlites

- 날개 편 길이 54mm 안팎 (인도네시아 자카르타)

흔한 종으로, 날개 바깥 부위에 눈알 모양 무늬가 줄지어 상하로 나타난다. 필리핀을 제외한 동양구에 널리 분포한다.

 54mm ×0,95

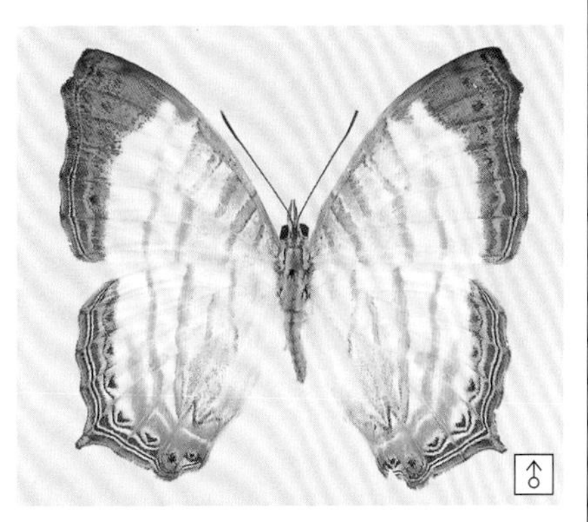

♂

꼬마돌담무늬나비 [네발나비과]

Cyrestis themire

- 날개 편 길이 33mm 안팎 (말레이시아)

날개 아랫면은 지도 같은 무늬가 있다. 같은 속의 나비들 중에서 작은 종류로, 산림이 울창하고 고도가 높은 곳에 국한하여 산다. 말레이시아와 인도네시아 등지에 분포한다.

 33mm ×1,4

♀

남방남색공작나비 [네발나비과]

Junonia orithya wallacei (아종)

- 날개 편 길이 43mm 안팎 (인도네시아 자카르타)

수컷은 광택이 있는 청색, 암컷은 주로 적갈색을 띠는데, 간혹 암컷도 청색 광택을 띠기도 한다. 주로 아열대 지역의 길가나 인가 주변을 낮게 날아다니면서 꽃을 찾는다. 수컷끼리의 텃세 행동이 매섭고, 암컷은 마른 풀에 알을 낳는다. 우리 나라에도 날아오는 미접이다. 동남 아시아와 동북 아시아 남부에 널리 분포한다.

43mm ×1,2

♂

눈빛돌담무늬나비 [네발나비과]

Cyrestis nivea

- 날개 편 길이 40mm 안팎 (말레이시아)

'돌담무늬나비(*C. thyodamas*)' 보다 날개의 바탕색이 짙다. 우리 나라에 날아오는 '돌담무늬나비' 보다 적도에 가까운 곳의 높은 지역에 산다. 수컷은 밝은 곳의 언저리를 날아다니는 일이 많으나 암컷은 주로 숲 속에 머문다. 타이, 말레이시아 등지에 분포한다.

40mm ×1,2

안티로페오색나비 [네발나비과]

Hypolimnas antilope

- 날개 편 길이 70mm 안팎 (사이판)

날개는 짙은 갈색 바탕에 외연부에 두 줄의 흰 점 띠가 나타난다. 날개가 넓어서 바람을 타고 잘 날아다닌다. 숲 가장자리의 풀밭에서 자주 볼 수 있다. 인도, 오스트레일리아구와 남태평양 여러 섬에 널리 분포한다.

65mm ×1.3

붉은띠오색나비 [네발나비과]

Hypolimnas pandarus pandora (아종)

- 날개 편 길이 84mm 안팎 (인도네시아)

같은 속 중 특이하게 수컷 뒷날개의 외횡대에 넓게 벽돌색이 나타나며, 그 중앙에 검은 눈알 모양 무늬가 줄지어 있다. 주로 숲 가장자리의 꽃이 핀 풀밭에서 볼 수 있다. 인도네시아에 속해 있는 암보니아, 세람, 부루, 카이 섬 등에 국한되어 분포하는데, 외형적 특징으로 볼 때 오히려 오스트레일리아구에 속하는 나비라 할 수 있다.

84mm ×0.6

남방오색나비 [네발나비과]

Hypolimnas bolina

- 날개 편 길이 65–74mm (사이판)

우리 나라에 날아오는 미접의 한 종류로, 제주도와 남해안, 서해안 일대에서 간혹 볼 수 있다. 수컷은 검은색 바탕에 청보랏빛 광택이 날개 중앙에 보이고, 암컷은 흰무늬가 발달하며, 때에 따라 앞날개에 주홍빛이 감돈다. 지역에 따른 변이가 많다. 인도에서 말레이시아, 인도네시아, 오스트레일리아, 그리고 일본 남부 섬 지역까지 분포한다.

♂ 65mm ♀ 74mm ♂×0.8 ♀×0.7

닮은나뭇잎나비 [네발나비과]

Doleschallia bisaltide pratipa (아종)

- 날개 편 길이 53mm 안팎 (말레이시아)

'나뭇잎나비(*Kallima inachus*)' 와 닮아 보이나 날개 아랫면의 기부와 전연 쪽에 흰 점무늬가 나타난다. 밝은 길가의 꽃에 날아오며 나뭇가지에 앉는 모습이 '나뭇잎나비'를 닮았다. 말레이시아의 평지에서 고도가 높은 곳까지 보이며, 인도와 스리랑카에서 오스트레일리아까지 널리 분포한다.

53mm ×0.8

남방나뭇잎나비 [네발나비과]

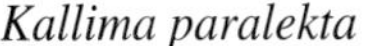

Kallima paralekta

- 날개 편 길이 90mm 안팎 (말레이시아)

앞날개 중앙 부위에 넓은 청색 띠가 뚜렷한 형이다. 흔하지 않지만 이따금 발견된다.

70mm ×1.1

남방나뭇잎나비 [네발나비과]

Kallima paralekta

- 날개 편 길이 80mm 안팎 (인도네시아)

'나뭇잎나비(*K. inachus*)'와 매우 닮았으나 뒷날개 꼬리 모양 돌기가 더 발달하고, 앞날개의 적황색 띠가 더 짙다. 인도에서 중국 남부까지와 말레이 반도에 널리 분포한다.

64mm ×0.6

류큐세줄나비 [네발나비과]

Neptis hylas papaja (아종)

- 날개 편 길이 42mm 안팎 (말레이시아 타만네가라)

우리 나라 '애기세줄나비(*N. sappo*)'와 비슷하나 날개 아랫면의 색에 붉은 기가 많고 더 크다. 중국과 일본, 스리랑카, 선덜랜드, 소순다 열도, 말레이시아에 걸쳐 분포한다.

42mm ×1.2

자바애기세줄나비 [네발나비과]

Neptis nandina

- 날개 편 길이 60mm 안팎 (인도네시아 발리)

자바와 발리 섬에 분포한다.

* 이 종을 *Neptis nata*의 아종으로 취급하는 학자도 있으나, 별종으로 취급하는 경우가 많다.

60mm ×0.85

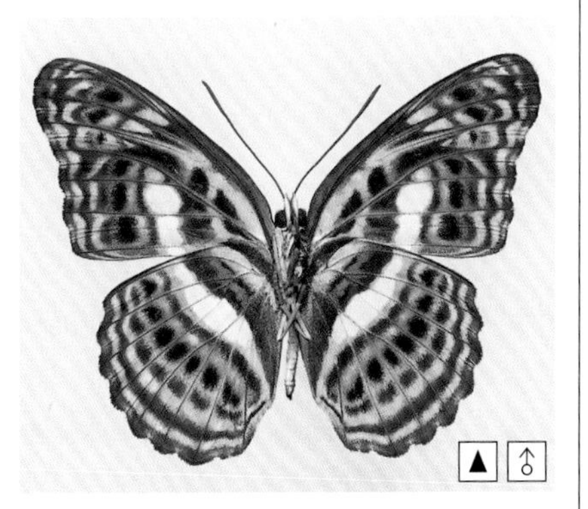

셀레베스줄나비 [네발나비과]

Tarattia lysanias

- 날개 편 길이 52mm 안팎 (인도네시아 셀레베스 섬)

날개 윗면은 우리 나라 '줄나비(*Limenitis camilla*)'와 닮았으나 아랫면의 무늬는 전혀 다르다. 인도네시아에 분포한다.

52mm ×1.0

회갈색네발나비 [네발나비과]

Tanaecia iapis puseda (아종)

- 날개 편 길이 60mm 안팎 (말레이시아 타만네가라)

같은 속의 종들은 동정이 어려워 과거에 한 종으로 분류되다가 최근 연구 결과 날개 맥과 생식기의 차이 등으로 더 분리되어, 말레이시아에만 15종이 알려져 있다. 바나나와 같은 발효된 과일에 잘 날아온다. 말레이시아 등 동양구에 분포한다.

60mm ×0.85

녹색줄네발나비 [네발나비과]

Lexias pardalis dirteana (아종)

- 날개 편 길이 115mm 안팎 (인도네시아)

수컷은 날개가 검은색이고 외횡대에 광택이 강하며, 암컷은 날개 전체에 녹색 점이 퍼져 있다. 더듬이 끝의 아래쪽은 노랗거나 붉은색이어서 닮은 종들과 구별된다. 고도가 높은 마을 주변의 숲 가장자리에 살며, 발효된 과일에 잘 날아온다. 필리핀, 인도네시아, 말레이시아 등지에 분포한다.

115mm ×0.45

청줄흰별네발나비 [네발나비과]

Lexias satrapes

- 날개 편 길이 115mm 안팎 (필리핀)

날개는 흑갈색 바탕에 흰 점무늬가 가득하다. 뒷날개에는 외횡선을 따라 청색 띠가 굵게 발달한다. 숲 환경을 중심으로 산다. 필리핀, 인도네시아, 말레이시아 등지에 분포한다.

100mm ×1.0

톱니무늬보라네발나비 [네발나비과]

Tanaecia munda waterstradti (아종)

- 날개 편 길이 60mm 안팎 (말레이시아 타만네가라)

'회갈색네발나비(*T. iapis puseda*)'와 닮았으나 날개의 세로줄 무늬가 훨씬 구부러져 있어서 구별된다. 평지의 숲에 살며, 우리나라 '황오색나비(*Apatura metis*)'처럼 수컷은 점유 행동을 한다. 필리핀, 인도네시아, 말레이시아 등지에 분포한다.

60mm ×0.85

붉은줄무늬네발나비 [네발나비과]

Euthalia lubentina

- 날개 편 길이 51mm 안팎 (말레이시아)

날개 끝과 뒷날개의 각이 뾰족하다. 인도 중부에서 네팔을 거쳐 중국 남부, 홍콩, 인도차이나, 말레이 반도에 널리 분포한다.

51mm ×1.0

범네발나비 [네발나비과]

Parthenos sylvia lilacinus (아종)

- 날개 편 길이 71–80mm (말레이시아)

앞날개는 끝이 뾰족하고, 흑갈색과 갈색의 복잡한 무늬가 있으며, 외횡선에 흰 점무늬가 이어져 있다. 뒷날개 기부에는 청색 줄무늬가 나타난다. 주로 동남 아시아, 그리고 오스트레일리아 북부와 그 일대의 섬에서 발견되나, 인도와 스리랑카에서 파푸아뉴기니 또는 필리핀에도 분포한다. 지역에 따른 여러 아종이 있다.

♂ 73mm ♀ 78mm | ♂×0.7 ♀×0.66

범네발나비 [네발나비과]

Parthenos sylvia butlerinus (아종)

- 날개 편 길이 72mm 안팎 (필리핀)

원명 아종에 비해 날개의 흰 점무늬가 더 발달되어 있다. 필리핀에 분포한다.

 71mm | ×0.7

왕흰점네발나비 [네발나비과]

Lexias aeetes

- 날개 편 길이 81mm 안팎 (인도네시아)

날개는 흑갈색 바탕에 날개 끝 주위로 흰 무늬가 나타난다. 인도네시아의 셀레베스 섬에 분포하며, 색조가 더 검은 개체들은 오스트레일리아에 분포한다.

81mm | ×1.1

뾰족선두리네발나비 [네발나비과]

Rhinopalpa polynice

- 날개 편 길이 80mm 안팎 (인도네시아 세람 섬)

우리 나라 '산네발나비(*Polygonia c-album*)'와 날개 모양이 비슷하나 날개 색은 전혀 다르다. 구북구의 추운 지역에 사는 '산네발나비'와 달리, 미얀마에서 셀레베스 섬까지 동남 아시아에 퍼져 사는 종류이다.

 80mm | ×0.55

프랑크자색띠쌍돌기나비 [네발나비과]

Prothoe franck

- 날개 편 길이 60mm 안팎 (인도네시아)

뒷날개의 후각에 뭉뚝하게 꼬리 모양 돌기가 있다. 인도의 아삼에서 말레이시아, 선덜랜드, 필리핀에 분포한다.

60mm | ×0.8

얼룩무늬범쌍돌기나비 [네발나비과]

Agatasa calydonia

- 날개 편 길이 120mm 안팎 (말레이시아)

날개가 강인하고, 뒷날개의 꼬리 모양 돌기가 두툼해 보이는 특이한 모양이다. 주로 숲 가장자리를 날다가 물가의 습지나 동물의 배설물에 잘 찾아온다. 마치 우리 나라 오색나비아과의 행동과 거의 비슷하다. 말레이시아와 인도네시아에 분포한다.

슈라이버쌍돌기나비 [네발나비과]

Polyura schreiber

- 날개 편 길이 50mm 안팎 (타이)

같은 속 중에서 날개 색이 가장 어두워 흰색이 뚜렷하게 보인다. 인도에서 타이를 거쳐 말레이시아와 선덜랜드, 필리핀에 널리 분포한다.

황토빛쌍돌기나비 [네발나비과]

Charaxes distanti

- 날개 편 길이 70mm 안팎 (말레이시아)

날개는 짙은 황토색으로, 뒷날개의 돌기는 덜 돌출되었다. 인도네시아와 말레이시아에서 미얀마까지 분포한다.

데하니쌍돌기나비 [네발나비과]

Polyura dehanii

- 날개 편 길이 60mm 안팎 (인도네시아)

뒷날개 후각의 쌍돌기는 캘리퍼스의 날처럼 생겼는데, 서로 마주 보는 것처럼 뻗어 있다. 인도네시아의 수마트라와 자바의 산지에 가끔 나타나는 귀한 나비이다.

60㎜ ×0.75

연노랑띠쌍돌기나비 [네발나비과]

Polyura athamas

- 날개 편 길이 51mm 안팎 (말레이시아)

수컷의 앞날개 중앙에는 연노랑 기가 있는 하늘색 띠가 있다. 매우 빠르게 날고, 강가의 썩은 물질 주위로 날아온다. 암컷은 숲에서 벗어나지 않으므로 발견하기 어렵다. 동양구에 널리 분포한다.

51㎜ ×0.9

×1.2
×0.65

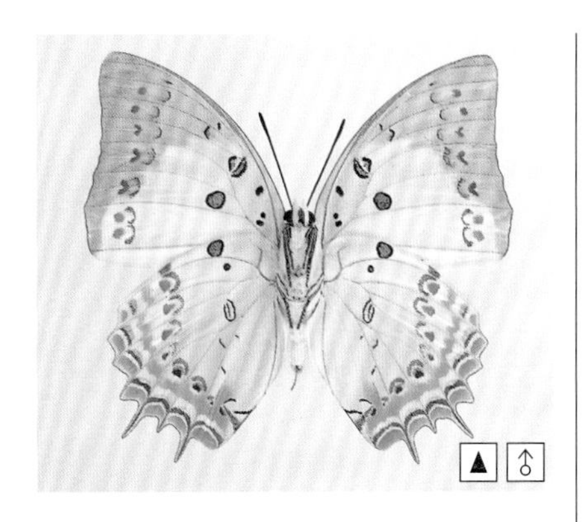

고운쌍돌기나비 [네발나비과]

Polyura delphis

- 날개 편 길이 70–100mm (인도네시아)

날개의 바탕은 연한 녹색을 띤 흰색이며, 날개 끝은 삼각 모양으로 검다. 날개 아랫면은 갈색, 녹색 또는 짙은 청색 등으로 된 복잡한 무늬가 있다. 애벌레의 머리에는 오색나비아과의 일반적인 특징인 사슴뿔 모양의 돌기가 나 있다. 인도 북부와 파키스탄, 미얀마, 인도네시아에 분포한다.

76mm

×1.0
×0.6

노란띠쌍돌기나비 [네발나비과]

Charaxes eurialus

- 날개 편 길이 90mm 안팎 (인도네시아)

날개는 흑갈색 바탕에 뒷날개 아외연에 청색과 흑갈색 점무늬가 보이고, 외연에는 노란색 띠가 있다. 날개가 강인해서 날아다니는 힘이 강하다. 주로 숲 가장자리를 힘차게 날아다닌다. 인도네시아의 암보이나 섬과 세람 섬, 사파루아 섬에만 분포하는 나비로, 오히려 오스트레일리아구에 속하는 나비로 볼 수 있다.

안토니우스쌍돌기네발나비 [네발나비과]

Charaxes antonius

- 날개 편 길이 81mm 안팎 (필리핀)

뒷날개에 있는 쌍꼬리의 크기가 같다. 필리핀 민다나오 섬에 사는 필리핀 특산종이다. 현지에서는 5월, 8~10월, 12~3월에 세 번 발생한다.

×0.6

고리무늬쌍돌기네발나비 [네발나비과]

Charaxes durnfordi

- 날개 편 길이 ♂ 62mm, ♀ 75mm 안팎 (말레이시아)

날개는 자갈색 바탕에 외횡대 주위로 보라색 기가 있는 흰색이다. 아삼에서 선덜랜드까지 널리 분포한다.

♂ 62㎜ ♀ 75㎜ | ♂×0.75 ♀×0.6

흰띠큰무늬나비 [네발나비과]

Thauria aliris pseudaliris (아종)

- 날개 편 길이 105–130mm (말레이시아)

날개 전체의 생김새는 거의 사각 모양이다. 뒷날개 아랫면에 2쌍의 눈알 모양 무늬가 있다. 암컷은 앞날개의 흰 띠가 더 넓다. 미얀마와 타이, 말레이시아, 보르네오 섬의 정글에 분포한다. 인도에 여러 유사종이 분화된 것으로 보아 이 종의 원산지로 추측된다.

105㎜ | ×0.85 ×0.45

빙하미큰무늬나비 [네발나비과]

Amathusia binghami

- 날개 편 길이 87mm 안팎 (말레이시아)

날개 윗면은 약간 황적색을 띤 짙은 갈색이고, 날개 아랫면은 황갈색 바탕에 위아래로 줄친 듯이 보인다. 뒷날개 전연과 후연 가까이에 눈알 모양 무늬가 2개 있다. 같은 속에는 이 종 외에도 여러 종이 있는데, 형태적으로 너무 닮아서 구별하기가 쉽지 않다. 특히 암컷의 구별은 더 어렵다. 선덜랜드에서 미얀마 남부와 안다만 섬 서부, 필리핀, 셀레베스 섬에 널리 분포한다.

87㎜ | ×0.55

보라큰무늬나비 [네발나비과]

Thaumantis klugius

- 날개 편 길이 80mm 안팎 (인도네시아 보르네오)

날개는 흑갈색 바탕에 중앙이 넓게 보랏빛 광채가 난다. 대나무 숲에서 발견되며, 저녁 무렵 땅 가까이로 낮게 날아다니므로 채집하기가 매우 어렵다. 시킴에서 선덜랜드까지 분포한다.

80㎜ | ×0.65

♂

앞청띠큰무늬나비 [네발나비과]

Zeuxidia aurelius

- 날개 편 길이 93–134mm (말레이시아)

'나뭇잎나비(*Kallima inachus*)' 처럼 위아래가 뾰족하고 긴 날개를 가졌다. 수컷은 앞날개 윗부분이 청보랏빛 광택이 나고, 뒷날개에 성표인 털뭉치가 있다. 같은 속에 속하는 나비들은 주로 미얀마와 말레이시아, 필리핀에 분포한다.

93mm ×0.7

♂

굴뚝큰무늬나비 [네발나비과]

Thaumantis noureddin

- 날개 편 길이 83mm 안팎 (인도네시아 보르네오)

앞날개의 모양은 외연이 거의 직선이며, 뒷날개 후각이 아래로 뻗어 있다. 수컷의 날개는 검고 보랏빛 광채가 약간 나지만, 암컷은 보랏빛 광채가 덜 난다. 시킴에서 선덜랜드까지 분포한다.

83mm ×0.9

♀

야자나무보라그늘나비 [네발나비과]

Elymnias casiphone

- 날개 편 길이 80mm 안팎 (인도네시아 발리)

날개가 가로로 길어 보이고, 검보랏빛 바탕에 앞날개 외횡대에 보랏빛 점무늬가 줄지어 있다. 주로 숲 안의 그늘진 곳을 좋아하며, 애벌레는 야자나무의 잎을 먹고 자란다. 자바 섬을 중심으로 주변 여러 섬에 국한하여 분포한다.

70mm ×0.75

♂

보라줄그늘나비 [네발나비과]

Elymnias hypermnestra tinctoria (아종)

- 날개 편 길이 52mm 안팎 (말레이시아 타만네가라)

숲 가장자리의 어두운 그늘에서 발견되는 흔한 종이다. 암컷은 청색과 황색 계열이 있으며, 말레이 반도를 포함한 말레이시아의 오른쪽 지역에서는 청색, 반대쪽에서는 황색 계열이 나타난다. 인도에서 오스트레일리아까지의 동양구에 널리 분포한다.

52mm ×1.0

♂

멋진날개그늘나비 [네발나비과]

Coelites euptychioides humilis (아종)

- 날개 편 길이 56mm 안팎 (말레이시아 타만네가라)

날개가 맵시 있게 밖으로 뻗은 모양이며, 숲 가장자리 어두운 곳을 골라 빠르게 날아다닌다. 말레이시아 고유종이다.

56mm ×0.9

보라톱날개그늘나비 [네발나비과]

Ptychandra schadenbergi

- 날개 편 길이 48mm 안팎 (필리핀)

날개는 짙은 보라색이며, 알려진 생태적 내용이 없다. 필리핀 등지에 분포한다.

48㎜ ×1.0

눈많은부처나비 [네발나비과]

Mycalesis mineus

- 날개 편 길이 36mm 안팎 (인도네시아 발리)

뒷날개 아랫면에 4개의 뱀눈 모양 무늬가 일직선으로 배열된 점이 *M. perseus*와 다르다. 인도 북부와 네팔, 아삼, 타이, 인도차이나, 말레이 반도, 필리핀, 타이완에 널리 분포한다.

36㎜ ×1.4

옆구리흰뱀눈나비 [네발나비과]

Neorina lowii neophyta (아종)

- 날개 편 길이 78mm 안팎 (말레이시아)

날개 끝과 뒷날개 후각이 튀어나왔다. 날개 전체가 흑갈색인데, 앞날개 외연 아래와 뒷날개 외연 윗부분에 흰무늬가 있다. 열대 숲에 살며, 프랑스에서 발견된 화석 가운데 이 종과 닮은 종이 출토된 것으로 보아, 과거 서유럽의 기후가 열대였던 것으로 추측된다. 말레이 반도와 수마트라, 보르네오, 필리핀의 팔라완 섬에 분포한다.

78㎜ ×1.2

보라뿔나비 [네발나비과]

Libythea geoffroyi

- 날개 편 길이 50–58mm (필리핀)

날개는 흑갈색 바탕으로, 청보랏빛 광택이 보는 각도에 따라 달리 빛나 보인다. 암컷은 날개 색이 훨씬 어둡다. 주로 숲 가장자리에 서식하며, 우리 나라 '뿔나비(*L. celtis*)' 처럼 물가에 잘 날아온다. 미얀마, 타이, 필리핀, 파푸아뉴기니와 오스트레일리아에 분포한다.

52㎜ ×1.0

청별뿔나비 [네발나비과]

Libythea narina luzonica (아종)

- 날개 편 길이 45mm 안팎 (필리핀)

날개는 검은 바탕에 흰색 점이 앞날개에 10개, 뒷날개에 8개가 퍼져 있다. 인도의 아삼에서 뉴기니와 필리핀까지 분포한다.

45㎜ ×1.1

필리핀넓은띠뱀눈나비 [네발나비과]

Zethera pimplea

- 날개 편 길이 69mm 안팎 (필리핀)

날개 아랫면의 흰 띠가 더 넓다. 필리핀에 분포한다.

69㎜ ×0.74

필리핀뒷흰팔랑나비 [팔랑나비과]

Tagiades cohaerens

- 날개 편 길이 52mm 안팎 (필리핀)

뒷날개의 후연 부분이 밝고 외연에 점무늬가 줄지어 있다. 숲 속의 밝은 곳에서 빠르게 날아다니다가 나뭇잎 위에 잘 앉는다. 동양구는 물론 일부 아프리카 지역에도 분포한다.

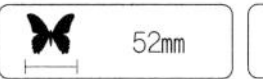

×1.8

꼬마황알락팔랑나비 [팔랑나비과]

Taractrocera archias

- 날개 편 길이 18mm 안팎 (인도네시아 발리)

같은 무리 중 소형종으로, 우리 나라 '황알락팔랑나비(*Potanthus flavus*)'와 닮았다. 스리랑카와 인도에서 중국과 뉴기니, 오스트레일리아까지 널리 분포한다.

×2.8

샛별팔랑나비 [팔랑나비과]

Notocrypta paralysos

- 날개 편 길이 28mm 안팎 (말레이시아 타만네가라)

같은 속의 나비는 앞날개 복판에 흰 점무늬가 있는데, 종의 구별이 쉽지 않다. 평지의 숲에 흔하다. 인도에서 중국 중부와 남부, 뉴기니, 오스트레일리아까지 널리 분포한다.

앞별박이팔랑나비 [팔랑나비과]

Pseudocoladenia dan dhyana (아종)

- 날개 편 길이 25mm 안팎 (말레이시아 타만네가라)

인도 남부와 중국, 선덜랜드, 셀레베스 섬에 분포하는 흔한 종이다.

복판눈팔랑나비 [팔랑나비과]

Udaspes folus

- 날개 편 길이 42mm 안팎 (말레이시아)

꽃에 날아오며, 생각보다는 빠르지 않다. 말레이시아에서는 흔한 종이 아니다. 스리랑카에서 타이완과 선덜랜드, 소순다 열도까지 분포한다.

×1.2

아르도니아흰점팔랑나비 [팔랑나비과]

Taractrocera ardonia lamia (아종)

- 날개 편 길이 20mm 안팎 (말레이시아 타만네가라)

날개에 흰 점이 있다. 숲 가장자리에 살며, 흔하지 않은 종으로 알려져 있다. 말레이시아와 셀레베스 섬에 분포한다.

야자팔랑나비 [팔랑나비과]

Hidari irava

- 날개 편 길이 56mm 안팎 (인도네시아 발리)

날개 끝이 뾰족하고, 날개의 너비가 넓다. 아주 흔한 종으로, 어두워질 때까지 정원에 핀 꽃에 잘 날아온다. 밤에 불빛에 가끔 날아오기도 하는데, 이는 정원에서 쉬다가 가까운 불빛에 유인된 것으로, 일시적 현상이다. 애벌레는 야자의 잎을 먹는다. 인도에서 선덜랜드까지 분포한다.

56㎜ ×1.5

제주꼬마팔랑나비 [팔랑나비과]

Pelopidas mathias

- 날개 편 길이 34mm 안팎 (인도네시아 발리)

우리 나라 '제주꼬마팔랑나비'와 생김새가 같다. 우리 나라 제주도와 남해안에 사는데, 실은 동양구와 오스트레일리아구까지 널리 분포하는 열대성 나비이다. 인도네시아산이 원명 아종이다.

애기별팔랑나비 [팔랑나비과]

Iambrix stellifer

- 날개 편 길이 22mm 안팎 (말레이시아 타만네가라)

평지에 서식 범위가 넓다. 애벌레는 대나무의 잎을 먹는다. 미얀마에서 선덜랜드까지 분포한다.

정글팔랑나비 [팔랑나비과]

Polytremis lubricans

- 날개 편 길이 35mm 안팎 (말레이시아 타만네가라)

흔한 나비로, 정글 주변의 빈 터에 잘 날아다닌다. 인도에서 중국 남부, 선덜랜드, 티모르까지 분포한다.

말레이검은팔랑나비 [팔랑나비과]

Ancistroides nigrita maura (아종)

- 날개 편 길이 41mm 안팎 (말레이시아 타만네가라)

날개는 전체가 검다. 매우 흔한 종으로 숲과 평지 사이의 공간을 우리 나라 '대왕팔랑나비(*Satarupa nymphalis*)' 처럼 힘차게 날아다닌다. 시킴에서 선덜랜드와 필리핀까지 분포한다.

나비 채집기 ❸

말레이시아의 타만네가라 국립 공원

타만네가라 국립 공원은 말레이 반도의 동북부에 위치하며, 켈란탄, 파항과 트렝가누 지역을 경계로 하는 열대 정글의 생물 보호 구역이다. 생물 자원의 수를 헤아릴 수 없을 뿐만 아니라, 아직도 인간의 미답지가 많은 이 곳에 저자 중 한 사람인 김성수와 2004년 1월 26일부터 2월 3일까지 8박 9일의 일정으로 다녀온 적이 있다. 국립 공원 안은 채집 금지 지역이어서 관찰하기 어려웠지만, 국립 공원에서 벗어난 안전 지대인 마을 입구에서 여러 가지 종류의 나비를 만날 수 있었다. 우기의 끝이어도 날마다 스콜 같은 비를 만나고, 정글 안에서는 열대 거머리가 괴롭혔지만 열대 나비와의 만남을 갖게 되어 뜻있는 여행이었다.

강 주변에 정글이 발달한 타만네가라 국립 공원

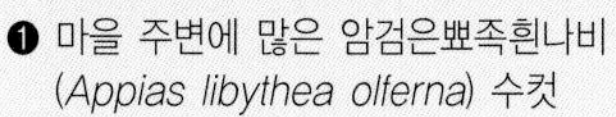

❶ 마을 주변에 많은 암검은뾰족흰나비(*Appias libythea olferna*) 수컷

❷ 암검은뾰족흰나비 암컷

❸ 앞별박이팔랑나비(*Pseudocoladenia dan dhyana*)는 우리 나라 왕자팔랑나비처럼 앉으면 날개를 활짝 편다.

❹ 로히타쌍꼬리부전나비(*Spindasis lohita senama*) 수컷이 꽃에서 꿀을 빨고 있다.

❺ 스트라보부전나비(*Catochrysops strabo*)는 평지에 많다.

❻ 파란줄얼룩나비(*Ideopsis similis*)는 꽃에 매달리듯 꿀을 빨다가 곧 날아간다.

가운데노랑푸른자나방 [자나방과]

Dysphania militaris

- 날개 편 길이 72mm 안팎 (타이)

날개의 바탕색은 짙은 노란색에 가장자리가 검게 보인다. 흔한 종으로, 같은 무리 중에서는 대형종이다. 타이, 미얀마, 캄보디아 등지에 분포한다.

72㎜ ×1.2

네눈예쁜가지나방 [자나방과]

Plutodes malaysiana

- 날개 편 길이 26mm 안팎 (말레이시아 타만네가라)

저녁에 불빛에 잘 날아오며, 색이 아름답다. 말레이시아와 인도네시아에 분포한다.

26㎜ ×1.9

말레이톱니푸른자나방 [자나방과]

Episothalma robustana

- 날개 편 길이 25mm 안팎 (말레이시아 타만네가라)

날개 가장자리가 톱니 모양이다. 말레이시아와 인도네시아에 분포한다.

25㎜ ×2.0

말레이네점푸른자나방 [자나방과]

Ornithospila bipunctata

- 날개 편 길이 30mm 안팎 (말레이시아 타만네가라)

날개 색은 연푸른색으로, 독특한 날개 모양을 하고 있다. 우리 나라에는 없는 속이다. 말레이시아, 타이, 인도네시아에 분포한다.

30㎜ ×1.6

흰눈물가지나방 [자나방과]

Hyposidra sp.

- 날개 편 길이 38mm 안팎 (말레이시아 타만네가라)

날개는 흑갈색 바탕에 앞날개 후연과 뒷날개 중앙에 흰 점무늬가 있다. 아직 정확한 종명을 모르고 있다. 동남 아시아 일대에 분포한다.

38㎜ ×1.3

말레이녹색솔나방 [솔나방과]

Trabala ganesha

- 날개 편 길이 43mm 안팎 (말레이시아 타만네가라)

소나무를 해치는 우리 나라 '솔나방(*Dendrolimus spectabilis*)' 과 근연종이다. 애벌레는 소나무를 먹지 않으며, 먹이 식물이 무엇인지 정확한 생태를 모르고 있다. 말레이시아와 인도네시아에 분포한다.

43㎜ ×1.2

검은등솔나방붙이 [솔나방붙이과]

Pseudojana perspicuifascia

- 날개 편 길이 95mm 안팎 (말레이시아 타만네가라)

솔나방붙이과에 속하는 무리는 우리 나라에 살지 않는 열대 나방이다. '솔나방(*Dendrolimus spectabilis*)' 및 '누에나방(*Bombyx mori*)' 과 유연 관계가 가까우나, 아직 정확한 분류적 위치가 정해져 있지 않다. 동남 아시아 일대에 분포한다.

흰줄큰제비나방 [제비나방과]

Nyctalemon patroclus

- 날개 편 길이 130mm 안팎 (인도네시아 보르네오)

같은 속 중에서 대형에 속하며, 나비처럼 뒷날개에 꼬리 모양 돌기가 있다. 이것은 제비나비를 의태한 것으로 보인다. 인도네시아에 분포한다.

흰깃뒷붉은얼룩나방 [밤나방과]

Eusemia bisma

- 날개 편 길이 76mm 안팎 (말레이시아)

우리 나라 '얼룩나방(*Chelonomorpha japana*)' 과 근연종으로, 열대 동남 아시아에 분포한다.

노란두줄애기나방 [애기나방과]

Syntomoides imaon

- 날개 편 길이 21mm 안팎 (말레이시아 타만네가라)

우리 나라 애기나방류와 닮았으나 날개 무늬가 조금 다르다. 동남 아시아에 분포한다.

말레이굴뚝알락굴벌레나방 [나비굴벌레나방과]

Xyleutes sp.

- 날개 편 길이 108mm 안팎 (말레이시아 타만네가라)

우리 나라 '알락굴벌레나방(*Zeuzera multistrigata*)' 과 근연종으로, 흔한 종이다. 말레이시아와 인도네시아에 분포한다.

푸른띠밤나방 [밤나방과]

Artena dotata

- 날개 편 길이 63mm 안팎 (한국 지리산)

뒷날개는 띠무늬가 가늘게 보인다. 동남 아시아계 나방으로, 여름철에 우리 나라 남해안 일대에 날아온다.

아틀라스대왕산누에나방

[산누에나방과]

Attacus atlas

- 날개 편 길이 200–232mm (필리핀, 일본 오키나와)

날개 끝이 물개가 바깥을 바라보는 생김새이다. 세계 최대의 나방으로, 타이완에서 일본 남부 섬의 개체를 원명 아종으로 취급하고 있으며, 필리핀, 타이완, 일본 오키나와에 분포한다. 필리핀에 보이는 개체들은 다른 아종이다.

♂ 230㎜, ♀ 232㎜ / ♂ 202㎜, ♀ 200㎜ | ♂×0.35, ♀×0.33 / ♂×0.4, ♀×0.4

남방흰띠불나방

[불나방과]

Nyctemera baulus

- 날개 편 길이 46mm 안팎 (말레이시아 타만네가라)

날개를 접고 앉으면 앞날개는 검은색 바탕에 흰 띠가 뚜렷하다. 동남 아시아 일대에 분포한다.

46㎜ | ×1.1

흰눈노랑불나방

[불나방과]

Asota producta

- 날개 편 길이 54mm 안팎 (말레이시아 타만네가라)

앞날개 중앙의 흰무늬가 사람 눈처럼 보인다. 흔한 종으로, 밤에 등불에 날아온다. 인도네시아와 말레이시아에 분포한다.

54㎜ | ×0.95

나비 채집기 ❹

인도네시아 발리에서의 이상한 경험 여행 날짜 : 1981년 5월 20일

인도네시아 발리에는 킨타마니(Kintamani)라는 높은 산이 있는데, 분화구 관광으로 이름난 곳이다. 이 산을 보기 위해 가는 도중 바타불란(Batabulan)이라는 곳에서, 아침 9시경에 시작하는 바롱(Barong) 민속춤 공연을 보게 되었다. 야자나무 잎으로 지붕을 엮고, 그 아래에 500석 정도의 계단식 야외 관람석 가운데 보기 좋은 곳에 앉아 공연을 기다리고 있었다. 무대는 원색으로 꾸며져 있었고, 양 옆으로 새빨간 히비스커스 화분이 놓여 있었다.

그런데 '멤논제비나비(*Papilio memnon*)' 몇 마리가 계속 들락날락하는 것이 보였다. 그 광경을 보자 이국의 민속춤을 보는 것은 뒷전이고, 나비 채집 생각에 도저히 가만히 앉아 있을 수가 없었다. 입장권도 반환하지 않은 채 허둥지둥 포충망을 꺼내 들고 공연장 옆 오솔길로 들어섰다.

그 조그마한 길에는 30여 종의 나비가 어지러이 날아다니고 있었는데, 어찌나 많은지 잡은 나비를 삼각지에 쌀 겨를도 없이 포충망을 정신없이 휘둘러 댔다. 하도 바삐 움직이다 보니 현지에서 산 바틱 남방 셔츠에 달린 세 개의 주머니에 잡은 나비를 그냥 집어 넣기에도 벅찼다. 스프링으로 된 여행용 간이 채집망으로는 채집이 어려웠으나 나비가 워낙 많다 보니 채집하는 데 큰 어려움은 없었다.

쉽게 잡힐 것 같아 보이던 한 나비를 어이없이 놓쳤을 때였다. 갑자기 "에이" 하는 탄식이 뒤에서 들려왔다. 돌아보니 무대 뒤에서 대기 중이던 무용수 30여 명이 자신들의 공연 준비도 잊은 채 이리저리 뛰어다니는 '나의 공연'을 공짜로 보고 있었던 모양이다.

10시 정각이 되었다. 1시간 넘게 요란하던 북과 꽹과리 소리가 멎으면서 공연이 끝났다. 그 때였다. 마치 약속이나 한 듯이 그렇게 난무하던 나비들도 동시에 사라지는 것이 아닌가? 한 마리도 보이지 않게 되자 허탈해졌다. 아쉬운 마음으로 주변을 이리저리 살피는데, 마침 사람 키쯤 되어 보이는 생울타리가 눈에 띄었다. 나비들이 멀리 가지 못하고 일시에 이 안으로 숨어들었을 것으로 짐작하였다. 왜냐 하면 이 곳에는 나비가 숨을 만한 곳이 없기 때문이었다. 하지만 나무를 흔들어 보기도 하고 포충망으로 쳐 보기도 했지만 더 이상 나비의 모습을 볼 수 없었다.

그 여행을 다녀온 후 많은 세월이 흘렀지만 그 때의 기억은 항상 생생하다. 지금도 공연이 끝남과 동시에 나비가 사라졌던 이유가 여전히 수수께끼로 남아 있다. 물론 기온이나 바람 등 어떤 자연 현상에 의해 우연히 일어난 일일 수도 있었겠지만, 인도네시아의 북과 꽹과리 소리의 강한 진동이 나비들의 난무와 어떤 연관이 있지 않았나 싶다. 여태까지 이 때처럼 여행을 통해 느꼈던 감흥이 그토록 신령스러웠던 적은 없었다.

발리의 Nusa Dua 호텔 정원에 핀 꽃에 끝검은왕나비(*Anosia chrysippus*)가 날아왔다.

인도네시아 발리의 풍경

나비 채집기 ❺

말레이시아의 고원 위락 단지 겐팅에서의 채집기

여행 날짜 : 1987년 9월 27~29일

오스트레일리아를 갔다가 귀국 길에 시간을 내어 말레이시아에서 곤충 산업으로 유명한 카메런 하일랜드에 잠깐 들러볼 욕심으로 콸라룸푸르로 향했다. 마침 이 시기는 우기로 접어드는 길목이어서 큰 기대를 하지 않고 편안한 여행으로만 다녀올 작정을 하였다.

가는 도중 우연히 안내 책자를 들춰 보다가 커다란 나비 사진이 눈에 들어왔다. 그 밑에 실린 아주 상세한 글은 말레이시아의 고원 위락 단지로 유명한 겐팅(Genting)에 대한 소개였는데, 나비를 꽤 충실하게 다루고 있어서 관심을 가지고 읽어 내려갔다. 갑자기 겐팅이란 곳이 궁금해지기 시작했다. 마침 스튜어디스가 지나가기에 겐팅에 관해 여러 가지 궁금한 점을 물어 보았다. 이 과정에서 마음 속으로는 어느 새 행선지를 겐팅으로 바꾸게 되었다.

저녁 8시경, 공항에 도착하자 곧바로 택시를 타고 겐팅으로 향하였다. 어둠 속이었지만 가파른 산길로 올라가는 것이 느껴졌는데, 멀리 콸라룸푸르의 똑같은 야경이 같은 간격으로 세 번 보였다 안 보였다 하기에, 나선형으로 올라가는 것이라고 추측할 뿐이었다.

정상은 해발 2000m가 넘는 곳인데, 다행히 천 개의 객실로 이루어진 대형 호텔이 들어서 있고, 카지노로도 유명한 곳이어서 숙박이나 식사에 따른 어려움은 없었다. 또, 서늘해서 그런지 도무지 열대 같은 느낌이 들지 않았지만, 밤에 별이 전혀 보이지 않는 것으로 보아 날씨는 별로 좋지 않았다.

다음 날부터 이틀 동안을 그 곳에서 보냈다. 구름이 짙어지면 보슬비가 내리다가 다시 잠잠해지면 고산 나비인 뒷고운흰나비류(*Delias* sp.)와 왕나비 몇 종류가 날아다니기에 채집하였다. 처음에야 그저 편안한 여행쯤으로 만족하다가 막상 고산 위에 갇혀 있다 보니 답답하기 그지없었다. 그 이유는, 몇 번이고 내려가려고 택시 기사에게 산 아래쪽 상황을 물어 보았는데, 대답은 한결같이 아래는 비가 억수로 내리니 내려가지 말라는 것이었기 때문이다.

드디어 귀국하려고 하산을 하게 되었다. 내려오는 길은 그야말로 아비규환의 상태였는데, 길은 여기저기 패어 있었고, 계곡물은 시뻘건 흙탕물투성이었다. 비가 엄청나게 쏟아진 것이다. 그나마 비행기 안에서 본 안내 책자 덕분에 이틀간 구름 위에서 간간이 햇살도 보아 가면서 신선놀음을 했던 것은 큰 행운이었다.

처음 여행지로 꼽았던 카메런 하일랜드의 나비 공원 광고판

나비 채집기 ❻

사이판에서 우리 나라 미접을 만나다

여행 날짜 : 2001년 12월 15~16일

가족과 함께 남태평양 열하의 섬 사이판에 관광을 다녀온 적이 있었다. 그 때 우리 나라는 한겨울이었지만 그 곳은 여름 날씨여서 남국의 정취를 한껏 만끽할 수 있었다. 이 곳에서 관광하는 가운데 틈만 나면 나비를 채집하기 위해 어김없이 간이 포충망을 들고 다녔는데, 다행히 나비 채집에 따른 문제점은 전혀 없었다.

여러 관광지를 순회할 때마다 흔한 *Catopsilia*속과 *Eurema*속 흰나비들이 자주 눈에 띄었고, 가끔씩 보이는 '흰띠제비나비(*Papilio polytes*)' 도 채집할 수 있었다.

섬이 그다지 크지 않을 뿐만 아니라 큰 산도 없어서인지 진귀한 나비와의 만남은 이루어지지 않을 듯이 보였다. 드디어 둘째 날, 관광을 마치고 한국으로 돌아가기 몇 시간 전, 가족들은 쌓인 피로를 풀 겸 호텔에서 쉬고 있을 때 홀로 가까운 상록수림을 찾아갔다. 그 숲은 멀리서 보기와 달리 꽤 우거져서, 안으로 들어서니 컴컴하여 밤처럼 느껴질 정도였다. 그런데 숲 밖에서 보지 못한 나비들이 약간 밝고 넓어 보이는 공간에 날고 있었다.

'남방오색나비(*Hypolimnas bolina*)' 와 '안티로페오색나비(*Hypolimnas antilope*)' 들인데, 엄청나게 많았다. 아마 무덥고 햇볕이 강렬하게 내리쬐는 숲 밖으로는 얼씬 못하고 그늘 속에서만 지내는 것 같았다. 잠깐 동안이지만 수백 마리 이상을 본 것 같다. 이토록 많으니 태풍이 발생하면 이 나비 중 몇몇이 우리 나라로 날아와 얼굴을 내미는 것이리라.

이런 종류를 미접이라고 하는데, 날개가 발달하여 먼 곳까지 바람이나 선박 등에 의해 실려 날아가게 되는 종류를 말한다. 이런 나비가 우리 나라에 약 15종이 기록되어 있다. 그 가운데 '남방오색나비' 는 제주도나 남해안, 서해안에서 이따금 보인다. 그 동안 여름철에만 간간이 보아 오던 '남방오색나비' 의 본거지를 사이판 겨울 여행 말미에 발견한 것은 대단한 행운이었다.

딱정벌레목

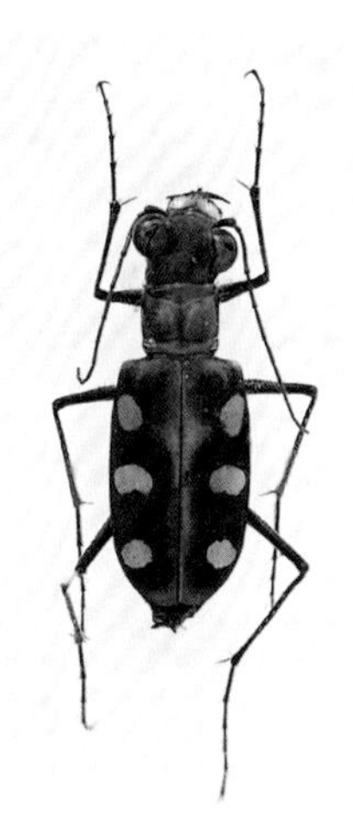

초록예쁜길앞잡이 [길앞잡이과]

Cicindela aurulenta

- 몸 길이 15mm 안팎 (말레이시아 타만네가라)

강가의 모래땅 위에 많이 산다. 우리 나라 '길앞잡이(*C. chinensis*)'와 비슷하며, 딱지날개에 물방울 모양의 무늬가 뚜렷하다. 히말라야에서 중국 남부와 타이완, 자바와 보르네오 등지에 널리 분포한다.

* 길앞잡이류는 세계에 2500여 종, 우리 나라에 18종이 있다. 말레이시아 타만네가라 국립공원 주변의 마을에서 채집되었다.

노랑네점왕먼지벌레 [딱정벌레과]

Harpalidae sp.

- 몸 길이 25mm 안팎 (타이)

몸은 가슴과 배가 길게 둥글다. 검은색 딱지날개에는 오렌지색 무늬가 4개 있다. 동남 아시아에 분포하며, 종에 대한 자세한 정보가 많지 않다.

플라니페니스왕먼지벌레 [딱정벌레과]

Mouhotia planipennis

- 몸 길이 47mm 안팎 (타이)

몸이 크고 넓적한 종으로, 큰턱이 매우 크다. 먼지벌레류 중 세계에서 가장 큰 종으로, 딱지날개는 분명한 골짜기 구조가 세로로 길게 뻗어 있다. 라오스와 타이, 미얀마 등지에 분포한다.

♂

깊은산사슴벌레 [사슴벌레과]

Lucanus fryi

- 몸 길이 ♂ 47–74mm, ♀ 38–41mm (타이)

우리 나라 '사슴벌레(*L. maculifemoratus*)'와 닮았으나 훨씬 크며, 타이에서는 매우 흔한 종이다. 미얀마 북동부와 타이 북부에 분포한다.

♂

둥근집게맵시사슴벌레 [사슴벌레과]

Odontolabis leuthneri

- 몸 길이 ♂ 39–78mm, ♀ 33–35mm (인도네시아 보르네오)

몸은 검고, 수컷의 큰턱은 둥글게 구부러져 보이는데, 안쪽에 뭉툭한 돌기가 잘게 나 있어서 만졌을 때 올록볼록한 느낌을 받는다. 암컷은 큰턱이 넓적하고 예리하다. 간혹 수컷 중에서 큰턱이 짧고 펜치처럼 보이는 개체도 있는데, 특별히 몸의 크기와 관계 없는 것으로 보인다. 수컷의 딱지날개는 광택이 강하다. 보르네오와 라오스 등지에 분포하고, 베트남 북부에서 분포하는지의 여부가 불확실한데, 현재 조사 중이다.

♂

코끼리산사슴벌레 [사슴벌레과]

Lucanus sericeus

- 몸 길이 ♂ 37–74mm, ♀ 36–38mm (타이)

'깊은산사슴벌레(*L. fryi*)'와 닮았으나 몸에 녹갈색 잔털이 덮여 있다. 베트남 북부와 타이 북부에 분포한다.

♂

남방꼬마사슴벌레 [사슴벌레과]

Neolucanus parryi

- 몸 길이 ♂ 26–45mm, ♀ 26–36mm (타이)

큰턱이 매우 작고, 짧은 가위 모양이다. 몸은 통통한 느낌을 주며, 전체가 검은 바탕이다. 다만, 딱지날개는 V자 모양의 안쪽은 검고 바깥쪽은 짙은 주황색을 띤다. 타이, 라오스, 미얀마 등지에 분포한다.

♂

라미니퍼산사슴벌레 [사슴벌레과]

Lucanus laminifer

- 몸 길이 ♂ 41–85mm, ♀ 33–39mm (타이)

우리 나라 '사슴벌레(*L. maculifemoratus*)'와 닮았으나 큰턱이 훨씬 길고, 등 쪽이 덜 도드라져 보인다. 또, 큰턱은 아래로 구부러져 있으며, 안쪽에 잔가시 돌기가 발달한다. 인도 동북부와 미얀마, 라오스, 베트남에 분포한다.

70mm ×1.0

♂

키프리맵시사슴벌레 [사슴벌레과]

Odontolabis cypri

- 몸 길이 ♂ 38–69mm, ♀ 31–37mm (인도네시아 보르네오)

몸은 검은색인데, 딱지날개는 대부분 광택이 있는 적갈색을 띤다. 앞과 양 가장자리에 짙게 테가 이루어져 있는 것이 특징이다. 딱지날개의 가장자리는 둥근 편이다. 보르네오 북서부에 분포한다.

63mm ×1.0

♂

곧은뿔맵시사슴벌레 [사슴벌레과]

Odontolabis castelnaudi

- 몸 길이 ♂ 52–94mm, ♀ 41–54mm (인도네시아)

몸은 검고, 딱지날개는 광택이 강한 황갈색을 띤다. 특히 머리와 앞가슴등판 사이가 노란색을 띠고 있어서 다른 종들과 구별이 잘 된다. 말레이 반도와 수마트라, 보르네오 등지에 분포하는 열대계 곤충이다.

85mm ×0.8

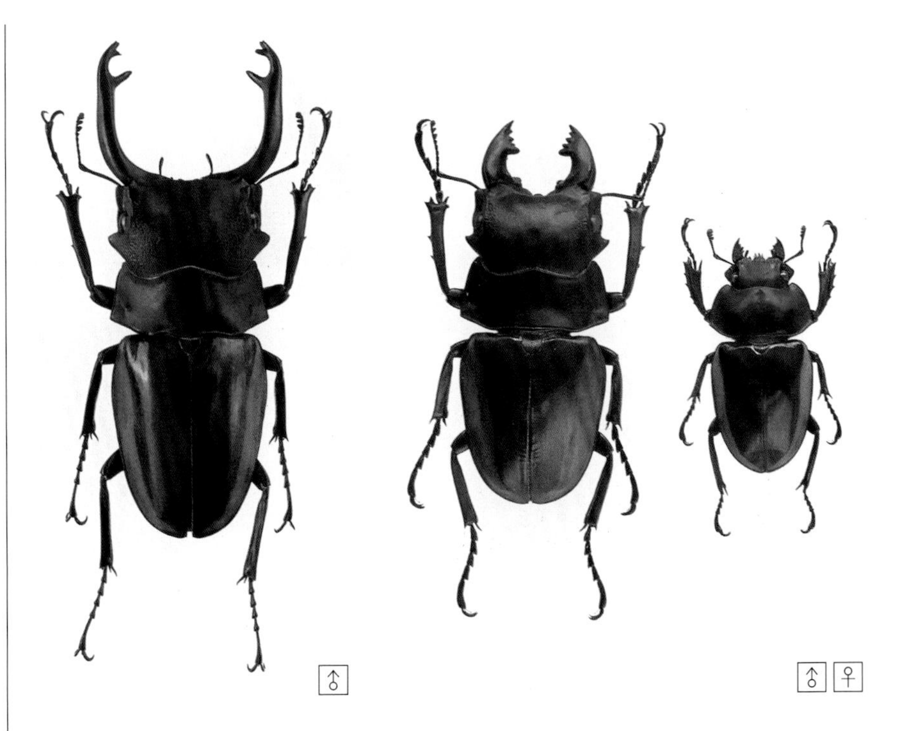

스테벤시맵시사슴벌레 [사슴벌레과]

Odontolabis stevensi limbata (아종)

- 몸 길이 ♂ 45-82mm, ♀ 37-45mm (인도네시아)

수컷의 큰턱은 길고, 곧거나 펜치처럼 구부러진 개체도 있다. 딱지날개의 바깥 가장자리가 적갈색을 띤다. 인도네시아 셀레베스 섬 중부와 남부에만 분포한다.

♂ 82mm ♂ 63mm, ♀ 37mm | ×0.8

스테벤시맵시사슴벌레 [사슴벌레과]

Odontolabis stevensi

- 몸 길이 ♂ 44-86mm, ♀ 38-47mm (인도네시아)

원명 아종으로, 다른 아종(*limbata*)과 달리 몸 전체가 검은색이다. 인도네시아 셀레베스 섬 중부와 북부에 분포한다.

등검은맵시사슴벌레 [사슴벌레과]

Odontolabis wollastoni

- 몸 길이 ♂ 41-77mm, ♀ 40-45mm (말레이시아)

몸은 검은색이지만, 딱지날개의 접합부 부분만 넓게 검은색을 띠고 나머지는 적갈색을 띤다. 검은 부분은 대체로 역삼각형을 이룬다. 머리와 앞가슴등판 양 가장자리에 가시 돌기가 발달한다. 말레이 반도와 수마트라에 분포한다.

루데킹맵시사슴벌레 [사슴벌레과]

Odontolabis ludekingi

- 몸 길이 ♂ 41-77mm, ♀ 40-45mm (인도네시아 수마트라)

'등검은맵시사슴벌레(*O. wollastoni*)'와 닮았으나 딱지날개의 색깔이 약간 옅다. 딱지날개 접합부를 따라 생긴 검은색 무늬의 너비가 좁다. 인도네시아 수마트라에만 분포한다.

앞붉은맵시사슴벌레 [사슴벌레과]

Odontolabis yasuokai

- 몸 길이 ♂ 48–82mm, ♀ 41–44mm (인도네시아 수마트라)

최근에 신종으로 기재된 종으로, '큰앞붉은맵시사슴벌레(*O. lacordairei*)' 와 매우 닮았다. 대체로 수컷의 머리 중앙에 있는 적갈색 무늬의 너비가 더 넓어 보인다. 딱지날개의 바탕색은 황갈색이다. 수마트라 남부에만 분포한다.

78mm ×0.8

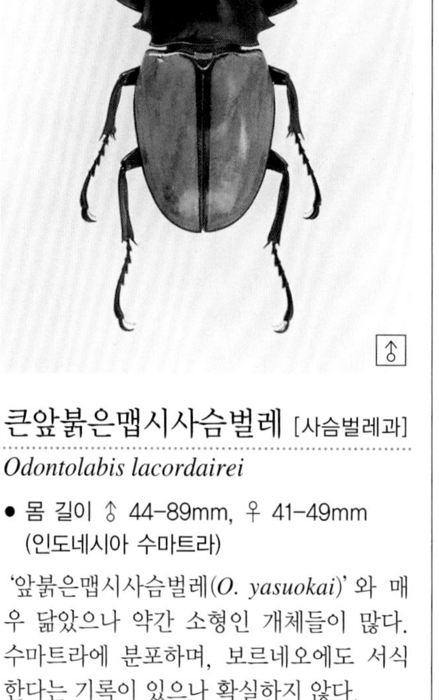

큰앞붉은맵시사슴벌레 [사슴벌레과]

Odontolabis lacordairei

- 몸 길이 ♂ 44–89mm, ♀ 41–49mm (인도네시아 수마트라)

'앞붉은맵시사슴벌레(*O. yasuokai*)' 와 매우 닮았으나 약간 소형인 개체들이 많다. 수마트라에 분포하며, 보르네오에도 서식한다는 기록이 있으나 확실하지 않다.

78mm ×0.8

모우호티맵시사슴벌레 [사슴벌레과]

Odontolabis mouhoti elegans (아종)

- 몸 길이 ♂ 34–74mm, ♀ 30–44mm (타이)

딱지날개의 색깔이 원명 아종에 비해 더 노란색에 가깝다. 주로 미얀마와 타이에 분포한다.

* 원명 아종은 타이 남동부와 크메르, 라오스, 미얀마 남동부 등지에 분포한다.

65mm ×1.0

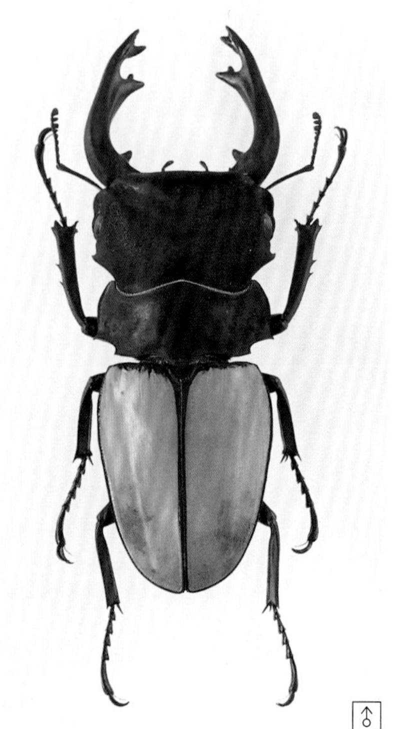

왕머리맵시사슴벌레 [사슴벌레과]

Odontolabis femoralis

- 몸 길이 ♂ 51–93mm, ♀ 42–48mm (말레이시아)

머리와 앞가슴등판은 붉은 기가 약간 도는 검은색이다. 머리는 크고 두껍다. 큰턱은 수사슴의 뿔을 연상시킨다. 말레이 반도와 수마트라에 분포한다.

93mm ×0.8

작은붉은맵시사슴벌레 [사슴벌레과]

Odontolabis sarasinorum

- 몸 길이 ♂ 30–50mm, ♀ 27–29mm (인도네시아 셀레베스 섬)

몸이 왜소하고, 딱지날개는 광택을 띤 황갈색이다. 머리 앞쪽 중앙에 약하게 적황색이 나타난다. 셀레베스 섬 남부에 분포한다.

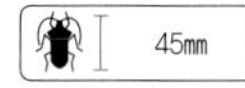

45mm ×0.9

큐베라맵시사슴벌레 [사슴벌레과]

Odontolabis cuvera sinensis (아종)

- 몸 길이 ♂ 44–80mm, ♀ 37–47mm (중국 쓰촨 성)

같은 종의 아종들은 대개 딱지날개의 검은색 부위의 넓이에 의해 나누는 경향이 있으나 큰 의미는 없는 것 같다. 중국 쓰촨 성과 윈난 성 북부, 하이난 섬에 분포한다. 구북구에 서식하지만, 열대계이어서 동양구에 포함시키고 있다.

♂ 80mm ♀ 43mm | ×0.85

큐베라맵시사슴벌레 [사슴벌레과]

Odontolabis cuvera fallaciosa (아종)

- 몸 길이 ♂ 43–89mm, ♀ 41–58mm (베트남)

몸은 검은색이고, 딱지날개의 바깥 가장자리가 넓게 황갈색 또는 적갈색을 띤다. 중국 남부와 베트남, 라오스 북부, 타이 북부에 널리 분포한다.

♂ 80mm ♀ 58mm | ×0.85

큐베라맵시사슴벌레 [사슴벌레과]

Odontolabis cuvera

- 몸 길이 ♂ 38–76mm, ♀ 41–47mm (인도)

딱지날개의 검은색 무늬가 역삼각형을 이룬다. 수컷의 큰턱은 왜소한 편이지만 몸집은 다른 아종들보다 큰 편이다. 네팔과 인도 북동부, 부탄에 분포한다.

76mm | ×0.9

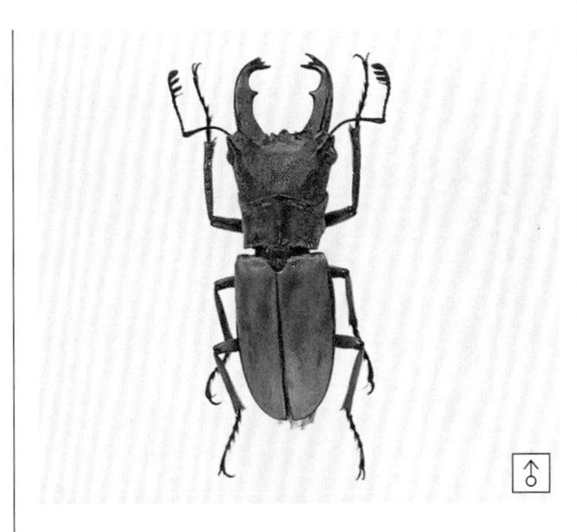

꼬마앞녹색긴뿔사슴벌레 [사슴벌레과]

Cyclommatus modiglianii

- 몸 길이 ♂ 21–36mm, ♀ 28–29mm (인도네시아 수마트라)

비교적 크기가 작은 사슴벌레로 몸이 홀쭉해 보인다. 몸은 황갈색을 띠고, 큰턱과 머리, 앞가슴등판에는 녹색 가루와 털이 묻어 있다. 머리보다 앞가슴등판과 딱지날개가 좁다. 수마트라에만 분포한다.

31mm | ×1.2

♂

시바몸큰맵시사슴벌레 [사슴벌레과]

Odontolabis siva

- 몸 길이 ♂ 46-92mm, ♀ 46-53mm (타이)

수컷의 큰턱은 매우 강인해 보이고 바깥 부분이 완만하게 구부러져 있다. 또, 큰턱 밑부분은 큰 이빨 돌기가 있으며, 끝 부분에 잔가시 돌기가 3개 나 있다. 인도 북부에서 미얀마, 타이 북부, 베트남 북부, 중국 남부까지 분포한다.

* 타이완에는 크기가 조금 작고 뿔이 약간 곧은 아종 *parryi*가 서식한다.

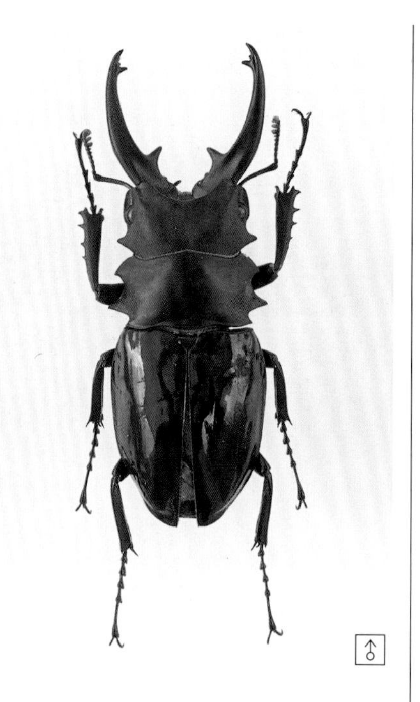

♂

벨리코사맵시사슴벌레 [사슴벌레과]

Odontolabis bellicosa

- 몸 길이 ♂ 52-86mm, ♀ 50-55mm (인도네시아 자바)

'알케스큰뿔맵시사슴벌레(*O. alces*)'와 닮았으나 수컷의 큰턱 밑부분이 안쪽으로 퍼져 나오거나 가시 돌기가 있고, 머리와 앞가슴등판의 양 옆의 돌기가 심하게 튀어나왔다. 인도네시아의 자바, 발리, 셀레베스 섬에 분포한다.

♂

알케스큰뿔맵시사슴벌레[사슴벌레과]

Odontolabis alces

- 몸 길이 ♂ 39-104mm, ♀ 44-54mm (필리핀)

몸은 검은색이고 딱지날개에 광택이 강하다. 수컷 큰턱의 끝 부분은 잔가시 돌기가 3개 이상 나 있는 특이한 모양이어서 구별이 어렵지 않다. 필리핀의 여러 섬에 분포한다.

88mm ×0.75

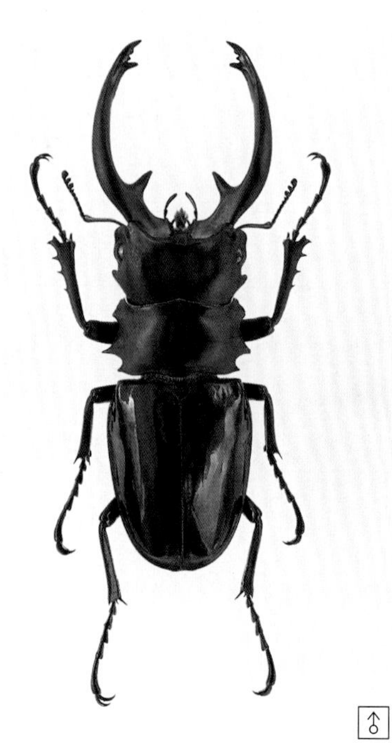

♂

가시몸맵시사슴벌레 [사슴벌레과]

Odontolabis dalmani intermedia (아종)

- 몸 길이 ♂ 45-101mm, ♀ 38-53mm (필리핀)

몸은 검은색 또는 갈색으로, 갈색인 개체는 조금 드문 편이다. 딱지날개는 금색의 잔털이 덮고 있을 때가 있다. 특히 수컷의 큰턱이 둥글게 굽었는데, 머리에서 1/3 지점과 끝 부위에 큰 가시 돌기가 나 있다. 필리핀에 분포한다.

* 다른 아종은 미얀마 동남부, 타이 남서부, 말레이 반도, 수마트라, 보르네오와 그 주변 섬에 분포한다.

85mm ×0.75

♂

앞녹색긴뿔사슴벌레 [사슴벌레과]

Cyclommatus lunifer

- 몸 길이 ♂ 29-50mm, ♀ 23-24mm (인도네시아 수마트라)

'꼬마앞녹색긴뿔사슴벌레(*C. modiglianii*)'와 닮았으나 보다 더 크고, 앞가슴등판의 녹색 가루가 훨씬 적으며, 약간 밝은 편이다. 미얀마 남동부에서 말레이 반도, 수마트라, 보르네오에 분포한다.

49mm ×1.0

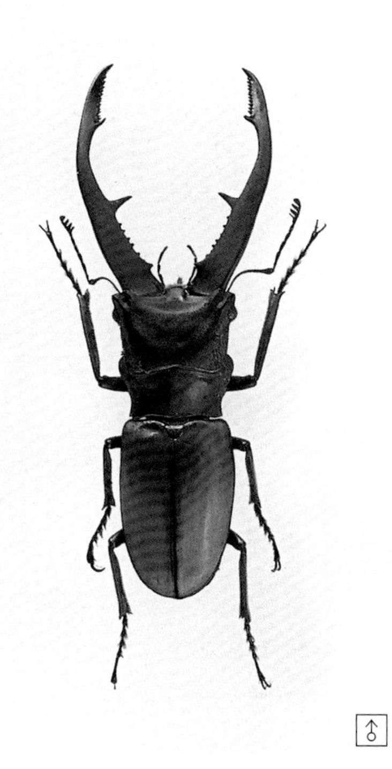

붉은긴뿔사슴벌레 [사슴벌레과]

Cyclommatus montanellus

- 몸 길이 38–65mm (인도네시아 보르네오)

머리와 큰턱, 앞가슴등판은 적갈색 또는 녹갈색을 띠는데, 수컷의 큰턱은 매우 길고 수사슴의 뿔 같은 모양이다. 딱지날개는 황갈색 또는 적갈색을 띠는 등 색채 변이가 심하다. 보르네오에 분포한다.

남방긴뿔사슴벌레 [사슴벌레과]

Cyclommatus metalifer

- 몸 길이 38–75mm (인도네시아)

'붉은긴뿔사슴벌레(*C. montanellus*)'와 닮았다. 몸은 짙은 갈색이나 금속 광택 또는 군청색이 나는 등 지역에 따른 색채 변이가 있어 다양하다. 인도네시아 셀레베스 섬에 분포한다.

긴톱날집게사슴벌레 [사슴벌레과]

Prosopocoilus giraffa

- 몸 길이 90mm 안팎 (타이)

수컷의 큰턱은 유난히 길고, 안쪽에 가시가 있다. 특히 입에서 2/3 부근에 가시 돌기가 날카롭게 발달하여 있어서 다른 종과 잘 구별된다. 네팔과 부탄, 인도 동북부, 미얀마, 타이, 라오스, 말레이 반도에 널리 분포한다.

쌍집게사슴벌레 [사슴벌레과]

Hexarthrius parryi paradoxus (아종)

- 몸 길이 53–92mm (인도네시아 수마트라)

큰턱이 강인해 보이고 끝이 아래쪽으로 굽었다. 큰턱의 끝은 잔가시 돌기가 3개 이상 있다. 말레이 반도와 인도네시아의 수마트라에 분포한다.

* 원명 아종은 인도 북동부에서 미얀마와 타이 북부에 분포한다.

♂ 86mm ♂ 75mm | ♂×0.8 ♂×0.9

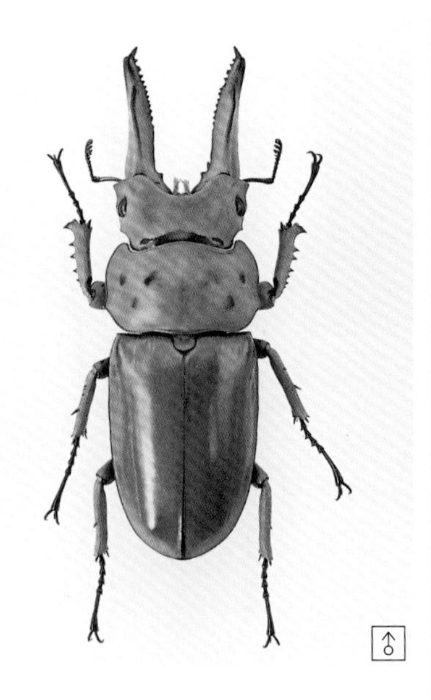

코끼리사슴벌레 [사슴벌레과]

Allotopus moellenkampi moseri (아종)

- 몸 길이 41–74mm (말레이시아)

몸은 회갈색 바탕에 수컷의 큰턱이 직선이나 끝이 바깥쪽으로 약간 굽었다. 큰턱 안쪽은 수술 기구처럼 이빨 돌기가 잘게 나 있다. 인도네시아 수마트라 일부 섬과 보르네오, 말레이 반도, 미얀마 남부에 분포한다.

74mm ×0.8

제브라집게사슴벌레 [사슴벌레과]

Prosopocoilus zebra

- 몸 길이 40mm 안팎 (타이)

머리와 큰턱은 검은색인데, 가슴과 딱지날개가 적갈색 바탕에 검은색 무늬가 어우러져 마치 표범의 가죽 무늬를 닮았다. 머리에는 금색의 잔털이 빽빽하게 나 있다. 매우 흔한 종으로, 동남 아시아 일대에 널리 분포한다.

40mm ×1.5

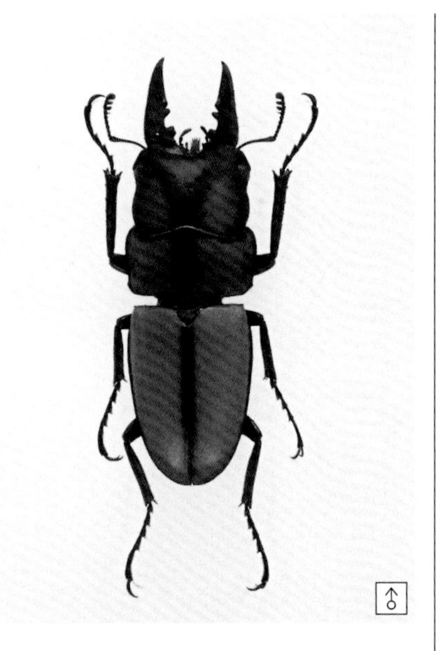

복판줄검은집게사슴벌레[사슴벌레과]

Prosopocoilus suturalis

- 몸 길이 35mm 안팎 (타이)

너비가 좁고, 아래위로 길어 보이는 날씬한 모습이다. 몸은 황갈색 바탕에 머리는 V자 모양으로 짙게 보이며, 앞가슴등판과 딱지날개 가운데에 검은 띠가 나타난다. 인도 북동부와 미얀마, 타이, 라오스, 베트남 북부, 중국(윈난 성 남부, 하이난 섬)에 분포한다.

35mm ×1.5

비손붉은테집게사슴벌레[사슴벌레과]

Prosopocoilus bison

- 몸 길이 55mm 안팎 (인도네시아 세람 섬)

몸은 전체가 길쭉한 모양으로, 앞가슴등판과 딱지날개 양쪽에 일정한 너비로 주황색 테가 나타난다. 앞가슴등판 양쪽에 타원형 점이 뚜렷하다. 인도네시아의 여러 섬들과 파푸아뉴기니에 분포한다.

55mm ×0.9

장대뿔쌍집게사슴벌레 [사슴벌레과]

Hexarthrius mandibularis

- 몸 길이 50–107mm (인도네시아 보르네오)

대형의 수컷인 경우 큰턱은 몸의 2/3에 이를 정도로 크고, 뿔 안쪽 중앙에 큰가시 돌기가 나 있다. 앞가슴등판 중앙은 길게 홈이 패듯 들어가 있다. 보르네오와 수마트라에 분포한다.

107mm ×0.8

검은딱지쌍집게사슴벌레 [사슴벌레과]

Hexarthrius buqueti

- 몸 길이 73mm 안팎 (인도네시아 자바)

몸은 검고 광택이 강하다. 수컷은 큰턱이 길고 앞쪽으로 굽었는데, 끝이 가재의 집게다리처럼 갈라졌다. 인도네시아 자바에 분포한다.

디디에리사슴벌레 [사슴벌레과]

Rhaetulus didieri

- 몸 길이 70mm 안팎 (말레이시아)

몸은 검은색이거나 검은 바탕에 붉은색이 나타나고, 딱지날개의 대부분이 붉은색을 띤다. 큰턱은 가늘고 긴데, 끝이 집게 모양으로 갈라졌다. 말레이 반도에 분포한다.

가슴넓적사슴벌레 [사슴벌레과]

Dorcus thoracicus

- 몸 길이 83mm 안팎 (인도네시아 보르네오)

'삼지창넓적사슴벌레(*D. alcides*)' 와 닮았으나 몸이 약간 길어 보이고, 큰턱의 두께가 약간 가늘다. 보르네오에 분포한다.

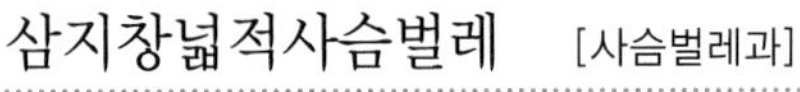

삼지창넓적사슴벌레 [사슴벌레과]

Dorcus alcides

- 몸 길이 74mm 안팎 (인도네시아 수마트라)

수컷은 대형인 개체들이 많으며, 앞가슴등판의 양 가장자리가 넓고 둥글게 보인다. 딱지날개는 광택이 있는 검은색이거나 적갈색이 약하게 나타난다. 인도네시아 수마트라에만 분포한다.

열대꼬마넓적사슴벌레 [사슴벌레과]

Dorcus reichei prosti (아종)

- 몸 길이 63mm 안팎 (말레이시아)

중형 크기로, 수컷의 큰턱은 끝에서 약간 못 미쳐 안쪽에 갈라지듯 가시 돌기가 있고, 끝은 안쪽으로 급하게 굽었고 뾰족하다. 말레이 반도와 보르네오에 분포한다.

넓적사슴벌레 [사슴벌레과]

Dorcus titanus

- 몸 길이 92mm 안팎 (인도네시아 셀레베스 섬)

몸은 광택이 강한 검은색으로, 지역에 따른 형태 변이가 심해서 여러 아종으로 나누어진다. 매우 흔한 종으로, 활엽수림 주변에서 쉽게 볼 수 있다. 인도 북동부에서 미얀마, 타이 북부, 라오스, 베트남 북부, 중국 윈난 성, 일본과 우리 나라까지 널리 분포한다.

부케팔루스넓적사슴벌레 [사슴벌레과]

Dorcus bucephalus

- 몸 길이 55-82mm (인도네시아 자바)

우리 나라 '넓적사슴벌레(*Serrognathus platymelus*)'와 닮았으나 큰턱의 두께가 훨씬 두껍다. 몸은 넓적하고 검은색이며, 큰턱의 끝 부위가 안쪽으로 심하게 굽었다. 인도네시아 자바에 분포한다.

오파쿠스갈색사슴벌레 [사슴벌레과]

Gnaphaloryx opacus

- 몸 길이 29mm 안팎 (인도네시아 자바)

몸은 흑갈색으로 광택이 없다. 수컷의 큰턱 안쪽의 작은 돌기는 밑부분에 많다. 인도네시아 자바에 분포한다.

♂ 32mm ♀ 27mm ×1.3

말레이사슴벌레붙이 [사슴벌레붙이과]

Cylindrocaulus sp.

- 몸 길이 22-26mm (말레이시아)

말레이시아의 타만네가라 국립 공원에서 직접 채집하였다. 한 종의 암수인지 아니면 두 종인지는 밝히지 못했다. 밤에 불빛에 날아온다.

좌 22mm 우 26mm ×1.75

♂ ♀

뿔뚱보소똥구리 [소똥구리과]

Heliocopris dominus

● 몸 길이 60mm 안팎 (타이)

머리방패 양쪽으로 1쌍의 뿔이 나 있으며, 앞가슴등판 중앙에 앞쪽으로 뻗은 뿔 모양의 돌기가 나 있다. 인도에서 인도차이나 반도에 널리 분포한다.

♂ 59mm ♀ 61mm ×0.7

♂ ♀

쌍뿔뚱보소똥구리 [소똥구리과]

Heliocopris tyrranus

● 몸 길이 62mm 안팎 (말레이시아)

'뿔뚱보소똥구리(*H. dominus*)'와 닮았으나 머리방패 앞에 솟은 뿔이 2개이다. 이들 무리는 코끼리의 똥에 모이는 것으로 유명하다. 말레이시아, 인도네시아 등지에 분포한다.

♂ 63mm ♀ 62mm ×0.7

♂

가는가지뿔소똥구리 [소똥구리과]

Enplotrupes sharpi

● 몸 길이 31mm 안팎 (타이)

머리에는 가늘고 긴 뿔 돌기가 솟아 있고, 앞가슴 앞쪽에도 뿔이 날카롭게 솟아 있다. 인도차이나 반도와 타이에 분포한다.

31mm ×1.2

♂ ♀

오각뿔투구벌레 [풍뎅이과]

Eupatorus gracilicornis

● 몸 길이 55-70mm (타이)

'삼각뿔투구벌레(*E. beccarii*)'와 닮았으나 수컷의 가슴 앞쪽으로 4개의 뿔이 솟은 점과 머리 앞에 난 뿔이 훨씬 긴 점이 다르다. 암컷은 거의 닮았으나 이 종의 바탕색이 조금 밝다. 인도의 아삼에서 인도차이나 반도를 거쳐 말레이 반도까지 분포하는 흔한 종이다.

×0.8

필리핀긴앞다리풍뎅이

[긴앞다리풍뎅이과]

Euchirus dupontianus

- 몸 길이 ♂ 49–78mm, ♀ 53–64mm (필리핀)

같은 무리 중에서는 작은 편에 속한다. 수컷의 넓적다리마디는 짧은 편이며, 딱지날개의 줄무늬가 뚜렷하다. 종아리마디는 거의 직선이다. 필리핀에 분포한다.

♂ 55mm ♀ 53mm ×0.8

대왕긴앞다리풍뎅이

[긴앞다리풍뎅이과]

Euchirus longimanus

- 몸 길이 ♂ 76mm, ♀ 63mm 안팎 (인도네시아)

같은 무리 중에서 가장 크며, 수컷의 앞다리는 매우 길다. 특히 앞다리 넓적다리마디와 종아리마디가 활처럼 굽었다. 인도네시아 몰루카 제도, 셀레베스 섬 등지에 분포한다.

♂ 76mm ♀ 63mm ×0.8

주홍점박이긴앞다리풍뎅이

[긴앞다리풍뎅이과]

Cheirotonus gestroi

- 몸 길이 ♂ 68mm, ♀ 52mm 안팎 (타이)

딱지날개에는 주황색 점이 가득하다. 인도에서 타이까지 널리 분포한다.

* 긴앞다리풍뎅이 무리는 수컷의 앞다리가 긴 생김새를 하고 있는데, 이것은 우리 나라 '사슴풍뎅이(*Dicranocephalus adamsi*)' 와 같은 경우로 보인다. '사슴벌레(*Lucanus maculifemoratus*)' 수컷의 큰턱이 커지는 것처럼 과잉 진화의 한 예로 보인다.

♂ 68mm ♀ 52mm ×0.8

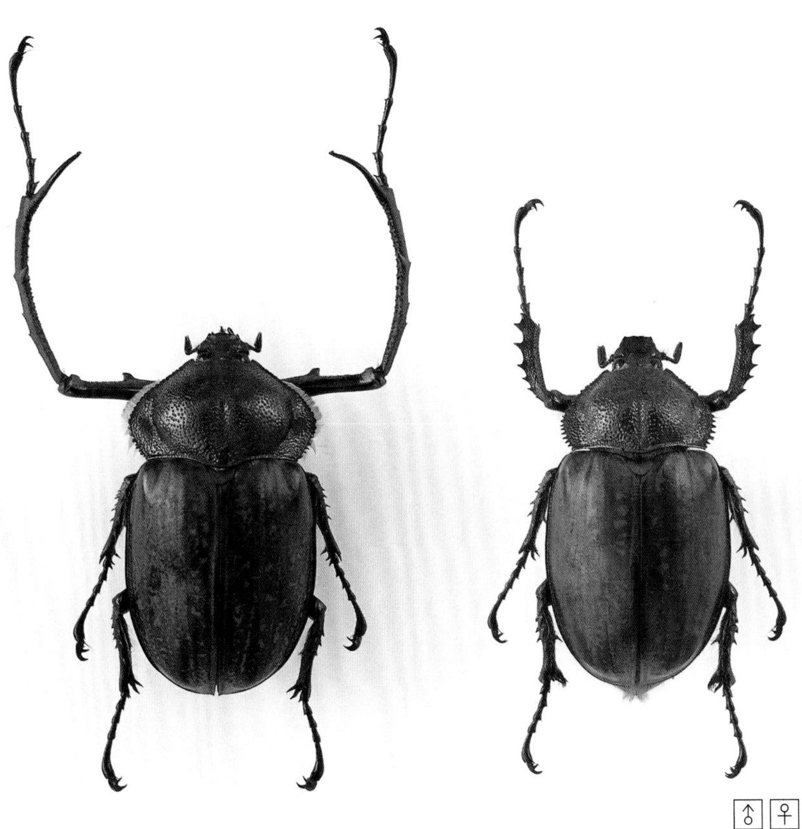

말레이긴앞다리풍뎅이

[긴앞다리풍뎅이과]

Cheirotonus peracanus

- 몸 길이 ♂ 63mm, ♀ 62mm 안팎 (말레이시아)

수컷은 앞다리가 몸 길이보다 더 길다. 말레이 반도와 인도네시아에 분포한다.

♂ 63mm ♀ 62mm ×0.75

♂ ♀

타이긴앞다리풍뎅이

[긴앞다리풍뎅이과]

Cheirotonus parryi

- 몸 길이 ♂ 66mm, ♀ 65mm 안팎 (타이)

수컷의 앞다리는 나뭇가지처럼 보이는데, 실은 가시 돌기가 길게 발달한 것으로, 몸을 지탱하는 데 도움을 준다. 수컷의 가슴 양쪽에 노란색 털이 밀생한다. 참나무류를 비롯한 여러 활엽수의 나뭇진 주위에 붙어 진을 빨아먹는다. 인도에서 미얀마, 타이, 말레이 반도, 인도차이나 반도에 분포한다.

♂ 66mm ♀ 65mm ×0.75

남방긴앞다리풍뎅이

[긴앞다리풍뎅이과]

Cheirotonus jansoni

- 몸 길이 ♂ 68mm, ♀ 58mm 안팎 (중국, 베트남)

같은 무리 중에서 비교적 북쪽 지방에 치우쳐 분포하며, 중국 남부에서도 볼 수 있다. 역시 수컷의 앞다리는 매우 길다. 중국 남부와 베트남에 분포한다.

♂ 68mm ♀ 58mm ×0.75

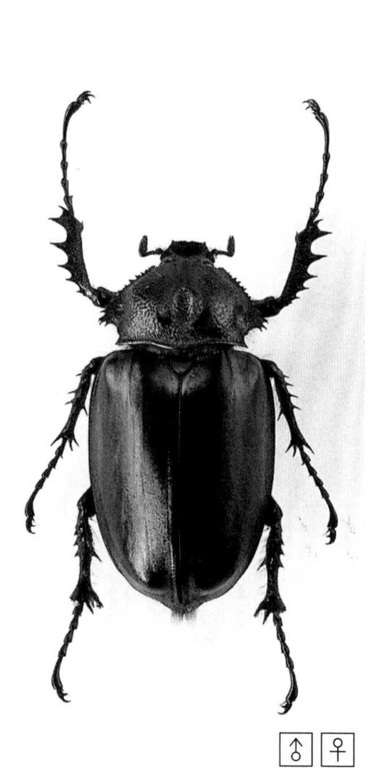

♂ ♀

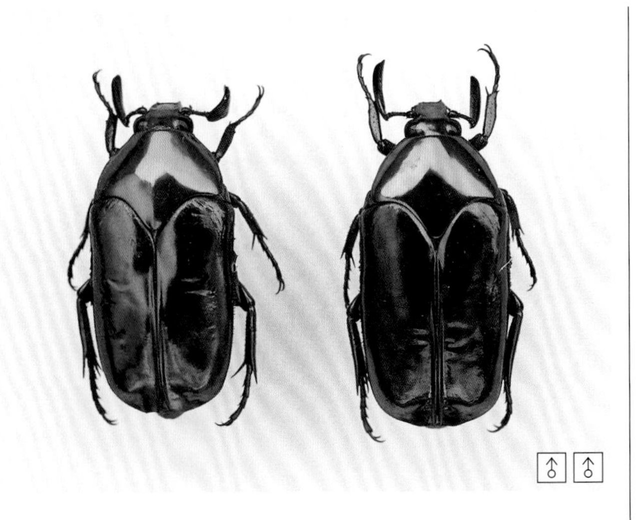

셈페리큰녹색꽃무지 [꽃무지과]

Agestrata semperi

● 몸 길이 51mm 안팎 (필리핀 루손)

몸의 겉면은 평평하고 매끄러우며 점각이 없다. 금록색에서 금등색의 강한 광택이 난다. 배의 끝은 중앙에서 솟아 있다. 더듬이의 채찍마디부는 곤봉 모양으로 부풀어 있으나 수컷 쪽이 훨씬 크다. 앞다리 종아리마디에 바깥쪽으로 난 외치(外齒)는 수컷이 2개, 암컷이 3개이다. 필리핀의 여러 섬에 분포한다.

♂ 51mm ♂ 53mm ×0.8

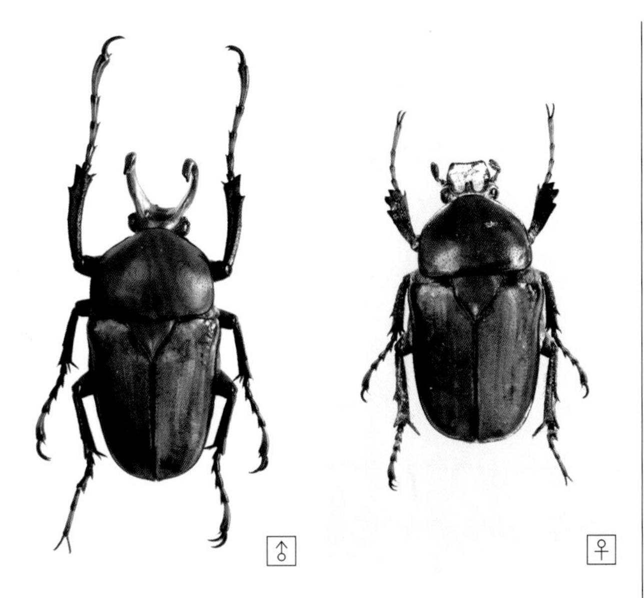

타이갈고리뿔풍뎅이 [꽃무지과]

Platynocephalus miyashitai

● 몸 길이 ♂ 26-34mm, ♀ 20-24mm (타이 치앙마이)

우리 나라 '사슴풍뎅이(*Dicranocephalus adamsi*)'와 닮았으나 넓적다리마디만 빼고 몸 전체가 갈색이다. 드문 종으로 알려져 있으며, 타이와 미얀마, 라오스 등지에 분포한다.

♂ 31mm ♀ 23mm ♂×1.4 ♀×1.6

넓적큰녹색꽃무지 [꽃무지과]

Agestrata orichalca

● 몸 길이 50mm 안팎 (타이)

같은 속에 속하는 종들은 닮은 종들이 많아서 구별하기가 어렵다. 머리방패의 양쪽이 강하게 솟아오르고, 등은 평평하며, 특별한 점각이 없다. 몸은 녹색에서 금등색, 때에 따라 검은색을 띤다. 가운데가슴의 뒤쪽 등판은 붉은색이다. 동남 아시아 열대에 널리 분포하며, 4아종이 알려져 있다.

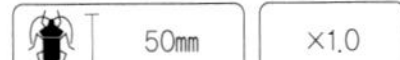

50mm ×1.0

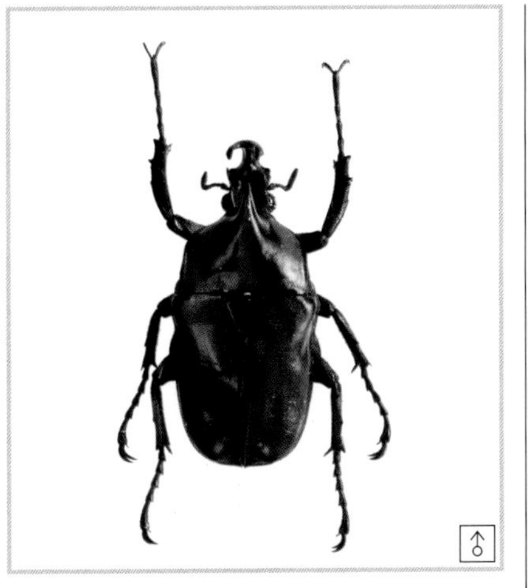

중국닻뿔풍뎅이 [꽃무지과]

Neophaedimus auzouxi

● 몸 길이 ♂ 25-31mm, ♀ 22-26mm (중국 남서부)

'닻뿔사슴풍뎅이(*Mycteristes (Euprigenia) bicoronatus*)'와 닮았으나 몸이 더 통통하다. 머리에 난 뿔은 Y자 모양으로 끝이 위로 솟아 있다. 중국 남서부에 분포한다.

27mm ×1.3

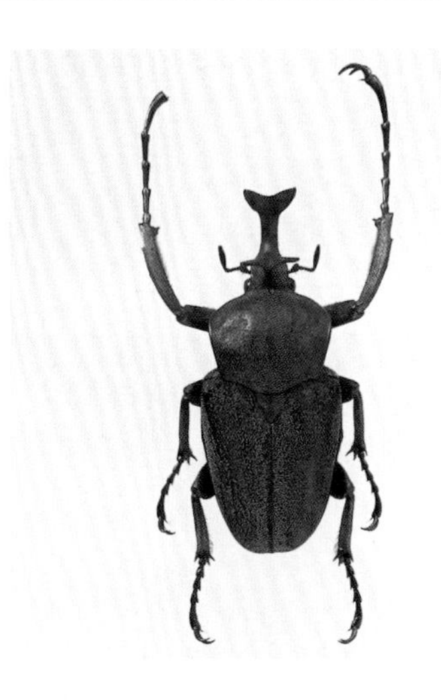

닻뿔사슴풍뎅이 [꽃무지과]

Mycteristes (Euprigenia) bicoronatus

● 몸 길이 36mm 안팎 (말레이시아)

몸은 가늘고 길어 보이며, 수컷은 머리의 긴 뿔이 Y자 모양으로 생겼다. 등판은 털이 없고 짙은 갈색을 띠는데, 암컷의 색이 더 진하다. 앞다리 종아리마디에는 약하게 2개의 외치(外齒)가 있다. 암컷의 딱지날개는 광택이 거의 없으며, 황갈색의 비늘 같은 털이 듬성듬성 나 있다. 밤에 불빛에 모여든다. 보르네오 동부에 분포한다.

36mm ×1.0

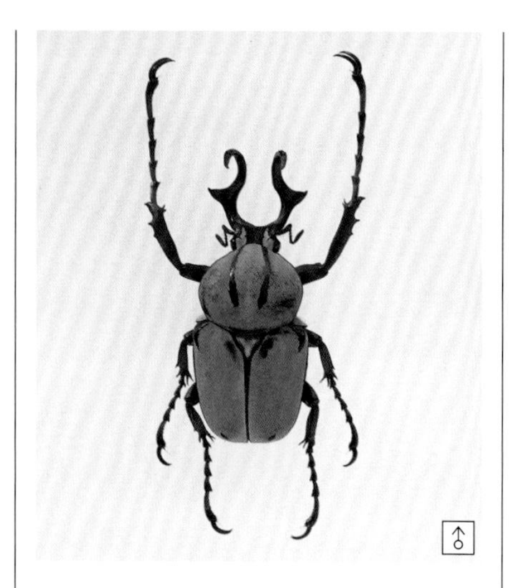
♂

타이사슴풍뎅이 [꽃무지과]

Dicranocephalus wallichii

- 몸 길이 38mm 안팎 (타이)

우리 나라 '사슴풍뎅이(*D. adamsi*)'와 가까운 계통의 종으로 생김새도 많이 닮았다. 수컷 머리에 솟아난 뿔은 거의 사슴의 뿔 모양이며, 지역에 따라 그 생김새에 변이가 많다. 몸은 황갈색 또는 어두운 회색 물질로 덮여 있는데, 다만 암컷이 검은색인 우리 나라 '사슴풍뎅이'와 달리 암수의 몸 색깔이 같다. 베트남에서 라오스, 타이, 미얀마, 부탄, 네팔, 티베트, 인도 동북부까지 널리 분포하고, 말레이 반도에서 분포하는지의 여부가 불확실한데, 현재 조사 중이다.

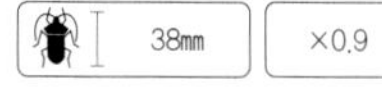

♂

황소뿔풍뎅이 [꽃무지과]

Fruhstorferia anthracina

- 몸 길이 29mm 안팎 (말레이 반도)

머리 앞 양쪽 돌기가 황소뿔처럼 뻗었으며, 매우 예리하다. 말레이 반도와 보르네오에 분포한다.

♀

멋쟁이녹색꽃무지 [꽃무지과]

Heterorrhina macleayi

- 몸 길이 24mm 안팎 (필리핀)

몸은 광택이 있는 녹색으로 매우 아름답다. 앞가슴등판과 딱지날개에는 검은색 무늬가 있다. 머리방패 앞 가장자리의 중앙이 V자 모양으로 패어 있으며, 다리의 종아리마디는 붉은색을 띠고, 날개 끝은 예리하게 가시 모양으로 돌출해 있다. 필리핀의 여러 섬에 분포하는데, 다만 민다나오 섬의 산지에는 다른 아종이 산다.

24mm ×1.5

♂

루마위기맵시꽃무지 [꽃무지과]

Plectrone lumawigi

- 몸 길이 33mm 안팎 (필리핀)

몸의 등 쪽은 구릿빛이 도는 보라색 또는 녹색을 띤 검은색이다. 수컷의 뒷다리 종아리마디 안쪽의 돌기물은 두드러져 보인다. 필리핀에만 분포한다.

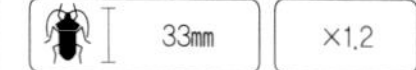

♂

쌍뿔멋쟁이녹색꽃무지 [꽃무지과]

Mystroceros macleayi

- 몸 길이 21mm 안팎 (말레이시아)

머리방패 앞 가장자리의 양쪽이 수컷은 젓가락 모양으로 길게 튀어나왔으나 암컷은 긴 삼각 모양으로 돌출되어서 구별된다. '멋쟁이녹색꽃무지(*H. macleayi*)'와 닮았으나 몸 색깔이 다르며, 검은 무늬가 좀더 짙고 배열이 다르며 검은색이 차지하는 비율이 높다. 말레이 반도를 중심으로 분포하며, 필리핀과 인도에서의 기록은 의심이 간다.

21mm ×2.0

♀

맵시꽃무지 [꽃무지과]

Plectrone endroedii

- 몸 길이 28mm 안팎 (필리핀)

'루마위기맵시꽃무지(*P. lumawigi*)'와 거의 차이가 없이 닮았으나 조금 작고 몸이 약간 가는 편이다. 수컷의 뒷다리 종아리마디 안쪽의 돌기물은 작다. 필리핀의 중부에서 남부까지 분포한다.

28mm ×1.3

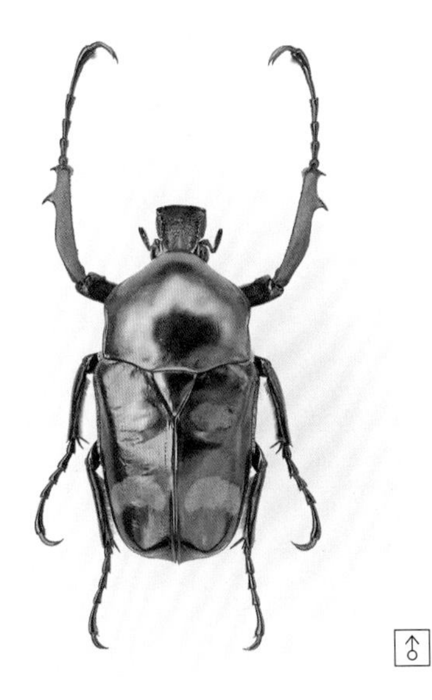

네점노랑남방왕꽃무지 [꽃무지과]

Jumnos ruckeri

- 몸 길이 48mm 안팎 (타이)

수컷은 크고, 앞가슴등판이 강하게 솟았으며, 앞다리 종아리마디가 길고 바깥쪽으로 가시 돌기가 나 있다. 수컷의 머리방패는 평평하고 네모나다. 몸의 바탕색은 광택이 있는 녹동색이며, 딱지날개에 노란색 원무늬가 두드러진다. 타이, 미얀마, 인도 동북부, 베트남 등지에 분포한다.

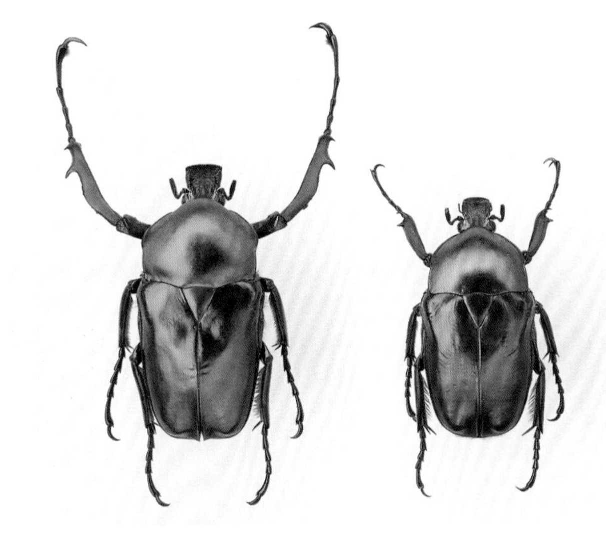

남방왕꽃무지 [꽃무지과]

Jumnos ruckeri pfanneri (아종)

- 몸 길이 ♂ 48mm, ♀ 42mm 안팎 (말레이시아)

'네점노랑남방왕꽃무지(*J. ruckeri*)' 와 닮았으나 딱지날개에 노란색 원무늬가 없거나 흔적만 있다. 말레이 반도에 분포한다.

♂ 48mm ♀ 42mm ×0.75

플라메아등넓은꽃무지 [꽃무지과]

Torynorrhina flammea chicheryi (아종)

- 몸 길이 34mm 안팎 (말레이시아)

원명 아종보다 약간 더 크고, 몸의 너비도 넓은 편이다. 다만, 딱지날개는 배의 끝 부분을 제외하고는 잔털이 거의 보이지 않는다. 몸 색깔도 거의 녹색으로 변이가 적다. 말레이 반도에 분포한다.

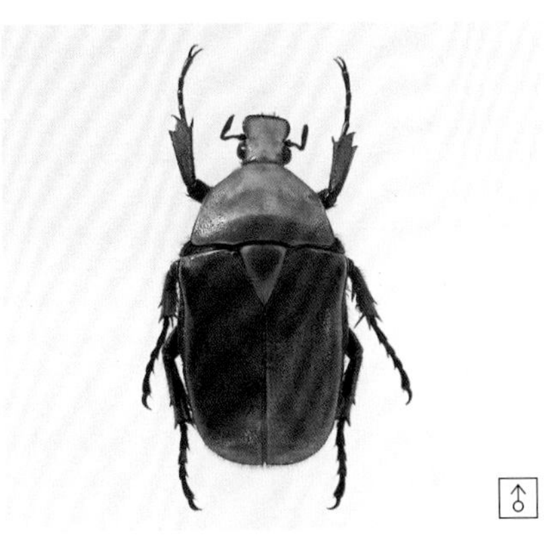

플라메아등넓은꽃무지 [꽃무지과]

Torynorrhina flammea

- 몸 길이 34mm 안팎 (타이)

전체 모습은 우리 나라 꽃무지류와 닮았으나 대형이고, 몸 색깔이 광택이 나는 청보랏빛이나 적자색, 녹색, 황록색이다. 딱지날개는 검은색 잔털이 나 있다. 수컷의 뒷가슴 중앙에 깊게 세로홈이 나 있고, 제1 배마디의 중앙은 그다지 패지 않았다. 지역에 따라 몸의 형태나 색깔이 다양하게 나타나므로 앞으로 새로운 아종의 설정이 가능하다. 중국 남부, 라오스, 타이, 미얀마, 인도 북부에 분포한다.

34mm ×1.0

호우데니뿔맵시꽃무지 [꽃무지과]

Phaedimus howdeni

- 몸 길이 ♂ 26mm, ♀ 21mm 안팎 (필리핀)

'제부아누스뿔맵시꽃무지(*P. zebuanus*)' 와 거의 차이가 없으나 앞가슴등판의 돌기 위의 모양이 약간 다르다. 암컷의 등 쪽 색은 다양하게 나타난다. 필리핀에 분포한다.

♂ 26mm ♀ 21mm ×1.3

제부아누스뿔맵시꽃무지[꽃무지과]

Phaedimus zebuanus orientalis (아종)

- 몸 길이 ♂ 20–29mm, ♀ 20–21mm (필리핀)

같은 속 중에서 가장 크며, 수컷의 머리 앞의 돌기는 매우 비대하고, 양 끝이 좌우로 갈라졌다. 앞가슴등판은 반구형으로 가운데가 솟아나 있으며, 제5배마디에 긴 털이 빽빽하게 나 있다. 암컷은 돌기가 없다. 몸은 광택이 강한 금록색으로 매우 아름다운 종인데, 암컷은 금록색, 적동색, 적갈색, 흑자색 등 변이가 심하다. 필리핀의 민다나오 섬에만 분포한다.

♂ 26㎜ ♀ 20㎜ ×1.3

라파엘뿔맵시꽃무지 [꽃무지과]

Phaedimus rafaelii

- 몸 길이 ♂ 25mm, ♀ 20mm 안팎 (필리핀)

앞가슴등판의 돌기는 위로 많이 튀어나왔다. 같은 속의 꽃무지류는 모두 필리핀 특산으로, 일반적으로 수컷의 앞가슴등판이 광택이 강하다.

♂ 25㎜ ♀ 20㎜ ×1.2

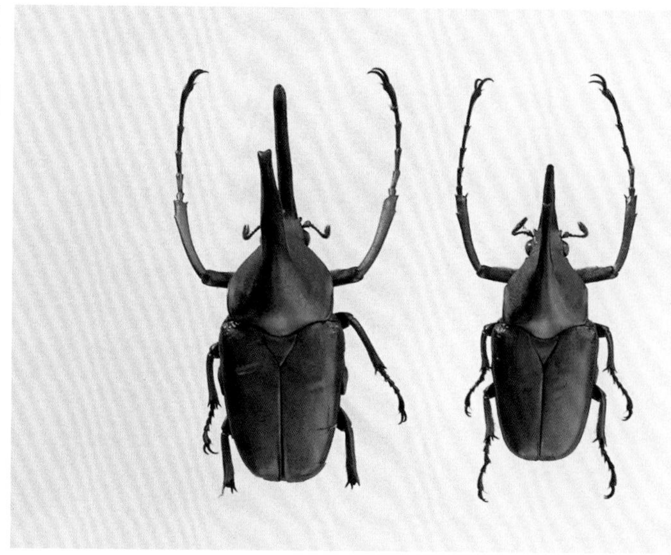

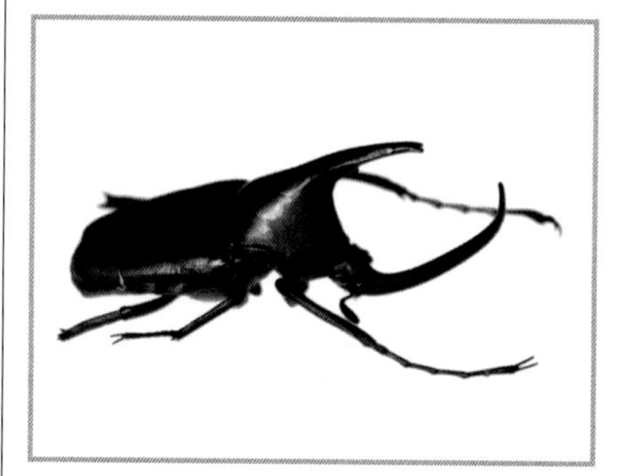

♂ 34㎜ ♂ 30㎜ ×1.3

안토이네이뿔맵시꽃무지[꽃무지과]

Theodosia antoinei

- 몸 길이 32mm 안팎 (인도네시아)

꽃무지류 수컷 중에서 드물게 가슴 위로 송곳 모양의 돌기가 나 있다. 옆에서 보면 머리 앞과 가슴 위에서 앞쪽으로 2개의 돌기가 뻗치는데, 머리 쪽의 것이 길고 끝이 갈고리처럼 위로 굽었다. 암컷은 우리 나라 '사슴풍뎅이(*Dicranocephalus adamsi*)' 의 암컷과 생김새가 같다. 몸은 녹색이고, 딱지날개의 아래로 황금색이 빛나 매우 아름답다. 보르네오를 중심으로 분포한다.

검은오각뿔투구벌레 [풍뎅이과]

Eupatorus siamensis

- 몸 길이 66mm 안팎 (타이)

'오각뿔투구벌레(*E. gracilicornis*)' 와 닮았으나 몸이 검고 머리와 가슴의 뿔이 크게 발달하지 않았다. 머리 앞쪽에 난 뿔은 낚싯바늘처럼 위로 솟아 있는 특징이 있다. 인도에서 동남 아시아까지 널리 분포한다.

66㎜ ×1.0

보르네오투구장수풍뎅이 [풍뎅이과]

Chalcosoma moellenkampi

- 몸 길이 40–100mm (말레이시아)

'코카서스투구장수풍뎅이(*C. caucasus*)', '아틀라스투구장수풍뎅이(*C. atlas*)' 와 닮았으나, 수컷을 위에서 내려다볼 때 가슴 위에 솟아난 뿔이 가장 좁다. 현재 보르네오에서만 분포하며, 이 종의 분포 범위가 가장 좁다.

* 동남 아시아의 대형 장수풍뎅이류로는 '아틀라스투구장수풍뎅이', '보르네오투구장수풍뎅이', '코카서스투구장수풍뎅이' 의 3종이 알려져 있다.

93mm ×1.0

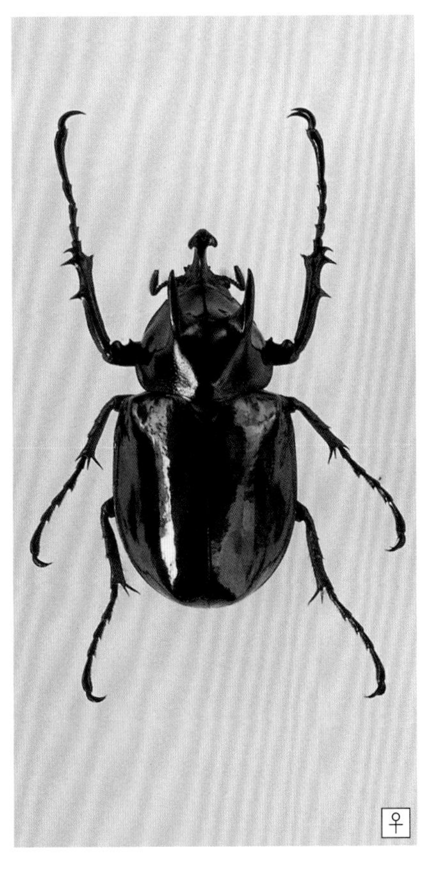

아틀라스투구장수풍뎅이 [풍뎅이과]

Chalcosoma atlas

- 몸 길이 52–100mm (인도네시아)

'코카서스투구장수풍뎅이(*C. caucasus*)' 와 거의 닮았으나 몸 색깔이 약간 구릿빛을 띤다. 암컷은 가슴 위에 점각이 거칠거칠할 정도로 나 있고, 딱지날개도 점각 때문에 광택이 없다. 인도와 동남 아시아 일대에 널리 분포하며, 필리핀에 사는 개체들이 가장 큰 것으로 알려져 있다.

♂ 83mm ♀ 52mm ♂×0.9 ♀×0.95

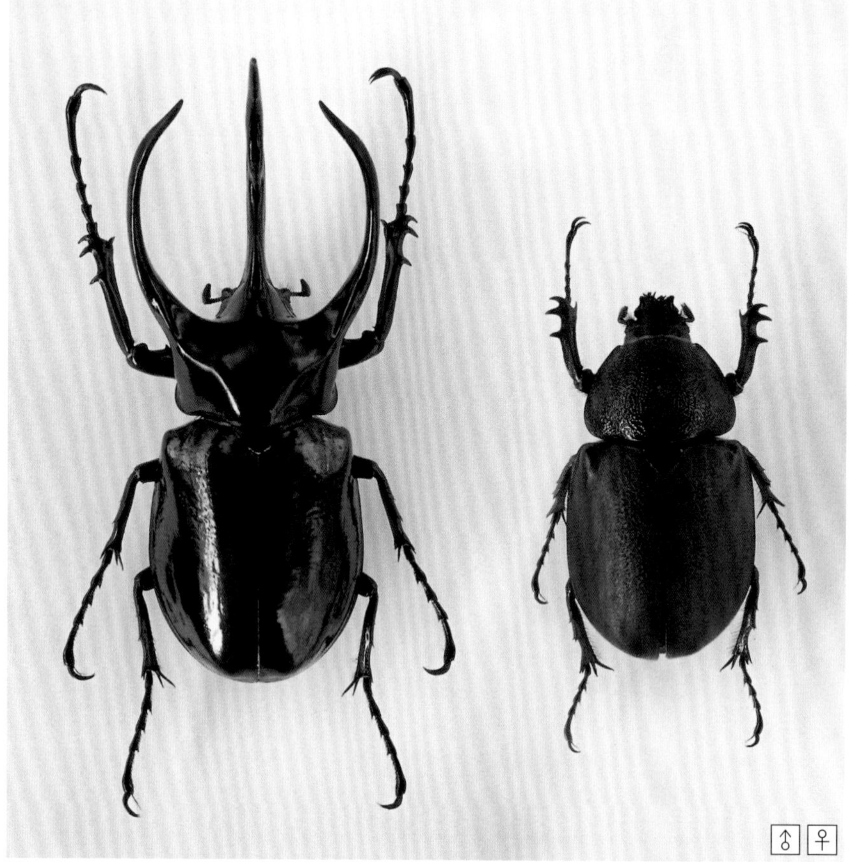

코카서스투구장수풍뎅이 [풍뎅이과]

Chalcosoma caucasus

- 몸 길이 64-130mm (말레이시아)

'아틀라스투구장수풍뎅이(*C. atlas*)'와 닮았으나 더 크고, 수컷의 머리에 난 뿔 중앙에 조그마한 뿔이 있어 구별된다. 그러나 작은 개체에서는 이 뿔이 돌기처럼 작다. 인도차이나 반도와 말레이 반도에 분포하며, 아주 큰 곤충이어서 애호가들에게 인기가 높다.

흰왕풍뎅이 [풍뎅이과]

Lepidiota stigma

- 몸 길이 44mm 안팎 (인도네시아)

몸은 흰색으로, 앞가슴등판에 흰 털이 빽빽하다. 이 종은 식물의 잎만 먹고 산다. 동남아시아에 분포한다.

등노랑청점비단벌레 [비단벌레과]

Chrysochroa buqueti

- 몸 길이 48mm 안팎 (말레이시아)

'코베티비단벌레(*C. corbetti*)'와 닮았으나 앞가슴등판 중앙에 청색이나 녹색 띠가 있고, 아예 붉어진 개체도 있다. 아종 *rugicollis* 와는 딱지날개의 청색 점무늬의 모양이 조금 다르다. 인도, 미얀마, 말레이 반도, 인도네시아 자바에 분포한다.

48mm ×1.0

등노랑청점비단벌레 [비단벌레과]

Chrysochroa buqueti rugicollis (아종)

- 몸 길이 50mm 안팎 (타이)

앞가슴등판의 색에 따라 지역적인 차이가 있다. 앞가슴등판이 붉게 광택이 나는 점이 특색이 있다. 타이 북부 지방에 국한하여 분포한다.

50mm ×1.0

노란띠청비단벌레 [비단벌레과]

Chrysochroa castelnaudii

- 몸 길이 26~47mm (말레이시아)

몸은 광택이 있는 짙은 청색이고, 딱지날개 중앙에 띠 모양으로 굵게 노란색 무늬가 나타난다. 이 노란색 무늬는 지역에 따라 황금빛을 띠기도 한다. 인도와 말레이 반도, 수마트라, 보르네오, 필리핀의 팔라완 섬에 분포한다.

코베티비단벌레 [비단벌레과]

Chrysochroa corbetti

- 몸 길이 42mm 안팎 (타이)

몸 색깔이 다양하며, 딱지날개 끝 부위에 풀색과 붉은색이 섞여 있어서 다른 종과 구별된다. 미얀마와 타이에 분포한다.

* 속명 '*chrysochroa*'는 금빛이라는 'chrysos'와 붙는다는 'chros'의 합성어로, '금빛이 붙어 있는'이라는 뜻이다.

노란띠녹보라비단벌레 [비단벌레과]

Chrysochroa toulgoeti

- 몸 길이 27~45mm (말레이시아)

머리 중앙, 앞가슴등판 양 가장자리, 딱지날개 어깨 부위와 배의 끝 부위에 붉은 무늬가 나타난다. 딱지날개 중앙의 노란색은 때로 황금빛을 띠는데, 위아래에 청색이 짙게 나타난다. 말레이 반도에 분포한다.

두노란띠청비단벌레 [비단벌레과]

Chrysochroa mniszechii

- 몸 길이 47mm 안팎 (타이)

'노란띠청비단벌레(*C. castelnaudii*)'와 딱지날개의 색이 대비되는 생김새로, 노란색 띠가 훨씬 밝다. 인도차이나 반도와 타이 북부, 라오스, 캄보디아, 베트남에 분포하며, 지역에 따른 변이가 심하다.

노란띠적보라비단벌레 [비단벌레과]

Chrysochroa ephippigera

- 몸 길이 37mm 안팎 (타이)

앞가슴등판과 딱지날개 어깨 부위, 후연 부위에 붉은 광택이 나는 종류로, '등노랑청점비단벌레(*C. buqueti*)'보다 작고 바탕색이 녹색을 띤다. 인도 동북부에서 타이를 거쳐 베트남 북부까지 널리 분포한다.

카우피비단벌레 [비단벌레과]

Chrysochroa kaupii

- 몸 길이 41mm 안팎 (인도네시아)

우리 나라 '비단벌레(*C. fulgidissima*)'와 닮았으나 몸 중앙이나 배의 끝 부위에 붉은색이 나타난다. 몰루카 제도에 분포한다.

긴눈녹색줄비단벌레 [비단벌레과]

Catoxantha opulenta

● 몸 길이 55mm 안팎 (말레이시아)

몸 전체가 녹색을 띠고 광택이 난다. 딱지날개는 줄 모양으로 튀어나온 부분이 검게 나타나고, 중앙 아래에 짙은 노란색 눈썹 무늬가 있다. 배의 아랫면은 노란색이다. 인도에서 인도네시아 자바와 타이, 미얀마 동부, 라오스, 필리핀의 팔라완 섬까지 널리 분포한다.

라자비단벌레 [비단벌레과]

Chrysochroa rajah thailandica (아종)

● 몸 길이 46mm 안팎 (타이)

우리 나라 남해안 일부 지역에 사는 '비단벌레(*C. fulgidissima*)'와 많이 닮았으나 등쪽의 붉은 띠무늬가 조금 강하게 빛난다. 지역에 따른 변이가 심하다. 인도, 중국 남부, 인도차이나 반도, 타이에 널리 분포하며, 매우 흔한 종이다.

민무늬큰비단벌레 [비단벌레과]

Megaloxantha purpurascens

● 몸 길이 56mm 안팎 (말레이시아)

딱지날개에 가로로 된 눈 모양 무늬가 있다. 말레이 반도와 보르네오에 분포한다.

* *Megaloxantha*속의 종은 *Chrysochroa*속의 종보다 몸이 뚱뚱한 편이다.

녹갈색비단벌레 [비단벌레과]

Chrysochroa purpureiventris

● 몸 길이 38mm 안팎 (말레이시아)

몸은 녹색 바탕에 황금빛 광택이 난다. 타이에서 인도네시아까지 분포하며, 지역적인 변이가 있다.

뒤끝붉은비단벌레 [비단벌레과]

Chrysochroa fulminans

● 몸 길이 36mm 안팎 (필리핀)

몸은 녹색이 기본이나 지역에 따라 청색, 검은색을 띠기도 한다. 말레이시아, 인도네시아, 필리핀에 분포한다.

은하수비단벌레 [비단벌레과]

Chrysochroa vittata

● 몸 길이 40mm 안팎 (타이)

우리 나라 '비단벌레(*C. fulgidissima*)'와 닮았으나 녹색이 강해 조금 다르다. 인도에서 인도차이나 반도, 중국 남부에 분포한다.

40mm ×1.2

붉은귀큰비단벌레 [비단벌레과]

Megaloxantha mouhoti

- 몸 길이 62mm 안팎 (타이)

비교적 변이가 적은 종으로, 딱지날개 중앙 아래의 노란색 원무늬가 뚜렷하다. 타이 북부와 라오스에 분포한다.

금가루큰비단벌레 [비단벌레과]

Megaloxantha concolor

- 몸 길이 74mm 안팎 (말레이시아)

몸집이 크고, 딱지날개에 노란색 무늬가 없다. 바탕색은 적갈색 무늬가 번지듯이 나타난다. 말레이 반도에만 분포한다.

노란귀큰비단벌레 [비단벌레과]

Megaloxantha netscheri

- 몸 길이 65mm 안팎 (인도네시아)

'두눈노랑큰비단벌레(*M. hemixantha*)'와 닮았으나 딱지날개의 홈줄이 약해서 광택이 더 난다. 인도네시아의 수마트라에만 분포한다.

두점큰비단벌레 [비단벌레과]

Megaloxantha hemixantha

- 몸 길이 57mm 안팎 (말레이시아)

바탕색은 녹색 또는 붉은 기가 있는 녹색으로 딱지날개의 홈줄이 보인다. 말레이 반도와 인도네시아 일대에 분포한다.

보석큰비단벌레 [비단벌레과]

Megaloxantha bicolor nishyamai (아종)

- 몸 길이 62mm 안팎 (필리핀)

딱지날개의 노란색 무늬가 없다. 필리핀의 민도로 섬에만 국한하여 분포한다.

보석큰비단벌레 [비단벌레과]

Megaloxantha bicolor ohtanii (아종)

● 몸 길이 62mm 안팎 (인도네시아)

딱지날개의 노란색 무늬가 축소되어 다른 종으로 착각하기 쉽다. 인도네시아 자바에만 분포한다.

보석큰비단벌레 [비단벌레과]

Megaloxantha bicolor assamensis (아종)

● 몸 길이 77mm 안팎 (타이)

몸의 바탕색이 군청색을 띤다. 인도의 아삼과 타이에만 분포한다.

녹색뚱보비단벌레 [비단벌레과]

Sternocera aeguisignata

● 몸 길이 42mm 안팎 (타이)

등 쪽이 솟아 있어 뚱뚱해 보인다. 앞가슴등판에는 홈이 팬 듯한 무늬가 빽빽하다. 인도, 미얀마, 타이, 캄보디아, 베트남에 분포한다.

보석큰비단벌레 [비단벌레과]

Megaloxantha bicolor nigricornis (아종)

● 몸 길이 63mm 안팎 (말레이시아)

지역에 따라 색채 변이가 심한 종으로, 바탕색이 녹색, 청색, 검은색 등 다양하다. 말레이시아, 인도네시아, 타이, 필리핀, 인도의 아삼까지 분포한다.

보석큰비단벌레 [비단벌레과]

Megaloxantha bicolor luzonica (아종)

● 몸 길이 63mm 안팎 (필리핀)

지역에 따른 변이가 매우 심한 종이다. 보통 딱지날개 중간 아래에 있는 연미색의 가로로 길쭉한 원무늬는 뚜렷하나 개중에는 이 무늬가 작아지거나 없어져 녹색을 띠는 경우도 있다. 동남 아시아 열대 지역에 흔하게 분포한다.

줄무늬비단벌레 [비단벌레과]

Bellamyola mouhoti

● 몸 길이 31mm 안팎 (말레이시아)

어깨 쪽이 부푼 생김새로, 딱지날개의 홈줄이 뚜렷하다. 인도, 라오스, 말레이 반도, 부탄, 베트남에 분포한다.

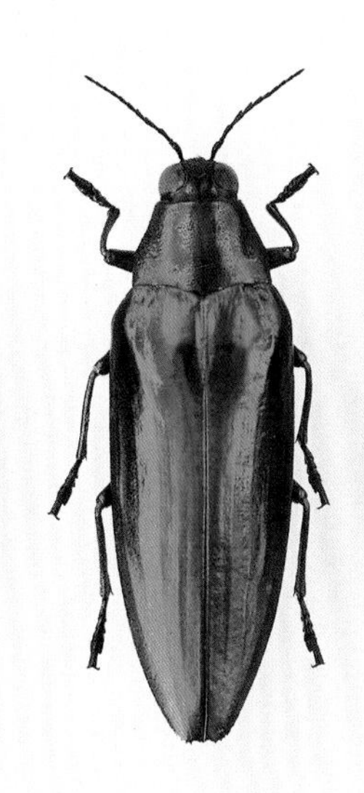

진녹색비단벌레 [비단벌레과]

Chrysochroa wallacei

- 몸 길이 53mm 안팎 (말레이시아)

몸은 청색을 띤 녹색이다. 말레이 반도, 보르네오, 수마트라에 분포한다.

* 종명은 월리스라는 유명한 박물학자의 이름에서 따온 것이다.

×1.0

녹색광택비단벌레 [비단벌레과]

Callopistus castelnaudii

- 몸 길이 42mm 안팎 (말레이시아)

몸 전체가 녹색 광택이 난다. 앞가슴등판에는 융기된 돌출물이 빽빽하다. 말레이 반도, 수마트라, 자바, 사라와크에 분포한다.

×1.0

등노랑넓은띠비단벌레 [비단벌레과]

Chrysochroa maruyamai

- 몸 길이 ♂ 42mm, ♀ 54mm 안팎 (말레이시아)

개체 변이가 심한 종으로, 딱지날개의 노란색 띠가 매우 좁아지거나, 바탕색이 녹색과 군청색이 섞이거나 군청색만 띠기도 한다. 말레이 반도에만 국한하여 분포한다.

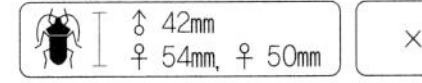

×1.0

등노랑띠비단벌레 [비단벌레과]

Chrysochroa saundersii

- 몸 길이 48mm 안팎 (타이)

딱지날개는 흑청색이고, 중앙 아래의 노란 띠는 톱날 모양이다. 타이와 라오스에 분포한다.

×1.0

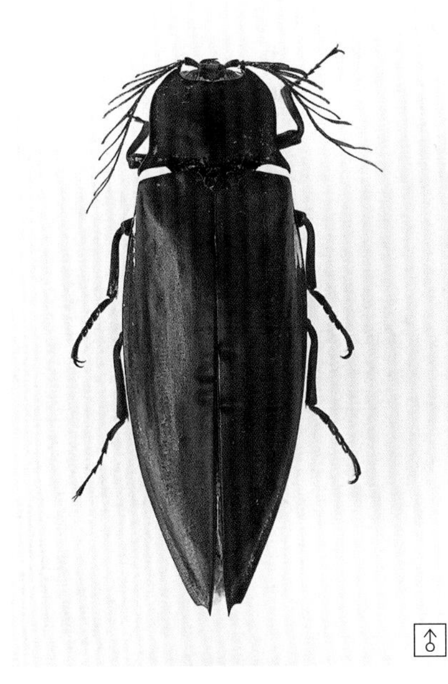

빗살수염방아벌레 [방아벌레과]

Oxynopterus audouini palawanensis (아종)

- 몸 길이 66mm 안팎 (필리핀)

수컷 더듬이가 긴 빗살 모양으로 생겼다. 밤에 불빛에 잘 날아온다. 동남 아시아에 널리 분포한다.

×1.0

♂

보름달무늬방아벌레 [방아벌레과]

Chalcolepidius sp.

- 몸 길이 22mm 안팎 (말레이시아)

앞가슴등판의 검은색 무늬가 둥근 모양이어서 '보름달무늬'란 이름이 붙었다. 동남 아시아 일대에 분포한다.

22㎜ ×2.0

♂

타이녹색방아벌레 [방아벌레과]

Campsosternus sp.

- 몸 길이 49mm 안팎 (타이)

방아벌레의 종을 판별하려면 앞가슴등판 후연의 모양을 살펴보아야 한다. 이 종은 닮은 종들이 많아서 구별하기가 매우 어렵다. 타이를 비롯한 미얀마, 라오스, 말레이 반도에 분포한다.

 49㎜ ×1.0

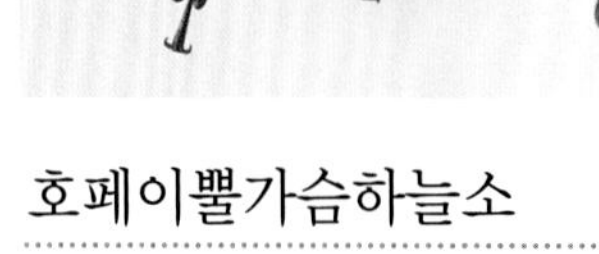

♀

호페이뿔가슴하늘소 [하늘소과]

Raphipodus hopei

- 몸 길이 75mm 안팎 (말레이시아)

더듬이, 앞가슴등판, 다리에 강한 가시 돌기가 나 있다. 딱지날개의 어깨 부위에 솟아난 잔돌기가 많다. 인도네시아의 보르네오와 수마트라, 말레이시아, 인도차이나 반도, 미얀마, 안다만 섬에 널리 분포한다.

75㎜ ×0.83

♂

긴다리청록하늘소 [하늘소과]

Callichroma suturale

- 몸 길이 47mm 안팎 (인도네시아 수마트라)

몸은 청록색을 띠고, 뒷다리와 더듬이가 특히 길다. 인도네시아에 분포한다.

47㎜ ×1.0

여러 방아벌레류

방아벌레는 넘어졌을 때 몸을 뒤집어 일어날 수 있는 무리로, 이 때 앞가슴등판 후연의 돌기 때문에 소리가 난다. 그래서 영어로는 'click beetle' 또는 'skipjack'이라고 한다. 이 무리는 아직 동정상의 문제가 많아 정확한 종을 알아 내기가 쉽지 않다. 사진의 종들은 동남 아시아 일대에서 볼 수 있다.

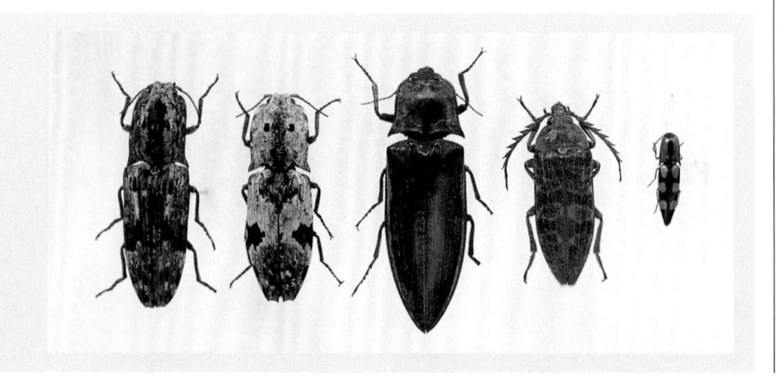

검은가슴하늘소 [하늘소과]

Macrotoma pascoei

- 몸 길이 82mm 안팎 (말레이시아)

더듬이의 길이는 수컷의 경우 몸 길이의 2/3에 달한다. 머리와 앞가슴은 검은색이고 딱지날개는 짙은 적갈색을 띤다. 말레이시아의 열대 우림에 분포한다.

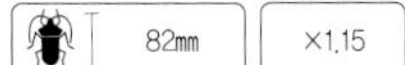

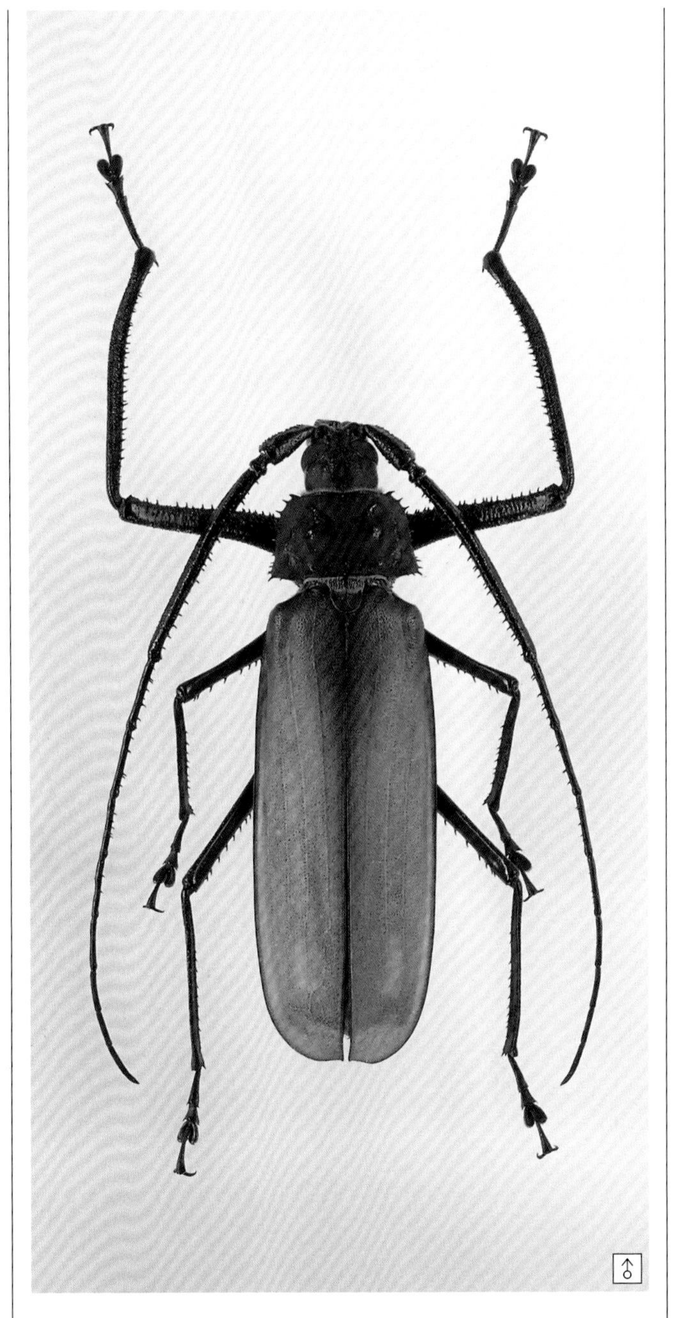

루손털수염하늘소 [하늘소과]

Macrophysis luzonicum

- 몸 길이 85mm 안팎 (필리핀)

앞다리가 유난히 긴 종으로, 필리핀의 열대 우림에 분포한다.

85mm ×1.0

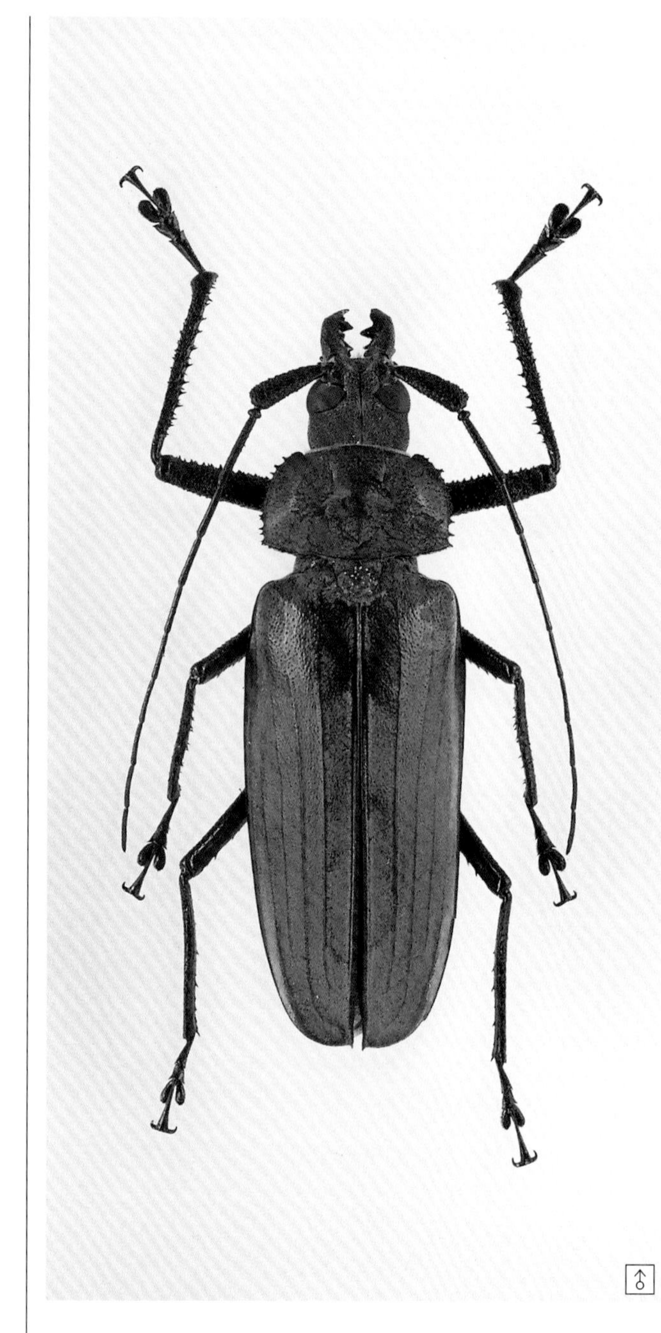

등줄사슴하늘소

[하늘소과]

Xixuthrus microcerus

- 몸 길이 81mm 안팎 (말레이시아)

'루손털수염하늘소(*Macrophysis luzonicum*)'에 비해 홀쭉하나, 우리 나라 '버들하늘소(*Megopis sinica*)'보다는 훨씬 크고 튼튼해 보인다. 말레이시아의 열대 우림에 분포한다.

기가스곰보얼룩하늘소

[하늘소과]

Neocerambyx gigas

- 몸 길이 88mm 안팎 (타이)

몸 전체가 회갈색 바탕에 흑갈색 무늬가 어지럽게 퍼져 있다. 특히 앞가슴등판이 곰보를 이루어 흉한 생김새를 하고 있다. 말레이 반도에서 타이에 이르는 열대 우림에 분포한다.

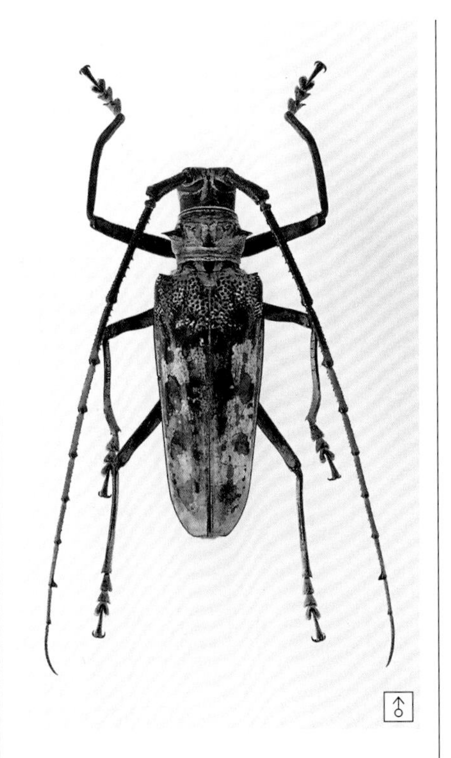

♂

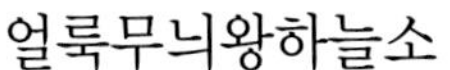

얼룩무늬왕하늘소 [하늘소과]

Batocera tigris

- 몸 길이 45–63mm (인도네시아 수마트라)

대형 하늘소이면서 몸이 날씬하고, 앞가슴등판 양쪽으로 가시 돌기가 두드러져 있다. 몸은 고동색과 회색이 섞여 있다. 수컷 더듬이는 몸 길이보다 약간 길다. 인도네시아에 분포한다.

61mm ×0.8

♂

얼룩무늬왕하늘소 [하늘소과]

Batocera tigris hector (아종)

- 몸 길이 57mm 안팎 (인도네시아 자바)

원명 아종과 달리 몸의 등면에 흰색 분칠을 한 것처럼 밝은 색을 띤다. 인도네시아 자바에 분포한다.

* *Batocera*속 하늘소는 일반적으로 몸이 대형이고, 살아 있는 활엽수를 먹는 일이 많으며, 아시아와 아프리카의 적도를 중심으로 약 50여 종이 분포한다.

57mm ×0.9

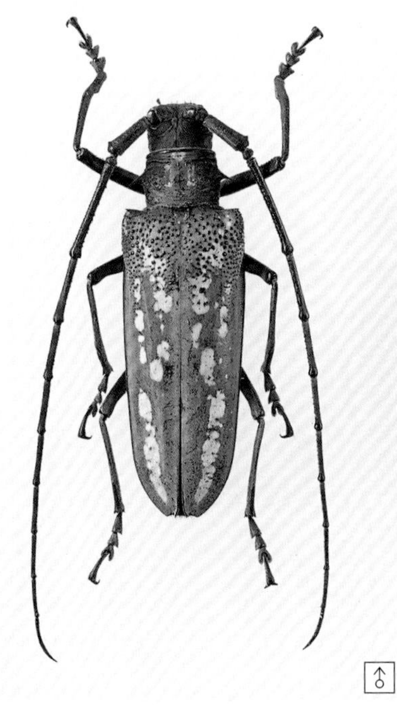

♂

운남점얼룩왕하늘소 [하늘소과]

Batocera horsfieldi

- 몸 길이 52mm 안팎 (중국 윈난 성)

같은 속의 하늘소 중 약간 소형에 속하며, 몸의 색깔은 밝은 편이다. 우리 나라 '뽕나무하늘소(*Apriona germari*)' 처럼 딱지날개 윗부분에 융기한 부분이 두드러져 보인다. 딱지날개 양쪽으로 흰색 무늬가 길게 늘어진다. 중국 윈난 성에 분포하는데, 같은 속 가운데 분포 범위가 북쪽에 치우쳐 있다.

52mm ×1.0

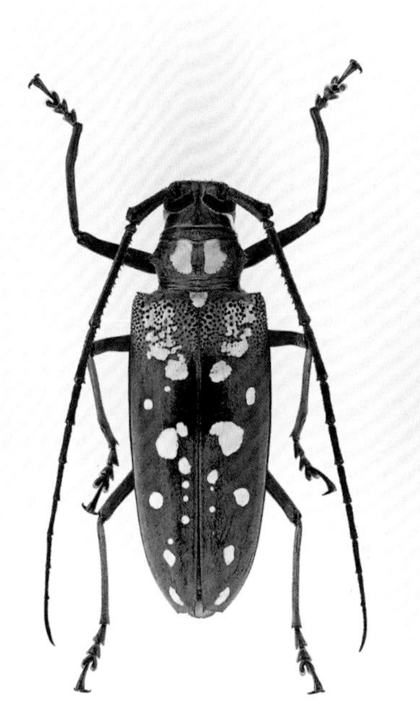

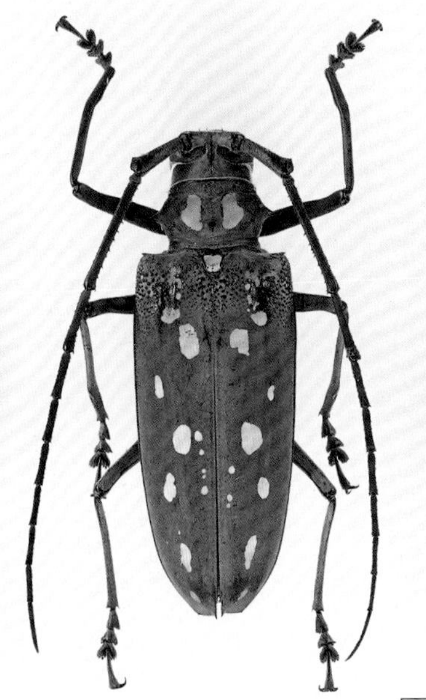

♂ ♀

빅토리아왕하늘소 [하늘소과]

Batocera victoriana

- 몸 길이 43–68mm (말레이시아)

'운남점얼룩왕하늘소(*B. horsfieldi*)' 와 닮았으나 더 크고, 바탕색의 적갈색이 더 짙으며, 흰 점무늬가 뚜렷하다. 인도네시아와 말레이시아의 열대 우림에 분포한다.

♂ 63mm ♀ 68mm ×0.8

두점얼룩왕하늘소 [하늘소과]

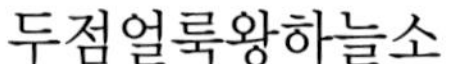

Batocera thomsoni

- 몸 길이 62mm 안팎 (인도네시아)

몸 전체가 갈색 바탕에 딱지날개 중앙에 흰 점이 뚜렷하다. 동남 아시아 일대에 분포한다.

큰점얼룩왕하늘소 [하늘소과]

Batocera celebiana eurydice (아종)

- 몸 길이 33–60mm (인도네시아 자바)

몸은 갈색 바탕에 딱지날개 겉면에 4쌍의 원무늬가 일렬로 배열되어 있는데, 위에서 둘째 번의 것이 가장 크다. 인도네시아 자바, 셀레베스 등 여러 섬에 분포한다.

46㎜ ×1.0

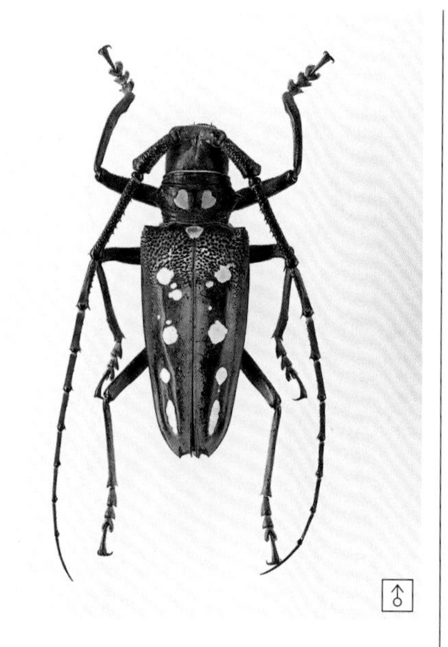

남방점얼룩왕하늘소 [하늘소과]

Batocera parryi guttata (아종)

- 몸 길이 31–56mm (인도네시아 수마트라)

앞가슴등판에 주황색 점 2개와 딱지날개 위에 흰 점 4쌍이 늘어서 있다. 모양은 우리나라 '참나무하늘소(*B. lineolata*)' 와 닮았다. 인도에서 베트남, 인도네시아까지 널리 분포한다.

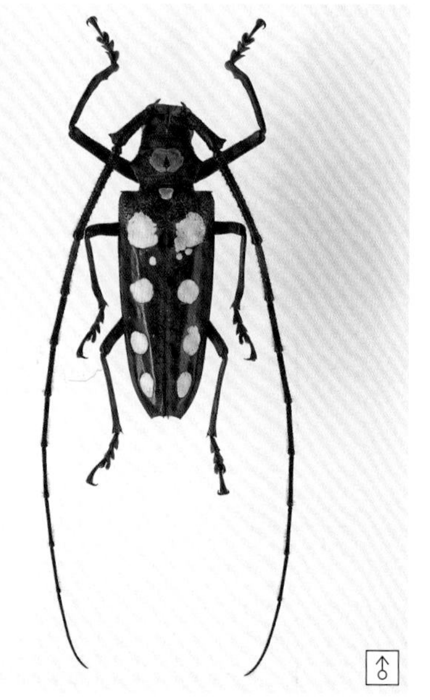

가슴붉은왕하늘소 [하늘소과]

Batocera roylei

- 몸 길이 41–65mm (타이)

'큰점얼룩왕하늘소(*B. celebiana*)' 와 딱지날개의 무늬는 닮았으나 훨씬 크다. 앞가슴등판에 짙은 주황색 원무늬도 함께 나타난다. 타이, 미얀마, 라오스, 말레이시아 등지에 분포한다.

55㎜ ×0.65

필리핀점왕하늘소 [하늘소과]

Batocera rubus mnizechi (아종)

- 몸 길이 41mm 안팎 (필리핀)

딱지날개의 흰 점무늬가 뚜렷하며, 밤에 불빛에 잘 날아든다. 필리핀의 열대 우림에 분포한다.

* 본 도감에서 소개되는 *Batocera*속 중에서 가장 작은 종이다.

41㎜ ×0.8

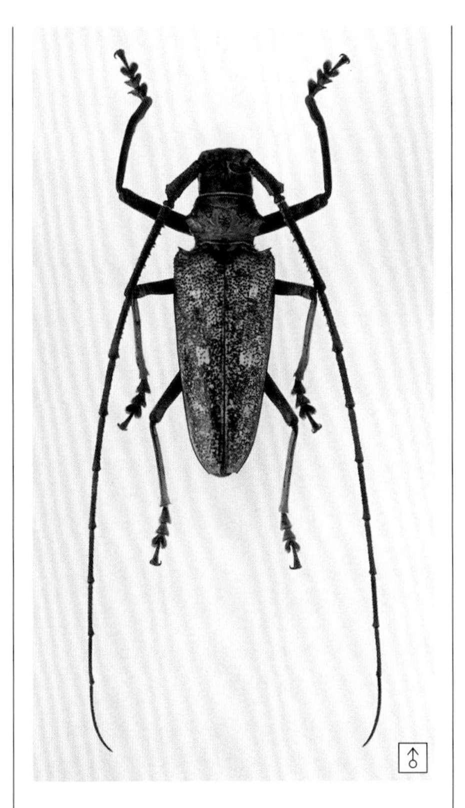

흰가루왕하늘소 [하늘소과]

Batocera humeridens

- 몸 길이 54mm 안팎 (인도네시아)

'토마에긴수염왕하늘소(*B. thomae*)'와 닮았으나 바탕색이 흑갈색으로 약간 더 짙고, 딱지날개 위의 희끗희끗한 무늬가 더 뚜렷한 편이다. 인도네시아에 분포한다.

희미무늬왕하늘소 [하늘소과]

Batocera gigas

- 몸 길이 33–56mm (인도네시아 자바)

수컷 더듬이의 길이는 몸 길이의 2배가 넘는다. 인도네시아 자바에 분포한다.

토마에긴수염왕하늘소 [하늘소과]

Batocera thomae

- 몸 길이 44–72mm (인도네시아)

몸이 약간 날씬한 편이며, 등 쪽에 특별한 무늬가 없다. 딱지날개 중앙에 희끗희끗한 무늬가 나타난다. 인도네시아 세람 섬, 할마헤라 섬, 파푸아뉴기니에 분포한다.

그물무늬주황하늘소 [하늘소과]

Aristobia approximator

- 몸 길이 32mm 안팎 (미얀마)

몸은 주황색 바탕에 뒷머리와 앞가슴등판에 검은 줄무늬가 뚜렷하게 있고, 앞가슴등판은 그물 모양이다. 더듬이의 제3마디에 검은 털뭉치가 나 있다. 타이, 미얀마, 라오스 등지에 분포한다.

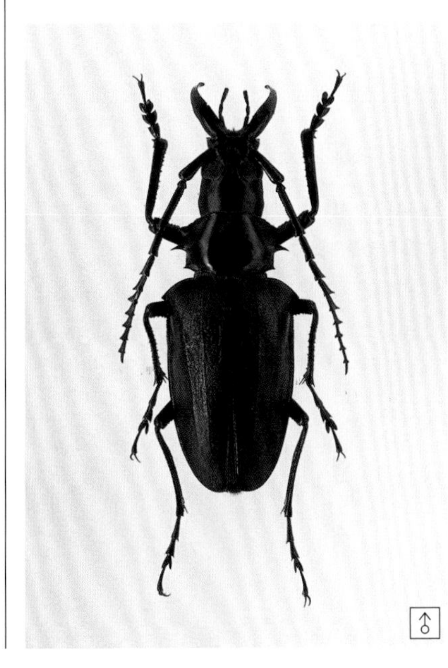

톱니어깨하늘소 [하늘소과]

Dorysthenes walkeri

- 몸 길이 64mm 안팎 (인도네시아)

큰턱이 크게 발달하고 끝이 앞으로 굽었으며 매우 날카롭다. 미얀마, 타이, 라오스, 베트남에서 인도네시아까지 분포한다.

64mm ×0.8

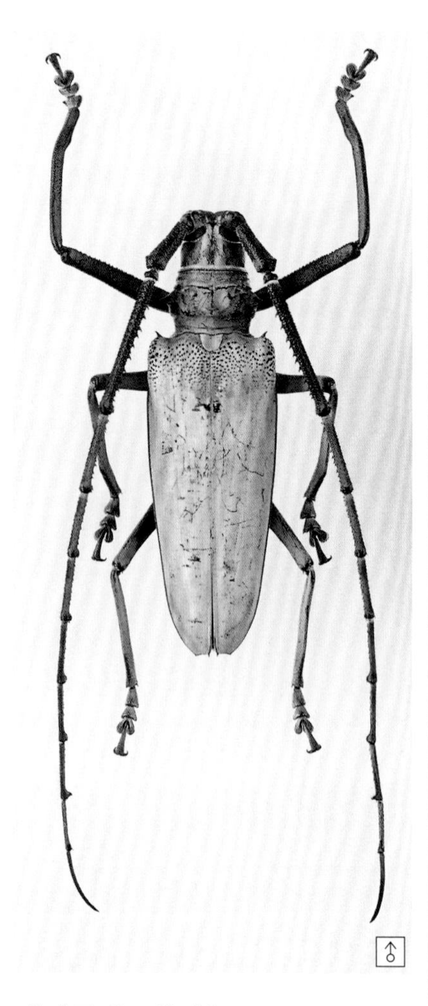

헤라클레스왕하늘소 [하늘소과]

Batocera hercules

- 몸 길이 50-85mm (인도네시아)

몸 전체가 흰색 가루로 덮여서 흰색으로 보인다. 더듬이는 잔톱날 모양의 돌기가 나 있는데, 둘째 번 마디가 가장 뚜렷하다. 인도네시아 자바, 셀레베스 섬, 세람 섬에 분포한다.

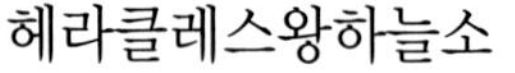

73mm ×0.8

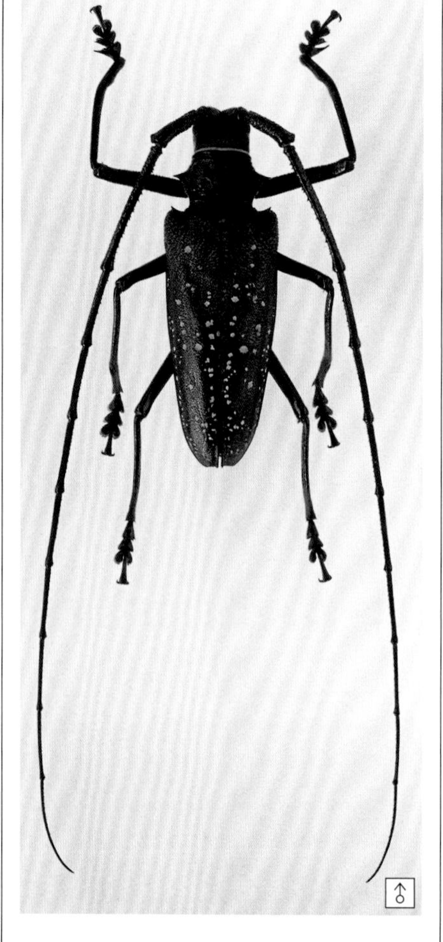

깨알긴수염왕하늘소 [하늘소과]

Batocera aeonigra occidentalis (아종)

- 몸 길이 42-72mm (인도네시아)

딱지날개에는 불규칙한 많은 흰 점들이 흩어져 있다. 수컷 더듬이는 몸 길이의 2배가 넘는다. 인도네시아 티모르, 셀레베스 섬, 할마헤라 섬과 파푸아뉴기니에 분포한다.

64mm ×0.75

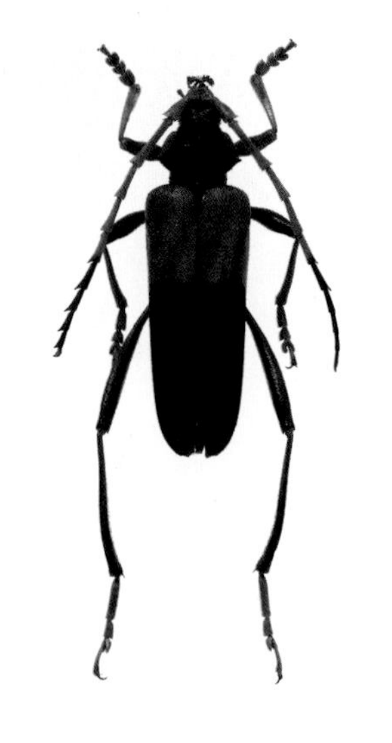

큰반노랑등큰꽃하늘소 [하늘소과]

Pachyteria heyrovskyi

- 몸 길이 37mm 안팎 (인도네시아)

'반노랑등큰꽃하늘소(*Pachyteria* sp.)' 와 닮았으나 2배 정도 크다. 인도네시아에 분포한다.

37mm ×1.0

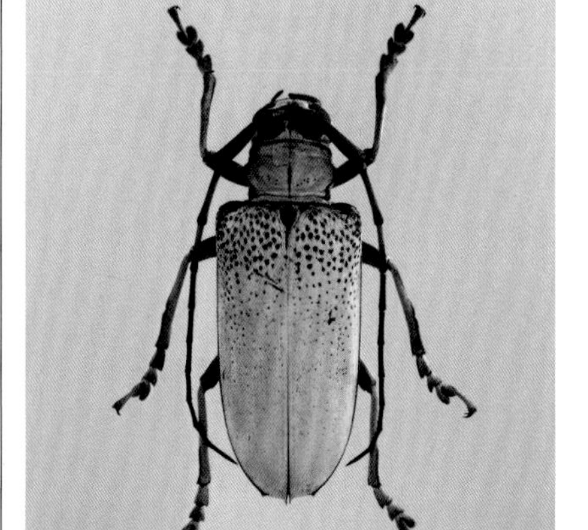

노랑뽕나무하늘소 [하늘소과]

Celosterna pollinosa

- 몸 길이 50mm 안팎 (타이)

우리 나라 '뽕나무하늘소(*Apriona germari*)' 와 닮았으나 더 크고, 바탕색이 훨씬 노랗다. 인도차이나 반도와 타이 등지에 분포한다.

50mm ×0.8

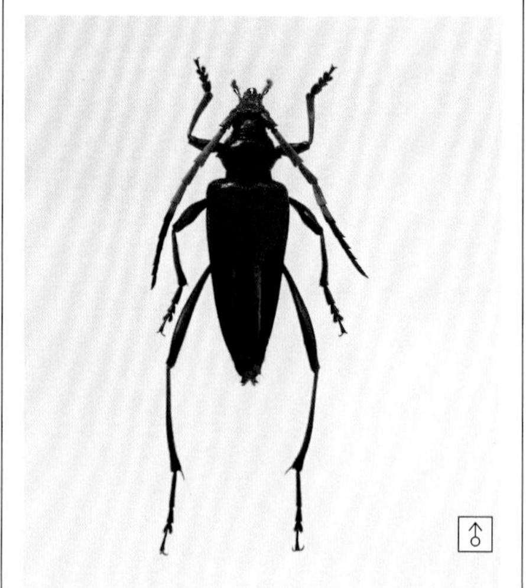

반붉은등큰꽃하늘소 [하늘소과]

Pachyteria equestris

- 몸 길이 33mm 안팎 (인도네시아)

앞가슴등판과 딱지날개의 절반 이상은 선홍색, 나머지는 청색을 띤다. 더듬이의 2/3까지 짙은 노란색을 띤다. 딱지날개에는 돋보기로 보아야 나타나는 작은 돌기가 빽빽하게 들어차 있다. 말레이 반도와 수마트라에 분포한다.

33mm ×1.0

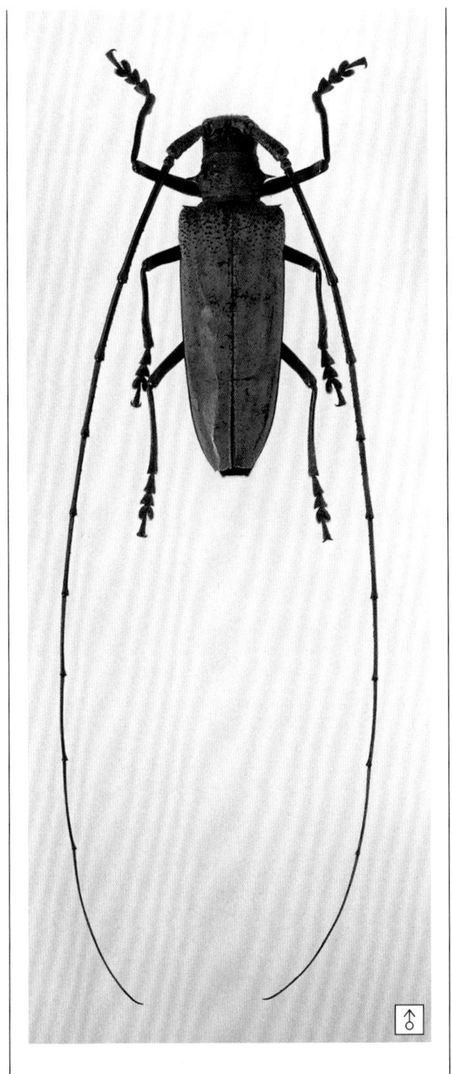

남방뽕나무왕하늘소 [하늘소과]

Abatocera leonina

- 몸 길이 46-68mm (인도네시아)

우리 나라 '뽕나무하늘소(*Apriona germari*)'와 닮았으나 더 날씬하고 더듬이가 훨씬 길다. 인도네시아 셀레베스 섬과 필리핀에 분포한다.

적갈색알락왕하늘소 [하늘소과]

Abatocera irregularis

- 몸 길이 46-72mm (인도네시아)

갈색 바탕에 희미한 무늬가 들어 있는데, 분명하지 않다. 수컷의 더듬이는 몸 길이의 2배를 넘는다. 인도네시아 셀레베스 섬에 분포한다.

♂ 60mm ♀ 72mm ×0.8

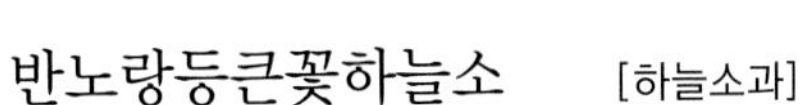

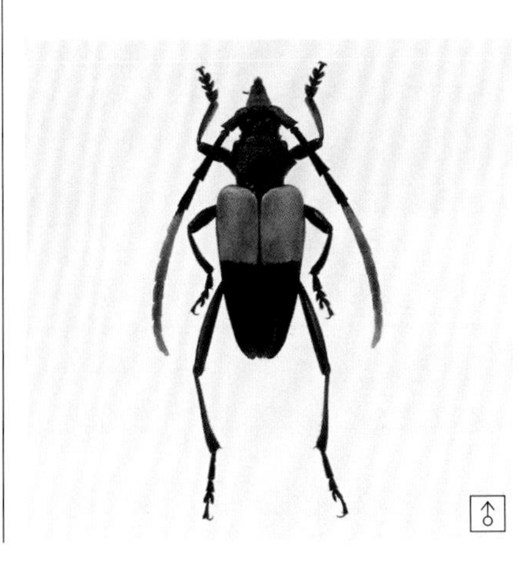

반노랑등큰꽃하늘소 [하늘소과]

Pachyteria sp.

- 몸 길이 22mm 안팎 (말레이시아)

'붉은등큰꽃하늘소(*P. equestris*)'와 닮았으나 조금 작고 딱지날개가 선홍색이 아니어서 구별되며, 더듬이의 색도 정반대로 나타난다. 말레이 반도와 인도네시아에 분포한다.

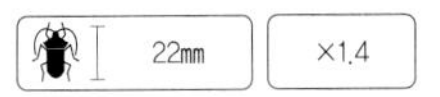

반붉은수염큰꽃하늘소 [하늘소과]

Pachyteria sp.

- 몸 길이 32mm 안팎 (인도네시아)

같은 속의 하늘소 무리는 몸 색깔이 원색이어서 매우 아름다운 종이 많다. 이 종은 더듬이의 절반 이상이 짙은 노란색을 띠는데, 아직도 정확한 종명을 모르고 있다. 말레이 반도와 인도네시아에 분포한다.

엘레강스긴하늘소 [하늘소과]

Glenea elegans

- 몸 길이 20mm 안팎 (말레이시아 타만네가라)

몸은 청색 바탕에 딱지날개에 흰 점무늬가 있다. 인도차이나 반도, 말레이시아, 수마트라, 자바, 보르네오에 널리 분포한다.

* 말레이시아 타만네가라에서 직접 채집하였다.

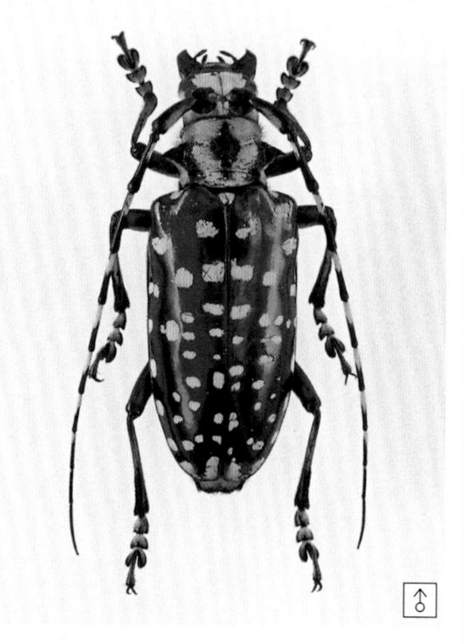

솔리예쁜하늘소 [하늘소과]

Calloplophora solii

- 몸 길이 50mm 안팎 (타이)

딱지날개는 광택이 나는 풀색 바탕에 흰 점무늬가 뚜렷하다. 인도에서 인도차이나 반도까지 분포한다.

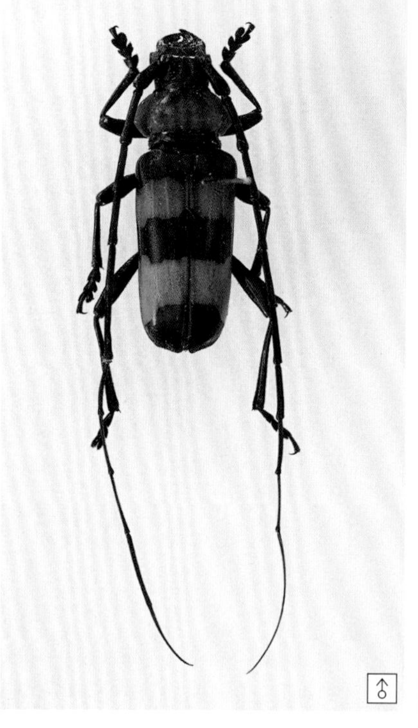

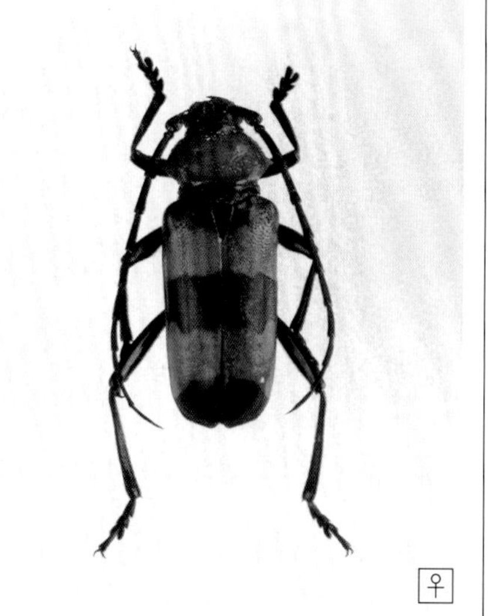

슈페르바주홍하늘소 [하늘소과]

Paveia superba

- 몸 길이 38mm 안팎 (타이)

흔한 종으로, 붉은색 바탕에 검은 띠무늬가 있다. 타이에 분포한다.

* 하늘소류는 우리 나라에 약 300여 종이 분포한다.

노랑띠알락하늘소 [하늘소과]

Anoplophora horsfieldi

- 몸 길이 45mm 안팎 (중국 남부)

등면의 노란색과 검은 줄무늬가 독특하다. 타이, 중국 남부, 타이완에 분포한다.

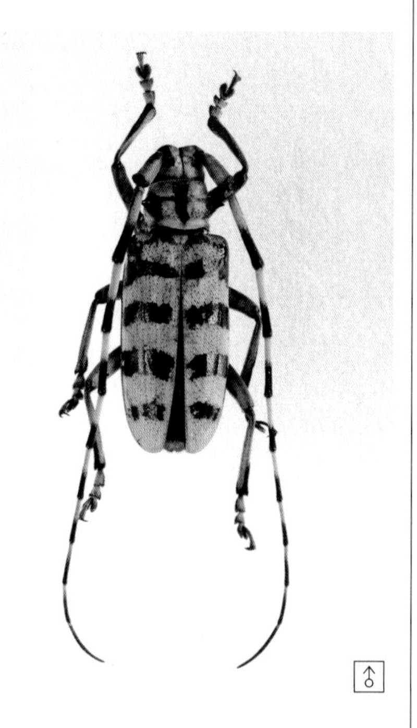

청띠알락하늘소 [하늘소과]

Anoplophora sp.

- 몸 길이 40mm 안팎 (타이)

몸은 검은색 바탕에 하늘색 띠무늬가 있는데, 딱지날개에는 가로띠가 일정하게 있다. 타이, 라오스, 미얀마, 말레이 반도에 분포한다.

* 이 종과 닮은 종들이 많아 동정에 주의가 필요하다.

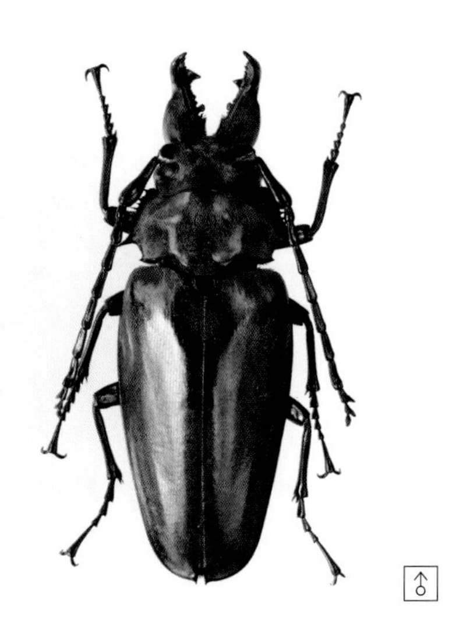

왕사슴하늘소붙이 [하늘소붙이과]

Autocrates aeneus

● 몸 길이 80mm 안팎 (타이)

동남 아시아 열대 우림의 고온 다습한 지역에 사는 이 곤충이 국내에서 발견된 것은 목재 등에 의해 들어온 것으로 보이나 지구의 온난화에 의한 것으로 보는 사람도 있다. 밤에 불빛에 잘 날아온다. 아직 상세한 생활사 과정이 밝혀지지 않았다.

＊ 2001년과 2003년 두 번에 걸쳐 이와 비슷한 종이 경북 영양군 수비면 일대에서 발견된 적이 있어 관심을 끌었다.

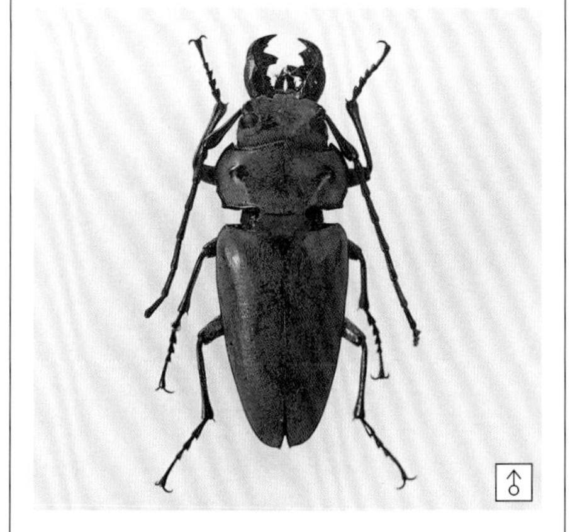

다비드하늘소붙이 [하늘소붙이과]

Trictenotoma davidi

● 몸 길이 44mm 안팎
(인도네시아 수마트라)

'사슴벌레(*Lucanus maculifemoratus*)'와 비슷해 보이지만 더듬이의 길이가 하늘소처럼 길다. 열대 우림 상층부를 날아다닌다. 동양 열대구에 널리 분포하며, 타이완에도 분포한다.

네점어깨넓적송장벌레 [송장벌레과]

Eusilpha sp.

● 몸 길이 17mm 안팎 (인도네시아)

앞가슴이 붉고, 4개의 검은 점무늬가 있다. 더듬이의 마지막 5마디는 다른 마디에 비해 넓다. 동물의 사체에 잘 모인다. 인도네시아와 말레이 반도 등지에 분포한다.

네점노랑무당벌레붙이 [무당벌레붙이과]

Eumorphus sp.

● 몸 길이 14mm 안팎 (인도네시아)

앞가슴등판이 방패 같은 모양이고, 딱지날개의 양쪽 위아래로 노란 점무늬가 뚜렷하다. 식균성이며, 버섯 주위에 잘 모인다. 동남 아시아 열대 지역에 분포한다.

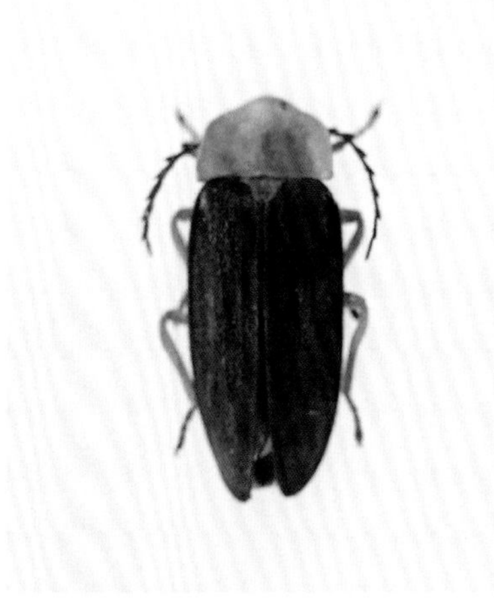

가슴붉은반딧불이 [반딧불이과]

Vesta sp.

● 몸 길이 16mm 안팎 (말레이시아)

배 밑에 빛을 발하는 부분이 있으며, 종에 따라 발광 속도가 다르다. 보통 알, 애벌레, 번데기도 빛을 내며, 육식성이다. 앞가슴등판이 붉은 것이 많다. 열대 지방을 중심으로 분포하며, 우리 나라에도 적은 종이 있다.

민날개왕홍반디 [홍반디과]

Duliticola sp.

● 몸 길이 62mm 안팎 (인도네시아)

열대 우림의 축축한 바닥을 기어다니며 생활하고, 날개가 없어 배가 노출된 모양이 고생대의 삼엽충처럼 보인다. 동남 아시아 열대 지역에 분포한다.

희미분홍줄무늬버섯벌레

[버섯벌레과]

Episcapha sp.

- 몸 길이 26mm 안팎 (인도네시아)

이 종과 같은 무리는 소형인 개체가 많으며, 버섯을 먹는다. 대부분 몸은 검은색 바탕에 붉은색과 노란색 무늬가 있다. 이 종은 검은 바탕에 분홍색 줄무늬가 희미하게 나타나 정확한 동정이 어렵다. 열대와 아열대 지방에 분포한다.

사그라수중다리왕잎벌레

[잎벌레과]

Sagra buqueti

- 몸 길이 39mm 안팎 (인도네시아)

잎벌레류 중에서 가장 큰 종에 속하며, 몸은 금속 광택이 나서 아름답고, 뒷다리 넓적다리마디가 유난히 굵고, 종아리마디는 굽었다. 인도네시아 자바에 분포한다.

사그라수중다리왕잎벌레류

[잎벌레과]

Sagra sp.

- 몸 길이 16-28mm (동남 아시아)

이 종들은 서로 많이 닮아서 구별하기가 쉽지 않다.

잎벌레류

[잎벌레과]

Chrysomelidae

- 몸 길이 12-18mm (동남 아시아)

크기가 작으나 열대 지방에는 큰 종류도 있다. 보통 애벌레와 어른벌레는 식물의 잎을 먹어 농업 해충인 종이 적지 않다. 전세계에 3만 종 이상이 알려져 있다. 동남 아시아와 뉴기니에 분포한다.

원무늬보석바구미 [바구미과]

Pachyrrhynchus smaragdinus

- 몸 길이 18mm 안팎 (필리핀 루손)

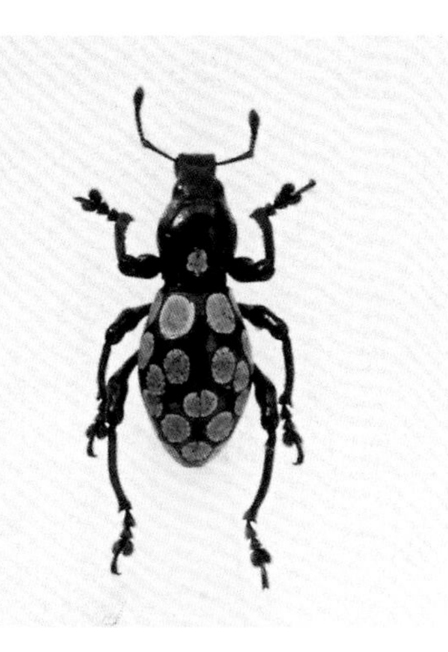

하늘별박이보석바구미 [바구미과]

Pachyrrhynchus congestus

- 몸 길이 14mm 안팎 (필리핀 루손)

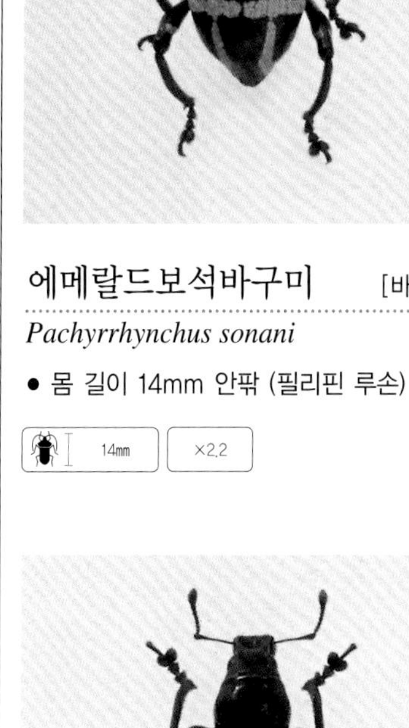

에메랄드보석바구미 [바구미과]

Pachyrrhynchus sonani

- 몸 길이 14mm 안팎 (필리핀 루손)

14mm ×2.2

그물무늬보석바구미 [바구미과]

Pachyrrhynchus sp.

- 몸 길이 6mm 안팎 (필리핀)

보석바구미류는 몸이 청색, 하늘색, 검은색이 어우러진 모습이다. 약 420여 종이 있으나 지역 변이가 심하고, 매우 비슷한 생김새를 한 종류가 많아서 아직 정확한 종의 동정이 어렵다. 따라서 이 도감에서도 자세한 종 설명을 하지 못했다. 일본 남부 섬에서 타이완, 필리핀, 뉴기니 섬까지 분포한다.

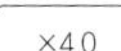

별박이보석바구미 [바구미과]

Pachyrrhynchus regius

- 몸 길이 14mm 안팎 (필리핀 루손)

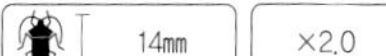

고리무늬보석바구미 [바구미과]

Pachyrrhynchus sanchezi

- 몸 길이 13mm 안팎 (필리핀 루손)

13mm ×2.6

검은점알락왕바구미 [왕바구미과]

Eugitopus uhlemanni

- 몸 길이 30mm 안팎 (필리핀)

주둥이는 앞쪽으로 굽었고, 딱지날개에 검은 점무늬가 뚜렷하다. 타이완과 필리핀에 분포한다.

30mm ×1.1

청줄보석바구미 [바구미과]

Pachyrrhynchus postpubescens

- 몸 길이 13mm 안팎 (필리핀 루손)

13㎜ ×2.2

부게티긴앞다리대왕바구미 [왕바구미과]

Cyrtotrachelus buqueti

- 몸 길이 68mm 안팎 (타이)

바구미류 중에서 대형종에 속하며, 열대 우림 지역에 산다. 앞다리가 몸 길이보다 길며, 발목마디에 털이 밀생한다. 동남 아시아 일대에 분포한다.

68㎜ ×0.8

왕젓가락바구미 [젓가락바구미과]

Eutrachelus temmincki

- 몸 길이 80mm 안팎 (인도네시아)

젓가락바구미과 중에서 가장 큰 종으로, 몸이 젓가락 모양이며, 주둥이가 매우 길다. 딱지날개에 붉은 점무늬가 있다. 인도네시아의 수마트라와 자바에 분포한다.

* 젓가락바구미과(Brenthidae) (신칭)는 우리나라에 없는 과이다.

80㎜ ×1.0

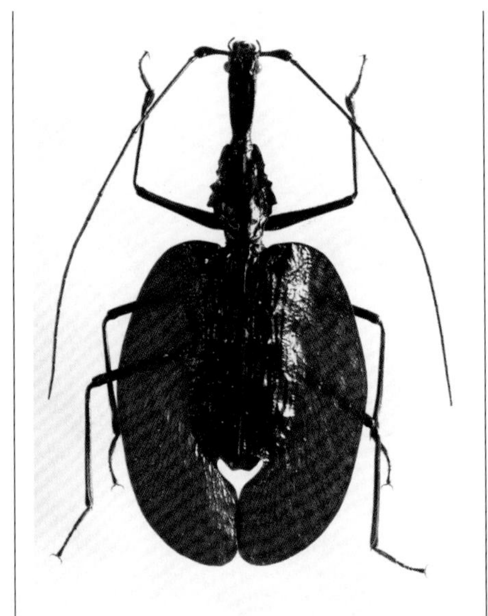

바이올린벌레 [바이올린벌레과]

Mormolyce phyllodes

- 몸 길이 60-80mm (인도네시아 자바)

딱정벌레목 중에서 생김새가 기이한 종류로, 몸은 편평하고 배 부분에 딱지날개가 타원 모양으로 넓어져 바이올린 같은 생김새와 색을 가지고 있다. 나무 껍질 속에서 숨어 지내며, 가까이 다가오는 작은 곤충이나 다른 곤충의 애벌레를 잡아먹는 육식성 곤충이다. 생김새가 특이하기 때문에 많은 사람들로부터 사랑을 받는 곤충이다. 타이와 말레이 반도, 인도네시아 자바와 보르네오, 수마트라에 분포한다.

72㎜ ×0.9

매미목

붉은치마왕매미 [매미과]

Anganiana floridula

- 날개 편 길이 140mm 안팎 (타이)

날개의 윗면은 붉은색이나 아랫면 무늬는 단순하고 색이 옅다. 타이, 말레이 반도, 인도네시아 등지에 분포한다.

140㎜ ×0.75

임페라토리아제왕매미 [매미과]

Pomponia imperatoria

- 날개 편 길이 162mm 안팎 (말레이시아)

현재 세계 최대의 매미로 알려져 있다. 저녁 무렵부터 밤까지 길게 우는데, '황소개구리'의 울음소리처럼 들린다. 밤에 불빛에 날아든다.

스펙타빌리스비취매미 [매미과]

Ayuthia spectabilis

- 날개 편 길이 126mm 안팎 (말레이시아)

날개의 바탕색이 모시처럼 희다. 말레이시아, 인도네시아, 필리핀 등지에 분포한다.

말레이제왕매미 [매미과]

Pomponia sp.

- 날개 편 길이 131mm 안팎 (말레이시아)

밤에 불빛이 있는 곳에서 시끄럽게 운다. 말레이시아의 타만네가라 정글에 분포한다.

앞흰띠검은매미 [매미과]

Tosena fasciata

- 날개 편 길이 160mm 안팎 (타이)

대형종으로, 날개가 검은색인 것은 천적을 쉽게 피하려는 생존 전략으로 여겨진다. 인도에서 타이를 거쳐 인도네시아, 필리핀까지 널리 분포한다.

×0.7

흰띠검은날개붉은배매미 [매미과]

Tosena melanoptera

- 날개 편 길이 97mm 안팎 (말레이시아)

앞날개는 가늘고 길며, 검은 바탕으로 중앙에 세로로 흰 띠가 두드러진다.

×1.1

임페리얼뒷붉은매미 [매미과]

Salvazana imperialis

- 날개 편 길이 122mm 안팎 (타이)

뒷날개가 붉다. 타이, 말레이 반도, 인도네시아, 인도 등지에 분포한다.

* 동남 아시아 열대 지역에는 세계에서 매미류가 가장 많다. 전세계의 1500여 종 중에서 그 반이 서식하고 있다.

아퀼라박쥐무늬매미 [매미과]

Cryptotympana aquila

- 날개 편 길이 121mm 안팎 (말레이시아)

몸과 날개의 검은 무늬만 보면 박쥐를 닮았다. 타이, 라오스, 베트남, 말레이시아, 인도네시아 수마트라에 분포한다.

×0.85

연녹색그물무늬매미 [매미과]

Salvazana mirabilis

- 날개 편 길이 122mm 안팎 (타이)

'임페리얼뒷붉은매미(*S. imperialis*)' 와 닮았으나 뒷날개의 색이 다르다. 타이, 말레이 반도, 인도네시아, 인도 등지에 분포한다.

 122㎜ | ×0.85

검은별알록매미 [매미과]

Ganaea laosensis

- 날개 편 길이 74mm 안팎 (타이)

날개의 모양이나 색이 뚜렷하여 다른 종과 구별되나, 정확한 종명은 알 수 없다. 타이, 미얀마 등지에 분포한다.

74㎜ | ×1.3

배붉은검은매미 [매미과]

Huechys sanguinea

- 날개 편 길이 60mm 안팎 (인도네시아)

날개는 붉은 기가 도는 검은색이고, 머리와 가슴, 배에 붉은색 무늬가 있다. 특히 배 부분의 붉은색은 매우 강하다. 동남 아시아에 널리 분포한다.

 60㎜ | ×0.8

붉은몸얼룩뿔매미 [뿔매미과]

Penthicodes variegata

- 날개 편 길이 58mm 안팎 (인도네시아)

코주부벌레류와 달리 머리에 돌기가 없다. 인도네시아 열대 우림 지역에 산다.

 58㎜ | ×0.85

엔더레이네뿔매미 [뿔매미과]

Gigantorhobdus enderleine

- 날개 편 길이 15mm 안팎 (말레이시아)

머리에서 몸 뒤쪽으로 길게 뻗은 돌기가 특이하다. 애벌레 시기에는 이 돌기가 없다가 어른벌레가 되었을 때 생긴다. 말레이시아, 인도네시아 등지에 분포한다.

15㎜ | ×2.5

파란무늬긴뿔매미 [뿔매미과]

Fulgora sp.

- 날개 편 길이 70mm 안팎 (인도네시아 보르네오)

코 모양 돌기는 가늘고 길다. 인도네시아 보르네오에 분포한다.

68mm ×1.2

뒷붉은예쁜코주부벌레

[코주부벌레과]

Pyrops oculata

- 날개 편 길이 93mm 안팎 (말레이시아)

머리 위의 돌기의 끝이 뾰족하다. 말레이시아와 인도네시아에 분포한다.

93mm ×1.0

말레이코주부벌레 [코주부벌레과]

Pyrops pyrorhyncha

- 날개 편 길이 92mm 안팎 (말레이시아)

뒷날개에 검은 무늬가 있다. 말레이시아와 인도네시아의 열대 우림 지역에 분포한다.

92mm ×1.0

곤봉코주부벌레 [코주부벌레과]

Pyrops clavata

- 날개 편 길이 94mm 안팎 (타이)

머리 위의 돌기의 끝이 숟가락처럼 둥글다. 말레이 반도에 분포한다.

94㎜ ×1.0

곤봉코주부벌레 [코주부벌레과]

Pyrops clavata mizumumai (아종)

- 날개 편 길이 84mm 안팎 (타이)

색이 선명하지 않아서 나무 줄기에 앉았을 때 잘 보이지 않는다. 타이, 말레이 반도 등지에 분포한다.

84㎜ ×1.1

나뭇결코주부벌레 [코주부벌레과]

Pyrops astarte

- 날개 편 길이 83mm 안팎 (타이)

날개를 접으면 앞날개가 나뭇결처럼 보인다. 타이와 말레이 반도에 분포한다.

83㎜ ×0.8

칸델라리아코주부벌레 [코주부벌레과]

Pyrops candelaria

- 날개 편 길이 70mm 안팎 (타이)

앞날개에 고리 무늬가 나타난다. 분류학자 린네(Linné, Carl von)가 중국 남부에서 채집하여 신종으로 발표함으로써 이 무리를 처음 세상에 알리는 계기가 되었다. 동남 아시아 열대 지역에 분포한다.

70㎜ ×0.9

대벌레목

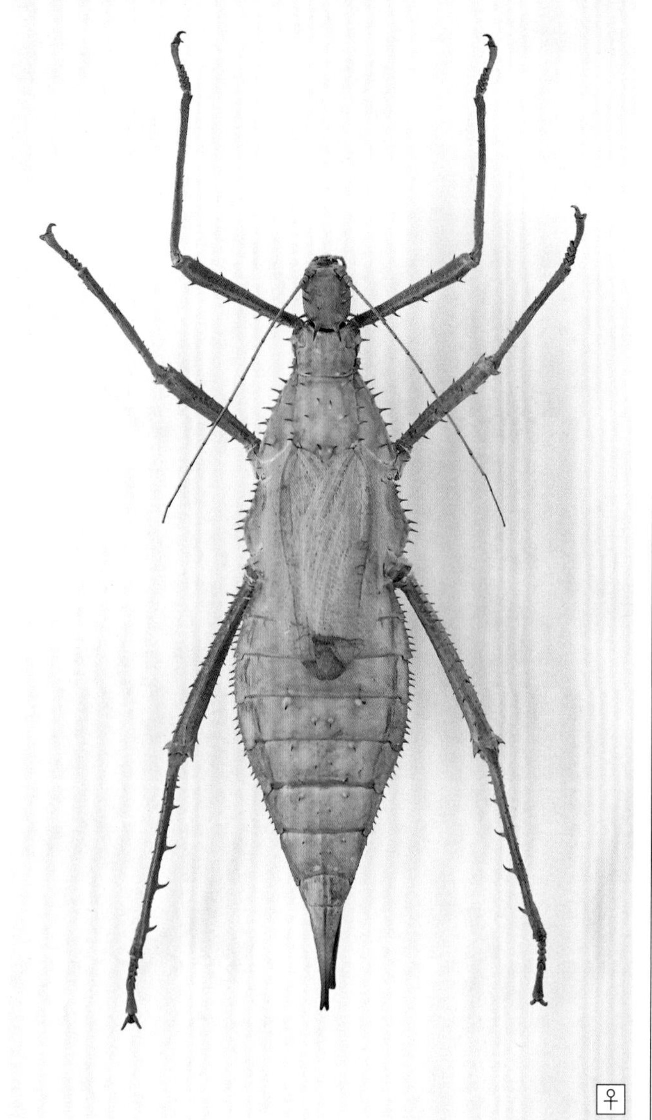

몸큰녹색대벌레 [대벌레과]

Heteropteryx diatata

- 몸 길이 ♂ 91mm, ♀ 148mm 안팎 (말레이시아)

몸이 크고 움직임이 느리다. 수컷은 암컷에 비해 훨씬 작고, 날개가 잘 발달되어 있으며, 더듬이가 훨씬 길다. 수컷이 날아서 암컷에게 다가가는 것으로 보이며, 이 때 더듬이가 암컷을 탐색하는 데 길잡이 역할을 하므로 더 길어진 것으로 보인다. 말레이시아와 인도네시아 등지에 분포한다.

♂ 93mm, ♀ 148mm
♂ 91mm

♂×0.7, ♀×0.65
♂×0.55

귀신대왕대벌레 [대벌레과]

Eurycantha horrida

- 몸 길이 110mm 안팎 (인도네시아)

날개가 없고 몸통이 두껍다. 몸 색깔이 어두워 눈에 잘 띄지 않으므로, 밀림 속에서 천천히 기어다니며 잎을 먹는다. 인도네시아에 분포한다.

부채날개공작대벌레 [대벌레과]

Tagesoidea nigrofasciata

- 몸 길이 85mm 안팎 (말레이시아)

보통 때는 날개를 접고 있으므로 대나무 줄기처럼 보이지만, 위협을 느끼면 날개를 부채처럼 펴서 뚜렷한 노란색을 띠어 적을 물리친다. 이는 공작새 수컷이 꼬리를 펴서 자신을 과시하는 모습과 흡사하다. 동남 아시아 열대 지역에 분포한다.

나뭇잎벌레는 걸어다니는 잎

카카오를 재배하는 열대의 농원에서 심심찮게 볼 수 있는 나뭇잎벌레는 낮에 움직이지 않고 잎에 붙어 있다가 밤에 활동한다. 잎에 가만히 붙어 있으면 감쪽같이 잎처럼 보여 발견하기 어렵다. 이런 의태를 '은폐적 의태(mimicry)'라고 한다. 나뭇잎벌레는 열대 아시아에 20여 종이 분포하며, 우리 나라 대벌레와 가까운 계통으로서 대벌레목에 속한다.

나뭇잎벌레는 암수 차이가 뚜렷하다. 수컷은 채찍 모양의 더듬이가 머리 길이의 8배가 넘을 정도로 길다. 이에 비해 암컷의 더듬이는 머리 길이의 1/3 정도로 매우 짧다. 또, 수컷은 앞날개가 짧고 뒷날개가 넓어서 뒷날개로 활강하여 날기가 쉬우므로, 자신의 유전자를 퍼뜨리기 위해 열대 숲을 날아다닌다. 하지만 암컷은 앞날개가 길고 너비가 넓어서 뒷날개로 나는 데 오히려 방해가 되므로 아예 날지 못한다. 이 현상은 한 자리에서 안전하게 알을 낳아 종족을 보존시키려는 행동 진화로 보인다. 나뭇잎벌레는 몸이 납작하고 날개가 나뭇잎처럼 보이는 외에 다리도 거의 나뭇잎과 닮았다. 그래서 이들을 '걸어다니는 잎'이라고 해도 잘못된 표현은 아닐 것 같다.

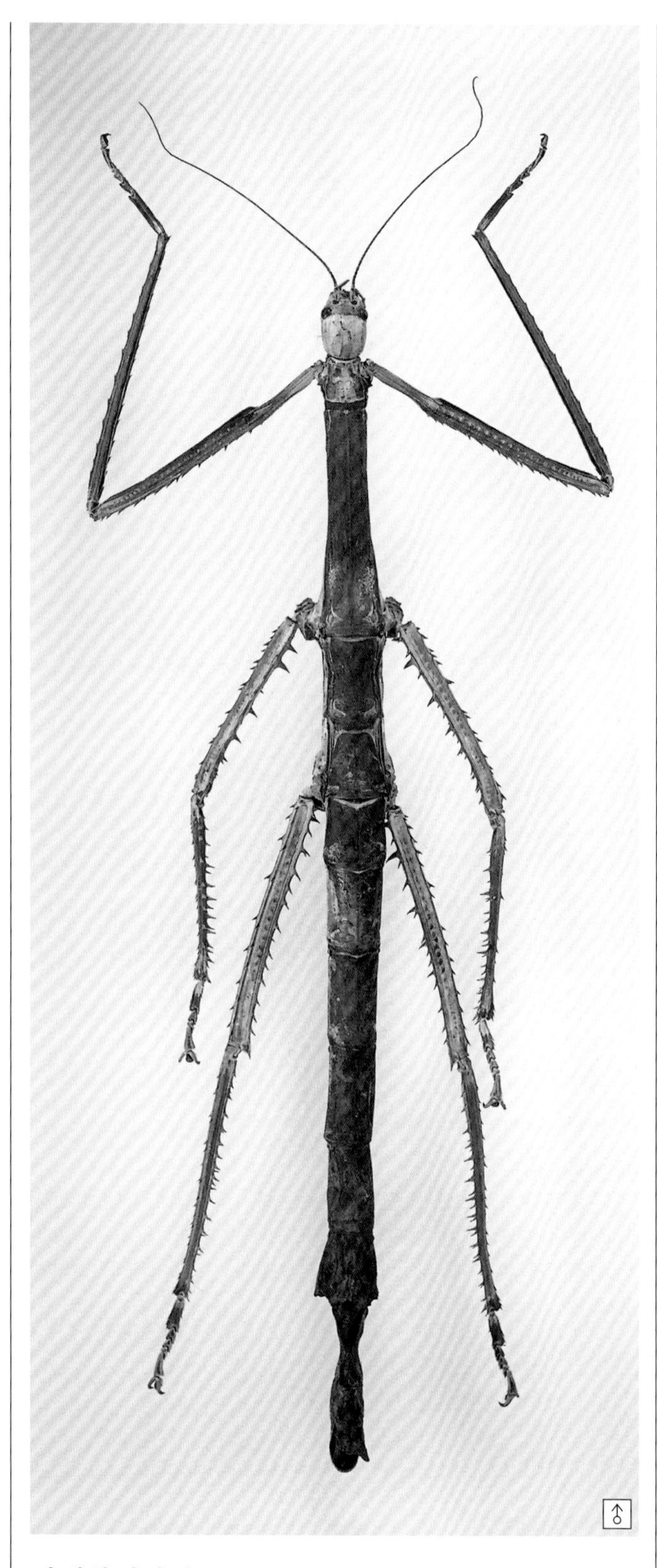

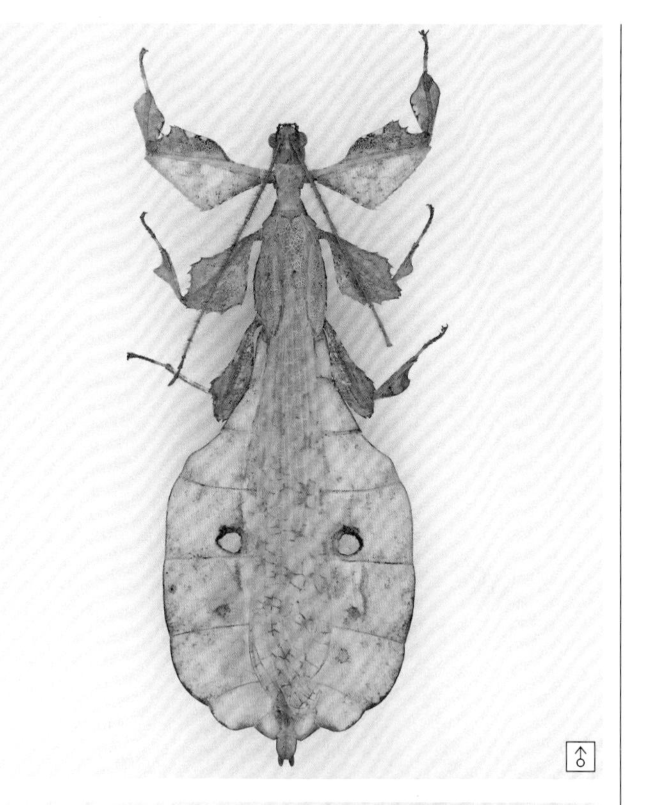

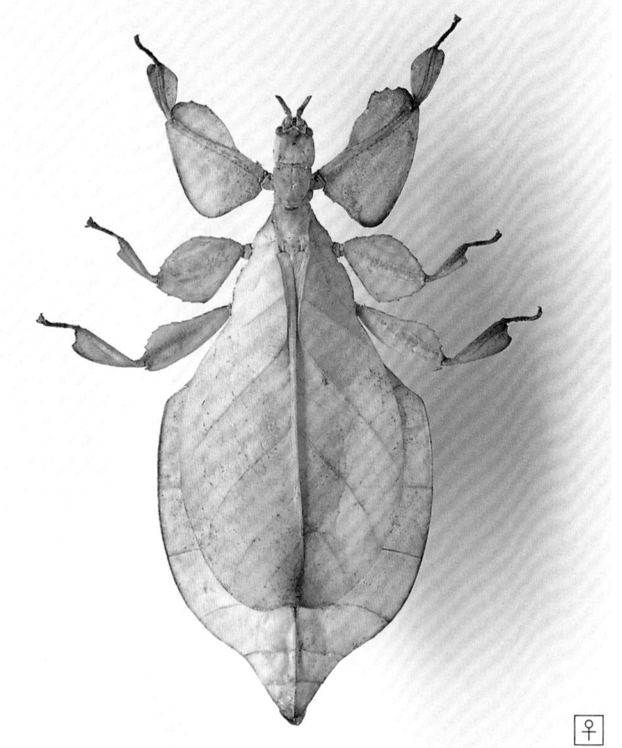

장대왕대벌레 [대벌레과]

Gyphocrania sp.

- 몸 길이 225mm 안팎 (타이)

비교적 흔한 종으로, 날개는 전혀 없고 긴 막대기처럼 생겼다. 더듬이는 비교적 짧으나 다리는 매우 길다. 몸과 다리 색이 짙은 갈색과 회갈색이 어우러져 나무 줄기에 붙으면 알아보기 어렵다. 정확한 종명은 알 수 없다. 타이와 말레이 반도 등지에 분포한다.

×0.7

주걱녹색나뭇잎벌레 [나뭇잎벌레과]

Phyllium bioculatum

- 몸 길이 90mm 안팎 (말레이시아)

몸은 납작하고 넓적다리마디가 넓다. 수컷의 배에는 두 눈 모양의 무늬가 두드러진다. 전체 모습은 밥주걱 모양이다. 말레이시아에 분포한다.

×0.9

넓적팔녹색나뭇잎벌레[나뭇잎벌레과]

Phyllium pulchrifolium

- 몸 길이 105mm 안팎 (말레이시아)

몸이 납작하고 녹색을 띠어서, 나뭇잎에 붙으면 알아보기 어렵다. 앞다리가 부채 모양으로 넓으며, 날개가 배의 끝까지 덮지 못한다. 날아다닐 수 있지만 활발하지 못하다. 날개맥은 마치 잎맥처럼 보이도록 도드라져 있다. 수컷의 더듬이는 길다. 인도네시아와 말레이시아에 분포한다.

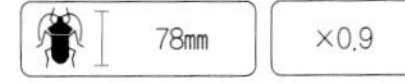

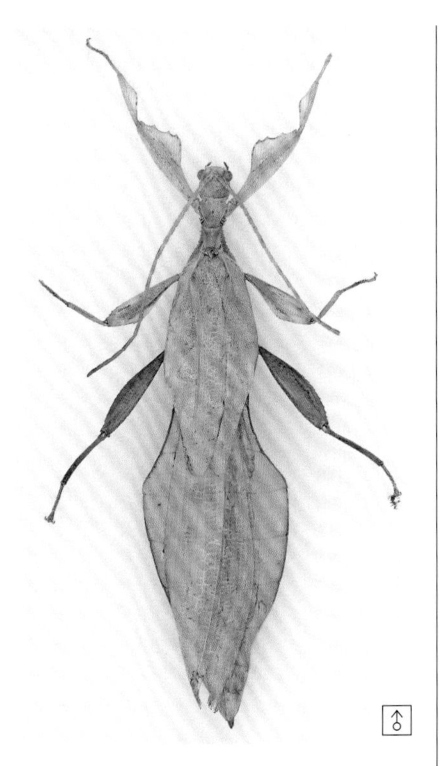

작은녹색나뭇잎벌레 [나뭇잎벌레과]

Phyllium siccifolium

- 몸 길이 86mm 안팎 (말레이시아)

'넓적팔녹색나뭇잎벌레(*P. pulchrifolium*)'와 닮았으나 넓적다리의 부채처럼 넓어진 부분의 모양이 조금 다르다. 수컷은 작고 더듬이가 매우 긴 반면, 암컷은 크고 넓적하며 더듬이가 짧다. 말레이시아와 인도네시아 등지에 분포한다.

톱니다리녹색나뭇잎벌레 [나뭇잎벌레과]

Phyllium giganteum

- 몸 길이 95–105mm (말레이시아)

머리가 크고 몸이 넓적하다. 앞다리가 부채 모양으로 가장 넓고, 종아리마디가 삼각 모양으로 넓다. 배끝 모양이 같은 속 중에서 특이한 모양을 한다. 말레이시아에 분포한다.

105mm ×0.6

녹색나뭇잎벌레류 암컷의 색채 변이

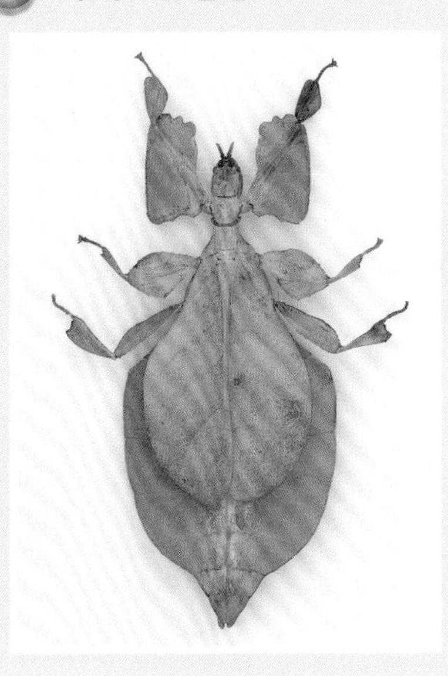

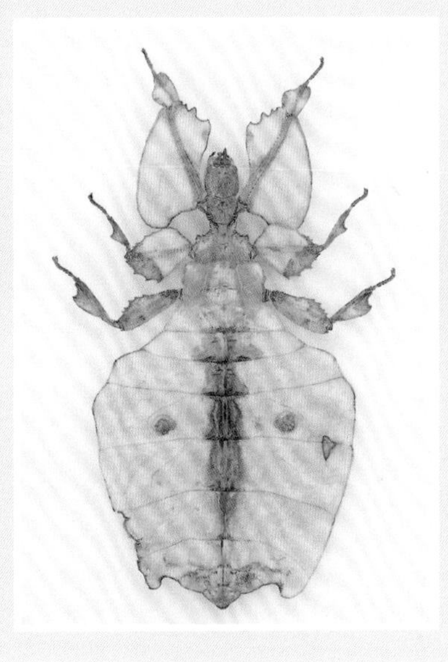

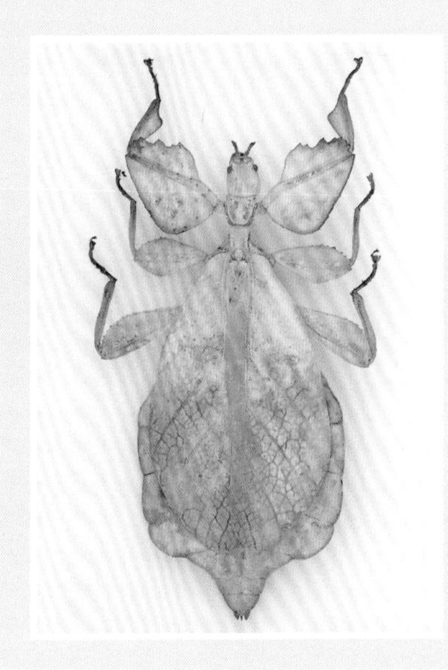

집게벌레목

필리핀긴집게벌레 [집게벌레목]

Dremaptera sp.

- 몸 길이 48mm 안팎 (필리핀)

우리 나라에 20여 종이 분포하는 소그룹의 곤충이다. 이 집게벌레는 대형으로, 날개가 거의 퇴화하여 날아다닐 수 없다. 필리핀에 분포한다.

 48mm ×1.2

사마귀목

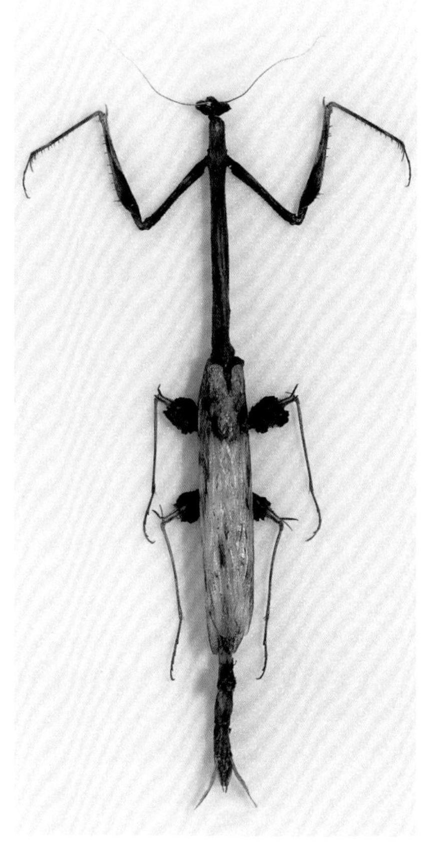

마른가지사마귀 [사마귀과]

Paratoxodera cornicollis

- 몸 길이 140mm 안팎 (말레이시아)

몸과 다리는 마른 가지처럼 길며, 색깔도 마른 가지처럼 갈색이다. 넓적다리마디가 넓적하고, 날개는 배 끝을 다 덮지 못해 배 끝이 노출된다. 동남 아시아 열대 지역에 분포한다.

 140mm ×0.65

두눈혹다리사마귀 [사마귀과]

Deropratys desicata

- 몸 길이 76mm 안팎 (말레이시아)

'큰가슴혹다리사마귀(*D. lobata*)' 와 닮았으나 좀더 크고, 앞날개에 눈알 모양 무늬가 뚜렷하며, 뒷날개의 흰 띠가 두드러진다. 특히 뒷날개의 끝 부분과 다리의 돌기 모양이 다르다. 동남 아시아 열대 지역에 분포한다.

 76mm ×0.8

큰가슴혹다리사마귀 [사마귀과]

Deropratys lobata

• 몸 길이 65mm 안팎 (말레이시아)

앞가슴등판이 넓어지고, 앞날개와 뒷날개가 부채 모양으로 펴진다. 특히 뒷날개는 새의 날개처럼 양 가장자리가 뾰족한데, 종마다 색이나 무늬가 다르다. 뒷다리 넓적다리마디가 부푼 부분이 있다. 동남 아시아의 열대 지역에 분포한다.

초록예쁜꽃사마귀 [꽃사마귀과]

Creobroter sp.

• 몸 길이 37mm 안팎 (말레이시아)

앞날개의 흰 띠와 점무늬가 독특하다. 꽃에 앉아 있다가 날아오는 곤충을 사냥한다. 동남 아시아의 열대 지역에 분포한다.

37㎜ ×1.3

메뚜기목

구름무늬왕꽃메뚜기 [메뚜기과]

Aularchis sp.

• 날개 편 길이 99mm 안팎 (인도네시아)

날개는 흰 점무늬가 약하게 나타난다. 열대 우림 주변에 살며, 농작물을 해치는 종이다. 동남 아시아의 열대 지역에 분포한다.

레갈리스꽃메뚜기 [메뚜기과]

Sanaa regalis

- 날개 편 길이 118mm 안팎 (타이)

수컷은 작고 암컷은 큰 종류로, 인도차이나 반도와 타이, 말레이 반도의 열대 우림 지역에 분포한다.

날베짱이류 [여치과]

Holochlora sp.

- 날개 편 길이 86mm 안팎 (인도네시아)

우리 나라 날베짱이류의 생김새와 닮았다. 정확한 종명은 알 수 없으나 타만네가라 국립 공원의 열대 우림 주변에 가장 많은 종이다. 말레이시아에 분포한다.

86mm ×1,0

말레이왕여치 [여치과]

Macrolyristes sp.

- 날개 편 길이 215mm 안팎 (말레이시아)

더듬이가 길고, 날개는 잎사귀처럼 보여 풀에 앉으면 좀처럼 알아보기 힘들다. 낮에도 풀에 앉아 있는 것이 간혹 눈에 띄나, 밤에 활발하게 움직인다.

흰점왕여치 [여치과]

- 몸 길이 110mm 안팎 (타이)

'말레이왕여치(*Macrolyristes* sp.)' 와 닮았으나 앞날개의 흰 점무늬가 뚜렷해서 차이가 난다.

호박벌류 [꿀벌과]

Xylocopa sp. 1

- 날개 편 길이 71mm 안팎 (말레이시아 타만네가라 국립 공원)

말레이시아 타만네가라 국립 공원 주변의 꽃에 날아온 것을 채집하였는데, 정확한 종명은 알 수 없다.

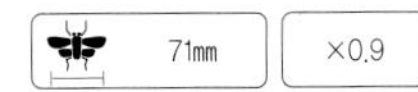

호박벌류 [꿀벌과]

Xylocopa sp. 2

- 날개 편 길이 49mm 안팎
  (말레이시아 타만네가라 국립 공원)

Xylocopa sp. 1처럼 말레이시아의 타만네가라 국립 공원에서 채집하였다. 날 때 날개 소리가 요란하다.

잠자리목

남방끝흰잠자리 [잠자리과]

Neurothemis fulvia

- 날개 편 길이 76mm 안팎
  (말레이시아 타만네가라 국립 공원)

연못 주위를 재빠르게 날며 먹이 사냥을 한다. 날개의 색이 검어서 물잠자리처럼 보이나, 계통적으로 물잠자리는 실잠자리류에 속하므로 머리 모양이 다르다. 밀잠자리류와 가까운 계통으로 보인다.

×1.2

열대끝흰잠자리 [잠자리과]

Neurothemis sp. 1

- 날개 편 길이 57mm 안팎 (말레이시아 타만네가라 국립 공원)

'남방끝흰잠자리(*N. fulvia*)'와 같이 연못 주위를 배회하며 먹이를 사냥한다.

꼬마남방잠자리 [잠자리과]

Brachythemis sp.

- 날개 편 길이 41mm 안팎 (말레이시아 타만네가라 국립 공원)

우리 나라 '꼬마잠자리(*Nannophya pygmaea rambun*)'와 비슷하며, 낮게 나는 습성이 있다. 강가의 풀밭 주위를 재빠르게 날아다닌다.

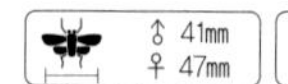
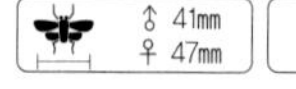

×1.2

말레이끝흰잠자리 [잠자리과]

Neurothemis sp. 2

- 날개 편 길이 74mm 안팎
  (말레이시아 타만네가라 국립 공원)

'열대끝흰잠자리(*Neurothemis* sp. 1)'와 닮았으나 몸통의 색깔이 달라서 구별된다. 이 두 종은 같은 장소에서 산다.

남방밀잠자리 [잠자리과]

Orthetrum triangular

- 날개 편 길이 84mm 안팎
  (말레이시아 타만네가라 국립 공원)

우리 나라 밀잠자리류와 닮았다. 열대 거머리가 많은 숲 안 늪지와 그 주변에서 쉽게 눈에 띈다. '밀잠자리(*O. albistylum speciosum (ubler)*)' 처럼 늪 안의 갈대 같은 줄기 끝에 잘 앉고, 인기척에 놀라도 그다지 멀리 날아가지 않는다.

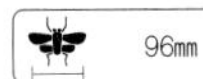

×0.85

붉은배잠자리 [잠자리과]

Crocothemis servilia

- 날개 편 길이 80mm 안팎
  (말레이시아 타만네가라 국립 공원)

우리 나라에서 '붉은배잠자리(고추잠자리)' 로 불리는 종으로, 동남 아시아 국가에 널리 분포한다.

* 이 잠자리의 이름을 '고추잠자리' 로 부르는 것은 옳지 않은 것 같다. 왜냐 하면, 이 잠자리가 남방계여서 우리 나라를 대표하기에는 무리가 있기 때문이다.

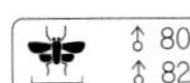

×0.75

말레이잘룩허리왕잠자리 [왕잠자리과]

Gynacomtha sp.

- 날개 편 길이 178mm 안팎 (말레이시아 타만네가라 국립 공원)

어두워질 무렵에 날아다니며 모기 따위의 날벌레를 잡아먹는다. 이때 건물 안에 들어갔다가 갇히는 경우가 많다.

×0.9

바퀴목

바퀴류 [왕바퀴과]

Blattidae sp.

- 몸 길이 65mm 안팎 (동남 아시아)

대형종으로, 몸은 흑갈색이다. 갈색 날개가 있어서 날아다닐 수 있는데, 날개는 질긴 막과 같이 보인다. 시내의 건물에서 많이 발견되며, 관광객들을 깜짝 놀라게 하는 경우가 많다.

×0.54

노린재목

사람얼굴노린재 [노린재과]

Catacanthus incarnatus

- 몸 길이 31mm 안팎 (필리핀)

날개에 턱수염을 한 얼굴 모양의 무늬가 있다. 필리핀, 셀레베스, 세람, 뉴기니 섬 등지에 분포한다.

붉은어깨길쭉노린재 [노린재과]

Eurypleura bicornis

- 몸 길이 40mm 안팎 (타이)

앞가슴등판의 양 어깨 부분이 앞쪽으로 돌출되어 있다. 동남 아시아에 널리 분포한다.

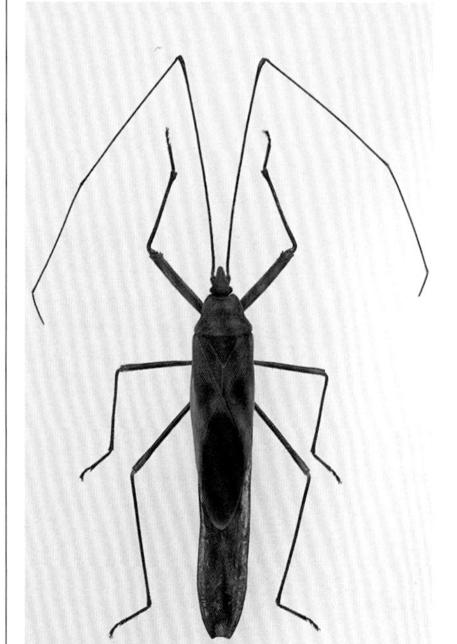

붉은길쭉큰별노린재 [큰별노린재과]

Lophita grandis

- 몸 길이 48mm 안팎 (말레이시아)

몸 전체가 길고, 날개의 혁질부 양쪽에 검은 점이 나타나는 개체가 많으며, 막질부는 검다. 다리와 더듬이는 길고, 앞다리 넓적다리 마디는 붉은색이다.

* 우리 나라에도 큰별노린재과에 2종이 기록되어 있다.

노란등검은점광대노린재 [광대노린재과]

Hemiptera sp.

- 몸 길이 13mm 안팎 (타이)

광대노린재의 일종으로, 인도, 미얀마, 타이, 말레이 반도, 중국에 분포한다.

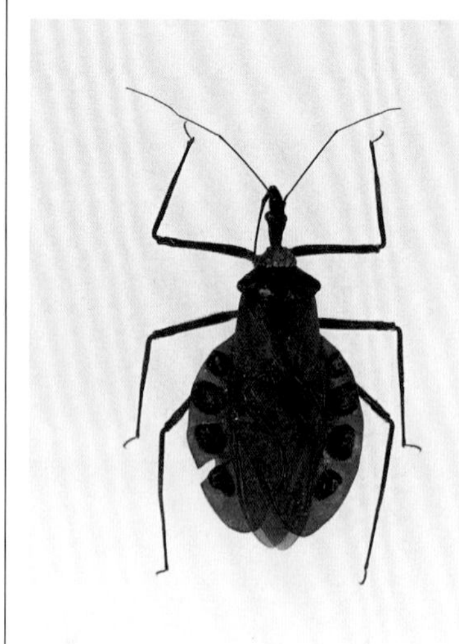

보름달무늬붉은침노린재 [침노린재과]

Agriosphodrus sp.

- 몸 길이 33mm 안팎 (필리핀)

다른 곤충의 체액을 빨아먹는다. 아직 정확한 종 이름은 알 수 없으며, 필리핀에 분포한다.

인도·히말라야권

이 분포권의 남쪽은 동양구로 볼 수 있으나 북부 지역의 히말라야 산맥 지역 쪽은 한지성(寒地性) 나비가 서식하는 구북구의 일부로 볼 수 있다. 특히 유명한 '임페리얼뿔제비나비'와 '큰명주호랑나비'는 이 분포권에서만 볼 수 있는 고유종이다. 인도 중앙부는 곤충의 종류가 적지만 남부와 스리랑카에는 많은 종류가 살고 있으며, 여러 독특한 고유종들이 알려지고 있다. 네팔과 중앙 아시아 지역으로는 다양한 한지성 곤충이 서식하는 것으로 유명하다.

나비목

♀

뒷붉은모시나비 [호랑나비과]

Parnassius autocrator

- 날개 편 길이 70mm 안팎 (아프가니스탄)

다른 붉은점모시나비류와 달리 특이하게 붉은 점무늬가 없는데, 암컷은 뒷날개 아외연부에 넓게 노란색을 띤다. 아프가니스탄과 그 이북의 건조한 풀밭을 배경으로 살아가며, 개체 수가 매우 적어 세계 적색 목록에 희귀종으로 올라 있다.

70mm ×1.3

♂

왕붉은점모시나비 [호랑나비과]

Parnassius nomion richthofeni (아종)

- 날개 편 길이 60mm 안팎 (중국 북간쑤 성)

같은 아종 중에서 비교적 작은 편에 속한다. 앞날개 외연이 유난히 둥글고, 날개가 투명하여 흰색을 띤다. 점은 붉은색이고 크다. 유라시아 북부와 알래스카의 해발 2500m 정도의 고산지에 분포한다.

60mm ×0.84

♂

왕붉은점모시나비 [호랑나비과]

Parnassius nomion tsinglingensis (아종)

- 날개 편 길이 69mm 안팎 (중국 산시 성)

같은 무리 중 중형종으로, 날개는 가로로 긴 느낌이 든다. 붉은 점은 앞날개와 뒷날개에 모두 나타나나 앞날개 쪽이 약간 작아 보인다. 유라시아 북부와 알래스카의 해발 3000m 정도의 고산지에 분포한다.

69mm ×0.75

♂

왕눈이모시나비 [호랑나비과]

Parnassius inopinatus

- 날개 편 길이 58mm 안팎 (아프가니스탄)

티베트를 중심으로 한 중앙 아시아 지역은 세계의 지붕이라고 할 만큼 고도가 높고 건조한 지역인데, 이 나비는 이러한 환경에 서식하는 희귀한 종류로 알려져 있다. 아프가니스탄의 높은 산맥에 분포한다.

58mm ×0.88

델피우스모시나비 [호랑나비과]

Parnassius delphius pulchra (아종)

- 날개 편 길이 54mm 안팎 (아프가니스탄)

여러 아종과 형으로 나누어져 있다. 암컷의 교미주머니는 쌍꼬리 모양이다. 아프가니스탄의 힌두쿠시 산맥과 카슈미르 등지에 분포한다.

델피우스모시나비 [호랑나비과]

Parnassius delphius maximinus (아종)

- 날개 편 길이 54mm 안팎 (키르기스탄)

날개 색이 밝고 점무늬가 작다. 중앙 아시아의 고원 지대에 분포한다.

중국앞검은모시나비 [호랑나비과]

Parnassius orleans groumi (아종)

- 날개 편 길이 43mm 안팎 (중국 간쑤 성)

다른 종에 비해 약간 소형이고, 앞날개가 검은 편이다. 중국 서부와 히말라야 등지에 분포한다.

델피우스모시나비 [호랑나비과]

Parnassius delphius albulus (아종)

- 날개 편 길이 50mm 안팎 (중국 톈산)

날개의 바탕색이 밝다. 중국의 티베트 접경 지역 해발 3000m 정도의 고산지에 분포한다.

툰드라붉은점모시나비 [호랑나비과]

Parnassius tianschanicus minor (아종)

- 날개 편 길이 56mm 안팎 (키르기스탄)

앞날개 외연은 검은 띠가 엷게 나타나고, 뒷날개에 4개의 붉은 점무늬가 뚜렷하다. 중앙 아시아 지역에 분포한다.

태양붉은점모시나비 [호랑나비과]

Parnassius apollonius poseidon (아종)

- 날개 편 길이 60mm 안팎 (키르기스탄)

수컷은 날개가 흰색 바탕에 태양이 떠오르는 듯한 붉은 태양 무늬가 뚜렷하다. 해발 500~2000m의 톈산 산맥을 중심으로 분포한다.

모시나비속 나비

모시나비속(*Parnassius*) 나비는 세계에 40여 종이 알려져 있으며, 우리 나라에 '왕붉은점모시나비(*P. nomion mandschuriae*)', '황모시나비(*P. eversmanni sasai*)', '붉은점모시나비(*P. bremeri*)'와 '모시나비(*P. stubbendorfii*)'의 4종이 분포한다. 이 무리는 원시적인 호랑나비류로, 전체의 90% 가까이가 중앙 아시아의 고산대에 집중되어 있다. 이 지역이 복잡한 지형으로 이루어지고 기온의 변화가 심한 점, 빙하기의 도래 시점의 많은 변화, 집단 사이의 격리와 결합 등이 되풀이되는 동안 여러 종으로 분화한 것으로 보고 있다. 애벌레는 모두 검고 몸 양쪽으로 흰 띠나 붉은 점무늬가 나타나며, 꿩의비름이나 괴불주머니류를 먹는다. 이 식물은 대부분 고산의 건조한 암석 지대에 사는데, 이런 척박하고 한랭한 장소가 이 나비들의 무대가 된다.

밑보라붉은점모시나비 [호랑나비과]

Parnassius szechenyii

- 날개 편 길이 59mm 안팎 (중국 칭하이 성)

같은 무리 중 중형종으로, 뒷날개 아외연 후각에 청회색 비늘가루가 발달하고, 전체적으로 검은 비늘가루가 약하다. 중앙 아시아와 중국 서부에 분포한다.

 59mm ×0.85

큰명주호랑나비 [호랑나비과]

Bhutanitis lidderdalii

- 날개 편 길이 93mm 안팎 (인도 북부)

우리 나라 '꼬리명주나비(*Sericinus montela*)'와 가까운 계통이다. 같은 속에 속한 나비는 히말라야 지역부터 미얀마, 타이 북부, 중국의 윈난 성과 쓰촨 성의 깊은 산지에 모두 4종이 분포한다.

  93mm ×1.0

찰토니우스모시나비 [호랑나비과]

Parnassius charltonius serenissimus (아종)

- 날개 편 길이 70mm 안팎 (인도 카슈미르)

같은 무리 중 대형종으로, 흑화(黑化)하는 경향이 있다. 날개는 가로로 길어 보이고, 뒷날개에 붉은 점이 발달해 있다. 특히 뒷날개 아외연의 청회색 띠는 약하다. 인도 북부, 히말라야에 분포한다.

 70mm ×0.72

뒷검은붉은점모시나비 [호랑나비과]

Parnassius acdestis

- 날개 편 길이 47mm 안팎 (네팔)

같은 무리 중 소형종이다. 특히 뒷날개에 검은색 비늘이 발달한다. 티베트를 중심으로 카슈미르, 네팔, 부탄, 중국 쓰촨 성과 칭하이 성의 해발 4000m 이상의 고산지에 분포한다.

 47mm ×1.1

어릿광대호랑나비 [호랑나비과]

Chilasa clytia lankeswara (아종)

- 날개 편 길이 78mm 안팎 (인도 북부)

호랑나비 계열 중에서 날개의 변이가 가장 심하다. 매우 흔한 종으로, 현재 12아종으로 분류되고 있다. 인도에서 중국 서부와 필리핀까지 널리 분포하며, 인도에서는 특정한 한 아종만 법으로 보호하고 있다고 한다.

 78mm ×0.65

잔그물제비나비 [호랑나비과]

Chilasa epycides

- 날개 편 길이 60mm 안팎 (타이)

호랑나비과의 원시형이다. 시킴, 부탄, 아삼, 미얀마, 타이와 타이완 등지에 분포한다.

 60mm ×0.85

왕얼룩호랑나비 [호랑나비과]

Chilasa agestor govindra (아종)

- 날개 편 길이 93mm 안팎 (타이)

우리 나라 '왕나비(*Parantica sita*)' 와 닮았다. 몸에 독성을 품고 있는 '왕나비' 의 모습을 닮음으로써 천적을 피하려는 의태 전략을 구사하는 것으로 보인다. 그러나 실제로는 '왕나비' 보다 더듬이가 길어서 구별된다. 네팔과 인도 북부, 미얀마, 타이, 중국 남부, 타이완, 말레이 반도의 고도가 높은 곳에 분포한다.

임페리얼뿔제비나비 [호랑나비과]

Teinopalpus imperialis

- 날개 편 길이 130mm 안팎 (인도)

보통의 제비나비류와 달리 아랫입술수염이 마치 뿔나비처럼 튀어나왔다. 거칠게 날다가 벽이나 나무에 부딪쳐 아래로 떨어지는데, 이 때 손으로 건드리면 죽은 척하는 특이한 행동을 보인다. 이 행동은 다른 제비나비류에서는 볼 수 없다. 진귀한 종으로, 히말라야와 미얀마, 중국 쓰촨 성의 산악 지역에만 분포한다.

나비의 기원과 진화

나비와 나방은 밑들이류와 날도래류의 공통 조상에서 분화하여 진화되었다고 한다. 이 조상형은 고생대 페름기에 처음 출현한 것으로 추정된다. 유라시아 대륙과 북아메리카 대륙이 하나로 합쳐져 있었던 앙카라 대륙은 중생대가 되면서 꽃이 피는 식물이 탄생했던 것 같다. 이 때쯤 밑들이류와 날도래류의 조상에서 나비와 나방으로의 분화가 일어나기 시작한 것이다. 중생대 백악기에 들어서 드디어 원시형의 나비와 나방의 조상이 처음 나타났는데, 날개를 편 길이가 10mm 이내의 작은 나방들이었다. 이 때 출현한 나방은 여전히 이들의 조상형처럼 씹는 입의 모양을 하고 있었는데, 낮에 숲 아래의 꽃에서 꽃가루를 씹어 먹다가 차츰 잎과 줄기를 먹고, 결국은 식물의 즙을 먹기 위해 입이 지금처럼 빨아먹는 구조로 변했을 것으로 추정하고 있다.

현재와 같은 나비와 나방은 신생대 초의 지층에서 몇몇 종이 발굴되었다. 나비의 화석으로 가장 오래 된 것은 *Nymphalites obscurum* (네발나비과)과 *Lithopsyche antiqua* (부전나비과)로 영국에서 발굴된 6천만 년 전의 것이다. 특히 앞엣것은 동양구에 서식하는 '임페리얼뿔제비나비(*Teinopalpus imperialis*)' 와 비슷하나 앞날개 제5맥이 제6맥 가까이에서 파생된 점이 지금과 다르다. 날개를 편 길이는 63mm, 몸 길이는 18mm이다. 더듬이는 짧고, 끝이 곤봉 모양이다.

나비의 화석에서 가장 많이 볼 수 있는 종류는 네발나비과로, 신생대 제3기 점신세에만 10속 11종이 적응 방산되면서 중신세에는 지금과 같은 쐐기풀나비속과 큰멋쟁이나비속, 작은멋쟁이나비속이 출현하였다. 나비의 조상형인 밑들이류가 부패된 과일이나 동물의 사체에 모이는 것처럼, 처음에는 나비도 이런 종류를 먹는 종이었을 것으로 보고 있다.

화석으로 발견되는 나비 가운데 네발나비과가 특히 많은 것은, 처음 빨아먹는 구조로 변한 입이 먹을 수 있는 대상으로 당시에 나뭇진이 있었기에 가능했으리라고 보는데, 네발나비과가 동물의 사체나 나뭇진에 모이는 습성이 강했기 때문이다. 차츰 꽃이 피는 식물이 많아짐에 따라 꽃의 꿀을 에너지로 전환하는 방법을 모색하게 되었던 것으로 짐작된다. 물론 식물의 입장에서도 자신의 꽃가루를 효과적으로 퍼뜨리기 위해 나비와 같이 꽃을 찾아오는 종류가 필요했을 것이다. 차츰 꽃들이 분화하면서 자연스럽게 나비의 분화도 촉진시켰을 것이다.

노랑뾰족제비나비 [호랑나비과]

Meandrusa payeni evan (아종)

• 날개 편 길이 82–120mm (인도)

날개 끝은 매우 뾰족하고, 뒷날개에 꼬리 모양 돌기가 길게 달려 있다. 날개 가운데로 밝은 주황빛이 나고, 바깥쪽으로는 어둡다. 말레이시아에서는 희귀종으로 알려져 있다. 시킴과 부탄, 아삼에서 인도네시아 자바까지 분포한다.

♂ 89mm ♀ 112mm | ♂×1.15 ♀×0.42

헥토르사향제비나비 [호랑나비과]

Pachliopta hector

• 날개 편 길이 73–82mm (인도)

'사향제비나비' 계통의 아름다운 나비로, 애벌레는 쥐방울덩굴을 먹는다. 머리와 배 끝은 붉고 뒷날개에도 붉은 점이 발달해서, 새와 같은 천적에게 맛이 없는 종류임을 나타내는 것 같다. '무당개구리' 배의 붉은 무늬가 이런 경우에 해당한다. 인도 남부와 스리랑카에만 분포한다.

×0.62

공작제비나비 [호랑나비과]

Papilio krishna

• 날개 편 길이 95mm 안팎 (인도 북부)

'보랏빛산제비나비(*P. arcturus*)'와 닮았으나 앞날개의 노란색 띠가 더 뚜렷하고, 뒷날개의 보라색 무늬의 모습이 다르다. 우리나라 '산제비나비(*P. maackii*)'와 가까운 계열로, 중국 남부와 인도차이나 반도에서 인도 북부까지 여러 종이 분화되어 살고 있다. 이 종은 인도 북부와 네팔, 시킴, 부탄 등지에 분포한다.

95mm | ×0.54

작은공작제비나비 [호랑나비과]

Papilio polyctor

• 날개 편 길이 94mm 안팎 (인도 북부)

우리 나라 '제비나비(*P. bianor*)'와 닮았으나 날개의 청람색 무늬의 너비가 넓다. 특히 뒷날개 아외연 위쪽의 청람색 무늬는 변이가 있으나 대체로 넓어 보인다. 인도 북부와 타이, 미얀마에서 중국 윈난 성까지 분포한다.

94mm | ×0.55

♂

♀

보랏빛산제비나비 [호랑나비과]

Papilio arcturus

● 날개 편 길이 92–102mm (타이 북부)

앞날개는 '산제비나비(*P. maackii*)'와 닮았으나 뒷날개는 날개 중앙에서 외연 쪽으로 청색이 발달한 점이 특징이다. '산제비나비'처럼 수컷의 앞날개에는 비로드 모양으로 된 성표가 있다. 애벌레는 귤나무의 잎을 먹는다. 히말라야에서 타이와 중국 쓰촨 성의 산지에 분포한다.

♂ 102㎜ ♀ 92㎜ | ♂×0.5 ♀×0.53

♂

하늘색줄제비나비 [호랑나비과]

Graphium cloanthus

● 날개 편 길이 58mm 안팎 (네팔)

인도 북부에서 부탄과 네팔, 미얀마 북부, 중국 윈난 성, 산시 성 등지에 분포한다.

×0.69

♂

공작보라띠제비나비 [호랑나비과]

Papilio crino

● 날개 편 길이 80mm 안팎 (인도 남부)

열대계 나비로, 날개의 밝은 녹색 무늬가 아름다운 종이다. 꽃에 자주 날아오며, 건조한 지역에 흔한 종이다. 인도 남부와 스리랑카에 분포한다.

74㎜ | ×1.1

♂

삼색청띠제비나비 [호랑나비과]

Graphium weiskei

● 날개 편 길이 50mm 안팎 (인도 서부)

수컷은 흑갈색 바탕에 분홍색과 녹색이 어우러지고, 암컷은 갈색을 띤다. 정글의 나무 위를 높게 날아다니며, 높은 고도의 우림 지역에서 많이 보인다. 아침 일찍이나 비 온 뒤에 날이 개면 물가의 축축한 곳에 무리지어 모인다. 이 때, 날개를 가늘게 떨면서 앉아 있다. 인도에서 뉴기니 산지까지 널리 분포한다.

×0.75

♂

▲ ♂

노미우스검은띠제비나비 [호랑나비과]

Pathysa nomius swinhoei (아종)

● 날개 편 길이 55mm 안팎 (타이)

*P. aristeus*와 닮았으나 날개 외횡대의 검은 띠가 더 직선이고, 앞날개 아랫면 전연 부위의 검은 띠의 모양이 다르다. 인도와 스리랑카, 타이, 인도차이나 반도에 분포한다.

♂ 55㎜ ♂ 58㎜ | ×0.78

그물노랑측범나비 [호랑나비과]

Pazala glycerion

- 날개 편 길이 45mm 안팎 (타이)

뒷날개의 꼬리 모양 돌기가 약해서 잘 떨어진다. 네팔에서 미얀마 북부와 타이 북부에 분포한다.

×0.8

가는줄노랑뒷고운흰나비 [흰나비과]

Delias agostina

- 날개 편 길이 57mm 안팎 (타이 북부)

앞날개 아랫면은 흰 바탕에 맥을 따라 검은 줄이 발달한다. 뒷날개 아랫면은 대부분 밝은 노란색으로, 외연이 2개의 검은 띠와 그 사이에 흰 줄이 있다. 암컷은 훨씬 색이 어둡다. 빠르게 날아다니므로 채집하기가 어렵다. 네팔에서 미얀마 북부와 타이까지 분포한다.

×1.4

붉은꽃뒷고운흰나비 [흰나비과]

Delias descombesi

- 날개 편 길이 65mm 안팎 (인도)

날개 윗면은 하얗고 외연만 약간 검다. 아랫면은 검고 뒷날개는 노란색이며 전연에 붉은 띠가 있다. 인도와 네팔, 미얀마에서 타이, 말레이 반도, 소순다 열도까지 널리 분포한다.

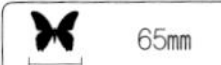

×0.78

알락뒷고운흰나비 [흰나비과]

Delias belladonna

- 날개 편 길이 67mm 안팎 (인도 아삼)

뒷날개 후각 부근의 노란색 무늬는 지역에 따라 검거나 흰색을 띠기도 한다. 인도의 아삼과 타이, 중국 산시 성, 저장 성, 윈난 성 등지에서 말레이 반도, 인도네시아 수마트라, 셀레베스의 높은 산지까지 분포한다.

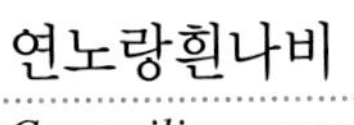

×0.85

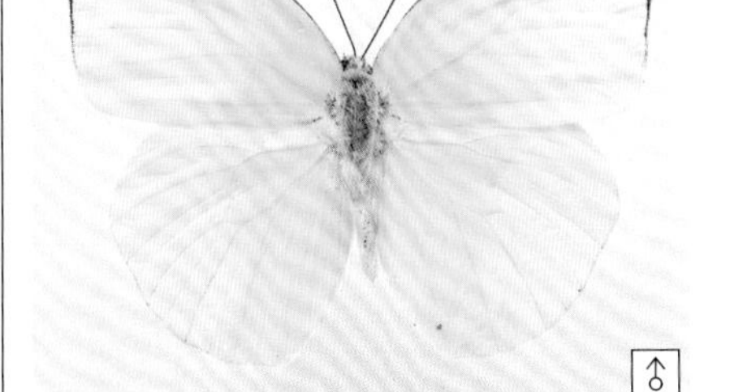

연노랑흰나비 [흰나비과]

Catopsilia pomona

- 날개 편 길이 60mm 안팎 (네팔)

우리 나라에서 보이는 개체와 닮았다. 동양구 일대와 동북 아시아의 남부에 널리 분포한다.

×0.85

뭉뚝꼬리범부전나비 [부전나비과]

Dodona adonira

- 날개 편 길이 30mm 안팎 (타이)

뒷날개 후각 부근이 둔하게 튀어나오고, '범부전나비(*Rapala caerulea*)' 처럼 검은 점무늬가 있다. 인도에서 타이와 미얀마, 중국 윈난 성에 분포한다.

×1.5

중국은줄표범나비 [네발나비과]

Childrena childreni

- 날개 편 길이 79mm 안팎 (히말라야)

'산은줄표범나비(*C. zenobia*)'와 닮았으나 훨씬 크고, 뒷날개의 후연 부분에 보랏빛 광택이 있다. 인도에서 중국의 산시 성, 후베이 성, 서장 성, 저장 성, 윈난 성, 장시 성에 분포한다.

* 우리 나라 제주특별자치도 서귀포에서 한 차례 채집된 예가 있는 친근한 나비이다.

인도흰별박이왕나비 [네발나비과]

Euploea radamanthus

- 날개 편 길이 65mm 안팎 (인도)

날개의 바깥 가장자리가 둥글다. 네팔과 인도 북부, 시킴에서 말레이 반도와 인도네시아의 보르네오, 자바에 널리 분포한다.

타이세줄나비 [네발나비과]

Neptis magadha

- 날개 편 길이 50mm 안팎 (타이)

우리 나라 '애기세줄나비(*N. sappho*)'와 닮았으나 흰 점무늬가 더 뚜렷하다. 타이, 미얀마 등지에 분포한다.

보라큰줄나비 [네발나비과]

Athyma selenophora leucophryne (아종)

- 날개 편 길이 49mm 안팎 (타이)

암컷은 세줄나비속(*Neptis*) 모양으로 흰색의 세줄 무늬가 나타나나, 수컷은 '굵은줄나비(*Limenitis sydyi*)'와 닮았다. 인도와 타이, 베트남에서 중국 중남부와 서부의 여러 지역, 타이완에 분포한다.

청띠줄나비 [네발나비과]

Sumalia daraxa

- 날개 편 길이 44mm 안팎 (타이)

날개 모양은 우리 나라 '줄나비(*Lemenitis camilla*)'와 닮았고, 날개 아랫면은 고동색이다. 인도에서 타이와 베트남, 중국 하이난과 윈난 성 등지에 분포한다.

44mm ×1.1

흰점박이줄나비 [네발나비과]

Athyma perius

- 날개 편 길이 51mm 안팎 (타이)

'보라큰줄나비(*A. selenophora leucophryne*)'와 달리 암수의 무늬 차이가 별로 없다. 인도, 타이, 미얀마, 중국 중남부와 서부 각지, 타이완에 분포한다.

금빛유리창나비 [네발나비과]

Dilipa morgiana

- 날개 편 길이 63mm 안팎 (인도, 베트남, 중국 윈난 성)

우리 나라 '유리창나비(*D. fenestra*)'와 근연종으로, 날개의 검은색 부위가 더 넓다. 날개 끝의 유리창과 같은 막질은 2개 있다. 인도에서 베트남 북부와 중국 윈난 성 등지에 분포한다.

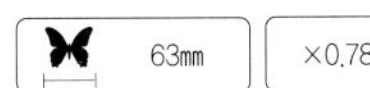

작은멋쟁이나비 [네발나비과]

Vanessa cardui

- 날개 편 길이 45mm 안팎 (타이)

우리 나라 '작은멋쟁이나비'보다 색이 조금 어둡다. 애벌레는 쑥과 같은 국화과 식물을 먹고 산다. 우리 나라의 산과 들에 많은 이 나비는 오스트레일리아와 뉴질랜드를 제외한 세계의 모든 지역에 퍼져 사는, 가장 분포 범위가 넓은 나비이다.

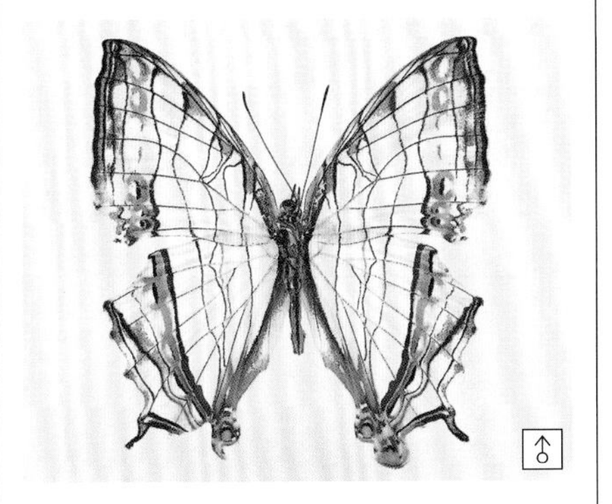

돌담무늬나비 [네발나비과]

Cyrestis thyodamas

- 날개 편 길이 42mm 안팎 (타이)

우리 나라에 기록되었던 '돌담무늬나비'와 닮았으나 이 개체는 원명 아종에 해당한다. 인도에서 베트남 북부와 중국 윈난 성 등지에 분포한다.

황세줄네발나비 [네발나비과]

Abrota ganga

- 날개 편 길이 77mm 안팎 (네팔)

수컷은 작고, 짙은 노란색 바탕에 검은 줄무늬가 약하게 띠를 이루고 있으며, 암컷은 '황세줄나비(*Neptis thisbe*)'와 같은 분위기이다. 인도, 베트남, 중국 중남부와 서부 각지, 타이완에 분포한다.

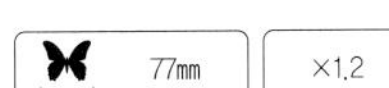

니케아뒷흰네발나비 [네발나비과]

Stibochiona nicea subucula (아종)

- 날개 편 길이 50mm 안팎 (타이)

날개는 검은 바탕에 흰 점무늬가 퍼져 있고, 뒷날개 외연은 보랏빛 바탕에 검은 점무늬가 줄지어 있다. '먹그림나비(*Dichorragia nesimachus*)'와 계통적으로 가깝다. 인도에서 타이와 베트남, 중국 중남부에 분포한다.

청띠신선나비 [네발나비과]

Kaniska canace

- 날개 편 길이 53–70mm (타이)

우리 나라 '청띠신선나비'보다 날개 아외연에 있는 청색 띠의 너비가 대체로 넓다. 지역에 따라 몇 아종으로 분화되어 있다. 인도와 스리랑카에서 타이와 말레이시아, 필리핀, 중국, 일본, 우리 나라까지 분포한다.

네펜테스쌍돌기나비 [네발나비과]

Polyura nepenthes

- 날개 편 길이 78mm 안팎 (타이)

날개 아랫면 기부 가까이의 주황색 띠무늬에 검은 점무늬가 많이 들어 있다. 타이 등지에 분포한다.

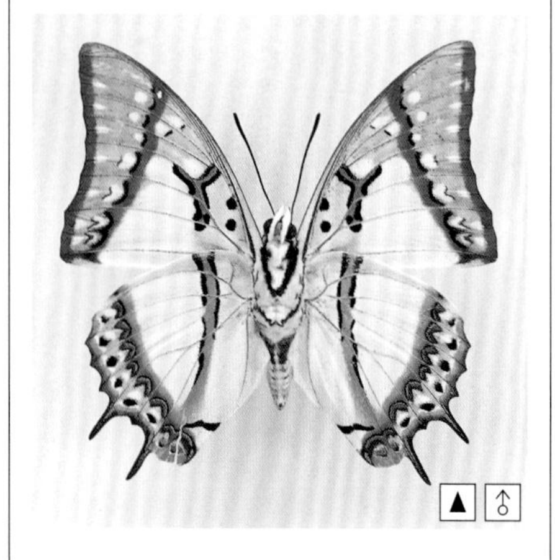

가검은쌍돌기나비 [네발나비과]

Polyura eudamippus

- 날개 편 길이 64mm 안팎 (타이)

날개는 연미색 바탕에 앞날개의 중앙에서 바깥으로 검어지며 연미색 점무늬가 발달한다. 뒷날개는 아외연을 따라 은색과 검은색 점무늬가 줄지어 있다. 또, 후각 부근에 비슷한 크기의 2개의 칼 모양 돌기가 나 있다. 인도에서 타이를 거쳐 중국 남부와 타이완에 널리 분포한다.

나르카에아쌍돌기네발나비 [네발나비과]

Polyura narcaea

- 날개 편 길이 57mm 안팎 (중국)

날개 아랫면의 갈색 띠무늬가 나뭇가지처럼 힘차고 뚜렷하게 보인다. 인도에서 타이, 베트남까지와 중국 중남부 및 서부, 타이완에 분포한다.

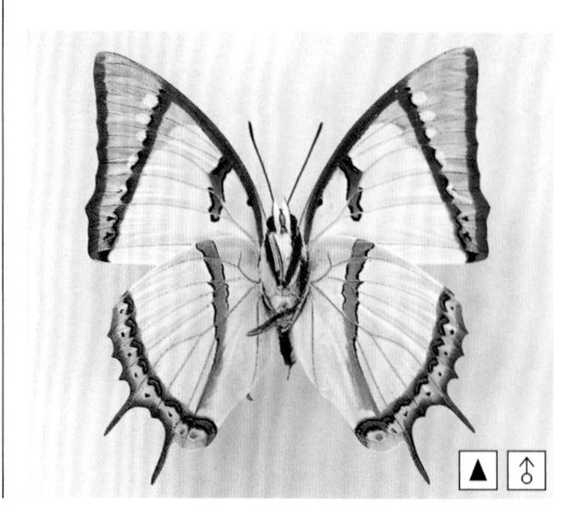

황토색희미날개나비 [네발나비과]

Acraea violae

- 날개 편 길이 43mm 안팎 (타이)

동양구에는 많지 않은 희미날개나비아과로 날개의 너비가 넓다. 인도에서 타이와 중국 하이난, 타이완에 분포하며, 타이완산은 날개에 검은 점무늬가 없다.

구름먹무늬나비 [네발나비과]

Calinaga buddha nebulosa

- 날개 편 길이 62mm 안팎 (중국 쓰촨 성)

이 종이 속한 먹무늬나비아과는 주로 중국과 히말라야에 분포하는 *Calinaga*의 한 속으로 이루어진 작은 무리이다. 날개 전체가 먹물을 약하게 떨어뜨린 창호지 같은 인상을 준다. 중국의 쓰촨 성과 윈난 성, 그리고 타이완에 분포한다.

62mm ×0.8

돌론쌍돌기네발나비 [네발나비과]

Polyura dolon

- 날개 편 길이 80mm 안팎 (타이)

'네펜테스쌍돌기나비(*P. nepenthes*)'와 닮았으나 검은 띠무늬가 약하다. 타이, 베트남, 라오스와 중국 남부에 분포한다.

79mm ×0.53

♂

굴뚝큰무늬나비 [네발나비과]

Discophora sondaica

- 날개 편 길이 70mm 안팎 (타이)

개체에 따라서는 날개에 보라색을 띤 흰 점무늬가 발달하기도 한다. 중국 남부에서 홍콩, 타이, 말레이시아, 싱가포르까지 분포한다.

72mm ×0.7

♂

▲ ♂

흰띠큰무늬나비 [네발나비과]

Thauria aliris intermedia (아종)

- 날개 편 길이 95–130mm (말레이시아)

타이의 아종으로, 날개 전체가 붉은 느낌이 든다. 말레이시아와 인도네시아 등지에 분포한다.

95mm ×0.51

♂

디오레스푸른큰무늬나비 [네발나비과]

Thaumantis diores

- 날개 편 길이 78mm 안팎 (타이)

날개 중앙에 청색 무늬가 동그랗게 나타난다. 인도에서 타이와 중국 하이난, 윈난 성, 서장 성 등지에 분포한다.

78mm ×0.65

♂

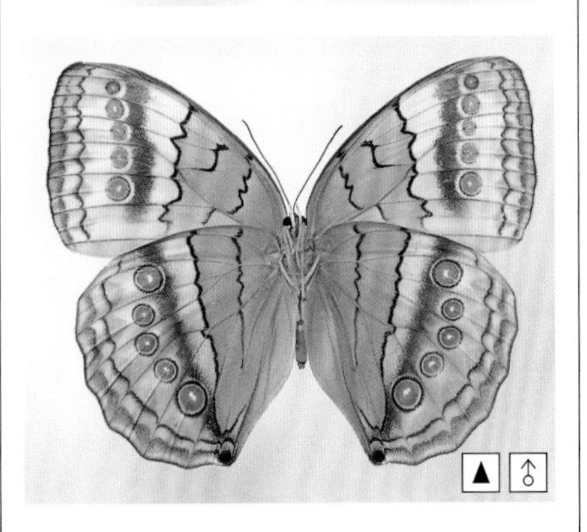

▲ ♂

카마데바푸른큰무늬나비 [네발나비과]

Stichophthalma camadeva

- 날개 편 길이 100–115mm (인도)

날개 윗면은 청색, 아랫면은 녹색이 감돈다. 정글에 살며, 높지 않게 날다가 나뭇진이나 동물의 배설물에 앉아 즙을 빤다. 애벌레의 먹이 식물은 대나무와 야자나무의 잎이다. 모두 3아종이 알려져 있으며, 인도와 파키스탄에서 미얀마 북부에 분포한다.

♂ 100mm ♀ 115mm ♂×0.5 ♀×0.44

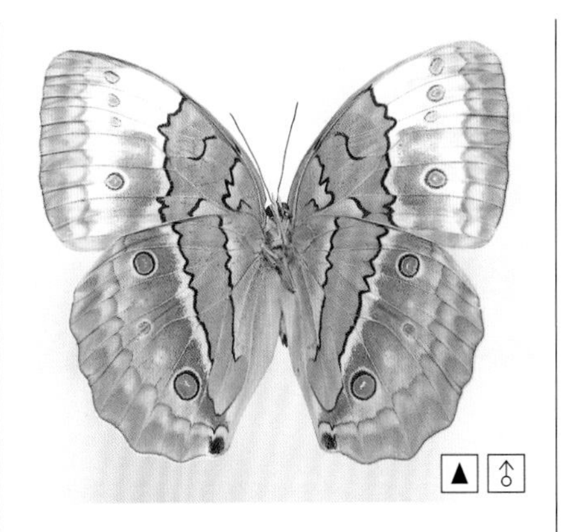

▲ ♂

물결줄큰무늬나비 [네발나비과]

Stichophthalma louisa

- 날개 편 길이 115mm 안팎 (타이)

'카마데바푸른큰무늬나비(*S. camadeva*)' 보다 날개 아랫면의 바탕색이 더 밝고, 위아래로 흐르는 검은 물결무늬가 더 강하다. 중국 윈난 성에서 베트남과 타이에 걸쳐 분포한다.

115mm ×0.44

딱정벌레목

♂

주황나뭇결하늘소 [하늘소과]

Xylorhiza adusta

- 몸 길이 41mm 안팎 (인도)

몸은 비로드 모양의 털이 밀생한다. 인도, 중국 남부, 타이완, 인도차이나 반도, 수마트라에 널리 분포한다.

41mm ×1.0

타이완권

타이완은 우리 나라의 경상도와 비슷한 면적이지만 나비의 종류는 우리 나라보다 많은 360여 종이 분포한다. '넓적꼬리제비나비' 나 '뒷붉은넓적사향제비나비' 처럼 이 나라의 고유종도 있으나 대부분 중국과 공통된 종이 많다. 다만, 섬으로 격리된 탓에 아종으로 분화된 지역적 변이도 적지 않다. 또, 해발 2000m 이상의 산지가 있어 고도에 따른 곤충 분포가 다양하다. 특히 나비의 개체 수가 많은 관계로, 나비 공예품을 생산하는 것으로 이름이 나 있다.

나비목

▲ ♀

뒷붉은넓적사향제비나비

[호랑나비과]

Atrophaneura horishana

- 날개 편 길이 107mm 안팎 (타이완)

사향제비나비류로, 수컷은 날개 전체가 검으나 암컷은 뒷날개 중앙에서 외연 대부분이 붉어 차이가 난다. 애벌레는 쥐방울덩굴의 잎을 먹는 것으로 알려져 있다. 타이완 특산종으로, 중부 산악 지대 해발 1000m 이상에만 분포한다.

107mm ×0.8

♂

넓적꼬리제비나비

[호랑나비과]

Agehana elwesi maraho (아종)

- 날개 편 길이 120mm 안팎 (타이완)

앞날개는 검으나 뒷날개의 외연과 후연, 꼬리 모양 돌기에 붉은 무늬가 있다. 꼬리 모양 돌기의 너비가 유난히 넓은데, 특이하게 돌기 안에 날개맥이 2개 있다. 언뜻 보면 사향제비나비 계통으로 보이지만 실제는 제비나비류와 닮았다. 제비나비류 중에서 꽤 원시적 종에 속한다. 타이완의 중부 산지에서만 살며, 세계 적색 목록에 감소 추세종으로 올라 있다.

* 이 아종을 종으로 승격시켜서 취급하는 학자도 있다.

110mm ×0.9

♂

큰무늬박이제비나비 [호랑나비과]

Papilio nephelus

● 날개 편 길이 95mm 안팎 (타이완)

'무늬박이제비나비(*P. helenus*)' 보다 크고, 날개의 황백색 무늬도 크다. 타이완 전역과 네팔, 시킴, 보르네오, 자바 등지에 널리 분포한다.

 95mm ×0.9

♂

호포제비나비 [호랑나비과]

Papilio hoppo

● 날개 편 길이 90mm 안팎 (타이완)

암컷의 뒷날개 아랫면은 붉은 무늬가 뚜렷하게 널리 퍼져 있다. 타이완 특산종으로, 중북부보다는 남부 산악 지대에 많다.

 90mm ×0.57

▲ ♂

타이완제비나비 [호랑나비과]

Papilio thaiwanus

● 날개 편 길이 95mm 안팎 (타이완)

암컷은 수컷과 달리 뒷날개 중앙 바깥쪽에 흰무늬 2개가 있다. 타이완 특산종으로, 개체 수는 많지 않다. 북부보다는 중부의 평지와 산지에 산다.

 95mm ×0.53

♂

타이완멧노랑나비 [흰나비과]

Gonepteryx amintha formosana (아종)

● 날개 편 길이 62mm 안팎 (타이완)

우리 나라 '멧노랑나비(*G. rhamni*)' 처럼 암컷은 노란색보다 연녹색을 띤다. 뒷날개의 노란색 점이 뚜렷하다. 타이완 전체에 분포하나 개체 수는 많지 않다. 중국 서부에도 분포한다.

62mm ×0.8

♀

동녘꼬리측범나비 [호랑나비과]

Pazala euroa asakurae (아종)

● 날개 편 길이 57mm 안팎 (타이완)

타이완에는 이 종과 근사종이 없어 동정에 어려움은 없다. 해발 600~1800m 이상의 산지에 산다. 이 밖에도 카슈미르, 시킴, 아삼, 중국 중서부에도 분포한다.

 57mm ×0.75

♀

대만흰나비 [흰나비과]

Pieris canidia

● 날개 편 길이 51mm 안팎 (타이완)

우리 나라 '대만흰나비' 보다 검은색이 짙다. 우리 나라와 중국, 미얀마, 히말라야와 투르키스탄에 널리 분포하는데, 지역마다 개체 변이가 심하다. 타이완의 개체가 가장 큰 편에 속한다.

51mm ×1.0

나디나암검은흰나비 [흰나비과]

Cepora nadina eunama (아종)

- 날개 편 길이 50mm 안팎 (타이완)

암수가 아주 다른데, 암컷은 날개 윗면이 검고 아랫면에 녹색 기가 더 강하다. 인도 남부와 시킴, 아삼, 미얀마, 안다만 제도, 말레이 반도, 수마트라에 분포한다.

♂ 50mm ♀ 50mm ×1.0

앞분홍치마흰나비 [흰나비과]

Ixias pyrene insignis (아종)

- 날개 편 길이 51mm 안팎 (타이완)

암컷은 수컷처럼 앞날개에 붉은색 무늬를 띠지 않고 전체가 연노란색 바탕에 검은 비늘가루가 퍼져 있어 암수가 구별된다. 타이완 중부의 풀리 부근의 산지에 산다. 이 밖에 인도 북부에서 인도네시아의 수마트라, 필리핀까지 넓은 지역에 분포한다.

타이완뾰족흰나비 [흰나비과]

Appias lyncida formosana (아종)

- 날개 편 길이 55mm 안팎 (타이완)

날개 끝이 유난히 뾰족하며, 수컷과 달리 암컷은 날개가 거의 검어 보인다. 타이완의 평지에서 흔히 볼 수 있다. 인도 남부와 스리랑카에서 중국 남부 전체와 필리핀, 소순다 열도까지 널리 분포한다.

타이완녹색부전나비 [부전나비과]

Euaspa forsteri

- 날개 편 길이 34mm 안팎 (타이완)

우리 나라 '깊은산녹색부전나비(*Favonius korshunovi*)' 암컷과 닮았으나, 아랫면이 더 어둡고 무늬가 약간 다르다. 타이완 특산종으로, 중북부의 높은 산지에만 분포한다.

니베아꼬리흰부전나비 [부전나비과]

Ravenna nivea

- 날개 편 길이 36–40mm (타이완)

날개 아랫면을 보면 암수 차이가 없으나 윗면은 많이 다르다. *Ravenna*속에는 타이완에만 분포하는 이 종만이 속해 있다.

♂ 40mm ♀ 36mm ♂×1.2 ♀×1.3

길쭉점박이얼룩나비 [네발나비과]

Parantica aglea maghaba (아종)

● 날개 편 길이 72mm 안팎 (타이완)

타이완의 평지와 산지에 흔하다. 인도에서 중국 남부를 거쳐 타이완까지와 말레이 반도에 분포한다.

72mm ×0.7

잔점박이왕나비 [네발나비과]

Tirumala hamata septentrionis (아종)

● 날개 편 길이 81mm 안팎 (타이완)

날개에 있는 흰무늬의 너비가 좁다. 타이완 북부와 중부의 평지에 흔하다. 동양구의 대부분 지역에 분포한다.

81mm ×1.25

표범점박이네발나비 [네발나비과]

Timelaea maculata

● 날개 편 길이 55mm 안팎 (타이완)

날개는 흰 바탕에 황갈색 점무늬가 퍼져 있다. 과거에는 표범나비류로 분류한 적이 있으나 오히려 오색나비속(*Apatutra*)에 더 가까운 것으로 알려져 있다. 타이완 전체와 중국에 분포한다.

 55mm ×0.9

나뭇잎나비 [네발나비과]

Kallima inachus formosana (아종)

● 날개 편 길이 60-63mm (타이완)

날개를 접으면 마른잎처럼 보이는 의태 현상으로 유명하다. 날개 끝과 뒷날개의 후각 부위가 뾰족하게 튀어나와 날개가 위아래로 뾰족한 느낌이 든다. 인도와 파키스탄에서 중국 남부와 타이완, 일본 남부 섬에 분포한다.

* 앉을 때에는 머리를 아래로 하고 더듬이를 앞날개 사이로 집어 넣는다. 특히 위험에 처했을 때 죽은 듯이 움직이지 않아 가랑잎처럼 보이게 함으로써 위험을 피한다.

♂ 60mm, ♂ 63mm ♂ 63mm ×0.8

민무늬공작나비 [네발나비과]

Precis iphita

- 날개 편 길이 51mm 안팎 (타이완)

길가에 흔한 종으로, 타이완에서 쉽게 볼 수 있다. 동양구에 널리 분포한다.

타이완대왕나비 [네발나비과]

Sephisa chandra androdamas (아종)

- 날개 편 길이 82mm 안팎 (타이완)

우리 나라 '대왕나비(*S. princeps*)'와 계통적으로 가까운 나비로, 습성도 매우 닮았다. 암컷과 달리 수컷은 짙은 노란색 바탕에 검은 무늬가 앞날개 기부와 날개 중앙 바깥쪽으로 발달해 있다. 인도의 시킴, 아삼, 말레이 반도의 파항에 분포한다.

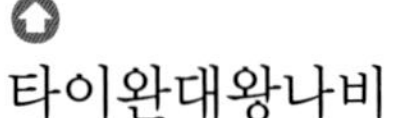

남방대왕나비 [네발나비과]

Sephisa daimio

- 날개 편 길이 53mm 안팎 (타이완)

'타이완대왕나비(*S. chandra*)'와 달리 암수 차이가 그다지 크지 않다. 해발 1200~2400m의 고산 지대에 사는 타이완 특산종으로, 특히 암컷은 보기 힘들다.

흰네발나비 [네발나비과]

Helcyra superba takamukui (아종)

- 날개 편 길이 61mm 안팎 (타이완)

같은 속 나비들 중 드물게 날개가 흰색이다. 산지에 사는데, 나뭇진에 잘 모이고, 가끔 꽃에 날아오기도 한다. 매우 희귀한 종으로, 타이완 중북부에서 중남부에 분포한다.

* 원명 아종은 중국 서부에 분포한다.

61㎜ ×0.8

타이완줄쌍돌기나비 [네발나비과]

Euthalia formosana

- 날개 편 길이 80mm 안팎 (타이완)

쌍돌기나비류(*Charaxinae*)에 속하는 나비들은 전세계에 400여 종이 알려져 있다. 이들은 전형적인 숲에서 사는 종류로, 나무 사이를 빠르게 날아다닌다. 어른벌레는 나무즙, 발효된 과일, 짐승 똥에 잘 모인다. 애벌레의 마디에는 1~2쌍의 돌기가 있다. 타이완 중부의 산지에 분포하는 특산종이다.

80㎜ ×0.6

꼬마얼룩세줄나비 [네발나비과]

Symbrenthia hypselis scatinia (아종)

- 날개 편 길이 51mm 안팎 (타이완)

암수 차이는 없으나 암컷 쪽의 바탕색이 희미하고 외연이 둥글다. 평지에 흔하며, 타이완 풀리 지역에 많다. 인도 북부와 시킴에서 뉴기니까지 널리 분포한다.

×1.0

타이완수노랑나비 [네발나비과]

Chitoria chrysolora

- 날개 편 길이 ♂ 49mm, ♀ 55mm 안팎 (타이완)

우리 나라 '수노랑나비(*C. ulupi*)'와 닮았으나 수컷 날개 윗면의 바탕색이 더 밝은 색이어서 구별된다. 과거에는 수노랑나비의 타이완 아종으로 취급했던 적이 있는데, 사실 우리 나라에도 사는 '수노랑나비'가 타이완에도 분포한다. 이 종은 타이완 특산종이다.

나비 채집기 ❼

타이완 풀리에서의 나비 퍼레이드 여행 날짜 : 1987년 10월 1~2일

타이완 풀리(Puli)에서의 경험이다. 풀리는 타이완의 중앙에 위치하며, 남산계(南山溪)라는 이름난 절경이 있는 데다가 숲이 좋고, 특히 나비가 많은 장소로서 나비 연구가들에게 널리 알려진 곳이다.

나비 채집을 하기 위해 이 곳에 도착한 날, 여(余)씨라는 안내인을 앞세우고 아담하게 난 계곡 길을 따라 들어갔다. 역시 듣던 대로 울창한 숲이 장관이었다. 개울가와 맞닿은 장소에 이르자 안내인은, 나에게 서 있으라 하고 혼자 개울가로 내려갔다.

뒤에 멀찍이 서서 보고 있노라니, 그는 모래가 많은 장소를 골라 방석만한 크기로 움푹 들어가게 해서, 소위 나비를 모이게 하는 트랩을 만들고 있었다. 잘 다져진 모래 위에 암모니아를 뿌리고 손으로 물을 덧뿌려 축축한 상태를 만드는 것이다. 그리고 그 위에 나비 몇 마리를 잡아 기절시켜 올려놓았다. 아마 유인책인 것으로 보였는데, 잠시 후 한두 마리의 나비가 날아오기 시작하더니 10분도 안 되어 꽤 많은 수가 모여 그 암모니아수에 흠뻑 취하는 것처럼 보였다. 그래서 다가가 조용히 앉은 채로 마음에 드는 녀석만 골라 채집했는데, 그 재미가 쏠쏠하였다.

흔히 비온 뒤 갠 날에 길 위에 고인 물 주위나 개울가의 축축한 곳에서는 나비가 날아와 물을 빨아먹는 광경을 자주 본다. 이 때 모인 나비들은 이상하게도 모두 수컷뿐이었다. 물을 빨아먹는 까닭은 정확히 알 수 없으나 배 끝으로 물방울을 계속 배출시키는 것으로 보아 체온을 낮추려고 하는 것 같기도 하고, 맑은 물이 아닌 탁한 물만 마시는 것으로 보아 물 속에 녹아 있는 광물질을 흡수하려는 것으로도 보였다. 아무튼 수컷만 물을 빠는 것이 정말 신비롭게 느껴졌다.

다음 날 아침에 그 장소에 다시 가 보았다. 놀랍게도 훨씬 많은 나비들이 어제 만들었던 네 곳의 트랩 위에 빼곡하게 모여 있었다. 이번에는 일부러 포충망을 크게 휘두르며 계곡에 뛰어드니 나비들이 일제히 날아오르는데, 마치 하양 · 노랑 · 빨강 · 파랑 색종이를 뿌려 놓은 듯 퍼레이드 분위기가 연출되었다. 어찌나 그 광경이 인상적이었던지, 지금도 그 때 생각만 하면 전율을 느끼곤 한다.

나비 트랩에서 잡았던 나비들

황토빛큰무늬나비 [네발나비과]

Stichophthalma howqua formosana (아종)

● 날개 편 길이 94mm 안팎 (타이완)

타이완에서 유일한 큰무늬나비아과이다. 날개의 외연은 검은 띠와 줄무늬가 짙게 이어진다. 주로 타이완 북부에서 중부의 해발 1000m의 산지에 산다. 인도의 시킴과 아삼에서 타이와 베트남, 중국 남부까지 널리 분포한다.

타이완산그늘나비 [네발나비과]

Lethe niitakana

● 날개 편 길이 31mm 안팎 (타이완)

날개는 황갈색 바탕에 뱀눈 모양 무늬가 있다. 해발 2000m 이상 되는 산림에서 산다. 산림 지대보다 그 주변의 확 트인 장소나 바위 지대에 많다. 자세한 유생기는 아직 모르며, 높은 곳에서만 볼 수 있기 때문에 관찰 기록이 적다. 타이완 특산종이다.

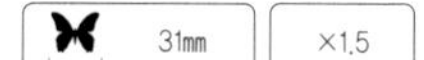

딱정벌레목

타이완멋쟁이딱정벌레 [딱정벌레과]

Coptolabrus nankotaizanus

● 몸 길이 40mm 안팎 (타이완)

우리 나라 '홍단딱정벌레(*C. smaragdinus*)'와 색깔이 비슷하나 앞가슴등판과 딱지날개 테두리가 더 붉은색을 띠어서 약간 다르다. 또, 딱지날개의 점각이 더 두드러졌다. 타이완 산맥 북부의 높은 지역에 분포한다.

×1.2

타이완긴앞다리풍뎅이 [긴앞다리풍뎅이과]

Cheirotonus formosanus

● 몸 길이 ♂ 60mm, ♀ 56mm 안팎 (타이완)

몸은 우리 나라 '장수풍뎅이(*Allomyrina dichotoma*)' 처럼 뚱뚱한 생김새를 하고 있으나 수컷의 앞다리가 두드러지게 길다. 이 앞다리는 걸어다니는 역할을 못하며, 암컷과의 짝짓기에 쓰는 것으로 보인다. 암컷은 앞다리가 짧아서 '장수풍뎅이' 암컷과 닮았다. 발효된 과일이나 나뭇진, 밤에 불빛에 잘 날아온다. 타이완에 분포한다.

♂ 60mm ♀ 56mm ×0.8

♂

얼룩멋쟁이꽃무지 [꽃무지과]

Coilodera penicillata formosana (아종)

● 몸 길이 26mm 안팎 (타이완)

몸의 등 쪽은 적등색 바탕에 검은 무늬가 퍼져 있다. 머리방패의 테두리와 중앙이 검고, 앞가슴등판은 부챗살 모양으로 세로로 융기된 두 부분과 딱지날개 대부분이 검다. 수컷은 배의 끝에 털이 많으나 암컷은 적어서 구별된다. 베트남 북부와 라오스, 타이 북부, 미얀마, 네팔, 인도 동북부, 중국 남동부, 타이완에 분포한다.

* 타이완의 아종은 작은방패판에 적등색 무늬가 없고, 딱지날개 중앙 아래의 무늬는 날개 끝까지 이르지 않는다.

26mm ×1.5

♂

큐프리페스사각꽃무지 [꽃무지과]

Thaumastopeus cupripes

● 몸 길이 27mm 안팎 (타이완)

몸 색깔은 검은색이 많으나 필리핀의 루손섬에서 채집되는 개체는 구릿빛 광택이 나는 녹색, 붉은색, 검은색 등 다양하다. 같은 속에는 형태가 닮은 종이 많기 때문에, 수컷의 생식기 등을 세밀하게 살펴보아야 구별이 가능할 때가 많다. 필리핀에만 분포한다.

27mm ×1.5

♀

로스실드녹색꽃무지 [꽃무지과]

Trigonophorus rothschildi varians (아종)

● 몸 길이 29mm 안팎 (타이완)

암수 모두 머리 앞의 돌기에 뿔 돌기가 있는데, 수컷 쪽이 약간 크다. 몸은 녹색, 적등색, 청람색 등의 개체가 보인다. 넓적다리마디와 종아리마디도 몸 색깔과 같은 색깔을 나타낸다. 이 아종은 타이완에 분포하는데, 중국의 개체와 달리 몸이 가늘고 길어 보이며, 광택이 더 강하다.

29mm ×1.3

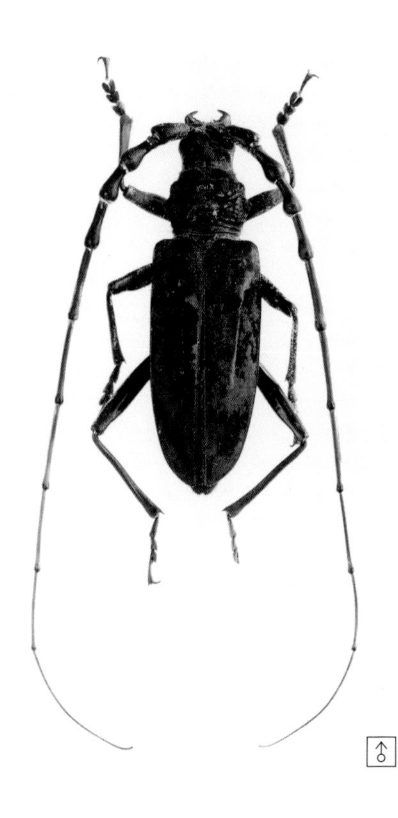

♂

♀

붉은우단하늘소 [하늘소과]

Hemadius oenochrous

● 몸 길이 57mm 안팎 (타이완)

수컷의 더듬이는 몸 길이의 2배, 암컷은 2/3 정도로 길이가 다르다. 몸은 길고, 등면이 녹슨 쇠처럼 보인다. 이는 몸 전체에 홍자색 비로드 모양의 털이 밀생하기 때문이다. 애벌레는 벚나무류의 줄기 속을 파 먹는 것으로 알려져 있다. 그리 흔한 종은 아니다. 타이완, 중국 중남부, 라오스, 티베트에 분포한다.

♂ 56mm ♀ 61mm ×0.9

구북구

PALEOARCTIC REGION

동북 아시아권

우리 나라를 포함한 중국, 극동 러시아, 시베리아와 일본에는 온대와 한대의 곤충들이 서식하는데, 이들은 구북구 전체에 널리 분포하는 종들이다. 물론 중국 남부와 일본 남부의 곤충상은 히말라야나 동양 열대구의 영향을 많이 받고는 있지만, 녹색부전나비류(*Favonius* spp.)나 딱정벌레류(*Carabus* sp.)처럼 이 지역 고유종도 적지 않다.

나비목

♀

애호랑나비 [호랑나비과]

Luehdorfia puziloi coreana (아종)

- 날개 편 길이 46mm 안팎 (한국)

날개는 검은색과 노란색이 어우러져 나타난다. 이른 봄에 나타나 숲 속에서 생활하며, 지역에 따른 변이가 있다. 일본 혼슈 이북과 중국 동북부에 분포한다.

×1.0

♂

♂

중국애호랑나비 [호랑나비과]

Luehdorfia chinensis

- 날개 편 길이 41mm 안팎 (중국 항저우)

'애호랑나비(*L. puziloi*)'에서 분화한 종으로 추측된다. 뒷날개 외횡대에 붉은 띠가 있어 '애호랑나비'와 구별된다. 중국 중동부인 절강 성, 후베이 성, 산시 성, 허난 성 일대에 분포한다.

×1.2

♀

일본애호랑나비 [호랑나비과]

Luehdorfia japonica

- 날개 편 길이 50–60mm (일본)

우리 나라의 '애호랑나비(*L. puziloi*)'와 분류면에서 가까운 나비이다. 날개 끝의 노란 띠무늬가, '애호랑나비'는 직선인 데 반해 꺾여 있어서 구별된다. 현재 일본 고유종으로 알려져 있으며, 세계 적색 목록에 감소추세종으로 올라 있다.

♂ 50mm ♀ 51mm | ♂×1.9 ♀×1.0

♂

긴꼬리애호랑나비 [호랑나비과]

Luehdorfia taibai

- 날개 편 길이 54mm 안팎 (중국 산시 성)

'중국애호랑나비(*L. chinensis*)'와 무늬는 비슷하나 뒷날개 꼬리 모양 돌기가 한층 길다. 중국 산시 성 타이바이 산에만 분포한다.

* 과거에는 *L. longicaudata*라는 학명으로 불렸다.

×0.9

65mm ×0.75

명주호랑나비 [호랑나비과]

Bhutanitis mansfieldi

- 날개 편 길이 65mm 안팎 (중국)

원시적인 호랑나비로, 우리 나라 '꼬리명주나비(*Sericinus montela*)'의 암컷과 닮았으나 꼬리 모양 돌기가 셋이나 되고 짧은 편이다. 앞날개에는 8개의 노란색 세로띠가 있는데, 뒷날개 외횡선이 후각 부근에서 붉다. 부탄의 산지에서 처음 발견된 이 종은 중국 윈난 성에도 서식하는 것으로 알려져 있다. 현재 세계 적색 목록에 정보 불충분종으로 올라 있고, 중국에서도 보호종으로 알려져 있다.

황모시나비 [호랑나비과]

Parnassius eversmanni lantus (아종)

- 날개 편 길이 50–60mm (러시아 시베리아 동남부)

수컷 날개의 바탕색이 짙은 노란색이고, 암컷은 이보다 조금 밝다. 북한과 일본에서는 희귀종으로 분류하여 각각 천연 기념물로 지정, 보호하고 있다. 이 밖에 중국 동북부와 몽골 등지에 분포한다.

중국명주호랑나비 [호랑나비과]

Bhutanitis thaidina

- 날개 편 길이 82mm 안팎 (중국)

'명주호랑나비(*B. mansfieldi*)'와 닮았으나 뒷날개의 꼬리 모양 돌기가 더 길다. 중국 서장 성, 윈난 성과 티베트에 분포하는데, 세계 적색 목록에 희귀종으로 올라 있다.

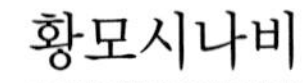

황모시나비 [호랑나비과]

Parnassius eversmanni

- 날개 편 길이 44mm 안팎 (러시아 사얀 산맥)

러시아 사얀 산맥의 원명 아종 개체는 *lantus* 아종보다 소형인 개체가 많고, 수컷의 날개에 노란색과 검은색 부위가 발달해 있다.

44mm ×1.15

왕붉은점모시나비 [호랑나비과]

Parnassius nomion mandschuriae (아종)

- 날개 편 길이 71mm 안팎 (북한)

유럽의 '아폴로모시나비(*P. apollo*)'와 가까운 계통이다. '붉은점모시나비(*P. bremeri*)'보다 크며, 날개의 붉은 점이 유난히 크고 붉다. 어른벌레는 7–8월에 나타나며, 알로 월동한다. 우리 나라 북부 산악 지역과 중국 동북부, 몽골, 시베리아 지역에 분포하며, 중국 장시 성의 난산 산맥 부근에 서식하는 개체들은 소형이다.

71mm ×0.7

붉은점모시나비 [호랑나비과]

Parnassius bremeri hakutozana (아종)

- 날개 편 길이 64mm 안팎 (북한 백두산)

우리 나라 북부 지역의 개체들은 남한 개체보다 조금 작고, 붉은색 무늬가 덜 뚜렷하다. 현재 강원도 삼척군의 어느 한 지점에서만 개체군이 유지되고 있어 환경부에서 보호종으로 지정하여 보호하고 있다. 우리 나라와 중국 동북부, 극동 러시아에 분포한다.

64mm ×1.5

붉은점모시나비 [호랑나비과]

Parnassius bremeri

- 날개 편 길이 61mm 안팎 (중국 헤이룽장 성)

우리 나라 동북부 지방산과 거의 같은 형태이다. 일본을 제외한 극동 아시아에 분포한다.

모시나비 [호랑나비과]

Parnassius stubbendorfi hoenei (아종)

- 날개 편 길이 48mm 안팎 (극동 러시아)

대체로 뒷날개 내연이 검은색인 경향이 있다. 일본과 사할린에 분포한다.

모시나비 [호랑나비과]

Parnassius stubbendorfi koreanus (아종)

- 날개 편 길이 62mm 안팎 (북한 부전 고원)

평지와 산지의 풀밭에 흔한 종이다. 고지대로 갈수록 작아지고 날개가 검어지는 경향이 있다. 알타이에서 중국과 우리 나라에 널리 분포한다.

♂ 60mm ♀ 62mm ×0.85

왜모시나비 [호랑나비과]

Parnassius glacialis

- 날개 편 길이 60-62mm (일본)

'모시나비(*P. stubbendorfi*)' 와 최근 지질 시대에 분리된 근연종으로 보이며, 두 종 간의 교잡 개체도 확인되고 있다. 일반적으로 '모시나비' 보다 크며, 더듬이가 더 검고 가는 느낌을 준다. 가슴의 등 부위 앞쪽의 털이 황갈색 또는 담갈색으로 보이고, 수컷 배의 측면에 담황색 털뭉치가 있어서 구별된다. 중국과 일본에는 분포하는데, 우리 나라에 분포하지 않는 점이 의문이다.

남방제비나비 [호랑나비과]

Papilio protenor demetrius (아종)

● 날개 편 길이 94mm 안팎 (한국)

날개는 검은색이고, 수컷만 노란색 띠무늬가 있다. 우리 나라에는 제주도와 남부, 그리고 서해안을 따라 경기도까지 분포한다. 엄밀히 말하면 인도에서 베트남과 중국, 일본 남부까지 분포하는 동양구의 종이다.

＊ 사진의 개체는 꼬리 모양 돌기가 없는 무미형에 속한다.

산제비나비 [호랑나비과]

Papilio maackii

● 날개 편 길이 77mm 안팎 (중국)

종의 유전자가 꽤 안정되어 지역에 따른 변이가 약간 나타날 뿐이다. 우리 나라에서는 낙엽 활엽수림이 많은 산지에 사는데, 애벌레의 먹이 식물은 황벽나무이다. 이따금 섬 지방에서 목격되는 애벌레는 머귀나무 잎을 먹는다. 머귀나무를 먹고 자란 어른벌레는 날개의 황백색 띠가 더 넓어지고 뚜렷해지는 경향이 있다. 극동 러시아에서 우리 나라와 일본, 중국 쓰촨 성, 윈난 성, 후베이 성, 장시 성, 그리고 타이완의 고지에 분포하는 동북 아시아계 나비이다.

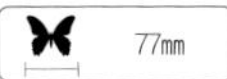

멤논제비나비 [호랑나비과]

Papilio memnon agenor (아종)

● 날개 편 길이 140mm 안팎 (중국)

'남방제비나비(*P. protenor*)' 처럼 암컷에서 유미형과 무미형이 있다. 이 두 형태가 나타나는 비율이 지역마다 조금씩 다르다. 낮은 산지에 흔한 종으로, 여러 꽃에 잘 날아온다. 동양구 전역에 분포하며, 우리 나라에서도 한 번 채집된 적이 있는 미접이다.

넓적꼬리제비나비 [호랑나비과]

Agehana elwesi

● 날개 편 길이 117mm 안팎 (중국)

앞날개는 검고, 타이완 아종 *maraho*와 달리 뒷날개의 외연과 후연, 꼬리 모양 돌기에 붉은 무늬가 없다. 중국의 후베이 성, 후난 성, 푸젠 성, 산시 성 등지에 분포한다.

무늬박이제비나비 [호랑나비과]

Papilio helenus nicconicolens (아종)

● 날개 편 길이 104mm 안팎 (일본)

뒷날개 아외연에 노란색 무늬가 있다. 수컷은 산꼭대기에서 나비 길을 만드는 일이 많으며, 그 정도가 '산제비나비(*P. maackii*)' 처럼 강하다. 문주란, 누리장나무 같은 꽃에 잘 날아오기도 하고, 산 주위를 배회하는 일이 많다. 귤나무가 먹이 식물이다. 일본과 동남 아시아 일대까지 널리 분포한다. 우리 나라 남부 지방과 제주도에서 간간이 채집되고 있으나, 정착 여부는 아직까지 불투명하다.

104㎜ ×0.5

남방노랑나비 [흰나비과]

Eurema hecabe

- 날개 편 길이 40mm 안팎 (한국)

날개 가장자리에 검은 테가 발달되어 있다. 풀밭 환경에 잘 적응한 무리이다. 이 종이 포함된 속은 분화의 속도가 빨라 여러 종으로 나누어져 있다. 우리 나라 남부 지방을 포함하여 열대 아시아에 널리 분포한다.

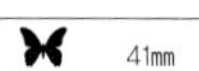
41mm ×1.25

연주노랑나비 [흰나비과]

Colias heos

- 날개 편 길이 56mm 안팎 (북한 백두산)

날개의 바탕색이 주황색에 가깝다. 우리 나라에는 주로 북부 지역에 분포하나 중부에서도 가끔 채집된다. 알타이에서 아무르와 우수리, 중국 동북부에 분포하는 한랭성 종이다.

♂ 57mm ♀ 56mm ×0.9

상제나비 [흰나비과]

Aporia crataegi adherbal (아종)

- 날개 편 길이 66mm 안팎 (일본 홋카이도)

우리 나라 '상제나비(*A. crataegi*)' 보다 대형이나 생김새의 특징은 거의 같다. 유럽에서 극동 아시아까지 유라시아 대륙에 널리 분포한다.

66mm ×1.35

높은산노랑나비 [흰나비과]

Colias palaeno orientalis (아종)

- 날개 편 길이 42mm 안팎 (러시아 사할린)

날개 가장자리에 검은색의 굵은 테가 있다. 암수 모두 축축한 풀밭을 매우 빠르게 잘 날아다닌다. 주로 노란색 계열의 꽃에 암수 모두가 날아오며, 수컷은 물가에 날아와 물을 빤다. 먹이 식물은 진달래과의 들쭉나무이다. 한랭한 북아시아 지역에서 유럽과 북아메리카까지 널리 분포한다.

42mm ×1.25

눈나비 [흰나비과]

Aporia hippia

- 날개 편 길이 62mm 안팎 (북한 금강산)

'상제나비(*A. crataegi*)' 에 비해 날개가 검은색 기운이 돌고, 뒷날개 아랫면 기부에 노란색 무늬가 나타난다. *Aporia*속 나비들은 모두 25종인데, 유라시아 대륙과 북아프리카에 걸쳐 널리 분포한다. 그러나 대부분의 종은 중국의 서부(윈난 성, 간쑤 성, 칭하이 성)와 티베트에 집중되어 있어서 이곳이 이 나비들의 중심적인 분포지로 보인다. 극동 러시아와 중국 동북 지방에서는 6월 말~7월에 많이 보이는데, 물가의 축축한 곳에 수십~수백 마리가 모여 있는 것을 볼 수 있다.

62mm ×0.83

남방남색꼬리부전나비 [부전나비과]

Narathura bazalus turbata (아종)

- 날개 편 길이 35mm 안팎 (일본)

날개는 남색이 뚜렷하다. 우리 나라에 몇 차례의 채집 기록이 있는 희귀종이다. 일본, 타이완, 중국, 히말라야 동부, 인도차이나와 선덜랜드에 분포한다.

35㎜ ×1.4

큰녹색부전나비 [부전나비과]

Favonius orientalis

- 날개 편 길이 32–39mm (일본)

날개 윗면의 색은 수컷이 청록색이고, 암컷이 흑갈색이다. 우리 나라 낮은 산지의 주로 갈참나무가 많은 곳에 서식하며, 개체 수가 많다. 주로 경기도 서부 지역에 산다. 일본, 중국 동북부와 극동 러시아에 분포한다.

♂ 37㎜ ♀ 39㎜ ♂×1.25 ♀×1.2

긴꼬리부전나비 [부전나비과]

Araragi enthea

- 날개 편 길이 26mm 안팎 (일본)

날개에는 흰 바탕에 검은 점무늬가 바둑돌처럼 퍼져 있다. 우리 나라 경기도 북동부와 강원도 산지에 산다. 일본, 중국 중부에서 동북부와 극동 러시아에 분포한다.

26㎜ ×1.9

남방녹색부전나비 [부전나비과]

Chrysozephyrus ataxus kirishimaensis (아종)

- 날개 편 길이 35mm 안팎 (일본)

암컷 날개에 청람색 무늬가 있다. 우리 나라에는 전남 해남의 두륜산 일대에 국한하여 산다. 일본, 타이완, 중국 서부 및 미얀마 북부에서 히말라야에 분포한다.

♂ 35㎜ ♀ 37㎜ ♂×1.4 ♀×1.35

뾰족부전나비 [부전나비과]

Curetis acuta paracuta (아종)

- 날개 편 길이 39mm 안팎 (일본)

날개 끝이 뾰족하다. 최근 우리 나라 남부에서 채집되며, 일본, 타이완, 중국, 히말라야와 인도차이나 등지에 분포한다.

39㎜ ×1.3

작은녹색부전나비 [부전나비과]

Neozephyrus japonica

- 날개 편 길이 31mm 안팎 (일본)

수컷 날개 가장자리는 검은 테가 있고, 암컷은 전체가 어둡다. 우리 나라에서는 근래에 보기 어려운 종으로, 분포 범위가 축소되었거나 지구 온난화 현상으로 북쪽으로 이동했을 것으로 추측된다. 일본, 중국 동북부, 극동 러시아에 분포한다.

♂ 34㎜ ♀ 37㎜ ♂×1.45 ♀×1.35

♂

검정녹색부전나비 [부전나비과]

Favonius yuasai

- 날개 편 길이 29mm 안팎 (일본)

수컷 날개는 이름과 달리 청록색이 아니라 흑갈색이다. 우리 나라와 일본에만 분포하며, 우리 나라는 경기도와 전라도 일부 지역에만 국한하여 산다.

×1.5

♂

은날개녹색부전나비 [부전나비과]

Favonius saphirinus

- 날개 편 길이 28mm 안팎 (일본)

날개의 청록색이 조금 남색 기를 띠어서 다른 종들과 차이가 난다. 우리 나라의 산지에서 간간이 보인다. 일본, 중국 동북부, 극동 러시아에 분포한다.

28mm ×1.8

♂

은회색부전나비 [부전나비과]

Iratsume orsedice

- 날개 편 길이 23mm 안팎 (일본)

날개 색이 같은 무리 중에서 독특하게 은회색을 띤다. 일본과 타이완의 산지에만 분포한다.

23mm ×2.1

♂

참나무부전나비 [부전나비과]

Wagimo signatus

- 날개 편 길이 27mm 안팎 (일본)

날개 중앙에는 청색 부분이 있으며, 암수 차이가 없다. 우리 나라의 산지에서 간간이 보인다. 일본, 중국 동북부, 극동 러시아에 분포한다.

×1.8

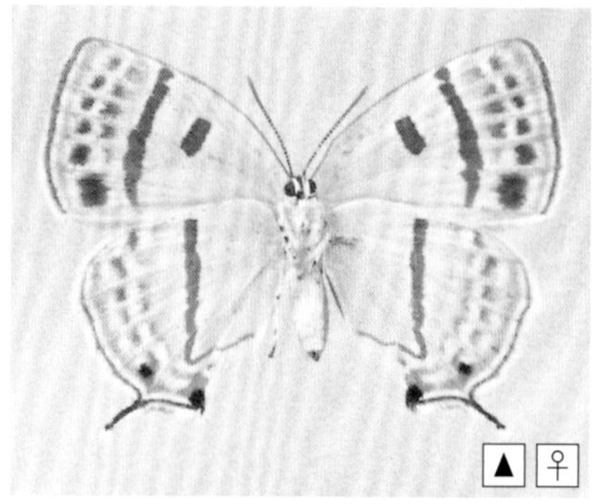
▲ ♀

물빛긴꼬리부전나비 [부전나비과]

Antigius attilia

- 날개 편 길이 27mm 안팎 (일본)

날개의 윗면은 흑갈색이지만 아랫면은 은색 바탕에 검은색 줄무늬가 있다. 제주도를 포함한 우리 나라의 산지에서 간간이 보인다. 일본, 중국, 타이완에 분포한다.

27mm ×1.8

▲ ♀

일본귤빛부전나비 [부전나비과]

Ussuriana stygiana

- 날개 편 길이 30mm 안팎 (일본)

우리 나라 '붉은띠귤빛부전나비(*Coreana raphaelis*)'와 근연종으로, 날개 아랫면의 황갈색이 더 짙다. 일본에만 분포하는 특산종이다.

30mm ×1.6

녹색부전나비류

동아시아에만 사는 특별한 나비를 들라면 녹색부전나비류를 꼽을 수 있다. 이 무리는 우리 나라와 일본, 타이완에 약 25종씩 분포하고, 중국에 30종 이상, 극동 러시아에 몇몇 종이 분포하고 있다. 아마 중국이 분포 중심으로 여길 만하나 이 무리의 원시적 계통인 '귤빛부전나비(*Japonica lutea*)'와 '금강산귤빛부전나비(*Ussuriana michaelis*)' 등이 우리 나라와 일본에 살기 때문에 분포의 중심에 대한 다른 의견이 있다.

이 무리는 주로 상록 활엽수림이나 낙엽 활엽수림을 터전으로 사는데, 시간대별로 수컷들이 나타나 일정 공간을 점유하는 텃세 현상을 볼 수 있으며, 텃세를 부리는 세력의 차이가 종마다 약간씩 다르다. '선녀부전나비(*Artopoetes pryeri*)' 수컷의 경우에는 한 장소가 아니라 배회하는 형식으로 나타나기도 한다. 이 무리는 '서풍의 신'이란 의미의 '제피루스'라는 딴 이름도 가지고 있다.

큰점박이푸른부전나비 [부전나비과]

Maculinea arionides

- 날개 편 길이 40mm 안팎 (극동 러시아 연해주)

'푸른부전나비(*Celastrina argiolus*)' 보다 크고 점무늬도 크다. 낙엽 활엽수림에 사는데, 그 주변 풀밭을 잘 날아다니면서 여러 꽃에 날아온다. 어린 애벌레는 거북꼬리의 잎을 먹고 자라다가 4령 애벌레 이후 개미와 공생하는 것으로 유명하다. 우리 나라와 일본, 중국 동북부와 극동 러시아 연해주 등지에 분포한다.

귀신부전나비 [부전나비과]

Glaucopsyche lycormas scylla (아종)

- 날개 편 길이 26mm 안팎 (중국 연변)

날개 아랫면의 점들이 일렬로 배열되어 있다. 수컷은 약하게 점유 행동을 하고, 암수 모두 꽃에 잘 날아온다. 나는 힘이 약해서 쉽게 관찰할 수 있다. 먹이 식물은 콩과식물이다. 우리 나라 북부, 일본 홋카이도와 중국 동북부, 몽골, 사할린을 포함한 극동 러시아와 시베리아 동부에 널리 분포한다.

* '귀신부전나비'라는 이름은 나비 학자 석주명 선생이 지은 것으로, 그리스 신화에 나오는, 머리가 6개 달린 괴물 'scylla'(아종명)를 귀신이라고 번역한 데서 생겼다.

산꼬마부전나비 [부전나비과]

Plebejus argus

- 날개 편 길이 20–25mm (한국 한라산)

수컷은 날개의 바탕색이 짙은 하늘색이고 외연이 하얗다. 이에 비해 암컷은 짙은 갈색을 띠며, 날개 외연에 붉은색 점이 줄지어 있다. 날개 아랫면은 회색 바탕에 검은색 점이 빽빽하다. 주로 화산 지형에 많으며, 낮게 날면서 엉겅퀴 등의 꽃에 잘 날아온다. 우리 나라는 북부와 한라산 아고산대에 서식하나, 국외에는 구북구 온대에서 한대 전 지역에 널리 분포한다.

연푸른부전나비 [부전나비과]

Polyommatus icarus fuchsi (아종)

- 날개 편 길이 30mm 안팎 (사할린)

'산부전나비(*Lycaeides subsolanus*)' 보다 날개 색이 옅고, 날개 끝이 더 뾰족하다. 천천히 날면서 길가에 핀 여러 꽃에 날아온다. 우리 나라 동북부 지역에 분포하는 이 종은 아시아 온대 지역 북부와 유럽 북부, 영국까지 분포한다.

산부전나비 [부전나비과]

Lycaeides subsolanus

- 날개 편 길이 30mm 안팎 (일본)

날개는 청색 바탕에 맥은 검은색이다. 우리 나라에는 제주도 한라산 고지와 태백산맥 일부 지역, 그리고 북한에 분포하며, 남한에서는 희귀종에 속한다. 일본과 중국 동북부, 그리고 러시아 극동 지역에서 중앙 시베리아까지 한랭한 지역에 널리 분포한다.

선녀부전나비 [부전나비과]

Artopoetes pryeri

- 날개 편 길이 37mm 안팎 (일본)

'푸른부전나비(*Celastrina argiolus*)' 암컷과 닮았으나 흰색 부분이 더 넓어 구분된다. 산지에 산다. 우리 나라 지리산 이북에서 볼 수 있으며, 일본, 중국 동북부, 극동 러시아에 분포한다.

작은표범나비 [네발나비과]

Brenthis ino

- 날개 편 길이 35–40mm (중국)

뒷날개 아랫면의 무늬가 다른 표범나비류보다 뚜렷하지 않다. 표범나비류 중에서 중형에 속하며, 우리 나라에는 이 종 외에 근연종인 '큰표범나비(*B. daphne*)'가 분포한다. 주로 건조한 풀밭을 무대로 살아가며, 먹이 식물은 오이풀이다. 영국을 제외한 구북구의 중위도 전 지역에 분포한다.

 39㎜ | ×2.5

백두산표범나비 [네발나비과]

Clossiana angarensis

- 날개 편 길이 38mm 안팎 (북한 백두산)

남한의 '큰은점선표범나비(*Clossiana oscarus*)'와 닮았으나 뒷날개의 무늬가 다르다. 북한의 백두산을 포함하여 유럽 북동부와 시베리아 북부에서 중부, 알타이, 아무르, 우수리, 중국 동북부 일대에 널리 분포한다.

 38㎜ | ×1.3

담색어리표범나비 [네발나비과]

Melitaea diamina regama (아종)

- 날개 편 길이 37mm 안팎 (한국)

어리표범나비류 중에서 뒷날개의 무늬가 가장 옅은 색이다. 낮은 산지의 풀밭에 산다. 낮게 부지런히 날아다니다가 여러 꽃을 찾아가 꿀을 빤다. 우리 나라를 포함하여 유럽에서 중국 동북부, 극동 러시아의 우수리, 아무르와 일본에 널리 분포한다.

37㎜ | ×1.35

홍줄나비 [네발나비과]

Seokia pratii

- 날개 편 길이 55–65mm (극동 러시아)

날개 중앙에 붉은색 띠가 뚜렷한데, 암컷은 이 띠가 더 넓고 흰색을 띤다. 애벌레는 특이하게 침엽수인 잣나무의 잎을 먹는다. 우리 나라의 오대산과 설악산, 중국의 중부와 동북부, 그리고 극동 러시아 지역에 분포한다.

♂ 55㎜ ♀ 65㎜ | ♂×0.9 ♀×0.77

중국황세줄나비 [네발나비과]

Neptis tshetverikovi

- 날개 편 길이 56mm 안팎 (한국 계방산)

날개에 가로로 된 짙은 노란색 띠가 있다. 우리 나라 강원도 산지 이북에 분포하며, 중국 동북부와 극동 러시아까지 분포한다.

56㎜ | ×0.9

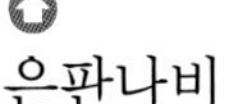

은판나비 [네발나비과]

Mimathyma schrenckii

- 날개 편 길이 82mm 안팎 (한국)

뒷날개 아랫면이 적갈색 띠로 나누어졌다. 우리 나라 산지에 살며, 북으로 갈수록 개체 수가 많아진다. 극동 러시아산과 남한산을 비교했을 때, 극동 러시아산이 작다는 것 외에는 차이가 없다. 극동 러시아에서 우리 나라를 거쳐 중국 쓰촨 성까지 분포한다.

 82mm ×1.1

시실리그늘나비 [네발나비과]

Lethe sicelis

- 날개 편 길이 49–60mm (일본)

수컷은 뒷날개에 털뭉치가 나 있어, 이를 성표로 보고 암수를 구별한다. 과거에 우리 나라에 기록된 적이 있었으나 잘못된 것으로, 현재까지 일본 고유종으로 알려져 있다.

 49mm ×1.0

줄그늘나비 [네발나비과]

Triphysa nervosa

- 날개 편 길이 31mm 안팎 (극동 러시아)

날개 윗면은 흑갈색, 아랫면은 흑갈색 바탕에 맥을 따라 황갈색을 띤다. 이 종은 과거에 *phryne*로 취급한 적이 있었으나 최근에는 *nervosa*로 취급한다. 시베리아에서 우리 나라 북부 지방까지 분포한다.

 31mm ×1.6

노랑산뱀눈나비 [네발나비과]

Oeneis tarpeia baueri (아종)

- 날개 편 길이 45mm 안팎 (러시아 투바)

'북방산뱀눈나비(*O. diluta*)' 와 닮았으나 뒷날개에 있는 뱀눈 모양 무늬의 수가 다소 적다. 유럽 남부와 남동부에서 우랄 남부와 시베리아 남서부, 카자흐스탄 북부, 몽골 서부, 중국 동북부에 널리 분포한다.

 45mm ×1.1

북방산뱀눈나비 [네발나비과]

Oeneis diluta

- 날개 편 길이 47mm 안팎 (러시아 투바)

우리 나라 '참산뱀눈나비(*O. mongolica*)' 와 근연종이다. 날개의 색이 거의 노란색에 가깝고, 작은 뱀눈 모양 무늬가 외횡대에 줄지어 있다. 툰드라의 초원에 적응한 무리로, 러시아 투바 지역에 분포한다.

 47mm ×1.1

일본지옥나비 [네발나비과]

Erebia niphonica

- 날개 편 길이 31–50mm (일본)

날개는 붉은색을 띤 검은색이며, 날개 외횡대 쪽으로 붉은 바탕 안에 두세 개의 뱀눈 모양 무늬가 뚜렷하다. 일본 고유종이다.

31mm ×1.6

큰먹나비

[네발나비과]

Melanitis phedima oitensis (아종)

- 날개 편 길이 64mm 안팎 (일본)

'먹나비(*M. leda*)'와 닮았으나 앞날개의 두 흰 점의 각도가 더 크다. 우리 나라 부산과 제주도에서 두 차례 출현 기록이 있던 종으로, 동양구에 널리 분포한다.

64mm ×1.0

왕흰점팔랑나비

[팔랑나비과]

Muschampia gigas

- 날개 편 길이 37mm 안팎 (러시아 우수리)

'흰점팔랑나비(*Pyrgus maculatus*)'보다 크고 흰 점무늬가 약하다. 이 종은 오랫동안 *tessellum*의 아종으로 보았으나 최근에 분리된 종이다. 낙엽 활엽수림 주위에서 살아간다. 몽골 동부, 중국 동북부, 극동 러시아의 연해주 남부와 우리 나라 북부에 분포한다.

37mm ×1.7

꼬마멧팔랑나비

[팔랑나비과]

Erynnis popoviana

- 날개 편 길이 26mm 안팎 (극동 러시아)

'멧팔랑나비(*E. montanus*)'보다 작고 무늬가 희미하다. 이 종은 오랫동안 *tages*의 아종으로 보았으나 최근에 분리된 종이다. 바이칼 서부에서 우리 나라 북부까지 점점이 분포한다.

26mm ×1.9

꽃팔랑나비

[팔랑나비과]

Hesperia florinda repugnans (아종)

- 날개 편 길이 28mm 안팎 (시베리아 서부)

우리 나라 개체보다 조금 작고, 날개의 점무늬가 크다. 건조한 풀밭에 살며, 남한 내의 서식처가 많이 줄어들고 있다. 러시아 바이칼 호에서 극동 러시아와 중국 동북부, 우리 나라, 일본에 분포한다.

28mm ×1.8

점박이팔랑나비

[팔랑나비과]

Suastus gremius

- 날개 편 길이 35mm 안팎 (일본)

뒷날개 아랫면의 검은 점무늬가 독특하다. 일본 오키나와산이며, 애벌레는 야자나무 잎을 먹는다. 동양구에 널리 분포한다.

35mm ×1.4

온도와 나비

나비도 다른 생물과 마찬가지로 지구의 다양한 자연 환경에 적응하며 살아간다. 그래서 추운 곳과 더운 곳에 사는 나비 사이에는 생김새나 색깔 등이 차이가 나게 마련이다. 날개의 바탕색을 비교해 보더라도 열대의 나비는 대개 화려한 종들이 많고, 한대는 어두운 색을 가진 종이 많은데, 이것은 주위의 배경과 햇빛의 강약이 달라서이다. 또, 온도에 적응하기 위한 장치로 몸에 난 털의 수를 들 수 있는데, 한대의 나비는 많고 열대의 나비는 적다. 크기도 대체로 열대 쪽이 큰데, 그 이유에 관해서는 아직 정설이 없다.

잔물결노랑산누에나방 [산누에나방과]

Loepa oberthuri

- 날개 편 길이 111mm 안팎 (중국)

산누에나방 무리 중에서 날개 색이 화려하여 아름다운 종에 속한다. 중국에 분포한다.

가중나무껍질밤나방 [밤나방과]

Eligma narcissus

- 날개 편 길이 76mm 안팎 (한국 서울 경희여고)

날개 모양이 특이한데, 앉을 때 길쭉한 앞날개만 보인다. 동북 아시아에 분포한다.

푸른띠뒷날개나방 [밤나방과]

Catocala fraxini

- 날개 편 길이 91mm 안팎 (한국 오대산)

우리 나라에서 유럽까지 널리 분포한다. 우리 나라에서 매우 귀한 종이다.

나비 채집기 ❽

중국 동북 지방의 우리 북방 계열 나비 여행 날짜 : 1991년 6월 15~25일

중국 동북 지방은 한반도와 대륙을 잇는 중요한 곳으로, 아직 나비를 포함한 생물 자원에 대한 연구가 미흡하다. 자유로이 왕래하여 볼 수 없는 북한 나비가 그리워, 향수를 달랠 요량으로 훌쩍 중국 동북 지방 여행을 떠나게 되었다.

떠나기 전 지린 성 산림청으로부터 중국 쪽 백두산에 대한 나비 채집을 사전에 허가받은 것은 매우 다행한 일이었다. 현지에 도착해서 머무르는 동안 하루도 빠지지 않고 비가 내리는 바람에 꿈에 그리던 백두산 나비와의 만남은 아쉽게도 이루어지지 못했다. 날씨를 원망하면서 연길로 돌아오는 길에 차창에 비치는 이깔나무 숲이 장관이었지만 마음은 그리 편치 못했다.

연길이 가까워질수록 고도가 차츰 내려가는지 구름 사이로 햇살이 간간이 내리쬐기 시작하자, 진흙탕의 길가에 남한에서는 보기 어려운 '왕줄나비(*Limenitis populi*)'와 '공작나비(*Inachis io*)' 무리가 앉아 있다가 차가 지나가면 그제야 비로소 날아오르는 모습이 눈에 들어왔다. 순간 엉덩이를 들어 창문에 얼굴이 맞닿을 듯 기대며 나비의 모습을 더 보려고 안타까워했지만 차는 무심하게도 목적지로 향해 달리기만 했다. 버스를 세워 이들 나비와 만나고 싶은 마음이야 굴뚝같았지만 일행 30여 명의 여행길을 나 하나로 망칠 수 없기에 차마 그럴 수는 없었다.

다음 날, 일행은 북한 땅인 두만강 너머로 건너다보인다는 투먼으로 향할 때 홀로 뒤로 빠졌다.

연길과 용정 사이의 약간 경사진 구릉에 세계에서 둘째 번으로 크다는 사과 과수원이 있다. 우리가 흔하게 보는 사과는 추운 지방에서는 자라지 않아서 대신 사과와 배를 교배한 교잡종 배사과가 많이 산출되는 곳이다. 제법 속력을 냈는데도 약 20분 동안이나 이 과수원을 지나쳐야 할 정도로 엄청나게 넓었다. 연길에서 택시로 용정 쪽으로 가서 그 사과 과수원의 초입에 있는 언덕에 꽤 우거진 숲이 있어, 타고 온 택시 기사에게 3시간 뒤에 다시 와 달라는 부탁을 하고 미리 돈을 줘서 보냈다.

길가에는 이따금 지나다니는 자동차에 치였는지 '상제나비(*Aporia crataegi*)' 들이 즐비하게 깔려 죽어 있었고, 대부분 남한에서도 보아 오던 반가운 북방 계열 나비들이 오후 2시에서 4시 사이에 난무하였다. 겨우 2시간 동안이었지만 잠시나마 우리 나라 나비의 원류를 볼 수 있었던 것은 참으로 다행이었다. 하루빨리 남북 통일이 되어서 본격적인 우리 나라 나비의 기원을 살펴보고 싶다.

백두산 장백 폭포에 오를 때에는 비가 계속 내렸다.

딱정벌레목

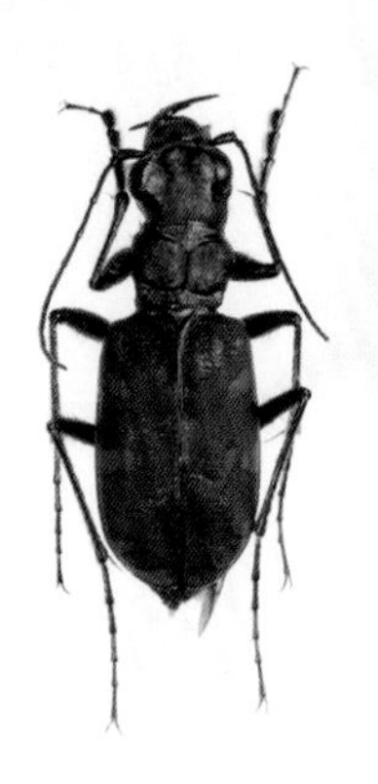

주홍길앞잡이 [길앞잡이과]

Cicindela hybrida tricolor (아종)

● 몸 길이 16mm 안팎 (카자흐스탄)

머리와 앞가슴등판은 청록색이고, 딱지날개가 주홍빛을 띠어 매우 아름답다. 예전에는 산지의 비포장 길이나 개울가 모래 위에서 볼 수 있었으며, 인기척에 빨리 날거나 뛰어서 이동한다. 현재 북한에는 서식하는 것으로 보인다.

* 과거에는 우리 나라 서울에서도 볼 수 있었으나 요즘은 보이지 않는 종으로, '멸종 위기 야생 동식물 Ⅱ급' 으로 지정, 보호받고 있다.

중국멋쟁이딱정벌레 [딱정벌레과]

Coptolabrus pustulifer mirificus (아종)

● 몸 길이 45mm 안팎 (중국 후베이 성)

앞가슴등판은 붉은색을 강하게 띠고, 딱지날개가 짙은 녹색 바탕이어서 매우 아름답다. 중국 후베이 성 장양에서 처음 발견되었다고 한다. 중국 서부에 분포한다.

줄고운멋쟁이딱정벌레 [딱정벌레과]

Coptolabrus principalis

● 몸 길이 38mm 안팎 (중국 후베이 성)

'타이완멋쟁이딱정벌레(*C. nankotaizanus*)'와 가까운 계통에 속한다. 딱지날개는 짙은 청색이다. 중국 후베이 성에만 분포한다.

* 매우 귀한 종으로 알려져 있었는데, 최근에 많은 표본이 국내에 들어와 조금 흔해졌다.

중국멋쟁이딱정벌레 [딱정벌레과]

Coptolabrus pustulifer wakoi (아종)

● 몸 길이 44mm 안팎 (중국 쓰촨 성)

원명 아종은 앞가슴등판이 붉은색이고 딱지날개가 짙은 푸른색을 띠나, 이 아종은 앞가슴등판이 검은색이고 딱지날개가 검은 초록색을 띤다. 특히 이 아종은 딱지날개의 점각이 눈에 띄게 튀어나와 눈물처럼 느껴진다. 중국의 간쑤 성과 쓰촨 성, 후베이 성, 윈난 성, 구이저우 성, 광시 성 등지에 분포한다.

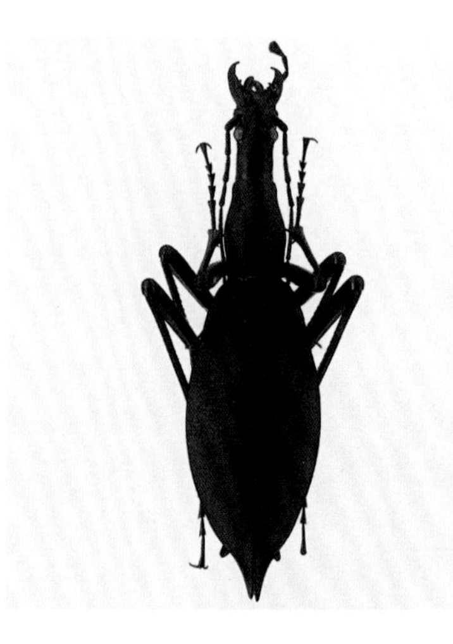

일본곤봉딱정벌레 [딱정벌레과]

Damaster blaptoides

● 몸 길이 53mm 안팎 (일본)

몸은 검고 광택이 약간 있다. 전체 모습이 곤봉 모양으로 생겼다. 요즈음 미토콘드리아의 DNA 분석에 따라 4종으로 나뉘는 경향이 있다. 일본과 사할린에 분포한다.

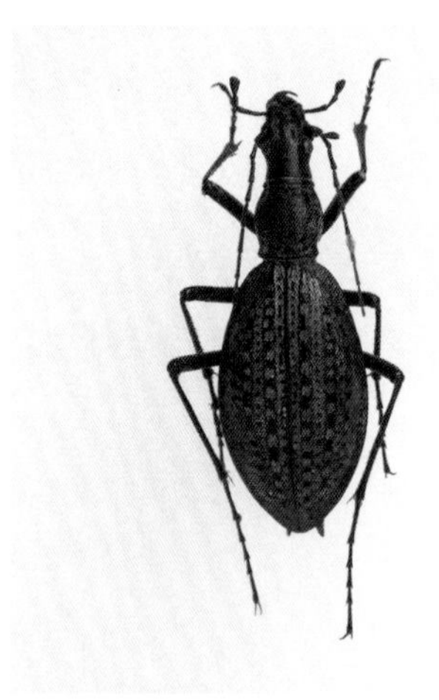

조롱박딱정벌레 [딱정벌레과]

Acoptolabrus constricticollis yooni (아종)

● 몸 길이 26-35mm (한국 오대산)

머리와 앞가슴등판은 금적동색, 딱지날개는 황갈색 또는 금록색이지만 붉은색을 띠는 개체도 이따금 보인다. 낙엽 활엽수림 지대에 산다. 밤에 활동하며, 여러 동물의 사체나 곤충을 잡아먹는다. 러시아의 우수리, 중국의 동북부와 우리 나라에서는 지리산, 소백산, 태백산, 오대산, 설악산 등 주로 고산 지대에 분포한다.

중국루비멋쟁이딱정벌레

[딱정벌레과]

Coptolabrus lafossei montigradus (아종)

- 몸 길이 40mm 안팎 (중국)

몸 색깔은 변이가 심한데, 앞가슴등판이 청색 또는 황금색을 띤 풀색이다. 딱지날개의 홈줄은 많이 두드러져 있다. 중국의 후베이 성, 장시 성, 저장 성, 푸젠 성 일대에 분포한다.

일본조롱박딱정벌레 [딱정벌레과]

Acoptolabrus gehinii aereicollis (아종)

- 몸 길이 32mm 안팎 (일본)

몸의 등 쪽이 적녹색과 청색, 짙은 청색, 구릿빛을 띠는 등 매우 다양한 색채 변이가 나타난다. 이 아종은 딱지날개의 점각 무늬들이 줄친 듯이 이어지는 경우가 많다. 일본 홋카이도의 동쪽과 북쪽에 치우쳐 분포한다.

일본조롱박딱정벌레 [딱정벌레과]

Acoptolabrus gehinii

- 몸 길이 32mm 안팎 (일본)

아종 '일본조롱박딱정벌레(*A. gehinii aereicollis*)'와 닮았으나 약간 더 크고, 등 쪽의 점각들이 끊어져 보일 때가 많다. 일본 홋카이도 지역에만 분포하는 종으로, 빙하 시대에 이주하여 분화한 것이 아닌가 하는 생각이 든다. 일본에만 분포한다.

녹색루비딱정벌레 [딱정벌레과]

Apotomopterus davidis

- 몸 길이 40mm 안팎 (중국)

앞가슴등판은 밝은 청색이며, 녹색을 띤 딱지날개가 꽤 화려하다. 딱지날개에는 검은 줄무늬와 융기된 점각이 일렬로 질서 정연하게 뻗어 있다.

* 종명은 곤충학에서 잘 알려진 프랑스 신부인 David를 기념하여 지어진 것이다. 중국 중부에서 동부 지방에 분포한다.

일본꼬마조롱박딱정벌레

[딱정벌레과]

Acoptolabrus munakatai

- 몸 길이 31mm 안팎 (일본)

우리 나라 '조롱박딱정벌레(*A. constricticollis*)'와 유연 관계에 있다. 딱지날개의 점각들이 잘게 나타나 있어서 깨알 같은 검은 점이 가득한 것처럼 보인다. '아이노딱정벌레(*Megodontus kolbei*)' 와의 교잡에 의한 종도 자연 상태에서 발견된다고 한다. 일본 홋카이도 남부의 특산종이다.

꼬마조롱박딱정벌레 [딱정벌레과]

Acoptolabrus schrencki

- 몸 길이 27mm 안팎 (러시아 블라디보스톡)

우리 나라 '조롱박먼지벌레(*Scarites aterrimus*)' 와 닮았으나 약간 작다. 우리 나라 북부와 중국 동북부, 극동 러시아 연해주 지방에 분포한다.

* 우리 나라 북부 지방에 분포하는 *Acoptolabrus seonhyeongae*와 같은 종으로 보는 학자도 있으나, 앞으로 더 연구해야 할 부분이다.

홍단딱정벌레(지역 변이) [딱정벌레과]

Coptolabrus smaragdinus

- 몸 길이 39–44mm (한국)

산지에 살며, 숲 바닥을 기어다니면서 먹이를 찾는다. 원래 색은 광택이 나는 붉은색이나 높은 산지에 사는 개체들은 청색을 띤다. 지역에 따라 색채 변이가 심해서 많은 아종으로 나뉜다. 우리 나라와 중국 동북부, 시베리아 남동부, 극동 러시아 지역에 널리 분포한다.

멋조롱박딱정벌레 [딱정벌레과]

Acoptolabrus mirabilissimus

- 몸 길이 27mm 안팎 (한국 태백산, 덕유산)

머리의 크기가 몸에 비해 두드러지게 큰 특이한 종으로, 지역에 따라 딱지날개의 색이 달라진다. 보통 고지대의 풀밭 밑에서 기어다니며 생활하는데, 개체 수가 매우 적다. 우리 나라 태백산과 덕유산, 오대산 등지의 고지대에만 분포한다.

좌 27mm 우 32mm ×1.4

창언조롱박딱정벌레 [딱정벌레과]

Acoptolabrus changeonleei

- 몸 길이 26mm 안팎 (한국 지리산)

'멋조롱박딱정벌레(*A. mirabilissimus*)'와 거의 닮았으나 딱지날개의 봉합선이 강하게 솟아나 형태적으로 구별된다. 색채 변이가 그리 심하지 않은 편이다. 우리 나라 지리산에만 격리되어 사는 우리 나라 특산종이다.

멋쟁이딱정벌레 [딱정벌레과]

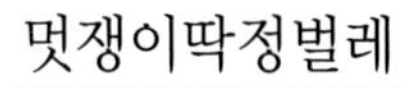

Coptolabrus jankowskii

- 몸 길이 25–31mm (한국 화야산, 두타산)

우리 나라의 딱정벌레과 중 가장 흔해서 우리 나라를 대표할 만한 종이다. 육식성으로 밤에 활동하며, 뒷날개가 발달하지 못해 걸어만 다니는 보행충이다. 지역에 따라 색채 변이가 심해서, 현재 많은 지역 아종이 있다. 우리 나라와 중국 북부, 러시아(연해주)에 분포한다.

좌 25mm 우 31mm 좌×1.9 우×1.5

아이노딱정벌레 [딱정벌레과]

Megodontus kolbei

- 몸 길이 28mm 안팎 (일본)

앞가슴등판이 광택이 나는 초록색으로, 매우 아름답다. 원명 아종은 앞가슴등판이 짙은 청색을 띤다. 이 종을 처음 기록한 장소는 원래 중국으로 알려져 있으나, 채집지를 기입할 때 쓴 라벨이 바뀐 것으로 보인다. 현재 일본 홋카이도 지역에만 분포하는 것으로 알려져 있다.

아이노딱정벌레 [딱정벌레과]

Megodontus kolbei kuniakii (아종)

- 몸 길이 25mm 안팎 (일본)

약간 소형종으로, 등 쪽이 금색을 띤 초록색이다. 일본에만 분포한다.

장수풍뎅이 [장수풍뎅이과]

Allomyrina dichotoma

- 몸 길이 30–80mm (한국)

몸은 흑갈색 또는 적갈색을 띠며, 단단하고 뚱뚱한 느낌이 든다. 암컷과 달리 수컷은 머리 위로 굵고 긴 뿔이 솟아났는데, 그 끝이 사슴뿔처럼 갈라졌다. 야행성으로, 등불에 잘 날아오며, 우리 나라 중부 이남에서 흔히 볼 수 있다. 그 밖에 일본과 중국, 타이완, 인도차이나 반도에 분포한다.

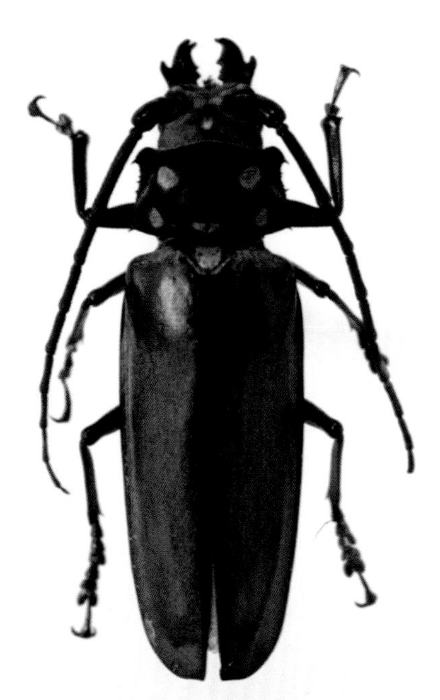

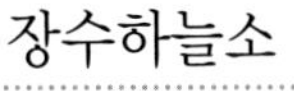

장수하늘소 [하늘소과]

Callipogon relictus

- 몸 길이 ♂ 85–108mm, ♀ 65–85mm (한국)

몸은 흑갈색과 황갈색 바탕에, 노란 잔털로 덮여 있다. 큰턱은 강하고, 앞으로 뻗어 있다. 앞가슴등판 양 가장자리에 톱날 모양의 돌기가 있으며, 등판 위에는 노란 털뭉치가 있다. 참나무 진에 오거나 밤에 불빛에 날아오는데, 애벌레는 사람 몸보다 굵은 정도의 서나무, 신갈나무, 물푸레나무 속에서 목질부를 파 먹고 산다. 중국 동북부와 극동 러시아(아무르)에 분포한다.

* 우리 나라에는 현재 경기도 광릉에서만 소수 보이고 있으며, 천연기념물 제218호로 지정, 보호하고 있다.

털복숭일본꽃무지 [꽃무지과]

Cosmiomorpha similis yonakuniana(아종)

- 몸 길이 21mm 안팎 (일본)

몸은 붉은 기가 도는 갈색 바탕이며, 길고 부드러운 털이 빽빽하게 덮고 있다. 수컷은 암컷보다 발목마디가 길다. 일본과 타이완, 중국 동부에 분포하는데, 우리 나라에는 없다.

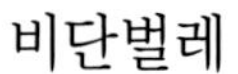

비단벌레 [비단벌레과]

Chrysochroa fulgidissima

- 몸 길이 35mm 안팎 (한국)

몸은 광택이 나는 녹색 바탕에 붉은색의 세로띠가 보인다. 맑은 날 팽나무나 벚나무의 고목에 날아오는데, 애벌레는 그 속에서 산다.

* 우리 나라에서는 매우 희귀한 종이어서 '멸종 위기 야생 동식물 Ⅱ급'으로 지정, 보호하고 있다.

35mm ×1.3

매미목

꽃매미 [꽃매미과]

Limois delicatula

- 날개 편 길이 44mm 안팎 (한국)

앞날개의 가장자리는 옅은 검은색이나 뒷날개는 매우 짙다. 8월부터 낮은 언덕이나 계곡의 어두운 곳에 위치한 나무 줄기에 잘 붙는다. 우리 나라에서는 귀한 종이었으나 최근 서울에 많은 개체가 발견되고 있다. 우리 나라와 중국에 분포한다.

44mm ×1.8

사슴풍뎅이의 자웅감합체

'사슴풍뎅이(*Dicranocephalus adamsi*)'는 딱정벌레목 꽃무지과에 속한다. 우리 나라의 꽃무지류 중에서는 대형이며, 우리 나라는 물론 중국 서부, 티베트 동부, 베트남 등지에 분포하는 아시아 온대 지방의 풍뎅이이다. 일반적으로 수컷의 몸 색깔은 회백색 가루가 덮여 있어 회백색을 띤 적갈색이나 암컷은 짙은 적갈색이다. 이 개체는 강원도 영월 지역에서 1994년 5월 24일에 채집했는데, 특이하게 암수의 특징이 함께 나타났다. 즉, 전체의 몸 특징은 암컷이나 딱지날개가 수컷처럼 회백색 가루로 덮여 있고, 뒷부분에 비스듬하게 세로로 된 짙은 적갈색 선무늬가 나타났다. 이런 개체를 자연 상태에서 본다는 것은 매우 어렵고 드문 일이다.

유럽권

유럽은 알프스 산맥을 중심으로 북쪽으로는 주로 산지가 많고, 남쪽으로는 건조한 지형의 풀밭이어서 그리 많은 곤충이 살지는 않는다. 우리 나라와 같은 구북구에 위치하므로 공통종이 꽤 있으며, 특히 뱀눈나비류와 딱정벌레류는 분화가 많이 일어나 이 지역에만 사는 특수한 고유종들이 있다.

나비목

♂

유럽명주나비 [호랑나비과]

Allancastria cerisyi cypria (아종)

- 날개 편 길이 56mm 안팎 (프랑스)

우리 나라 '꼬리명주나비(*Sericinus montela*)'와 비슷해 보이며, 뒷날개에 붉은 점무늬가 눈에 띄게 뚜렷하다. 꼬리 모양 돌기는 작다. 유럽의 고산지에 분포한다.

56㎜ ×1.5

♀

지그재그명주나비 [호랑나비과]

Zerynthia polyxena

- 날개 편 길이 45mm 안팎 (유고슬라비아)

날개 외연의 무늬가 톱날 모양이다. 평지에서 해발 900m 정도의 산지에 사는데, 바위지대와 그 사이 시냇물이 흐르는 환경에서 사는 일이 많다. 유럽 남부에서 카자흐스탄 북서부까지 분포한다.

45㎜ ×1.9

♂

♀

붉은점명주나비 [호랑나비과]

Zerynthia rumina

- 날개 편 길이 44mm 안팎 (프랑스 남부)

사는 환경은 '지그재그명주나비(*Z. polyxena*)'와 닮았으나 날개 외연의 지그재그 무늬가 조금 다르고, 붉은 점무늬가 훨씬 더 많다. 프랑스 남동부, 에스파냐와 포르투갈 등지에 분포한다.

♂ 44㎜ ♀ 44㎜ ×1.15

아폴로모시나비 [호랑나비과]

Parnassius apollo

● 날개 편 길이 60-90mm (프랑스)

날개는 모시처럼 하얗고, 그 위에 검은 점들이 발달한다. 특히 뒷날개에는 붉은 점무늬가 뚜렷하다. 더듬이는 연한 회색이며, 윗면에서 보면 가락지 모양의 검은 점이 있고, 끝은 검게 부푼다. 주로 고산 지대에 살며, 애벌레는 기린초 종류를 먹는다. 현재 수가 줄어드는 추세에 있는데, 기후의 변화, 산성비, 지나친 채집 등이 원인이다. 유럽의 산지부터 중앙 아시아까지 널리 분포한다. 세계 적색 목록에 희귀종으로 올라 있다.

* 종명인 *'apollo'* 는 그리스 신화의 아폴로 신을 의미한다.

60㎜ ×1.6

산붉은점모시나비 [호랑나비과]

Parnassius phoebus

● 날개 편 길이 49mm 안팎 (러시아 알타이)

'붉은점모시나비(*P. bremeri*)' 보다 점의 크기가 작다. 유럽의 해발 1800m 산지의 풀밭을 중심으로 산다. '아폴로모시나비(*P. apollo*)' 와 닮았으나 점무늬가 약간 작다. 구북구 북부와 북아메리카 대륙에 널리 분포한다.

49㎜ ×1.0

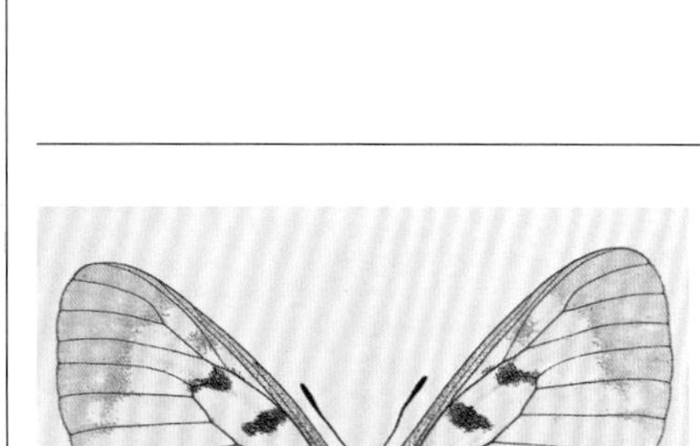

52㎜ ×1.0

구름무늬모시나비 [호랑나비과]

Parnassius mnemosyne athene (아종)

● 날개 편 길이 62mm 안팎 (프랑스 남부)

날개는 흰색 바탕에 날개의 끝 부분이 거무스름하고, 중실에 검은 점무늬가 2개 있는 것이 특징이다. 우리 나라의 '모시나비(*P. stubbendorfi*)' 와 닮았다. 유럽, 중동 아시아, 중앙 아시아 투르크메니스탄까지 분포한다.

* 프랑스에서는 이 종이 서식하는 고산에 스키장을 개설하는 바람에 수가 줄어든다고 한다.

유럽측범나비 [호랑나비과]

Iphiclides podalirius feisthamelii (아종)

● 날개 편 길이 54mm 안팎 (오스트리아)

날개는 연한 노란색 바탕에 검은 줄무늬가 가로지르며, 뒷날개 후각의 붉은 점무늬가 마치 눈을 부릅뜬 모습처럼 보인다. 벚나무 종류에 알을 낳기 위해 꽃이 핀 시골길에 자주 나타난다. 유럽 전역은 물론, 동으로 중국까지, 그리고 남으로 아프리카 북부까지 널리 분포한다.

54㎜ ×0.9

알렉사노르호랑나비 [호랑나비과]

Papilio alexanor

● 날개 편 길이 60mm 안팎 (프랑스)

'산호랑나비(*P. machaon*)' 와 닮았으나 훨씬 노랗고 작다. 주로 해발 1000m 이상의 아고산대 초원에서 볼 수 있으며, 한 해에 한 번 발생한다. 지중해 연안 국가에서 아프가니스탄까지 분포한다. 세계 적색 목록에 감소 추세종으로 올라 있다.

60㎜ ×0.85

♂

산호랑나비 [호랑나비과]

Papilio machaon

- 날개 편 길이 60–100mm (프랑스)

유럽의 '산호랑나비'는 우리 나라 개체에 비해 크기가 약간 작다는 것 외에는 큰 차이가 없다. 풀밭 환경이 많은 유럽 지방에서는 우리 나라처럼 이 종을 흔하게 볼 수 있다. 구북구 전역에 널리 분포하는데, 지역적인 차이가 그다지 크지 않은 편이다.

62mm ×0.8

♂

유럽멧노랑나비 [흰나비과]

Gonepteryx rhamni miljanovskii (아종)

- 날개 편 길이 50mm 안팎 (러시아 모스크바)

우리 나라 '멧노랑나비(*G. maxima*)'와 차이가 없으나 색이 더 짙은 편이다. 러시아 개체는 우리 나라 개체보다 작다. 유럽과 아프리카 북부에서 카자흐스탄까지 분포한다.

* 영국에서는 이 종의 날개 색을 보고 '버터와 같다'라는 의미의 '*butterfly*'라는 말이 생겨났다고 한다.

50mm ×1.0

♂

클레오파트라멧노랑나비 [흰나비과]

Gonepteryx cleopatra

- 날개 편 길이 54–65mm (에스파냐)

'유럽멧노랑나비(*G. rhamni*)'와 닮았으나 조금 더 커 보이고, 앞날개 기부와 중앙에 붉은 무늬가 나타난다. '유럽멧노랑나비'와 이 종은 애벌레를 구별하기가 어렵다. 습성과 먹이 식물이 갈매나무인 점도 같다. 보통 늦겨울에서 가을까지 볼 수 있다. 유럽 남부인 에스파냐, 이탈리아, 그리스, 프랑스 남부와 아프리카 북부에 분포한다.

54mm ×1.6

♂

깃주홍나비 [흰나비과]

Anthocharis cardamines

- 날개 편 길이 32mm 안팎 (유럽)

암컷은 날개 끝의 주홍빛 무늬가 없다. 애벌레는 털장대와 같은 십자화과 식물을 먹는다. 서부 유럽에서 일본까지 유라시아 대륙에 널리 분포하며, 우리 나라에는 없다.

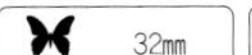

32mm ×1.5

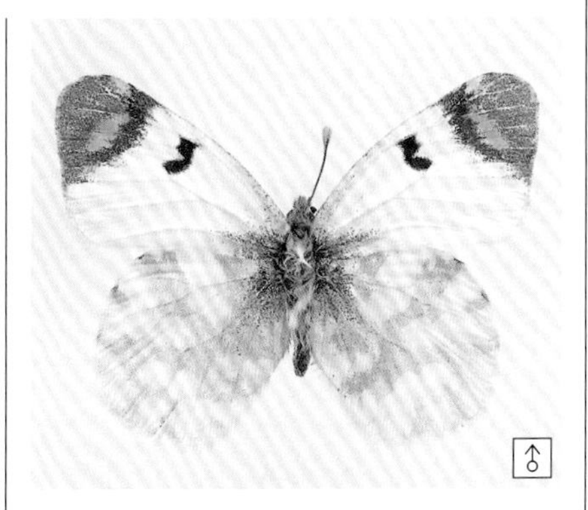

♂

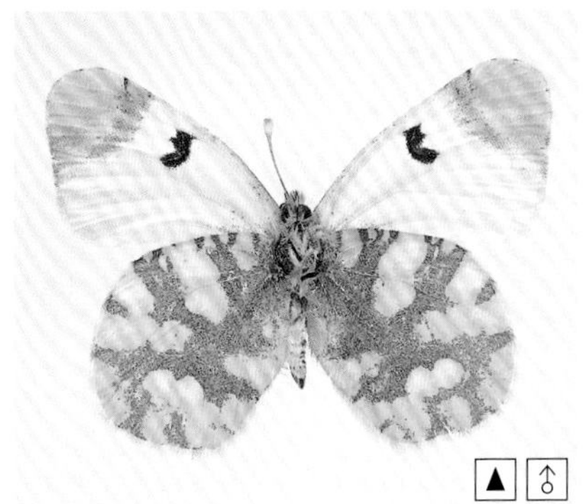

▲ ♂

얼룩무늬흰나비 [흰나비과]

Zegris eupheme meridionalis (아종)

- 날개 편 길이 45mm 안팎 (에스파냐)

날개 끝의 주홍빛 무늬는 '깃주홍나비(*Anthocharis cardamines*)'보다 훨씬 좁다. 황무지와 같은 장소에서 살며, 평지에서 해발 1000m 이상의 높은 산지까지 서식한다. 에스파냐와 모로코를 포함한 지중해 연안에 분포한다.

45mm ×1.1

벨리아끝붉은흰나비 [흰나비과]

Anthocharis belia euphenoides (아종)

- 날개 편 길이 40mm 안팎 (유럽)

수컷은 날개의 바탕색이 노랗고 날개 끝이 선명한 붉은색을 띠는 데 비해 암컷은 바탕색이 밝다. 애벌레는 겨자 등 십자화과 식물을 먹는다. 주로 숲 길가, 꽃 핀 구릉지, 숲 가장자리에서 볼 수 있다. 원명 아종은 모로코, 알제리, 튀니지에 분포하고, 유럽 대륙의 에스파냐 개체는 이에 비해 작다.

×2.4

끝분홍작은흰나비 [흰나비과]

Colotis evagore nouna (아종)

- 날개 편 길이 33mm 안팎 (유럽)

날개 끝에 분홍색이 발달되어 있다. 유럽 남부는 물론 아프리카와 사우디아라비아에 분포한다. 유럽에서 *Colotis*속은 이 한 종뿐이다.

×1.5

크로케아노랑나비 [흰나비과]

Colias crocea

- 날개 편 길이 44–46mm (에스파냐)

우리 나라 '새연주노랑나비(*C. fieldi*)'와 닮았다. 평지에서 해발 1800m까지의 확 트인 풀밭에 산다. 유럽에는 평지가 많으므로 *Colias* 계통의 노랑나비 종류가 매우 많다. 아프리카 북부에서 유럽의 북위 60°까지의 지역에 분포한다.

♂ 44mm ♀ 46mm | ♂×1.15 ♀×1.1

진노랑나비 [흰나비과]

Colias aurorina

- 날개 편 길이 50mm 안팎 (터키)

우리 나라 '노랑나비(*C. erate*)'와 닮았으나 날개의 노란색이 훨씬 짙다. 황무지와 다름없는 바위 지대에 산다. 그리스에서 이란 동부까지 분포한다.

* 여러 아종으로 분리되지만 유사종이 많아, 사진의 종이 이 종인지의 여부는 앞으로 더 연구해 볼 가치가 있다.

50mm | ×1.0

노랑나비 [흰나비과]

Colias erate

- 날개 편 길이 48mm 안팎 (히말라야 에베레스트 산)

우리 나라 아종 *polyographus*보다는 '높은산노랑나비(*C. palaeno*)'와 비슷하다. 유럽 동남부와 아프리카 북동부에서 극동 아시아까지 널리 분포하는 전형적인 구북구 계열의 나비이다.

48mm | ×1.0

높은산노랑나비 [흰나비과]

Colias palaeno

- 날개 편 길이 45mm 안팎 (체코)

한랭한 북아시아 지역에서 유럽과 북아메리카 대륙에 널리 분포하며, 원명 아종은 유럽 대륙에 분포한다.

♂ 45mm ♀ 42mm | ×1.1

유럽산노랑나비 [흰나비과]

Colias phicomone

- 날개 편 길이 42mm 안팎 (유럽)

다른 노랑나비와 달리 날개 색이 매우 어두운데, 암컷은 다소 밝은 색을 띤다. 알프스 산맥의 높은 산지에 분포한다.

×1.2

북방풀색흰나비 [흰나비과]

Euchloe ausonia volgensis (아종)

- 날개 편 길이 41mm 안팎 (에스파냐)

우리 나라 '풀흰나비(*Pontia daplidice*)' 와 닮았으나 계통적으로 '갈구리나비(*Anthocharis scolymus*)' 와 가깝다. 에스파냐 북부에서 알프스를 거쳐 시베리아 지역과 몽골, 중국 서부, 북아메리카 대륙까지 널리 분포한다.

×1.2

유럽배추흰나비 [흰나비과]

Pieris mannii

- 날개 편 길이 40mm 안팎 (에스파냐)

건조한 풀밭을 무대로 살아가며, '배추흰나비(*P. rapae*)' 보다 검은 무늬가 강하다. '배추흰나비' 는 전 유럽에 분포하나 이 종은 유럽 남부에 국한된다. 모로코에서 유럽 남부와 시리아까지 분포한다.

40mm | ×1.25

큰배추흰나비 [흰나비과]

Pieris brassicae

- 날개 편 길이 65mm 안팎 (터키)

'배추흰나비(*P. rapae*)' 보다 크다. 뒷날개 아랫면은 밝은 노랑 기가 있으며, 검은 비늘가루가 약간 퍼져 있다. 애벌레 때에는 양배추 따위의 십자화과 식물을 먹으므로 '배추흰나비' 처럼 농가에서 해충으로 취급하고 있다. 이 나비의 먹이 식물로 알려진 종류가 100여 종에 달한다고 한다. 오스트레일리아 구를 제외한 전세계에 점점이 퍼져 있으며, 계속 확산되고 있다.

51mm | ×1.7

검은테주홍부전나비 [부전나비과]

Heodes virgaureae

- 날개 편 길이 30mm 안팎 (프랑스)

수컷의 날개 색은 '큰주홍부전나비(*Lycaena dispar*)' 보다 더 진한 광택이 있다. 암컷은 검은 점무늬가 있다. 습지의 길가에 날아다니며 여러 꽃에 모이는데, 소리쟁이가 먹이 식물인 점 등을 보면 우리 나라 '큰주홍부전나비'와 같은 특징이 많다. 유럽에서 우리 나라 북부 지방까지 분포한다.

테검은푸른부전나비 [부전나비과]

Lysandra coridon

- 날개 편 길이 30mm 안팎 (프랑스)

날개는 하늘색인데, 외연이 검게 테를 이루고 있다. 아랫면은 회백색과 갈색 바탕에 촘촘한 점무늬가 퍼져 있다. 길가의 풀밭이나 강둑 같은 넓게 트인 장소에 산다. 영국을 포함한 전 유럽에 분포하며, 영국은 남부 일부 지역에만 분포한다.

신부나비 [네발나비과]

Nymphalis antiopa

- 날개 편 길이 57mm 안팎 (유럽)

날개 외연에 넓게 노란 띠가 있고, 그 안쪽으로 청보라색 점무늬가 줄지어 있다. 썩은 과일이나 나뭇진, 꿀이 많은 꽃에 날아오는데, 날아올 때에는 먹이에 바로 접근하는 것이 아니라, 주변에 날아와서 주위를 살피며 천천히 먹이 쪽으로 걸어간다. 먹이에 접근하여, 한참 후 안전하다고 판단이 서야 비로소 날개를 펼치는데, 그 모양을 유럽에서는 장례 복장(mourning cloak)을 한 모습 같다고 말하기도 한다. 애벌레의 먹이 식물은 느릅나무류, 버드나무류와 자작나무류 등이 있다. 구북구 전체에 분포하며, 캐나다를 제외한 북아메리카 대륙에도 분포한다.

* 순결의 뜻이 담긴 신부의 로만 칼라를 연상시킨다고 하여 '신부'라는 이름을 가졌으나, '이승모 도감'(한국접지, 1982)에서 '신선나비'로 바뀜으로써 의미가 달라졌다.

59mm ×0.85

유럽큰멋쟁이나비 [네발나비과]

Vanessa atalanta

- 날개 편 길이 49mm 안팎 (에스파냐)

'큰멋쟁이나비(*V. indica*)'와 가까운 종으로, 습성이나 생김새가 매우 닮았다. 단지 앞날개 중앙을 가로지르는 붉은 띠가 좁고 단순하며, 바탕색도 훨씬 진하다. 유럽에서는 이동성이 큰 나비로 알려져 있다. 아프리카 북부에서 카나리아 제도, 이란까지와 북아메리카 대륙, 과테말라에 분포하며, 뉴질랜드에는 최근에 유입되었다.

×1.5

은줄표범나비 [네발나비과]

Argynnis paphia

- 날개 편 길이 30mm 안팎 (에스파냐)

우리 나라 '은줄표범나비'와 거의 생김새는 같으나 조금 작고, 날개 아랫면의 녹색 무늬가 더 짙은 편이다. 산지의 풀밭에 흔한 종으로, 먹이 식물은 여러 제비꽃류이다. 유럽과 아프리카 북부에서 우리 나라와 일본까지 온대 지역에 널리 분포한다.

55mm ×0.9

번개오색나비 [네발나비과]

Apatura iris

- 날개 편 길이 60–74mm (프랑스)

산지에 사는 흔한 나비로, 유럽의 개체는 우리 나라보다 작고, 날개 중앙의 흰 띠가 약간 노랗다. 산지가 없는 영국에서는 숲 지역에 산다. 수컷은 날개에 보랏빛 광채가 보는 각도에 따라 다르게 빛난다. 애벌레의 먹이식물은 버드나무류이다. 우리 나라와 구북구의 온대 지역을 중심으로 분포한다.

♂ 62mm ♀ 72mm | ♂×0.8 ♀×0.7

오색나비 [네발나비과]

Apatura ilia

- 날개 편 길이 57mm 안팎 (스위스)

우리 나라 '오색나비'의 아종과 비교하면 더 작고, 날개의 흰 띠가 곧고 좁은 편이다. 유럽에서 아시아의 온대 북부를 거쳐 우리 나라까지 분포한다.

57mm | ×0.9

유럽쌍돌기나비 [네발나비과]

Charaxes jasius

- 날개 편 길이 62mm 안팎 (에스파냐)

유럽에 분포하는 유일한 쌍돌기나비로, 고동색 바탕에 흑갈색 무늬가 퍼져 있다. '번개오색나비(*Apatura iris*)' 처럼 언덕 위에서 점유 행동을 하며 힘차게 날아다닌다. 유럽 남부의 지중해 지역과 아프리카의 적도 지역까지 분포하며, 많은 국소적인 특징을 가지고 있다.

62mm | ×1.4

벽돌담무늬뱀눈나비 [네발나비과]

Lasiommata megera

- 날개 편 길이 40mm 안팎 (터키)

날개는 황토색 바탕에 짙은 갈색 띠가 중앙과 외연 부위에 넓게 나타난다. 유럽 남부에서 아프리카 북부까지 풀밭 환경을 중심으로 널리 분포한다.

33mm | ×1.5

유럽굴뚝나비 [네발나비과]

Hipparchia semele

- 날개 편 길이 53mm 안팎 (그리스)

수컷에 비해 암컷의 날개는 좀더 노란색을 띠고, 검은 눈알 모양 무늬가 훨씬 크다. 산지나 평지의 밝은 풀밭을 무대로 풀 사이를 매우 빠르게 날아다닌다. 노르웨이부터 에스파냐와 이탈리아는 물론 유럽 북서부 및 중부에 걸쳐 분포한다.

53mm | ×0.95

흑백무늬흰뱀눈나비 [네발나비과]

Melanargia russiae cleanthe (아종)

● 날개 편 길이 52mm 안팎 (유럽 서부)

날개에 검은색 무늬가 적어 흰 바탕색이 돋보인다. 산지의 바위가 많은 환경에서 살며, 우리 나라 '흰뱀눈나비(*M. halimede*)' 처럼 쉴새없이 날아다니는 습성이 있다. 유럽 남부에서 우랄 지역, 카자흐스탄, 시베리아, 중국 북서부에 널리 분포한다.

45mm ×2.0

갈색무늬뱀눈나비 [네발나비과]

Maniola jurtina hispulla (아종)

● 날개 편 길이 46mm 안팎 (유럽)

날개는 갈색이 짙다. 흔한 종으로, 평지의 낮은 키 나무숲이나 풀밭에서 해발 1800m의 암석 지대까지 산다. 카나리아 제도에서 아프리카 북부와 유럽, 우랄 지역, 소아시아, 이란까지 분포한다.

얼룩흰뱀눈나비 [네발나비과]

Melanargia galathea

● 날개 편 길이 42mm 안팎 (유럽 서부)

우리 나라 '흰뱀눈나비(*M. halimede*)' 와 근연종으로 날개 색이 보다 짙으며, 습성이 비슷하다. 이 속에 속하는 종들은 지역에 따라 분화가 일어나 여러 종으로 나뉜다. 유럽 서부와 남부, 동남부, 그리고 아시아 남서부에 분포한다.

42mm ×1.2

멋쟁이박각시 [박각시과]

Hyles gallii

● 날개 편 길이 68mm 안팎 (한국 대암산)

우리 나라에 채집 기록이 적은 희귀종으로, 일본에서 인도 북부를 거쳐 유럽과 아프리카 북부, 북아메리카에 널리 분포한다.

68mm ×0.75

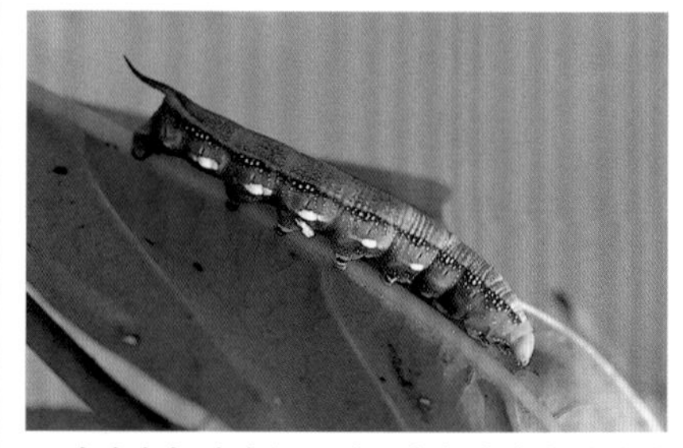

* 남태평양 팔라우 공화국에서 발견한 박각시 일종의 애벌레

22mm ×2.2

유럽흰점팔랑나비 [팔랑나비과]

Muschampia proto

● 날개 편 길이 22mm 안팎 (그리스)

우리 나라 '흰점팔랑나비(*Pyrgus maculatus*)' 보다 흰 점이 크다. 낮은 산지나 길가에서 쉽게 볼 수 있으나 모로코에서는 해발 1700m의 높은 지역에 산다. 아프리카 북부와 포르투갈, 에스파냐, 유럽 남부에서 소아시아까지 분포한다.

딱정벌레목

미끈이딱정벌레 [딱정벌레과]

Lipaster stjernvalli

- 몸 길이 22mm 안팎 (터키)

몸은 광택이 강한 남색을 띤다. 아르메니아와 그루지야, 터키에 분포한다.

금보라무지개딱정벌레 [딱정벌레과]

Chrysocarabus hispanus

- 몸 길이 32mm 안팎 (프랑스)

몸은 광택이 강하고, 머리와 앞가슴등판은 청색, 딱지날개는 금록색을 띤다. 프랑스 특산종으로, 프랑스 남부의 중앙 산악 지대(Massif Central)에 분포한다.

검은딱지민테두리딱정벌레 [딱정벌레과]

Chaetocarabus intricatus

- 몸 길이 32mm 안팎 (프랑스)

수컷 입술수염의 끝은 삼각형으로 꽤 넓다. 앞가슴등판이 약간 남빛이 돌지만 나머지는 검은색이다. 딱지날개는 둥글고 통통한 느낌을 준다. 이베리아 반도와 이탈리아 반도를 제외한 유럽 전역에 분포한다.

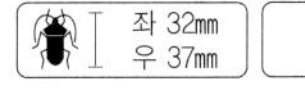

미끈이딱정벌레 [딱정벌레과]

Lipaster stjernvalli osellai (아종)

- 몸 길이 41mm 안팎 (터키)

원명 아종보다 약 2배 정도 크며 강한 남색을 띤다. 터키 일부 지역에 분포한다.

금보라무지개딱정벌레 [딱정벌레과]

Chrysocarabus hispanus latissimus(아종)

- 몸 길이 34mm 안팎 (프랑스)

원명 아종보다 붉은색이 훨씬 강하다. 이 아종은 프랑스의 일부 지역에만 분포한다.

검은딱지민테두리딱정벌레 [딱정벌레과]

Chaetocarabus intricatus krueperi (아종)

- 몸 길이 34mm 안팎 (그리스)

이 아종은 그리스의 산지에만 분포한다.

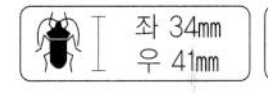

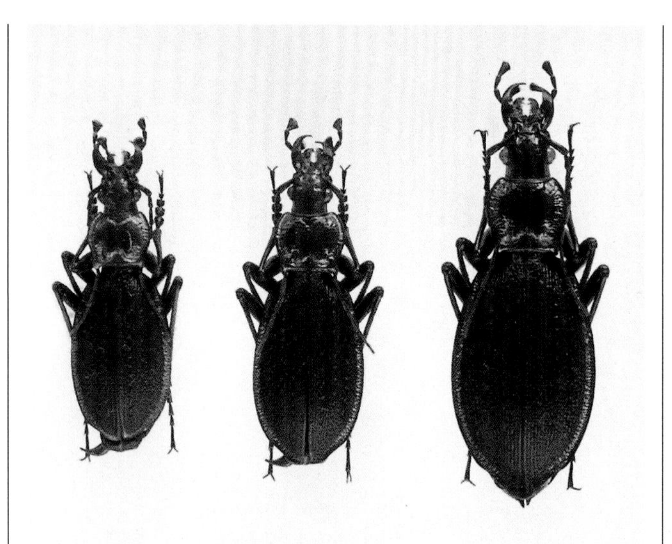

아르카디쿠스테두리딱정벌레 [딱정벌레과]

Chaetocarabus arcadicus

● 몸 길이 32mm 안팎 (그리스)

앞가슴등판과 딱지날개 테두리가 금속 광택이 나는 녹적색 또는 붉은색을 띤다. 딱지날개의 점각들은 매우 촘촘하다. 그리스 특산종이다.

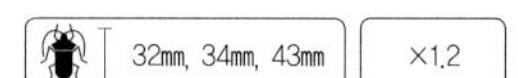

32㎜, 34㎜, 43㎜ ×1.2

아르카디쿠스테두리딱정벌레 [딱정벌레과]

Chaetocarabus arcadicus merlini (아종)

● 몸 길이 34mm 안팎 (그리스)

몸 전체가 검은색이다. 펠로폰네소스 반도의 중앙 고원에만 분포한다.

좌 34㎜ 우 38㎜ ×1.3

깊은산북방딱정벌레 [딱정벌레과]

Archiplectes juenthneri atchibachi (아종)

● 몸 길이 36mm 안팎 (러시아)

아름다운 종으로, 등 쪽이 광택이 강한 금록색, 자청색, 검은색, 흑갈색, 청색 등을 띤다. 러시아 남부 카프카스 산맥 서부에서 북서부에 분포한다.

* 이 표본은 아종을 정할 때 기준으로 사용된 'paratype' 표본이다.

36㎜ ×1.3

장군북방딱정벌레 [딱정벌레과]

Archiplectes polychrous

● 몸 길이 41mm 안팎 (러시아)

'깊은산북방딱정벌레(*A. juenthneri atchibachi*)' 보다 크고, 딱지날개의 점각이 더 뚜렷하다. 몸 색깔은 검거나 황록색을 띠어 '깊은산북방딱정벌레' 보다 단순한 편이다. 러시아 남부 카프카스 산맥에 분포한다.

41㎜ ×1.1

프로메테우스북방딱정벌레 [딱정벌레과]

Archiplectes prometheus

● 몸 길이 36mm 안팎 (러시아)

몸은 군청색 또는 광택이 강한 청색을 띤다. 딱지날개의 점각들의 줄진 모습이 우리 나라 '홍단딱정벌레(*Coptolabrus smaragdinus*)'를 많이 닮았다. 산과 골짜기, 시냇물이 갈라놓은 지역에 따라 몸 색깔의 변화가 심하다. 러시아 남부의 카스카스 산맥에 분포한다.

36㎜ ×1.3

청보라갑옷딱정벌레 [딱정벌레과]

Procerus scarbrosus tauricus (아종)

- 몸 길이 48-65mm (우크라이나)

몸은 검은 녹색 또는 녹색을 띤 청람색 등 다양하다. 몸 길이가 80mm 가까이 되는 대형 개체도 있다. 등 쪽은 미세한 점각들이 줄지어 나 있어 사포 같은 느낌을 준다. 앞가슴등판은 다른 종에 비해 많이 둥글다. 주로 소아시아를 중심으로 불가리아에서 우크라이나, 이란 북부까지와 흑해 근처에 분포한다.

고운무지개딱정벌레 [딱정벌레과]

Chrysocarabus splendens ammonous(아종)

- 몸 길이 30mm 안팎 (프랑스)

몸은 금록색 또는 짙은 청색으로, 광택이 강하다. 맨눈으로는 점각이 보이지 않는다. 프랑스와 에스파냐의 피레네 산맥에 분포한다.

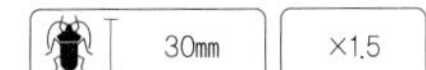

줄친푸른무지개딱정벌레 [딱정벌레과]

Chrysocarabus lineatus

- 몸 길이 25mm 안팎 (에스파냐)

'프랑스무지개딱정벌레(*C. solieri*)'와 많이 닮았으나 몸 색깔이 약간 밝고 홀쭉한 편이다. 에스파냐 북서부에서 프랑스 남서부에 분포한다.

갑옷딱정벌레 [딱정벌레과]

Procerus gigas

- 몸 길이 48-60mm (유고슬라비아)

'청보라갑옷딱정벌레(*P. scarbrosus tauricus*)'와 많이 닮았으나 몸 색깔이 청람색을 띠지 않았으며, 앞가슴등판이 더 넓고, 생김새는 종 모양이다. 이탈리아 북동부에서 발칸 반도와 불가리아 등지까지 널리 분포한다.

고운무지개딱정벌레 [딱정벌레과]

Chrysocarabus splendens vittatus (아종)

- 몸 길이 29mm 안팎 (에스파냐)

몸은 금록색 또는 짙은 청색이다. 맨눈으로는 점각이 보이지 않는다. 에스파냐에만 분포한다.

올림픽무지개딱정벌레 [딱정벌레과]

Chrysocarabus olympiae

- 몸 길이 32mm 안팎 (이탈리아)

머리와 앞가슴등판 중앙만 검은색이다. 앞가슴등판의 옆과 뒤, 딱지날개는 광택이 있는 풀빛이다. 딱지날개는 잘게 홈이 팬 듯한 모양을 한다. 이탈리아 북서부의 높은 봉우리인 몬테로사 남쪽 사면의 계곡에만 분포한다.

프랑스무지개딱정벌레(지역 변이)

[딱정벌레과]

Chrysocarabus solieri

- 몸 길이 26-32mm (프랑스)

'올림픽무지개딱정벌레(*C. olympiae*)'와 생김새는 비슷하나 몸 전체가 풀빛이고, 딱지날개에는 세로로 검은 줄이 도드라져 보인다. 프랑스 남동부에서 이탈리아 북서부까지의 산지에 분포한다.

26-32mm ×1.4

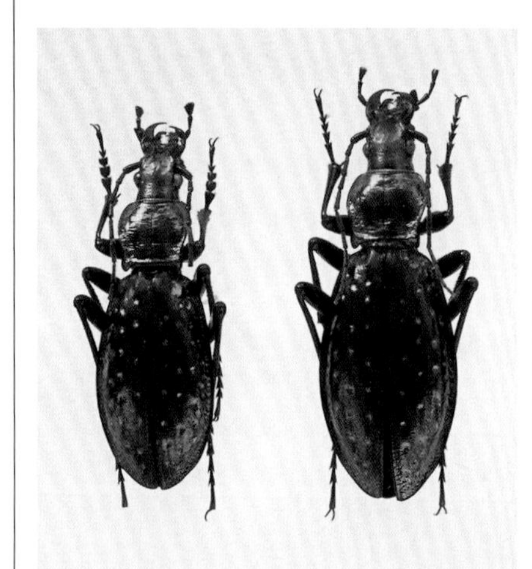

곰보무지개딱정벌레 [딱정벌레과]

Chrysocarabus rutilans

- 몸 길이 34mm 안팎 (프랑스)

지역에 따른 색채 변이가 심한데, 원명 아종은 등 쪽이 광택이 많고 붉은색을 띤다. 달걀처럼 부푼 딱지날개는 곰보 모양으로 움푹 들어간 부분이 가운데에만 10개 가량 줄지어 있다. 프랑스와 에스파냐의 피레네 산맥에 분포한다.

좌 32mm 우 36mm ×1.25

곰보무지개딱정벌레 [딱정벌레과]

Chrysocarabus rutilans brevicollis (아종)

- 몸 길이 37mm 안팎 (에스파냐)

원명 아종보다 약간 푸른 기가 더 강하게 나타난다. 에스파냐의 일부 지역에 분포한다.

좌 33mm 우 36mm ×1.25

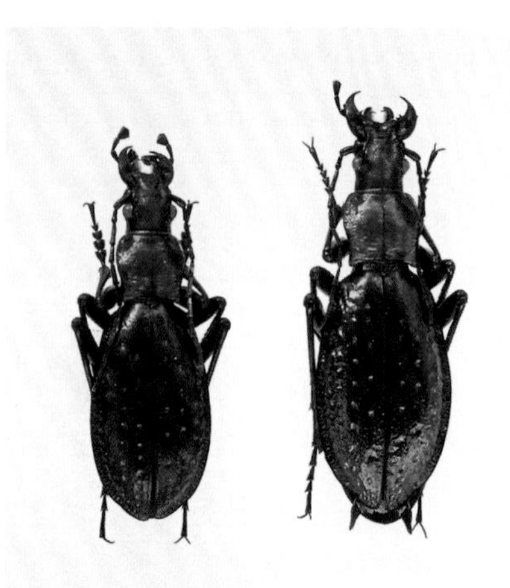

곰보무지개딱정벌레 [딱정벌레과]

Chrysocarabus rutilans perignitus (아종)

- 몸 길이 34mm 안팎 (안도라)

앞가슴등판은 거의 청색이고, 딱지날개는 푸른 기가 뚜렷한 붉은색이다. 에스파냐의 일부 지역에 분포한다.

좌 31mm 우 36mm ×1.25

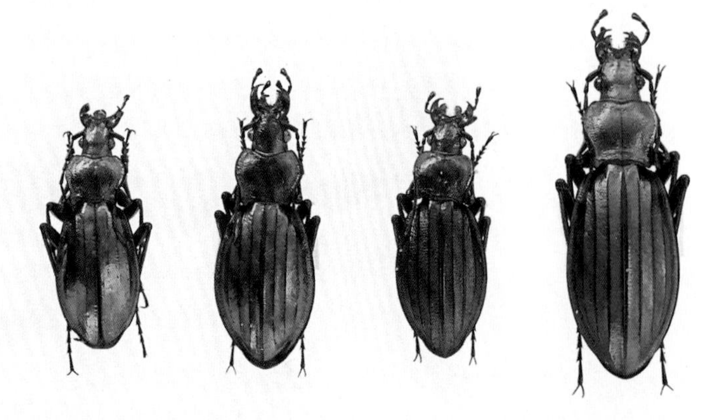

무지개딱정벌레(지역 변이)

[딱정벌레과]

Chrysocarabus auronitens

- 몸 길이 21-30mm (프랑스)

'줄친푸른딱정벌레(*C. lineatus*)'와 닮았으나 등 쪽 색의 변화가 더 많고, 딱지날개에 융기된 줄이 더 도드라져 보인다. 다양한 개체 변이가 나타난다. 유럽 중앙부에 분포한다.

21-30mm ×1.5

터키미끈이딱정벌레 [딱정벌레과]

Lamprostus torosus sinopennis (아종)

- 몸 길이 30mm 안팎 (터키)

*Lamprostus*속의 특징은, 딱지날개에 별다른 무늬가 없어서 마치 청동 거울처럼 빛나고 군청색을 띤다. 발칸 반도에서 처음 발견되어 *Lamprostus*속의 기준종이 된 것으로 알려져 있다. 해발 1300m의 고산에 분포한다.

터키미끈이딱정벌레 [딱정벌레과]

Lamprostus torosus lohsei (아종)

- 몸 길이 33mm 안팎 (터키 아나톨리아)

머리는 검지만 앞가슴등판과 딱지날개는 광택이 있는 녹색을 띠어 매우 아름답다. 불가리아 동부와 터키 중부 산악 지대에 분포한다.

터키미끈이딱정벌레 [딱정벌레과]

Lamprostus torosus stranicus (아종)

- 몸 길이 39mm 안팎 (터키)

*L. torosus lohsei*와 비교할 때, 대형인 것 외에는 무늬나 색에 뚜렷한 차이가 없다. 유럽 남부의 산악 지역에 분포한다.

터키높은산미끈이딱정벌레

[딱정벌레과]

Lamprostus erenleriensis

- 몸 길이 34mm 안팎 (터키)

터키미끈이딱정벌레류와 닮은 종으로, 형태적으로 구별하기 어렵다. 터키의 북서부 산악 지대에 분포한다.

터키북방미끈이딱정벌레

[딱정벌레과]

Lamprostus nordmanni

- 몸 길이 35–45mm (터키)

몸의 등 쪽은 군청색이 강한 것 외에는 별다른 무늬가 없다. 지역에 따른 여러 아종으로 구분하나 큰 의미가 없어 보인다. 터키의 북동부 산악 지대에 치우쳐 분포한다.

좌 35mm 우 44mm ×1.15

유럽산사슴벌레 [사슴벌레과]

Lucanus cervus

- 몸 길이 54mm 안팎 (프랑스)

우리 나라 '사슴벌레(*L. maculifemoratus*)'와 근연종으로, '사슴벌레' 보다 바탕색이 더 짙어 보인다. 유럽 지역에 분포한다.

소똥구리 [소똥구리과]

Gymnopleurus mopsus

● 몸 길이 16mm 안팎 (러시아 남부)

몸은 광택이 없이 검고 옆으로 퍼진 모양이며, 머리도 부채처럼 퍼진 모양이다. 앞다리 종아리마디는 톱날 모양의 돌기가 많으며, 바깥쪽에 두드러진 3개의 돌기가 있다. 아프리카 북부, 유럽에서 우리 나라까지 널리 분포한다.

* 말똥을 분해하는데, 요즈음 말을 방목하지 않아 우리 나라에서는 1966년 이후 발견되지 않는다. 거의 멸종 상태여서 우리 나라에서는 '멸종 위기 야생 동식물 Ⅱ급'으로 지정, 보호하고 있다.

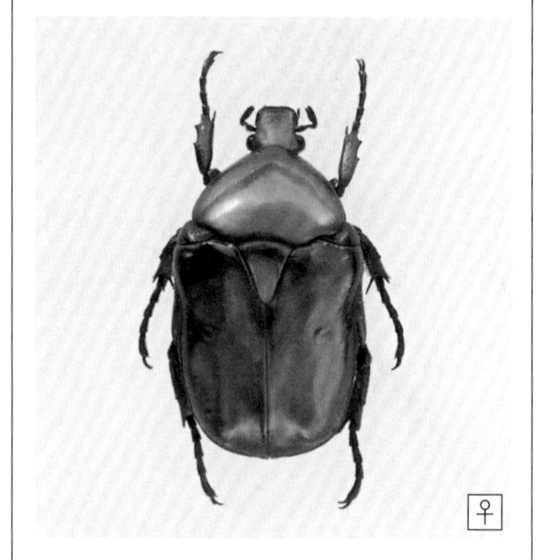

금청동꽃무지 [꽃무지과]

Protaetia (Cetonischema) aeruginosa

● 몸 길이 26mm 안팎 (프랑스)

앞가슴등판과 딱지날개는 금록색 또는 붉은 기가 있는 녹색으로, 강한 금속 광택이 난다. 가운데가슴 배 쪽 돌기는 가로로 길고 장타원형이다. 유럽의 대표적인 아름다운 꽃무지류로 매우 흔한 종이다. 유럽 중남부에 널리 분포한다.

아지랑이구리꽃무지 [꽃무지과]

Protaetia cuprea bourgini (아종)

● 몸 길이 20mm 안팎 (프랑스)

우리 나라 꽃무지류와 생김새가 닮았다. 구북구 전역에 널리 퍼져 서식하는 광역 분포종으로, 지역에 따른 변이가 심해 아종으로 구분된다.

♂ 20㎜, ♂ 18㎜, ♂ 19㎜ ×2.0

풀잠자리목

리본명주잠자리 [리본명주잠자리과]

Nemoptera sinuata

● 몸 길이 17mm, 날개 편 길이 60mm 안팎 (그리스 발칸 반도)

하루살이처럼 보이나 사실은 육식성의 명주잠자리이다. 앞날개가 레이스처럼 아름답고, 뒷날개는 리본처럼 길게 발달되어 있다. 애벌레는 모래에 깔때기 모양의 함정을 파 놓고 그 속에 빠지는 개미 따위의 곤충을 잡아먹는다. 그리스 발칸 반도에 분포하며, 리본명주잠자리 무리는 유럽 남부에서 아프리카 북부와 오스트레일리아에도 분포한다.

60㎜ ×1.2

한국 · 중국 · 일본 우표

❶

❷

❸

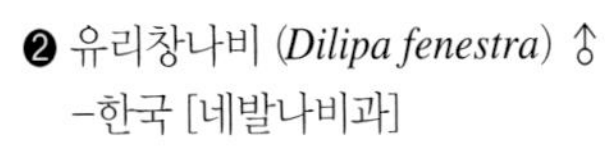

❹

❺

❻

❶ 꼬리명주나비 (*Sericinus montela*) ♂
–한국 [호랑나비과]

❷ 유리창나비 (*Dilipa fenestra*) ♂
–한국 [네발나비과]

❸ ?–일본 [네발나비과]

❹ ?–중국 [호랑나비과]

❺ 황모시나비 (북한명:노랑모시범나비)
(*Parnassius eversmanni*) ♀
–북한 천연기념물 제110호 [호랑나비과]

❻ 남방녹색부전나비 (*Thermozephyrus ataxus*)
왼쪽 ♂, 오른쪽 ♀–일본 [부전나비과]

그 밖의 세계 우표

❶

❷

❸

❹

❺

❻

❼

❽

❾

❿

⓫

⓬

⓭

⓮

⓯

⓰

❶ 두다쌍돌기나비 (*Euthalia duda*) ♂
–부탄 [네발나비과]

❷ 헴브라네발나비 (*Sardanatus hembra*) ♂
–페루 [네발나비과]

❸ 뒷노랑장수제비나비 (*Troides margellanus*)
♂–필리핀 [호랑나비과]

❹ 아프리카암노랑나비 (*Catopsilia florella*)
왼쪽 ♂, 오른쪽 ♀–레소토 공화국
[흰나비과]

❺ 청색예쁜삼원색네발나비 (*Agrias beatifica beata*) ♂–페루 [네발나비과]

❻ 말레이뒷고운흰나비 (*Delias ninus*) ♂
–말레이시아 [흰나비과]

❼ 숲뱀눈나비 (*Dodonidia helmsii*) ♂
–뉴질랜드 [네발나비과]

❽ 황줄검은쌍돌기나비 (*Charaxes druceanus teita*) ♂–케냐 [네발나비과]

❾ 붉은날개네발나비 (*Cymothoe sangaris*)
♂–시에라리온 [네발나비과]

❿ 검은테희미날개나비 (*Acraea semibitrea*)
♂–우간다 [네발나비과]

⓫ 오색나비 (*Apatura ilia*) ♂
–시리아 [네발나비과]

⓬ 신부나비 (*Nymphalis antiopa*) ♂
–폴란드 [네발나비과]

⓭ 극락비단나비 (*Ornithoptera paradisea*) ♂
–파푸아뉴기니 [호랑나비과]

⓮ 검푸른팔랑나비 (*Pyrrhopyge ruficauda*) ♂
–브라질 [팔랑나비과]

⓯ 알렉산더비단나비 (*Ornithoptera alexandrae*) 왼쪽 ♀, 오른쪽 ♂
–파푸아뉴기니 [호랑나비과]

⓰ ? (*Euryphura achlys*) ♀
–말라위 [네발나비과]

신북구

NEOARCTIC REGION

북아메리카권

미국의 남부 지역은 중앙 아메리카와 같은 계열의 열대와 아열대 곤충들이 사나, 미국 북부 및 캐나다와 같이 한랭한 지역은 신북구 계열의 곤충이 주류를 이루고 있으며, 한랭한 기후에 잘 적응하는 뱀눈나비류 등의 곤충들이 많다. 이 곳은 곤충의 종류면으로 볼 때 비교적 그다지 다양한 곳이라고는 할 수 없으며, 특이하게 침엽수림이나 풀밭 환경에 적응한 곤충들이 많다.

나비목

암검은호랑나비 [호랑나비과]

Papilio glaucus

- 날개 편 길이 82mm 안팎 (미국)

날개의 가장자리로 검은 띠가 두드러진 것 외에는 밝은 노란색 바탕인데, 암컷은 수컷과 거의 같은 모습이거나 수컷과 달리 검어진 두 가지 형이 있다. 호랑나비과로서는 특이하게 애벌레가 사시나무나 버드나무의 잎을 먹는다. 미국이나 캐나다에서는 남부보다 북부 지역의 개체가 훨씬 작다고 한다. 멕시코 만에서 알래스카까지 북아메리카 대륙 전체에 분포한다. 미국 워싱턴 주 야생 보호국에 특별 관리종으로 올라 있다.

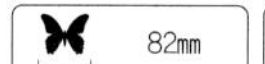

82mm ×1.1

인드라검은호랑나비 [호랑나비과]

Papilio indra

- 날개 편 길이 93mm 안팎 (미국 콜로라도)

미국의 다른 호랑나비들처럼 단순하게 검은색과 노란색으로 되어 있는데, 이 종은 노란색 부분이 조금 축소되어 있다. 바위가 많은 산악 지대에 살며, 수컷은 정상 부위로 잘 올라온다. 애벌레는 미나리과 식물을 먹으므로 '산호랑나비(*Papilio machaon*)'와 가까운 계통이다. 워싱턴 주에서는 이 나비를 보호 대상종에 포함시키고 있으나 매우 흔한 종이다. 북아메리카 대륙에 널리 분포한다.

80mm ×1.2

노랑띠왕제비나비 [호랑나비과]

Papilio cresphontes

- 날개 편 길이 100–140mm (미국 마이애미)

날개는 흑갈색 바탕에 노란색 줄무늬가 뚜렷하다. 뒷날개 후각에는 붉은 점이 약하게 나타나며, 꼬리 모양 돌기가 발달해 있다. 매우 흔한 종으로, 미국 남부의 평지 또는 인가에 잘 날아오는데, 정원에 핀 꽃에 잘 모인다. 애벌레의 먹이 식물은 운향과 식물이다. 미국 남부와 중앙 아메리카, 남아메리카 대륙에 널리 분포한다.

 103mm  ×0.5

산붉은점모시나비 [호랑나비과]

Parnassius phoebus

- 날개 편 길이 59mm 안팎 (미국 서부)

대체로 '아폴로모시나비(*P. apollo*)' 와 닮았으나 약간 작으며, 검은 점무늬의 배열이 다르다. 북아메리카 대륙에 사는 *Parnassius* 속에는 이 종을 포함하여 모두 3종이 있는데, 이 3종은 아시아 대륙에서 제4기 간빙기 때 육지화되었던 베링 해협을 넘어 들어온 것으로 추정하고 있다. 현재 이 종은 구북구 북부 전역에 살지만 북아메리카 대륙에도 분포하는데, 다만 미국이나 유럽에서는 감소하는 종으로 취급되고 있다.

 59mm  ×0.85

구름무늬북미제비나비 [호랑나비과]

Papilio troilus

- 날개 편 길이 100mm 안팎 (미국 뉴올리언스)

날개는 검은색 바탕에 아외연에 노란색 원무늬가 줄지어 있다. 또, 뒷날개 중앙에 얼룩진 모양의 희미한 연미색이 나타난다. 독을 가진 '진주바투스제비나비(*Battus philenor*)' 를 닮는 의태로 알려져 있다. 미국에서는 흔한 종이다.

 86mm ×1.0

떠돌이큰노랑나비 [흰나비과]

Phoebis sennae

- 날개 편 길이 68mm 안팎 (미국 뉴올리언스)

수컷은 날개 전체가 노란색인데, 암컷은 연노랑 바탕에 외연 쪽으로 흑갈색 띠무늬가 불규칙하게 나타나며, 아랫면은 갈색 점들이 흩어져 보인다. 매우 흔한 종으로 풀밭에 많다. 북아메리카와 중앙 아메리카 대륙에 널리 분포한다.

 68mm ×0.7

다이라남방노랑나비 [흰나비과]

Eurema daira

- 날개 편 길이 30–33mm (서인도 제도)

앞날개 후연에 짙게 선 모양으로 흑갈색 무늬가 나타난다. 암컷은 흑갈색이 약하다. 꽃에 잘 날아온다. 북아메리카 남부와 중앙 아메리카 대륙에 분포한다.

♂ 30mm ♀ 33mm ♂×1.7 ♀×1.5

큰미국노랑나비 [흰나비과]

Colias eurytheme

- 날개 편 길이 42mm 안팎 (미국 타호 호수)

날개 외연이 검고 나머지 부분은 짙은 노란색이며, 앞날개 중실에는 검은 점이, 뒷날개 중실에는 오렌지색 점이 뚜렷하다. 암컷은 노란색과 오렌지색, 흰색의 세 가지 형이 있다. 애벌레는 앨팰퍼나 토끼풀과 같은 콩과 식물을 먹고 자라며, 어른벌레는 밝은 풀밭을 날아다니는 매우 흔한 종이다. 미국 플로리다 이북의 북아메리카 전 지역에 분포하며, 북쪽으로 갈수록 수가 줄어드는 경향이 있다.

 42㎜ ×1.2

미국흰나비 [흰나비과]

Pieris protodice

- 날개 편 길이 49mm 안팎 (미국 뉴올리언스)

'소나무흰나비(*Neophasia menapia*)'와 닮았으나 날개의 검은 점이 더 짙은 편이다. 평지의 길가나 버려진 땅에 흔한데, 미국 전역과 캐나다 남부, 멕시코에 분포한다.

49㎜ ×1.0

메도라활날개흰나비 [흰나비과]

Dismorphia medora

- 날개 편 길이 54mm 안팎 (미국 마이애미)

앞날개는 가늘고 긴 특징이 있다. 미국 플로리다 주와 중앙 아메리카, 남아메리카 대륙의 북부 지역에 분포한다.

54㎜ ×0.95

소나무흰나비 [흰나비과]

Neophasia menapia

- 날개 편 길이 40-50mm (미국 타호 호수)

날개 끝과 앞날개의 전연 부위로 검은 점이 흩어져 있으며, 윗면에서는 보이지 않지만 뒷날개 아랫면에는 붉은 기가 있는 검은색 줄무늬가 나타난다. 늦여름에서 가을에 나타나며, 특이하게 소나무류의 숲에 산다. 애벌레도 소나무의 뾰족한 잎을 먹는 것으로 알려져 있다. 캐나다 남부 지역에서 멕시코까지 널리 분포한다.

 45㎜ ×1.1

아탈라부전나비 [부전나비과]

Eumaeus atala

- 날개 편 길이 40-50mm (바하마)

날개는 검은 가운데 금속성 녹색 광택이 강하게 보인다. 배는 붉은색을 띤다. 뒷날개 아랫면에는 붉은색 점이 있다. 주로 숲 가장자리를 날아다니며, 애벌레의 먹이 식물은 소철 종류이다. 미국 플로리다 반도 끝과 바하마, 쿠바 등지에 국소적으로 분포하는 것으로 보인다. 현재 보호가 요청되는 종이다.

40㎜ ×2.3 ×1.25

붉은긴꼬리네발나비 [네발나비과]

Marpesia petreus

● 날개 편 길이 70mm 안팎 (미국 마이애미)

날개는 주황색 바탕에 세로로 가는 선이 있다. 뒷날개의 꼬리 모양 돌기는 두 쌍인데, 바깥쪽의 것이 매우 길고 칼날 같은 느낌을 준다. 주로 확 트인 늪 지대에 서식하며, 꽃을 찾거나 물가 바닥에 잘 날아온다. 남아메리카와 중앙 아메리카 대륙에 분포하며, 미국의 플로리다와 텍사스 지방에서도 볼 수 있다.

제왕얼룩나비 [네발나비과]

Danaus plexippus

● 날개 편 길이 88mm 안팎 (미국)

미국을 대표할 만한 나비로, 우리 나라 호랑나비와 같이 미국인들에게 'monarch(제왕)'로 불리는 친근한 나비이며, 각종 매체에 많이 소개되고 있다. 애벌레는 독성이 있는 밀크위드(milkweed)를 먹는데, 이 물질의 독성을 몸에 지니고 있어서 새와 같은 천적으로부터 공격을 받지 않는다.

나비의 이동

'제왕얼룩나비(*Danaus plexippus*)' 처럼 먼 거리를 이동하는 나비로 여러 종류가 더 알려져 있다. '제왕얼룩나비'는 월동지인 미국의 플로리다와 캘리포니아 남부, 멕시코 남부에서 집단으로 한겨울을 보내고 봄이 되면 미국 전역으로 퍼져 올라간다. 이 때 한 마리가 단번에 날아가는 경우는 드물고, 몇 세대를 거치면서 늦여름이면 캐나다 남부까지 이르며, 바다를 건너 유럽이나 하와이, 남태평양의 여러 섬들까지 퍼져 가는데, 조사된 이동 거리로 가장 긴 것은 무려 4500km에 이른다고 한다. 저자는 뉴질랜드의 북섬에서도 이 종을 발견한 적이 있다.

여름이 지나고 날씨가 다시 추워지면 북아메리카 대륙에 퍼져 살던 개체들이 따뜻한 곳으로 이동하거나 그대로 사멸하게 된다. 이동해 온 개체들이 겨울에는 캘리포니아와 멕시코 여러 지역에 나누어져 한 나무를 뒤덮어 놓은 듯 장관을 이루는데, 이를 '나비나무(Butterfly tree)'라고 하며, 관광객들을 끌어모으고 있다. 이 나비가 이동하게 되는 까닭이 좁은 서식지에서 과밀을 피하려는 의도로 여겨지지만 이것만으로는 설명이 충분하지 못하다.

오늘날 세계 모든 곳에서 보이는 '작은멋쟁이나비(*Cynthia cardui*)'가 가장 넓게 이동하는 나비로 알려져 있다. 또, '배추흰나비(*Pieris rapae*)'는 원래 중앙 아시아가 고향이었으나 배추나 양배추, 무 경작지를 따라 세계에 퍼진 것으로 알려져 있다. 우리 나라는 일찌감치 이동해 온 것으로 추측되나 그 시기는 분명하지 않으며, 북아메리카 대륙에는 1860년대에 이동하였다고 한다. 그리고 하와이에는 1898년, 오스트레일리아와 뉴질랜드에는 1930년대에 이동한 것으로 보고 있다. 일본의 오키나와에는 1925년에, 타이완에는 1961년에 이주된 것으로 알려져 있다.

저자는 뉴질랜드 오클랜드 교외의 한인 식당 주변에서 '배추흰나비' 여러 개체를 보았고, 김치를 만들기 위해 배추를 심어 놓은 경작지에서 알을 여러 개 채집하여 길렀던 적이 있다. 이들 개체는 한국산에 비해 조금 작아 보일 뿐 큰 차이는 없었으나, 당시 그 곳이 가을에 접어드는 2월 말이어서 기온이 낮은 계절 요인에 의해 작았던 것으로 추측된다.

⊙ '제왕얼룩나비'의 이동

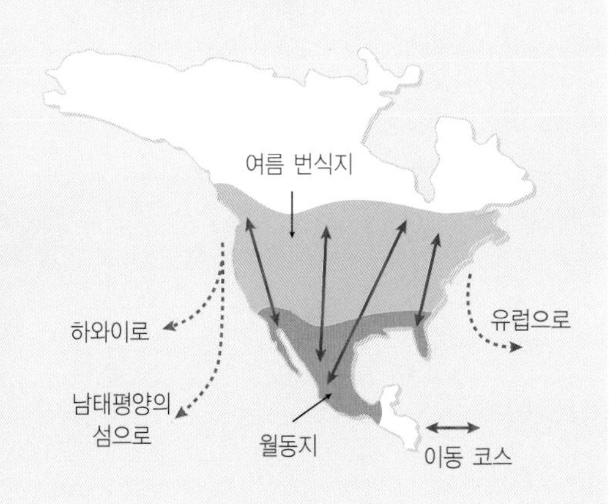

총독황갈색줄나비 [네발나비과]

Limenitis archippus

- 날개 편 길이 58mm 안팎 (미국 뉴올리언스)

독을 품고 있는 '제왕얼룩나비(*Danaus plexippus*)'와 닮았으며, 이 종을 의태의 본보기로 다룰 때가 많다. 미국 전역과 캐나다 남부, 멕시코 중부 지역에 걸쳐 분포한다.

흰얼룩공작나비 [네발나비과]

Anartia jatrophae

- 날개 편 길이 38–55mm (바하마)

날개는 회갈색 바탕에 앞날개에 1개, 뒷날개에 2개의 굵은 점무늬가 뚜렷하게 있다. 주로 길가를 날아다니며, 우리 나라 '공작나비(*Inachis io*)'처럼 꽃에도 잘 날아오는 것으로 알려져 있다. 아르헨티나와 중앙 아메리카를 거쳐 미국 텍사스 남부와 플로리다까지 널리 분포한다.

미국갈색공작나비 [네발나비과]

Junonia coenia

- 날개 편 길이 50mm 안팎 (미국 뉴올리언스)

날개는 검은빛이 감도는 적황색으로, 눈알 모양 무늬가 외횡대에 크게 발달한다. 길가나 목장, 해안가 주변에서 부지런히 날아다니며 여러 꽃에서 꿀을 빨아먹는 흔한 종이다. 쿠바와 멕시코 북부로부터 북아메리카 대륙에 널리 분포한다.

파온애기어리표범나비 [네발나비과]

Phyciodes phaon

- 날개 편 길이 30mm 안팎 (바하마)

우리 나라 '거꾸로여덟팔나비(*Araschnia burejana*)'와 날개 모양이나 무늬의 모양이 비슷한데, 주황색과 갈색 무늬가 번지듯이 보인다. 크지 않은 강가나 계곡 주변에 산다. 미국 북부까지 이동해 가는 일이 많다고 한다.

표범무늬독나비 [네발나비과]

Agraulis vanillae

- 날개 편 길이 68mm 안팎 (미국 뉴올리언스)

날개 아랫면에 은빛 점들이 반짝인다. 미국 남부와 서인도 제도, 그리고 중앙 아메리카와 남아메리카 대륙에 널리 분포한다.

68mm ×1.35 ×0.75

애기세줄독나비 [네발나비과]

Heliconius charitonia

- 날개 편 길이 88mm 안팎 (미국 플로리다)

날개는 짙은 갈색 바탕에 노란색의 가는 띠가 앞날개와 뒷날개에 모두 3줄이 나 있다. 꽃이 피어 있는 정원에 잘 날아오며, 숲 가장자리나 개울가에서 자주 볼 수 있다. 미국과 중앙 아메리카 대륙에 매우 흔하게 분포한다.

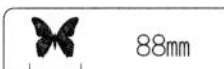

줄리아귤빛독나비 [네발나비과]

Dryas julia

- 날개 편 길이 69mm 안팎 (바하마)

앞날개는 가늘고 길다. 플로리다 남부와 텍사스 남부, 그리고 중앙 아메리카와 남아메리카 대륙의 아열대 지역까지 널리 분포한다.

미국멋쟁이나비 [네발나비과]

Vanessa virginiensis

- 날개 편 길이 42mm 안팎 (미국 타호 호수)

우리 나라 '큰멋쟁이나비(*V. indica*)'와 근연종으로 날개 색이 더 붉다. 미국 남부와 멕시코, 중앙 아메리카의 고산 지대에 분포하며, 그 인접 국가에서 미접으로 자주 발견된다고 한다.

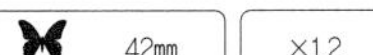

노란띠희미날개나비 [네발나비과]

Actinote anteas

- 날개 편 길이 55mm 안팎 (미국 마이애미)

앞날개 중앙의 노란색 띠는 넓으며, 뒷날개보다 조금 옅은 편이다. 미국 플로리다와 과테말라, 콜롬비아, 베네수엘라, 트리니다드 토바고 섬 등지에 분포한다.

가검은투명잠자리나비 [네발나비과]

Hyaliris oulita cana (아종)

- 날개 편 길이 55mm 안팎 (미국 마이애미)

날개는 유리처럼 투명하다. 에콰도르와 볼리비아, 페루는 물론 남아메리카와 중앙 아메리카 대륙에 분포하며, 미국 마이애미까지 포함된다.

55mm ×1.7

북미눈많은그늘나비 [네발나비과]

Enodia anthedon

- 날개 편 길이 52mm 안팎 (미국)

뒷날개의 외연 부분에 굴곡이 약하게 나타난다. 미국 동북부 지역에만 사는데, 이보다 남쪽에 조금 치우쳐 분포하는 '미국눈많은그늘나비(*E. portlandia*)'와 구별해서 이름을 붙였다.

넓은흰물결그늘나비 [네발나비과]

Oressinoma typhla

- 날개 편 길이 33mm 안팎 (미국 마이애미)

날개는 흰 띠가 세로로 넓게 이어진다. 볼리비아와 에콰도르에 주로 분포하며, 미국 마이애미에서도 채집된다.

긴꼬리왕팔랑나비 [팔랑나비과]

Urbanus proteus

- 날개 편 길이 40~50mm (미국 뉴올리언스)

우리 나라 '왕팔랑나비(*Lobocla bifasciata*)'와 닮았으나 뒷날개의 꼬리 모양 돌기가 발달하고, 날개에 진주빛 광택이 난다. 날개 아랫면은 초콜릿색과 검은 줄이 더 발달되어 있다. 매우 빠르고 어지럽게 날아다닌다. 북아메리카 대륙에서 아르헨티나까지 널리 분포하는 종으로, 미국 남동부에 흔하다.

미국흰점팔랑나비 [팔랑나비과]

Pyrgus communis

- 날개 편 길이 28mm 안팎 (미국 뉴올리언스)

흰 점무늬가 굵은 깨알처럼 퍼져 있다. 미국 전 지역에서 보이며, 중남미 열대 지역을 거쳐 아르헨티나까지 분포한다.

28mm ×1.8

나비 채집기 ❾

샌프란시스코의 나비 여행 날짜 : 1993년 10월 10~17일

사막 위에 건설한 도시 샌프란시스코에서 열린 외과학회에 잠시 다녀온 적이 있었다. 학회가 열리는 동안 일정이 바빴을 뿐 아니라, 도시화된 풍경이 마음에 들지 않았기 때문에 이 곳 나비에 대해 관심을 두지 못하다가 돌아오기 이틀 전쯤 잠깐 이나마 시내와 그 변두리에서 나비를 채집하는 기회를 마련해 보았다. 빈손으로 그냥 귀국한다는 것이 좀처럼 체면이 서지 않았기 때문이다.

잘 알려진 금문교와 맞닿은 금문 공원(Golden Gate Garden)에 들렀을 때였다. 이 곳의 숲은 완전히 인공 급수에 의해 유지되고 있었는데, 그 규모가 꽤 광범위해서 시의 재정이 대단하다는 느낌을 받았다.

예상대로 나비는 많지 않았으며, 간간이 보이는 나비를 잡으려니 채집 자체가 문제가 될 것 같아 적당히 문의해 보려는데, 마침 그럴 만한 장소가 보이지 않았다. 그래서 간이 채집망으로 살짝 몇 마리를 잡아 보았다. 대부분 미국 나비 도감에서 보는 아주 흔한 종이 주류로 개체 수도 많지 않았다.

나비의 종류가 다양하지 않은 관계로 더 이상 공원에서 시간을 보내기가 금방 무료해졌다. 그래서 공원에서 조금 벗어난 해변으로 자리를 옮겼는데, 오히려 평범한 시골길 같은 분위기인 그 장소에 나비가 더 많았다. 비스듬한 언덕배기 풀밭 위에는 여러 팔랑나비가 날아다니고 있었다. 팔랑나비들은 원래 어두운 날개 색이 주류인데, 이 곳 팔랑나비들은 유난히 더 어두워 몇 마리 잡다가 이내 싫증이 났다.

강수량이 절대적으로 부족한 상태에서 도로의 가로수까지 철저하게 인공 급수에 매달리는 환경이다 보니 애당초 많은 종류의 나비를 만나리라고 기대하지도 않았다. 아무튼 앞으로 도시화가 급속도로 진행되는 우리 나라의 삭막한 미래를 보는 것 같아 잠시 마음 한 구석이 아렸다.

나비 채집기 ⑩

미국 요세미티 국립 공원의 나비 여행 날짜 : 1996년 8월 8일

요세미티 국립 공원

1993년 10월에 요세미티(Yosemite) 국립 공원에 관광차 하루 다녀온 적이 있다. 그 때는 비가 많이 내려서 나비 구경을 못했다. 다시 찾아간 1996년에는 일행을 태운 버스가 공원에 도착하자 차창 너머로 생각지도 않았던 많은 나비들을 보게 되었다. 아니나 다를까? 마음 속으로는 이미 이 곳 나비를 채집하고 싶은 욕심이 생겼다.

기회를 엿보려고 일행과 떨어져 주차장 뒤편을 서성거리고 있는데, 멀지 않은 곳에 제복을 입은 세 명의 관광 버스 기사가 눈에 띄었다. 나는 이 때다 하고 그들에게 다가가, "여기서 나비를 잡으면 안 됩니까?" 하고 정중하게 물었다. 그러자 놀라는 표정을 지으며 "당신 큰일날 소리 하지 마시오. 공원에서 돌멩이 하나라도 허가 없이 밖으로 옮기다 들키면 많은 벌금을 내게 됩니다."라며 으름장 놓는 것이 아닌가?

하는 수 없이 채집을 포기하려는 순간, 마침 공원 순찰차가 지나가는 것이 보이기에 용기를 내어 차를 세웠다. "나는 한국에서 왔는데, 이 곳 나비에 매력을 느끼게 되었습니다. 조금 채집하면 안 되겠습니까?" 하자 대뜸 여권을 보자고 했다. 마치 입학 시험장에 들어가는 기분으로 제시했는데, 한참 여권과 나를 번갈아 쳐다보더니 뜻밖의 대답을 하는 것이었다. "특별히 허가를 하겠지만, 같은 종류를 세 마리 이상 잡지 마시오!" 하는 것이었다. 나는 뛸 듯이 기뻤다. 그래서 시간이 허락하는 대로 공원 구석구석을 다니며 그 순찰원 말대로 한 종류에 세 마리씩 채집하였다.

어느덧 돌아갈 시간이 되었을 때, 버스로 돌아가던 동료들이 내가 나비를 채집하는 광경을 본 모양이었다. 멀리서 얼핏 보니, 자기들끼리 못 말린다는 듯이 쑥덕거리는 것 같았다. 그 중 목소리 큰 친구가, "야! 일내지 마라!" 하고 외쳤다. 물론 그들은 내가 미리 허가를 받은 자초지종을 알 리 없었다.

사실 그 날 채집한 나비는 그리 대단한 것은 아니었다. 하지만 두 번에 걸쳐 방문했던 그 곳에서 채집다운 채집을 할 수 있었다는 것만으로도 기뻤고, 무엇보다 한 관광객의 간절한 소원을 넉넉하게 배려했던 그 순찰원의 푸근한 마음씨에 더 깊은 감명을 받았다.

나비 채집기 ⑪

미국 마이애미를 가다 여행 날짜 : 1986년 2월 26~28일, 1988년 2월 26~28일

직장 동료 중에 미국 플로리다의 올란도에 다녀온 분이 있었다. 그는 짬을 내 골프장에 들렀을 때, 열대 나비들을 보자 옷걸이를 동그랗게 만들어 거기에 입고 있던 러닝 셔츠를 옭아매어 약 20종의 나비를 잡아서 나에게 선물로 내놓았다. 놀랍게도 채집품 중에는 일반적으로 미국 내에서 보리라고는 상상조차 하기 어려운 나비들이 많았는데, 주로 열대 지역 나비들이 많았다.

여러 미국 나비 도감을 살펴보아도, 미국은 온대 지역이기 때문에 우리 나라와 같이 그다지 화려하지 않은 나비들이 주류인데, 마이애미는 미국 남부인데다가 해양성 기후대여서 채집한 나비를 볼 때 분명히 중남미와 같은 기후대로 보였다. 특히 눈길을 끈 것은 '메넬라우스모르포나비(*Morpho menelaus*)' 암컷이었다. 비록 많이 손상되어 있었지만 종의 특성이 완벽한 개체였다.

이런 연유로, 한 번쯤 미국에 들를 기회가 마련되면 꼭 플로리다에 가 보려고 작정하고 있었는데, 우연히 1986년과 1988년 두 차례에 걸쳐 이 곳을 방문할 수 있게 되었다.

막상 이 곳에 도착해서 채집하려고 하니, 지리에 어둡기도 했지만 평지가 대부분이어서 채집할 만한 마땅한 장소를 물색하기도 쉽지 않았다. 그래서 나비의 종류가 풍부할 것 같은 에버글레이즈 국립 공원으로 먼저 발길을 옮겼다. 그런데 공원 내에서는 전혀 채집이 허용되지 않아 국립 공원 지역에서 조금 벗어난 곳에 있는 자연사 박물관에 가서 전시되어 있는 여러 나비 표본을 보았으나 전문가의 손이 미치지 못했는지 표본 상태나 종류가 모두 빈약하였다.

이내 싫증이 나던 터에 창 밖을 내다보니 마침 '애기세줄독나비(*Heliconius charithonia*)'가 유유히 날아다니고 있었다. 그래서 안내원에게 달려가, "혹 이 정원에서 나비를 잡으면 안 됩니까?" 하고 물었더니, "왜 안 됩니까?"라는 반가운 대답이 나와, 부리나케 정원에 뛰어나가 40여 종의 나비를 열심히 채집하였다. 이 밖에도 여러 장소를 방문하여 많은 열대 나비를 보았지만 그 중에 소망하던 모르포나비는 없었다.

훗날, 나비 선물을 주었던 그 동료를 만날 때마다 그 모르포나비를 마이애미가 아닌 중남미에서 잡은 것이 아니냐고 따지듯 물었다. 그러면 언제나 펄쩍 뛴다. 아마도 생각건대 이 나비는 중남미에서 미국까지 날아온 미접이었던 모양이다.

신열대구

NEOTROPICAL REGION

중앙 아메리카권

남아메리카와 공통된 곤충상을 가지고 있으나 카리브 해의 서인도 제도를 중심으로 이 지역에만 사는 고유종이 분포한다. 또, 멕시코와 코스타리카의 고원 지역을 중심으로 다양한 사향제비나비 종류가 분화하였다. 특히 코스타리카의 나비 밀도는 세계에서 가장 높은 것으로 알려져 있다.

나비목

잔줄긴꼬리측범나비 [호랑나비과]

Eurytides marcellinus

- 날개 편 길이 60~89mm (자메이카)

검은색이 조금 많은 측범나비류로, 뒷날개 후각에 붉은 점과 청색 점이 선명하다. 뒷날개의 꼬리 모양 돌기는 칼처럼 가냘프다. 봄형은 작고 날개 색이 희미하며, 꼬리 모양 돌기가 짧다. 꽃에 잘 날아와 꿀을 빨아먹으며, 수컷은 나비길을 만든다. 멕시코 만 이북 북아메리카 대륙에 널리 분포한다. 세계 적색 목록에 감소 추세종으로 올라 있다.

멕시코측범나비 [호랑나비과]

Eurytides epidaus

- 날개 편 길이 79mm 안팎 (멕시코)

'잔줄긴꼬리측범나비(*E. marcellinus*)' 보다 날개 색이 밝다. 흔한 종으로, 물가에 잘 모인다. 멕시코를 중심으로 인접한 미국이나 코스타리카, 온두라스에 분포한다.

검은줄노랑측범나비 [호랑나비과]

Eurytides philolaus

- 날개 편 길이 59mm 안팎 (멕시코)

날개 중앙에 흐르는 노란 띠가 가장 뚜렷할 뿐, 대부분이 매우 검다. 아주 흔한 나비로, 숲이 발달한 길가의 축축한 장소나 절개지에 잘 날아온다. 중앙 아메리카에 널리 분포한다.

진주바투스제비나비 [호랑나비과]

Battus philenor

- 날개 편 길이 70~95mm (멕시코)

날개는 전체가 검은데, 뒷날개 중앙에서 바깥으로 진주빛 광택이 강하게 난다. 이 광택은 수컷 쪽이 더 강하다. 뒷날개 외횡대에 노란색 점이 줄지어 있다. 정원의 철쭉, 라일락 등의 꽃에 잘 날아온다. 몸에 독성이 있어서 이 나비를 닮으려는 나비들이 있다. 캐나다 남부에서 중앙 아메리카의 멕시코와 코스타리카에 분포한다.

노란줄바투스제비나비 [호랑나비과]

Battus polydamas

- 날개 편 길이 78mm 안팎 (멕시코)

날개는 흑갈색 바탕에 진한 노란색 줄무늬가 날개 외횡선을 따라 나타난다. '진주바투스제비나비(*B. philenor*)' 처럼 몸에 독성이 있어서 새들이 매우 싫어한다. 미국 남부에서 남아메리카의 아르헨티나까지 널리 분포한다.

두줄붉은사향제비나비 [호랑나비과]

Parides photinus

- 날개 편 길이 62mm 안팎 (멕시코)

열대 우림에 사는데, 낮은 곳은 물론 고도가 높은 지역에서도 볼 수 있다. 뒷날개 아외연에 두 줄의 붉은 점으로 이루어진 띠가 있다. 사향제비나비류의 붉은 점무늬는 독을 함유하고 있다는 경고의 표시로 알려져 있다. 멕시코와 코스타리카에 분포한다.

줄붉은사향제비나비 [호랑나비과]

Parides polyzelus

- 날개 편 길이 66mm 안팎 (멕시코)

*Parides*속의 수컷들은 뒷날개 내연에 접히는 부분(androconial fold)이 있는데, 여기에 흰색이나 노란색 긴 털이 나 있다. 암컷은 없다. 중앙 아메리카와 남아메리카 북부에 분포한다.

66㎜ ×0.75

점줄붉은사향제비나비 [호랑나비과]

Parides montezuma

- 날개 편 길이 64mm 안팎 (멕시코)

'줄붉은사향제비나비(*P. polyzelus*)' 보다 작으며, 멕시코와 코스타리카에 분포한다.

큰녹색사향제비나비 [호랑나비과]

Parides erithalion

- 날개 편 길이 57mm 안팎 (멕시코)

암수 모두 뒷날개에 붉은 띠무늬가 있으나 수컷은 앞날개에 흰무늬가 있는 것과 없는 것, 또는 녹색 무늬가 넓고 좁은 것, 심지어 퇴화된 것까지 다양하다. '녹색사향제비나비(*P. iphidamas*)' 에 비해 뒷날개의 붉은 띠무늬가 약하다. 멕시코에서 베네수엘라까지 널리 분포한다.

녹색사향제비나비 [호랑나비과]

Parides iphidamas

- 날개 편 길이 57mm 안팎 (멕시코)

앞날개 중앙의 흰무늬를 둘러싼 녹색 무늬는 퇴화된 느낌이며, 뒷날개의 붉은 띠는 안쪽으로 갈수록 넓어진다. 멕시코에서 에콰도르와 베네수엘라에 분포한다.

57㎜ ×0.89

토아스호랑나비 [호랑나비과]

Papilio thoas

- 날개 편 길이 124mm 안팎 (멕시코)

우리 나라 '산호랑나비(*P. machaon*)' 보다 전체적으로 가늘고 꼬리 모양 돌기가 길어 보이는 종으로, 중남미 열대 지역에 널리 분포한다.

124㎜ ×0.8

살로메남방노랑나비 [흰나비과]

Eurema salome

- 날개 편 길이 44mm 안팎 (멕시코)

뒷날개 외연 중간이 약간 돌출한다. 멕시코에서 페루와 볼리비아까지 분포한다.

44㎜ ×1.15

줄검은남방노랑나비 [흰나비과]

Eurema proterpia

- 날개 편 길이 47mm 안팎 (멕시코)

뒷날개 외연이 각이 지는데, 특히 가을형은 이 부분이 꼬리처럼 많이 튀어나온다. 중앙 아메리카에 널리 분포한다.

47㎜ ×1.1

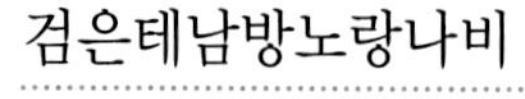

검은테남방노랑나비 [흰나비과]

Eurema nicippe

- 날개 편 길이 36-40mm (멕시코)

앞날개와 뒷날개 외연에서 기부 쪽으로 지그재그로 불규칙한 검은 띠가 있고, 앞날개 중실 끝에 검은 점이 뚜렷하다. 미국 남부와 서인도 제도, 중앙 아메리카 대륙에 널리 분포한다.

♂ 36㎜ ♀ 40㎜ ♂×1.4 ♀×1.25

다이라남방노랑나비 [흰나비과]

Eurema daira

- 날개 편 길이 32-36mm (멕시코)

계절형이 뚜렷하지만 변이도 심해, 우기에 발생하는 개체들은 날개 아랫면의 은회색이 주바탕이 되는 데 비해서 건기에 발생하는 형은 분홍 색감이 나는 노란색이다. 멕시코와 서인도 제도에서 브라질과 페루까지 널리 분포한다.

♂ 32㎜ ♀ 36㎜ ♂×1.6 ♀×1.4

노랑눈멧노랑나비 [흰나비과]

Anteos clorinde

• 날개 편 길이 86mm 안팎 (코스타리카)

날개 전체가 연한 녹색을 띤 노란색으로, 앞날개 중실 주위에 노란색이 선명하고 앞뒷날개 중실 끝에 검은색 점이 나타난다. 생김새는 구북구의 '멧노랑나비(*Gonepteryx rhamni*)' 계열과 가까운 계통의 나비로 보이나 실제는 그렇지 않다. 주로 낮은 지대에 살며, 우리 나라 '멧노랑나비' 처럼 꽃에 잘 날아온다고 한다. 브라질 북부에서 미국 텍사스까지 널리 분포한다.

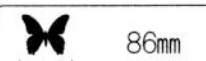

×0.6

리사남방노랑나비 [흰나비과]

Eurema lisa

• 날개 편 길이 28mm 안팎 (코스타리카)

날개의 외연이 폭넓게 검다. 매우 흔한 종으로, 꽃이 핀 밝은 풀밭을 좋아한다. 먹이 식물은 콩과식물들이다. 멕시코와 코스타리카, 버뮤다, 바하마, 쿠바에 분포한다.

×1.8

묶음표큰노랑나비 [흰나비과]

Anteos maerula

• 날개 편 길이 89mm 안팎 (멕시코)

구북구 '멧노랑나비(*Gonepteryx rhamni*)' 처럼 날개 끝이 갈고리 모양으로 생겼다. 흰나비 중 큰 편에 속하며, 수컷은 앞날개 제7실 기부에 연한 색의 성표가 나타난다. 암컷은 흰색과 노란색의 두 가지 형이 있다. 흔한 종으로, 평지나 낮은 산지의 관목 숲에 산다. 멕시코에서 페루와 서인도 제도에 분포한다.

×1.1

니세남방노랑나비 [흰나비과]

Eurema nise

• 날개 편 길이 34mm 안팎 (멕시코)

날개의 검은 테가 앞날개는 넓게, 뒷날개는 점점이 나타난다. 멕시코에서 우루과이까지와 카리브 해의 자메이카에 분포한다.

×1.5

큰노랑나비 [흰나비과]

Phoebis agarithe

• 날개 편 길이 64–67mm (멕시코)

수컷은 전체가 붉은 색감이 있는 짙은 노란색을 띤다. 암컷은 황갈색이거나 회갈색이며, 날개에 검은색 점과 선 무늬가 아외연에 일직선으로 나타난다. '붉은무늬큰노랑나비(*P. philea*)' 는 이 점무늬가 구불구불하다. 대개 암컷은 흰색 계통이 보통이나 가끔 노란색 계통도 나타난다. 주로 낮은 지대의 숲 가장자리에 살며, 여러 꽃에 잘 날아온다. 멕시코에서 페루, 브라질까지와 서인도 제도의 대부분의 섬에 분포한다.

64mm ×0.8

붉은무늬큰노랑나비 [흰나비과]

Phoebis philea

- 날개 편 길이 70–80mm (멕시코)

수컷은 날개 전체가 짙은 노란색 바탕에 중앙에 붉은 무늬가 엷게 보인다. 이에 비해 암컷은 흑갈색 무늬가 점점이 나타나고, 뒷날개 외연에 붉은 색조가 짙게 나타난다. 평지에 매우 흔한 종으로, 남아메리카에서 미국 플로리다까지 널리 분포한다. 가끔 뉴욕에서도 관찰된다고 하는데, 외지에서 날아온 것으로 짐작된다.

×0.65

떠돌이큰노랑나비 [흰나비과]

Phoebis sennae

- 날개 편 길이 60mm 안팎 (멕시코)

큰노랑나비속(*Phoebis* sp.) 중에서 가장 흔한 나비로, 이동성이 강해 '떠돌이큰노랑나비' 라는 이름이 붙었다. 수컷의 날개는 무늬가 없이 전체가 노랗고, 암컷은 연한 노란색 바탕에 제7실 기부에 검은 점이 있으며, 앞뒷날개의 외연에는 검은 구슬을 깔아 놓은 듯한 검은 점들이 한 줄로 가지런히 줄지어 있다. 멕시코와 서인도 제도에서 우루과이까지 분포한다.

×0.85

귤빛큰노랑나비 [흰나비과]

Phoebis argante

- 날개 편 길이 74mm 안팎 (멕시코)

수컷은 날개 외연으로 검은 띠가 약하게 나타나는 가운데 전체가 오렌지색이나, 암컷은 노란색 또는 흰색 바탕에 날개 끝 부위가 검다. 벌채된 숲 속의 풀밭에 흔하며, 여러 꽃에 잘 날아온다. 미국 남부에서 중앙 아메리카 대륙을 거쳐 우루과이와 페루에 분포하고, 다른 아종이 서인도 제도에 분포한다.

×1.35

꼬마노랑나비 [흰나비과]

Nathalis iole

- 날개 편 길이 26mm 안팎 (멕시코)

매우 작은 흰 나비로, 서인도 제도의 수컷은 갈색 무늬가 더 뚜렷하다. 멕시코와 서인도 제도, 콜롬비아에 분포한다.

26mm ×2.0

뒷줄큰노랑나비 [흰나비과]

Phoebis trite

- 날개 편 길이 57mm 안팎 (코스타리카)

암수 모두 앞뒷날개 아랫면에 비스듬한 직선의 흑갈색 선이 있다. 멕시코에서 우루과이까지와 서인도 제도에 분포한다.

×0.9

강아지얼굴노랑나비 [흰나비과]

Zerene cesonia

● 날개 편 길이 57mm 안팎 (멕시코)

앞날개의 모양이 강아지의 얼굴과 닮았다고 현지 주민들은 보고 있는데, 이 모습은 수컷에서 더 뚜렷하다. 매우 흔한 종으로, 북아메리카 남부와 중앙 아메리카, 남아메리카에 걸쳐 널리 분포한다.

57㎜ ×1.6

밑노랑흰나비 [흰나비과]

Leptophobia aripa

● 날개 편 길이 38mm 안팎 (코스타리카)

암수가 닮았으나 날개 윗면의 바탕색은 수컷 쪽이 더 하얗고, 아랫면의 기부 가까이에는 연한 노란색이 퍼져 있다. 중남미의 열대 지역에 분포한다.

38㎜ ×1.3

모누스테큰흰나비 [흰나비과]

Ascia monuste

● 날개 편 길이 57mm 안팎 (멕시코)

수컷의 날개는 모두 흰색이나 암컷은 흰색과 어두운 색의 두 가지 형이 있다. 더듬이 끝의 부푼 부분이 연한 청색을 띤다. 주로 해안가에서 많이 볼 수 있는데, 활발하게 날아다니며, 매우 이동성이 강하다. 미국 남부에서 중앙 아메리카를 거쳐 칠레, 아르헨티나와 서인도 제도 등에 분포한다.

♂ 57㎜ ♀ 57㎜ ×0.9

청남색쌍꼬리부전나비 [부전나비과]

Oenomaus ortygnus

● 날개 편 길이 36mm 안팎 (코스타리카)

윗면은 광택이 강한 청람색이고, 뒷날개에 작은 꼬리 모양 돌기가 있다. 미국 남부의 텍사스에서 중앙 아메리카 대륙을 거쳐 브라질과 트리니다드까지 널리 분포한다.

36㎜ ×1.3

푸른흰띠네발부전나비 [부전나비과]

Thisbe irenea

● 날개 편 길이 32mm 안팎 (코스타리카)

수컷은 날개에 있는 흰 띠 양쪽으로 파란 띠무늬가 나란하고, 암컷은 그냥 흰 띠만 있다. 수컷은 높은 나무 위에서 활발한 점유 행동을 한다. 멕시코에서 브라질까지 널리 분포한다.

32㎜ ×1.5

얼룩줄네발부전나비 [부전나비과]

Arawacus togarna

● 날개 편 길이 23mm 안팎 (코스타리카)

수컷의 앞날개 윗면에 독특한 삼각형의 검은색 성표가 있다. 멕시코에서 볼리비아까지 분포한다.

암흰네발부전나비 [부전나비과]

Synargis nymphidioides

● 날개 편 길이 50mm 안팎 (코스타리카)

암수의 형태가 매우 다르다. 수컷은 앞날개가 갈색 바탕에 몇 개의 흰 점이 있는 대신에 암컷은 흰색 바탕에 외연과 기부 쪽의 흑회색이 둘러싸고 있다. 뒷날개의 윗면은 수컷이 노란색 위주이지만 암컷은 흰색이다. 채집할 때 암컷 쪽이 많이 보인다. 멕시코에서 파나마에 분포한다.

구슬네발부전나비 [부전나비과]

Juditha molpe

● 날개 편 길이 29mm 안팎 (멕시코)

암수의 형태가 비슷하고 날개 외연의 점무늬가 구슬 같다. 해수면에서 해발 1200m까지 연중 흔하게 볼 수 있다. 멕시코에서 콜롬비아를 거쳐 브라질까지 널리 분포한다.

아몬드청색부전나비 [부전나비과]

Evenus coronata

● 날개 편 길이 46mm 안팎 (멕시코)

날개 윗면은 짙은 청색, 아랫면은 검은 줄무늬가 있는 녹색을 띤다. 뒷날개 후각 부위에 검은색 무늬와 꼬리 모양 돌기가 2개 있는데, 암컷은 이 부위에 붉은 무늬가 있다. 부전나비의 대표라고 할 만큼 아름답기로 유명하다. 남아메리카 대륙 전체와 중앙 아메리카의 열대 지역에 분포한다.

♂ 44㎜ ♀ 46㎜ ×1.0

넓은흰띠네발부전나비 [부전나비과]

Thisbe lycorias

● 날개 편 길이 40mm 안팎 (코스타리카)

암수의 형태가 비슷하고, 뒷날개 후각부가 돌출되어 있다. 앉을 때에는 나뭇잎 뒤에 붙기 때문에 잘 발견되지 않는다. 멕시코에서 중앙 아메리카 대륙을 거쳐 아마존 강 유역까지 널리 분포한다.

40㎜ ×1.25

뾰족청색부전나비 [부전나비과]

Pseudolycaena marsyas

● 날개 편 길이 51mm 안팎 (멕시코)

대형의 부전나비류로, 앞날개 전연과 외연을 따라 수컷은 검은색을 띠고, 전체는 하늘색을 띤다. 뒷날개 후각에는 검은 점이 뚜렷하고, 2개의 실 꼬리 모양 돌기가 길다. 날개 아랫면은 검은 점들이 있는 은청색이다. 멕시코 남부에서 브라질 남부까지 분포한다.

54mm ×0.9

쌍꼬리청색부전나비 [부전나비과]

Evenus regalis

● 날개 편 길이 47mm 안팎 (멕시코)

'아몬드청색부전나비(*E. coronata*)' 와 닮았으나 날개가 더 길고, 윗면의 바탕색이 녹색에 더 가까운 점에서 구별된다. 멕시코에서 브라질의 아마존 유역까지 분포한다.

47mm ×1.8 ×1.0

누가꼬리남색부전나비 [부전나비과]

Thecla nugar

● 날개 편 길이 22mm 안팎 (코스타리카)

날개 아랫면은 우리 나라 '까마귀부전나비(*Fixsenia w-album*)' 처럼 W자 무늬가 있다. 멕시코로부터 볼리비아에 걸쳐 분포한다.

♂ 21mm ♀ 22mm ×2.2

재규어줄무늬부전나비 [부전나비과]

Arawacus phaea

● 날개 편 길이 25mm 안팎 (남아메리카)

수컷은 날개의 바탕색이 하늘색이고 암컷은 흰색인데, 암수 모두 날개 끝과 외연부에 넓게 검은색 띠가 있다. 코스타리카와 파나마에 분포한다.

25mm ×2.0

데보라뒷별부전나비 [부전나비과]

Eumaeus debora

- 날개 편 길이 58mm 안팎 (멕시코)

날개 아랫면은 검은 바탕에 청록색 점무늬가 퍼져 있는 아름다운 종이다. 멕시코에서 과테말라까지 분포한다.

몬테주마모르포나비 [네발나비과]

Morpho montezuma

- 날개 편 길이 110mm 안팎 (온두라스)

'펠레이데스모르포나비(*M. peleides*)'와 닮았으나 날개 윗면의 청색 부위가 더 넓고, 기부 가까이까지 미친다. 멕시코와 온두라스, 파나마에 분포한다.

루나모르포나비 [네발나비과]

Morpho luna

- 날개 편 길이 145mm 안팎 (멕시코)

'폴리페무스모르포나비(*M. polyphemus*)'와 닮았으나 약간 크고, 앞날개 아랫면의 전연부는 기부에서 중실까지 어두운 색으로 테를 이루고 있다. 멕시코와 온두라스에 분포한다.

폴리페무스모르포나비 [네발나비과]

Morpho polyphemus

- 날개 편 길이 124mm 안팎 (멕시코)

흰색 바탕의 날개를 가진 모르포나비로 암컷 쪽이 검은색 무늬가 훨씬 짙다. 멕시코에 분포한다.

노란띠독나비 [네발나비과]

Heliconius clysonymus

- 날개 편 길이 76mm 안팎 (코스타리카)

앞날개에 비스듬한 노란색 띠무늬가 있다. 해발 800m 이상의 고지에만 산다. 코스타리카에서 중앙 아메리카 대륙을 거쳐 베네수엘라와 에콰도르, 콜롬비아에 걸쳐 분포한다.

사라노란띠독나비 [네발나비과]

Heliconius sara

• 날개 편 길이 63mm 안팎 (코스타리카)

독나비들은 대개 날개의 띠무늬의 패턴이 일정한데, 이 나비가 원형이 된다. 해발 700m 이하의 평지 숲 가장자리에 흔하나 먹이 식물 주위로만 날아다닐 뿐 멀리 이동하지 않는 것으로 보인다. 중앙 아메리카 대륙에서 브라질 동부 해안까지 널리 분포한다.

63mm ×0.8

노랑얼룩검은줄독나비 [네발나비과]

Eueides isabella

• 날개 편 길이 76mm 안팎 (코스타리카)

뒷날개의 외연에 흰 점이 일렬로 나열되어 있는 것이 특징이다. 수컷에는 발향린(암컷을 유인하기 위한 냄새가 나는 특별한 비늘가루)이 있으며, 더듬이는 검다. 암컷은 노란색이어서 구별된다. 중앙 아메리카와 남아메리카 북부 지역에 분포한다.

76mm ×0.69

75mm ×1.35 ×0.67

흰띠독나비 [네발나비과]

Heliconius cydno

• 날개 편 길이 75mm 안팎 (코스타리카)

매우 닮은 종인 '흰무늬독나방(*H. sapho*)'은 뒷날개 후연이 흰색 또는 노란색으로 끝나지만, 이 종은 검은색으로 경계가 뚜렷해 보인다. 또, '흰무늬독나방'이 살아 있을 때 몸에서 향긋한 냄새를 풍기지만, 이 종은 지독한 냄새를 풍기는 것이 차이점이다. 중앙 아메리카 대륙과 남아메리카의 콜롬비아와 에콰도르에 분포하며, 형태 변이가 매우 심한 종이다.

붉은띠독나비 [네발나비과]

Heliconius hortense

• 날개 편 길이 45mm 안팎 (멕시코)

'노란띠독나비(*H. clysonymus*)'와 닮았으나 훨씬 더 크고, 앞날개 외연이 독특하게 굴곡이 있어 쉽게 구분된다. 멕시코 남부에서 온두라스, 엘살바도르에 분포한다.

45mm ×1.15

작은귤빛독나비 [네발나비과]

Eueides lybia

• 날개 편 길이 51mm 안팎 (코스타리카)

날개 크기가 비교적 작고, 대부분 귤색을 띤다. 숲 속의 넓은 공간이나 나무 위를 잘 날아다닌다. 코스타리카와 파나마, 니카라과, 아마존 강 유역에 널리 분포한다.

51mm ×1.0

노란점박이귤빛독나비 [네발나비과]

Heliconius hecale

● 날개 편 길이 90mm 안팎 (코스타리카)

생김새가 매우 다양한데, 개중에는 검은 바탕에 흰무늬로만 보이는 개체도 있다. 중남미 대륙에서 볼 수 있는 가장 흔한 독나비이다.

표범무늬독나비 [네발나비과]

Agraulis vanillae insularis (아종)

● 날개 편 길이 66mm 안팎 (멕시코)

앞날개는 적갈색 바탕에 맥이 검고, 검은 점무늬가 전연에 많은데, 그 중 기부에 치우친 점은 흰색을 띠고 있다. 뒷날개 외연을 따라 고리 모양의 검은색 무늬가 있다. 날개 아랫면은 날개 끝과 뒷날개에 은색 점무늬가 발달한다. 주로 꽃의 꿀을 빨기 때문에 정원이나 길가에서 자주 볼 수 있다. 중앙 아메리카 고원 지대에 분포한다.

황세줄독나비 [네발나비과]

Dryadula phaetusa

● 날개 편 길이 84mm 안팎 (멕시코)

다른 독나비들과 달리 날개가 넓고 짧은 것이 특징이다. 멕시코에서 브라질까지 분포한다.

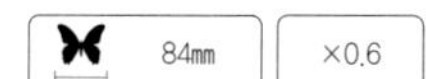

줄리아귤빛독나비 [네발나비과]

Dryas julia

● 날개 편 길이 80mm 안팎 (코스타리카)

독나비류(*Heliconius*)에 속하지만, 이 종은 *Dryas*속을 대표한다. 매우 민첩해서 채집하기 쉽지 않으나 개체 수가 워낙 많아 채집할 기회는 많은 편이다. 미국 텍사스 남부에서 중앙 아메리카 대륙과 남아메리카 대륙의 아열대 지역에 분포하며, 서인도 제도에 널리 분포한다.

독나비와의 의태

몸에 독성이 있는 것으로 유명한 나비로는 독나비류와 왕나비류 일부, 희미날개나비류 등이 있다. 이들은 대개 무리를 지어 날아다니는 습성이 있는데, 천적인 새에게 독성을 가지고 있다는 경고의 메시지를 효율적으로 전달하기 위해서이다. 또, 독성을 가진 종류들끼리는 날개나 몸이 빨간색, 노란색, 흰 점 얼룩 등으로 거의 비슷한 모양을 하고 있다. 이 같은 공통의 특징들은 효과적으로 천적을 막을 수 있는 무기가 된다.

독성이 전혀 없는 네발나비류나 호랑나비류, 흰나비류 중 일부에서는 독성이 있는 나비를 모델로 하여 닮는 경우가 있다. 이와 같은 의태를 하면 쉽게 생존할 수 있다는 사실을 알아 낸 것으로 이해된다. 때때로 모델이 되는 종과 닮으려는 종이 너무 똑같아, 과거에 곤충학자들조차도 같은 종으로 여긴 적이 있었다.

붉은벽돌무늬독나비 [네발나비과]

Siproeta epaphus

- 날개 편 길이 70~80mm (멕시코)

날개 끝 부분만 적갈색을 띠고 대부분 짙은 흑갈색을 띠는데, 그 사이가 흰 띠로 나누어져 있다. 뒷날개 아외연을 따라 흰 띠가 나타난다. 숲 가장자리를 낮게 날면서 여러 꽃에 날아와 꿀을 빨아먹는다. 중앙 아메리카와 남아메리카의 열대 우림은 물론, 고도가 높은 지역에서도 많이 볼 수 있다.

70mm ×1.25

보랏빛줄나비 [네발나비과]

Doxocopa laure

- 날개 편 길이 60mm 안팎 (멕시코)

우리 나라 줄나비류와 닮은 모습이나 뒷날개에 짧게 꼬리 모양 돌기가 있다. 멕시코와 코스타리카, 콜롬비아, 베네수엘라, 브라질에 분포한다.

60mm ×0.8

장기판네발나비 [네발나비과]

Adelpha demialba

- 날개 편 길이 59mm 안팎 (코스타리카)

날개 끝 부분이 흑백의 장기판 모양 무늬이다. 코스타리카와 파나마에 국한된 좁은 범위에만 분포한다.

59mm ×0.8

남미녹색줄네발나비 [네발나비과]

Siproeta stelenes biplagiata (아종)

- 날개 편 길이 69mm 안팎 (코스타리카)

원명 아종보다 녹색 줄무늬의 너비가 좁다. 중앙 아메리카 및 남아메리카 대륙과 서인도 제도에 분포하지만 미국의 텍사스나 플로리다까지 이동해 가기도 한다.

69mm ×0.7

남미녹색줄네발나비 [네발나비과]

Siproeta stelenes

- 날개 편 길이 75mm 안팎 (베네수엘라)

뒷날개 외연이 톱날처럼 보이는데, 날개 모양이 호랑나비과처럼 보이며, 꼬리 모양 돌기가 튀어나왔다. 독나비인 '옥색독나비(*Philaethria dido*)'와 의태 관계에 있다. 밝은 풀밭을 좋아하며, 잘 발효된 과일이나 물가에 날아온다. 남아메리카의 북부 지역에 분포한다.

75mm ×0.7

흑백나뭇결네발나비 [네발나비과]

Hamadryas februa

- 날개 편 길이 55mm 안팎 (코스타리카)

날개 전체가 회색을 띠나 복잡한 흑갈색과 흰무늬가 섞여 있다. 특히 뒷날개 제2,3실에 눈 모양 무늬 옆으로 초승달 모양의 붉은색 무늬가 돋보인다. 열대의 숲 지대에 살며, 1년 내내 볼 수 있다. 흔한 종으로, 미국 남부까지 채집되나, 아마 미접으로 중앙 아메리카에서 날아온 것으로 보인다. 멕시코에서 브라질까지 같은 속의 나비들 중 가장 널리 분포한다.

나뭇결네발나비 [네발나비과]

Hamadryas amphinome

- 날개 편 길이 70mm 안팎 (멕시코)

날개 윗면은 검은색 바탕에 청색이 어지럽게 퍼져 있으며, 앞날개에 흰무늬가 굵게 나 있다. 날개 아랫면은 붉은색을 띤다. 주로 우림 지역의 숲에 사는데, 중앙 아메리카에서 미국 남부까지 이동하여 날아가기도 한다.

중미나뭇결네발나비 [네발나비과]

Hamadryas guatemalena

- 날개 편 길이 65mm 안팎 (코스타리카)

'흑백나뭇결네발나비(*H. februa*)' 와 닮았으나, 더 크고 무늬가 진한 것으로 뚜렷이 구별된다. 우기에 접어들면 개체 수가 폭발적으로 늘어난다. 썩은 나무 줄기에 잘 붙으며, 나무 줄기에 한번 붙으면 쉽게 찾아 내기가 어려울 정도로 나무 껍질과 비슷하다. 중앙 아메리카 대륙과 브라질에 분포한다.

65mm ×0.77

갈색줄네발나비 [네발나비과]

Adelpha tracta

- 날개 편 길이 52mm 안팎 (코스타리카)

우리 나라 '줄나비(*Limenitis camilla*)' 와 날개 모양이 닮았다. 해발 800m 이상의 높은 곳에 산다. 썩은 과일이나 새똥에 잘 날아오고, 수컷은 축축한 땅바닥에 앉아 물을 빠는 습성이 있다. 코스타리카와 파나마에 분포한다.

52mm ×1.5

푸른줄네발나비 [네발나비과]

Myscelia cyaniris

- 날개 편 길이 50mm 안팎 (코스타리카)

날개를 비스듬히 보면 청색 광택이 강하게 난다. 날개 끝이 갈고리 모양이고, 나무 줄기에 앉으면 앞날개를 뒷날개 사이로 집어넣어, 옆에서 바라보면 이등변삼각형 모양을 한다. 멕시코의 동부 해안에서 페루까지 널리 분포한다.

50mm ×1.0

제비날개뾰족네발나비 [네발나비과]

Memphis pithyusa

- 날개 편 길이 57mm 안팎 (코스타리카)

같은 속의 다른 나비에 비해 날개의 윗면과 아랫면이 모두 어둡고, 앞날개의 윗면 아외연에 청색 점이 5개가 있어 구분된다. 우기가 되면 개체 수가 많아진다. 미국 남부에서 중앙 아메리카 대륙을 거쳐 볼리비아까지 널리 분포한다.

57mm ×0.9

파티마공작나비 [네발나비과]

Anartia fatima

- 날개 편 길이 47mm 안팎 (코스타리카)

날개 윗면에 유백색 줄무늬가 있으며, 뒷날개 외연은 울퉁불퉁하고 약간 돌출되어 있다. 중앙 아메리카 대륙에서는 흔한 종에 속한다.

47mm ×1.05

노랑좁은날개나비 [네발나비과]

Chlosyne gaudealis

- 날개 편 길이 50mm 안팎 (코스타리카)

뒷날개의 기부 쪽으로 노란색 무늬가 뚜렷하고, 앞날개 중실에는 선홍색 무늬가 있어 다른 유사종과 쉽게 구별된다. 코스타리카에서 파나마를 거쳐 과테말라까지 분포한다.

50mm ×1.0

열대갈색공작나비 [네발나비과]

Junonia evarete

- 날개 편 길이 42mm 안팎 (코스타리카)

'미국갈색공작나비(*J. coenia*)'와 생김새가 닮았으나 전체적으로 어두우며, 눈알 모양 무늬가 작다. 습성이나 행동 모두 두 종이 닮았다. 미국 남부에서 중남미 열대 지역에 널리 분포한다.

42mm ×1.9

오렌지무늬좁은날개나비

[네발나비과]

Chlosyne narva

- 날개 편 길이 54mm 안팎 (코스타리카)

같은 속의 나비들은 날개에 붉은 점무늬가 나타난다. 이 종은 뒷날개의 기부 쪽으로 오렌지색 무늬가 넓게 나타난다. 암컷은 날개 끝이 둥근 데 비해 수컷은 뾰족하다. 건기에 개체 수가 늘어난다. 코스타리카에서 콜롬비아와 베네수엘라까지 분포한다.

꼬마붉은좁은날개나비 [네발나비과]

Chlosyne lacinia

- 날개 편 길이 40mm 안팎 (코스타리카)

지역이나 계절에 따라 변이가 심하게 나타나는데, 앞날개의 노란색 무늬가 없고 흰무늬로만 된 것, 뒷날개의 황갈색 무늬가 없는 것 등 매우 다양하다. 미국 남부에서 중앙아메리카 대륙을 거쳐 볼리비아와 페루까지 널리 분포한다.

검정좁은날개나비 [네발나비과]

Chlosyne hippodrome

- 날개 편 길이 49mm 안팎 (코스타리카)

날개는 검은색 바탕에 앞날개의 중앙과 뒷날개 외연에 흰색 띠가 나타나고, 뒷날개 아랫면의 외연은 노란색을 띠며, 그 안쪽으로 붉은색 띠가 있다. 멕시코에서 콜롬비아까지 분포한다.

열대꼬마표범나비 [네발나비과]

Thessalia theona

- 날개 편 길이 35mm 안팎 (멕시코)

윗면의 바탕색은 연한 황갈색에서 흑갈색까지 다양하고, 흰색의 체크무늬는 개체에 따라 변이가 심하다. 미국 남부로부터 중앙 아메리카 대륙을 거쳐 베네수엘라까지 널리 분포한다.

별붉은좁은날개나비 [네발나비과]

Chlosyne janais

- 날개 편 길이 42mm 안팎 (멕시코)

앞날개는 검고, 흰 점무늬가 별처럼 퍼져 있다. 멕시코에서 콜롬비아까지 분포한다.

♂

헤게시아표범나비 [네발나비과]

Euptoieta hegesia

● 날개 편 길이 53mm 안팎 (멕시코)

뒷날개의 기부 쪽으로 특별한 무늬가 없다. 어지럽게 매우 빨리 날아다니는데, 목장과 같은 풀밭 환경에서 많이 볼 수 있다. 미국 남부와 중앙 아메리카 대륙, 서인도 제도에 분포한다.

53mm ×0.95

▲ ♂

♂

♀

팔십팔숫자나비 [네발나비과]

Diaethria astala

● 날개 편 길이 39mm 안팎 (코스타리카)

같은 속의 나비들은 뒷날개 아랫면에 88 무늬가 있어 유명한 나비이다. 윗면은 검은 융단과 같은 바탕에 수컷은 청색, 암컷은 녹색의 금속 광택이 앞날개에 나타난다. 뒷날개 아랫면의 아외연에 붉은색 선무늬가 약하게 보인다. 건기에 개체 수가 늘어나며, 썩은 과일이나 동물의 배설물에 잘 모인다. 멕시코에서 콜롬비아까지 분포한다.

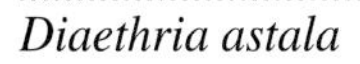
♂ 39mm ♀ 39mm ♂×2.3 ♂♀×1.3

♂

♀

▲ ♀

뒤세은줄네발나비 [네발나비과]

Dynamine mylitta

● 날개 편 길이 35–39mm (멕시코)

암수의 날개 색은 다르지만 아랫면에는 흰색의 줄무늬가 3개 있는데, 그 사이에 청록의 광택이 나는 점이나 선이 나타난다. 수컷은 전체가 청록의 금속 광택을 띤다. 중앙 아메리카 대륙과 가이아나, 아르헨티나에 분포한다.

♂ 39mm ♀ 35mm ♂×1.3 ♀×1.4

여왕얼룩나비 [네발나비과]

Danaus gilippus

● 날개 편 길이 90mm 안팎 (멕시코)

'왕자얼룩나비(*D. eresimus*)' 와 닮았으나 날개의 바탕색이 더 엷고, 날개 전체에 흰 점무늬가 퍼진 점이 다르다. 애벌레는 박주가리와 같이 독성 물질이 함유된 식물을 먹는다. '제왕얼룩나비(*D. plexippus*)' 가 분포하는 곳에서 발견된다. 파나마에서 미국 북부까지도 날아가나 겨울을 넘기지 못하고 죽는다.

87㎜ ×1.1

왕자얼룩나비 [네발나비과]

Danaus eresimus

● 날개 편 길이 77mm 안팎 (코스타리카)

'여왕얼룩나비(*D. gilippus*)' 와 매우 닮았다. 날개의 바탕색은 짙은 적갈색으로 날개맥이 검고, 외연을 따라 검은 띠 안에 흰 점무늬가 있다. 수컷은 뒷날개 중실 아래에 굵은 성표가 있다. 이동성이 강해서 아마존 강 유역에서, 멕시코나 미국 플로리다에서도 관찰된다.

77㎜ ×0.65

열대넓은줄나비 [네발나비과]

Pyrrhogyra neaerea

● 날개 편 길이 48mm 안팎 (멕시코)

같은 속에 속하는 나비들은 날개 중앙의 흰 띠의 너비가 다양한데, 때에 따라 엷은 녹색인 것도 있다. 아랫면의 흰 띠는 붉은색 띠로 둘러싸여 있다. 멕시코에서 아마존 강 유역까지 분포한다.

48㎜ ×1.0

호랑이잠자리나비 [네발나비과]

Mechanitis polymnia

● 날개 편 길이 70mm 안팎 (코스타리카)

날개의 변이가 심한 나비의 하나로, 앞날개의 후각부에 둥글고 진한 귤빛 무늬가 나타나서 닮은 종들과 구별된다. 인가 주변에서 잘 보이며, 심지어 도시에서도 쉽게 볼 수 있다. 멕시코에서 아마존 강 유역까지 분포한다.

70㎜ ×0.7

호박잠자리나비 [네발나비과]

Dircenna relata

● 날개 편 길이 68mm 안팎 (코스타리카)

날개는 투명하며, 특히 뒷날개는 투명한 호박색을 띤다. 코스타리카와 파나마에 분포한다.

68㎜ ×0.75

클루기호박잠자리나비 [네발나비과]

Dircenna klugii

- 날개 편 길이 65mm 안팎 (코스타리카)

'호박잠자리나비(*D. relata*)' 보다 색이 옅고 크기가 작은데, 정확하게 구별하려면 생식기 조사를 해 보아야 한다. 멕시코에서 파나마까지 분포한다.

65㎜ ×1.65

흰점그늘나비 [네발나비과]

Manataria maculata

- 날개 편 길이 63mm 안팎 (코스타리카)

앞날개 윗면에는 8개의 흰 점이 흩어져 있지만 아랫면에는 흰 띠가 줄지어 있다. 흔한 종으로 이동성이 강하며, 아침 저녁으로 어두울 때 활발히 활동하는 것이 목격된다. 멕시코에서 브라질까지 분포한다.

63㎜ ×0.8

투명잠자리나비 [네발나비과]

Heterosais edessa

- 날개 편 길이 49mm 안팎 (코스타리카)

길가나 개울 주변의 나무 그늘 사이에서 많이 볼 수 있다. 나는 모습은 매우 힘없어 보이며, 날개 색이 투명해서 아른거리는 듯이 보인다. 코스타리카에서 볼리비아까지 분포한다.

49㎜ ×1.05

거물그늘나비 [네발나비과]

Cissia gigas

- 날개 편 길이 42mm 안팎 (코스타리카)

날개의 바탕색이 흑갈색이고, 아랫면의 뱀눈 모양 무늬가 비교적 큰 편이다. 해발 1000m 전후의 높은 산지에 산다. 어른벌레는 발효된 과일에 잘 모이는 습성이 있다. 멕시코에서 파나마까지 분포한다.

42㎜ ×1.2

제노스잠자리나비 [네발나비과]

Ithomia xenos

- 날개 편 길이 60mm 안팎 (코스타리카)

*Dircenna*속과 같이 투명한 호박색을 띠었지만 뒷날개 날개맥의 모양이 차이가 난다. 커피 농장에서, 위로 크게 자라게 하여 햇빛을 가려 주는 용도로 심는 식물이 이 종의 먹이 식물인 경우가 많다. 코스타리카와 파나마에 분포한다.

60㎜ ×0.85

둥근날개투명잠자리나비 [네발나비과]

Ithomia patilla

- 날개 편 길이 48mm 안팎 (코스타리카)

뒷날개 외연은 적갈색 띠가 뚜렷하게 줄지어 있다. 멕시코에서 파나마까지 분포한다.

48㎜ ×1.05

아그나타그늘나비 [네발나비과]

Cissia agnata

- 날개 편 길이 43mm 안팎 (코스타리카)

날개는 연한 회색 바탕에 뱀눈 모양 무늬들이 연한 노란색으로 둘러싸인 모양이다. 건기에 나타나는데, 개체 수는 많지 않다. 코스타리카 특산종이다.

* 종명 '*agnata*'는 정통 직계라는 뜻으로, 이 나비를 정통 그늘나비로 보았다.

흰줄무늬그늘나비 [네발나비과]

Cissia hesione

- 날개 편 길이 33mm 안팎 (코스타리카)

날개의 윗면은 흑갈색 부분보다 흰 부분이 더 넓고, 아랫면에는 날개 전체를 가로지르는 흰 띠가 인상적이다. 숲 속의 낮은 풀숲 사이에서 하루 종일 분주히 날아다닌다. 멕시코에서 에콰도르에 분포한다.

두눈치마뱀눈나비 [네발나비과]

Pierella luna

- 날개 편 길이 50mm 안팎 (멕시코)

날개의 바탕색은 갈색인데, 뒷날개 후연 부분은 짙은 갈색이 넓게 나타난다. 또, 뒷날개 아외연선 위쪽의 검은 눈 모양 무늬 안에 흰 점이 뚜렷하다. 멕시코와 니카라과, 파나마, 콜롬비아, 과테말라에 분포한다.

흰독수리팔랑나비 [팔랑나비과]

Heliopetes laviana

- 날개 편 길이 33mm 안팎 (코스타리카)

팔랑나비과 중에서 바탕색이 독특하게 흰색이다. 미국 남부에서 아르헨티나에 걸쳐 분포한다.

코스타리카검은팔랑나비 [팔랑나비과]

Cogia calchas

- 날개 편 길이 32mm 안팎 (코스타리카)

날개는 검은색 바탕으로 별다른 무늬가 없다. 중앙 아메리카에 분포한다.

32㎜ ×1.5

물결점팔랑나비 [팔랑나비과]

Xenophanes tryxus

- 날개 편 길이 29mm 안팎 (코스타리카)

날개는 황갈색 바탕에 흰 점무늬가 중앙에 가득하다. 중앙 아메리카와 남아메리카 북부에 분포한다.

나비 채집기 ⑫

그랜드바하마 섬에서 본 진귀한 나비 여행 날짜 : 1994년 2월 10~13일

미국 마이애미에서 멀지 않은 곳에 있는 영국령 그랜드바하마 섬에 4일간 머물 기회가 있었다. 물론 일정은 바빴지만 시간을 쪼개 섬 구석구석을 다니면서 나비를 채집할 수 있었다. 마침 묵고 있던 바하마 프린세스 리조트 호텔의 안내 책자에 이 섬의 나비에 관한 안내문이 실려 있어 흥미롭게 읽었는데, 상세한 정보가 곁들여 있어서 나비 채집에 많은 도움이 되었다.

내용인즉, 캐나다의 한 교사가 이 섬에 9년간 다니면서 취미삼아 채집한 나비가 40여 종에 이른다는 것이다. 그런데 이 섬에서 과거에 기록되었던 종 가운데 유독 '아탈라부전나비(*Eumaeus atala*)' 한 종류를 채집하지 못했다는 것이다.

묵고 있던 호텔은 공항에서 아주 가까운 곳으로, 호텔 진입로가 발끔하게 난장되어 있었고, 그 길과 맞닿은 곳에 큰 골프장도 있었다. 그런데 도로와 골프장 사이의 조그마한 숲에서 우연히 '아탈라부전나비'를 7마리나 발견하였다.

이 나비를 잡자마자 기쁜 마음에 곧장 호텔로 돌아와 한 직원에게 그 동안에 있었던 일을 설명하고, 그 캐나다 교사에게 내가 알아 낸 새 정보를 꼭 전달하고 싶으니 연락을 취할 방법을 알려달라고 하였다. 하지만 연락처 등 모든 정보가 호텔 내부의 전산 시스템 착오로 없어졌기에 갑자기 연락할 수 없다고 하였다. 아무튼 그가 9년 동안이나 잡지 못했던 그 나비를 단숨에 채집한 것에 대한 미안한 마음이 들었다.

그 동안 나비와 오래 접하며 느껴 온 일이지만, 희귀종이거나 특정한 종을 채집하고 싶을 때에는 무엇보다 그 나비의 생태를 먼저 꿰뚫어 볼 필요가 있다는 것이다. 이러한 감각을 기르기 위해서 자주 채집을 나가는 것이 필요하겠지만 이번처럼 운도 많이 따라야 한다는 것을 절감하게 되었는데, 그런 점에서 이 섬에서의 여행이 특별했던 것 같다.

나비 채집기 ⑬

멕시코 아카풀코의 부전나비 여행 날짜 : 1997년 8월 25~30일

꿈에 그리던 멕시코의 아카풀코에 도착했다. 날씨는 꽤 무더웠지만 습도가 낮아 우리 나라의 한여름 날씨처럼 견딜 만하였다. 아침에는 시내 도로변이나 언덕의 숲이 우거진 곳에 여러 '흰나비'와 '제비나비'들이 눈에 띄었다. 오전에 관광을 마치고 오후가 되어서야 나비 채집에 나섰는데, 나비가 영 보이지 않았다. 나비는 변온 동물이어서 높은 온도 때문에 활동력을 잃어버린 것이리라. 하는 수 없이 포기하려니까, 고생하며 이국 만리까지 찾아온 보람이 물거품이 될 것 같아 쉽게 포기는 못하고 한참 두리번거리는데, 마침 잎이 무성한 키 큰 가로수들이 눈에 띄었다.

꽃에서 흔히 볼 수 있었던 '호랑이잠자리나비(*Mechanitis polymnia*)'

가로수는 맛있는 열매를 맺는 유명한 아몬드나무들이었는데, 줄지어 늘어선 플라타너스처럼 아담한 모습이 꽤 이채롭게 느껴졌다. 별 뜻 없이 긴 포충망으로 몇 차례 건드려 보았다. 그러자 높은 곳에서 작은 곤충들이 흩어져 나는 것이 아닌가? 아무래도 그 중에 나비가 섞여 있을 것만 같아 본격적인 채집을 하기로 하고, 서너 차례 나뭇가지를 쳤을 때였다. 분류의 관점에서 볼 때 우리 나라에 살지 않는 특별한 계통의 부전나비 한 마리가 채집망 속으로 들어와 있었다. 날개 색이 현란하고 푸른색이 눈부시게 빛나는 것이 심상찮아 보였다. 자세히 살펴보니, 네발부전나비아과에 속하는 예쁜 부전나비 종류였는데, 너무 화려한 나머지 나방 같아 보였다. 하지만 부전나비가 틀림없어 이 종류를 더 만날 욕심이 생겼다. 그래서 시간 가는 줄도 모르고 근처를 누비며 여러 마리를 더 채집하였다.

시간이 꽤 흘러갔다. 얼마나 나비 채집에 열중했는지 주변 사람들에게 크게 주목받고 있다는 사실을 미처 깨닫지 못했다. 갑자기 누가 크게 외치기에 소리 나는 쪽을 바라보았다. 여러 사람들 가운데 웬 작은 키의 멕시코 인이 '마리포사(에스파냐 어로 '나비'라는 뜻)'라고 외치면서 높은 나무 위의 나비가 있는 곳을 친절하게 손으로 가리키고 있었다.

먼 이국에서 만난 희귀한 나비 덕분에 나도 모르는 사이에 그 마을의 유명인이 되었던 것이다.

더운 낮에 나비가 숨기에 알맞은 아몬드나무

나비 채집기 ⑭

코스타리카에서 꿈에 그리던 모르포나비를 만나다 여행 날짜 : 1997년 8월 31일~9월 5일

코스타리카는 중앙 아메리카에 속하면서 멕시코 남쪽에 있는 나라이다. 무사히 멕시코 여행을 마치고 코스타리카의 고원 수도인 산호세에 도착하였다. 이 곳에서는 말로만 듣던 '모르포나비'를 드디어 만날 것이라는 기대감에 설레었다. 그런데 정작 흥미를 더 끈 것은 이 나비와의 만남 자체보다 평소 짐작했던 것과 다른 특성을 실제 보고 느낀 점이었다.

모르포나비를 많이 만났던 곳은 그 나라 국립 공원 주변이었다. 물론 우리 나라 국립 공원처럼 채집이 허용되지 않기 때문에 미리 안내인에게 국립 공원에서 멀리 벗어나지 않으면서도 나무가 많은 곳에 데려가 주기를 부탁하였다. 도착한 곳은 평범한 도로변이었지만 수량이 적지 않은 계곡이 가로지르고, 무엇보다 숲이 울창하여 나비가 많을 것 같았다. 차에서 내리자마자 다른 나비보다도 모르포나비가 먼저 눈에 들어왔다. 차를 안전한 곳에 세우게 하고 본격적인 채집에 돌입하였다.

경험상 나비가 날아올 만한 길목에 미리 자리 잡고 기다리면 소원 성취를 할 수 있으리라고 보고, 그럴 만한 자리에서 오래 머무르자 마침내 기회가 찾아왔다. 시퍼런 날개로 시원스럽게 다가오는데, 쉽게 잡을 수 있을 것만 같았다. 하지만 현실은 달랐다. 만만하게 잡힐 것 같기도 했지만 혹 세게 휘둘러 날개가 상할까 봐 포충망을 세차게 휘두르지 못했다. 그런데 모르포나비는 살짝 피해 날아가는 게 아닌가! 더 기막힌 것은 그렇게 놀랐는데도 빨라 보이지 않는다는 점이었다. 나는 뛰어서 잡을 수 있을 걸로 보고 백여 미터나 뒤쫓으며 포충망을 여러 차례 휘둘러 댔으나 결국 허탕을 치고 말았다.

이 곳은 고도가 높아 태양이 구름에 가리기라도 하면 이내 기온이 떨어져 나비 보기를 잠시 접어두어야만 하였다. 아무튼 모르포나비를 꼭 채집하려고 안달을 하면 할수록 날씨만큼 마음이 편치 못했다. 한참 뒤 구름층이 엷어지면서 나무 위에만 머물던 모르포나비가 하나 둘씩 나타나기 시작하였다. 이번에는 한 마리가 아니라 여러 마리가 보이는데, 모두 수컷들로 짝을 찾아나서는 것 같았다. 그러다가 수컷끼리 만나면 격렬하게 기싸움을 한다.

어느덧 돌아갈 시간이 다가오자, 한 마리도 손에 넣지 못하여 마음이 조급해지기 시작하였다. 그래서 가까이 다가오는 녀석을 향해서 냅다 포충망을 휘둘러 댔다. 그런데 웬일인가? 모르포나비가 순식간에 잡히는 것이 아닌가? 그렇구나! 모르포나비는 날개에 비해 몸통이 작기 때문에 방향을 전환하는 순발력은 뛰어나지만 힘이 모자라 빠르지 못한 것이로구나! 아무튼 인정 사정 없이 포충망을 휘두르면 모르포나비를 손쉽게 잡을 수 있다는 간명한 사실을 이번 여행을 통해서 알게 되어 무척 기뻤다.

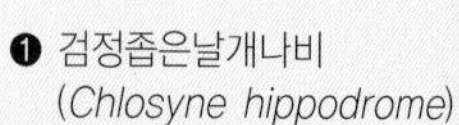

❶ 검정좀은날개나비 (*Chlosyne hippodrome*)
❷ 귤빛큰노랑나비 (*Phoebis argante*)
❸ 별붉은좀은날개나비 (*Chlosyne janais*)
❹ 흰띠독나비 (*Heliconius cydno*)

딱정벌레목

♂ ♀

녹색광택소똥구리 [소똥구리과]

Phanaeus demon

● 몸 길이 ♂ 17mm, ♀ 18mm 안팎 (멕시코)

앞가슴등판 위로 이빨 모양 돌기가 솟아 있고, 머리방패는 앞으로 넓적하게 뻗친다. 몸은 녹색을 띠고, 뿔과 다리는 검은색이다. 중앙 아메리카에 분포한다.

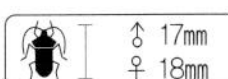

♂ 17mm ♀ 18mm ×1.5

♂ ♀

꼬마무지개광택소똥구리 [소똥구리과]

Phanaeus tridens

● 몸 길이 ♂ 17mm, ♀ 17mm 안팎 (멕시코)

앞가슴등판 위로 3개의 이빨 모양 돌기가 있다. 머리방패는 좁다. 중앙 아메리카에 분포한다.

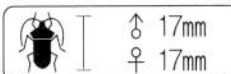

♂ 17mm ♀ 17mm ×1.5

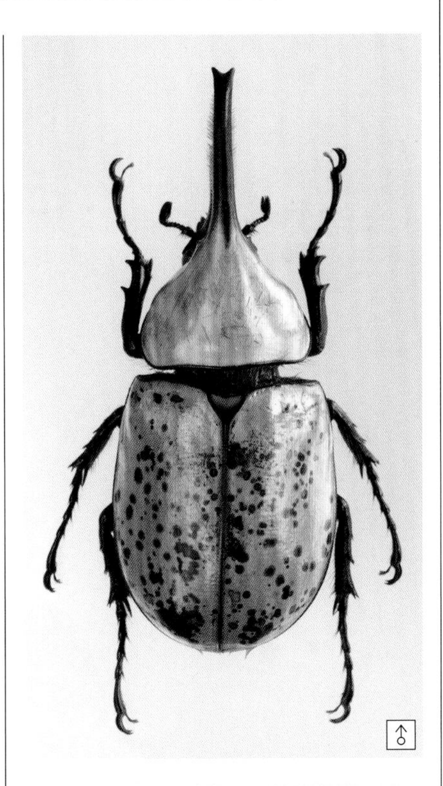

♂

♂

필라테이광택소똥구리 [소똥구리과]

Phanaeus pilatei

● 몸 길이 21mm 안팎 (멕시코)

앞가슴등판의 돌기는 미약한 편이다. 멕시코를 포함한 중앙 아메리카에 분포한다.

21mm ×1.5

♂ ♀

멕시코무지개광택소똥구리 [소똥구리과]

Phanaeus mexicanus

● 몸 길이 ♂ 23mm, ♀ 22mm 안팎 (멕시코)

몸은 기본적으로 적황색과 녹색 바탕이나 변이가 심하다. 앞가슴등판에는 돌기가 미약하다. 중앙 아메리카에 분포하며, 지역에 따른 아종들이 많다. 중앙 아메리카와 남아메리카 북부에 분포한다.

♂ 23mm ♀ 22mm ×1.3

♀

그란티장수투구벌레 [풍뎅이과]

Dynastes granti

● 몸 길이 60mm 안팎 (미국 애리조나)

'헤라클레스장수투구벌레(*D. hercules*)'와 닮았으나 훨씬 소형이고, 가슴 위에 난 뿔 모양 돌기의 끝이 덜 뾰족해서 구별된다. 뿔 돌기를 뺀 앞가슴등판과 딱지날개에는 갈색 무늬가 나타나는데, 개체나 지역에 따라 변화가 심하다. 한 개체에서도 이 무늬가 다른 경우도 있다. 미국 남부와 북아메리카 남서부에 주로 분포한다.

♂ 60mm ♀ 64mm ♂×1.3 ♀×0.85

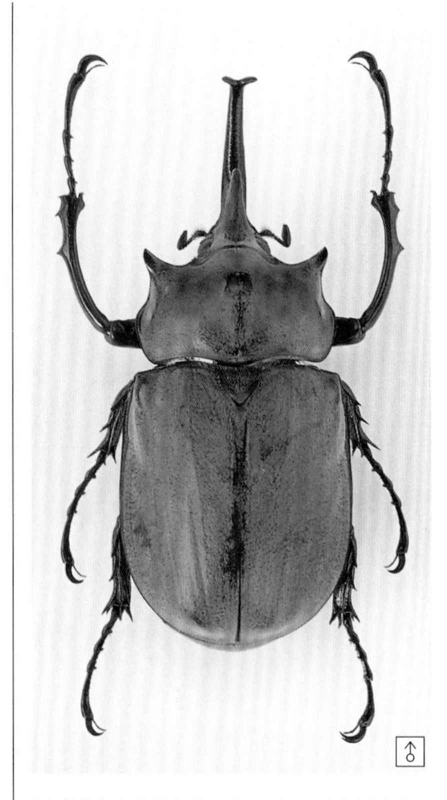

코끼리장수풍뎅이 [풍뎅이과]

Megasoma elephas

- 몸 길이 60–115mm (멕시코)

몸 색깔이나 몸의 형태, 머리에 난 뿔이 코끼리를 연상시켜, 종명이 코끼리를 뜻한다. 몸은 갈색 잔털로 덮여 있다. 다른 유사종과 달리 가슴 중앙에 뿔이 없다. 멕시코 남부와 베네수엘라 등지에 분포한다. 신열대구의 장수풍뎅이 무리는 북아메리카 남부와 중앙 아메리카, 남아메리카까지 분포하며, 현재 10여 종이 알려져 있다.

×0.8

피사탑투구벌레 [풍뎅이과]

Golofa potrei

- 몸 길이 58mm 안팎 (콜롬비아)

머리 앞으로 톱날 같은 뾰족한 뿔 돌기와 앞가슴등판에 피사의 사탑 같은 뿔 돌기가 서 있다. 가슴에 난 뿔 돌기 앞쪽으로 갈색 털이 빽빽하다. 멕시코와 중앙 아메리카에 널리 분포한다.

폴리필라수염풍뎅이 [풍뎅이과]

Polyphylla hammondi

- 몸 길이 30mm 안팎 (미국 애리조나)

더듬이가 수염처럼 길다. 몸은 갈색 바탕에 앞가슴등판에 3개, 딱지날개에 두 쌍의 흰 줄무늬가 있다. 애벌레는 나무 뿌리와 풀뿌리를 먹는다. 미국 남부와 멕시코 등지에 분포한다.

30mm ×1.5

연푸른뚱보보석꽃무지 [꽃무지과]

Plusiotis costata

- 몸 길이 30mm 안팎 (멕시코)

중앙 아메리카산의 같은 속 중에서 가장 큰 종이다. 앞가슴등판은 밋밋하나 딱지날개는 홈줄이 미약하게 보인다. 중앙 아메리카에 분포한다.

황금보석꽃무지 [꽃무지과]

Plusiotis resplendens

- 몸 길이 23mm 안팎 (멕시코)

몸은 광택이 있는 황금빛을 띠어 매우 아름답다. 앞다리는 붉은색을 띤다. 이 무리는 아름다운 색을 가진 종류가 많으며, 주로 미국 남부에서 멕시코를 거쳐 콜롬비아까지 분포한다.

은줄보석꽃무지 [꽃무지과]

Plusiotis gloriosa

● 몸 길이 25mm 안팎 (미국 애리조나)

몸과 다리는 옅은 녹색 바탕에 은색 광택을 띠는데, 딱지날개에 은색 줄무늬가 굵게 나타나서 매우 아름답다. 미국 남부에 분포하지만 신열대구적 요소가 강해 신열대구에 포함시켰다.

왕눈이큰비단벌레 [비단벌레과]

Euchroma gigantea

● 몸 길이 60mm 안팎 (쿠바)

개체에 따라 붉은색과 녹갈색, 흑갈색을 띠는 등 지역 변이가 심하다. 미국 남부에서 남아메리카의 대부분 지역에 분포한다.

북미길쭉하늘소 [하늘소과]

Orwellion gibbulum

● 몸 길이 17mm 안팎 (미국 애리조나)

몸은 짙은 갈색 바탕에 옅은 노란색 무늬가 퍼져 있다. 이 종에 관한 자세한 정보가 없다. 미국 남부와 멕시코에 분포한다.

뚱보수염하늘소 [하늘소과]

Ctenoscelis coeus

● 몸 길이 110mm 안팎 (멕시코)

앞가슴등판의 중앙부 일부만 빼고는 튀어나온 돌기들이 많다. 딱지날개는 장타원형으로, 양 가장자리 위쪽에 움푹 들어간 부분이 두드러진다. 남아메리카와 중앙 아메리카에 널리 분포한다.

멕시코장수하늘소 [하늘소과]

Callipogon barbatus

- 몸 길이 67~107mm (멕시코)

수컷의 큰턱은 매우 큰데, 황갈색의 짧은 털로 덮여 있다. 같은 속의 하늘소는 우리 나라에 사는 '장수하늘소(*C. relictus*)'를 포함하여 거의 생김새가 닮아서, 동아시아 대륙과 아메리카 대륙이 과거에는 서로 붙어 있었다는 생물 지리학적 증거로 삼는 일이 많다. 멕시코를 포함한 중앙 아메리카에 분포한다.

♂ 107mm ♀ 67mm | ♂×0.78 ♀×1.0

매미목

유카탄왕코주부벌레 [코주부벌레과]

Laternaria laternaria

- 날개 편 길이 108mm 안팎 (중앙 아메리카)

머리 위에 달린 뿔이 마치 큰 코처럼 보이는 특이한 생김새의 곤충이다. 이 뿔 때문에 이 곤충이 악어와 같다고 보는 사람도 있는데, 과거에는 여기에서 빛을 낸다고 생각하여 종명 '*laternaria*'가 랜턴(lantern)이라는 뜻을 가지고 있다. 날개를 펴면 뒷날개 날개 끝 부위에 눈알 모양 무늬가 뚜렷하다. 중앙 아메리카와 남아메리카에 널리 분포한다.

×1.0

남아메리카권

열대 우림 지역인 남아메리카는 동남 아시아 지역과 더불어 곤충상이 풍부한 곳이다. 안데스 산맥과 아마존 강 유역에 세계 나비의 절반인 1만여 종이 분포한다. 아마존 강 유역은 적도에 위치하며 고온 다습한 기후이다. 아직까지 사람들이 들어가지 못하는 장소가 많아 새로운 곤충이 발견될 수 있는 곳이기도 하다. 화려한 '모르포나비, 부엉이나비, 삼원색네발나비, 그란티뿔굽은사슴벌레' 계통은 이 지역을 대표할 만한 종이다. '모르포나비'는 1km 떨어진 곳에서도 날개의 금속 광택을 볼 수 있으며, 날개에 숫자가 들어 있는 '네발나비' 뿐만 아니라, 우리 나라 '장수하늘소'의 사촌 격인 '남미장수하늘소'에 이르기까지, 다른 지역에서 볼 수 없는 매우 다채로운 곤충상을 보인다.

나비목

하넬사향제비나비 [호랑나비과]

Parides hahneli

- 날개 편 길이 71mm 안팎 (브라질)

생김새가 독특하다. 앞날개는 가로로 가늘고 길며, 뒷날개는 작으면서 외연으로 가늘게 돌기 모양으로 튀어나왔다. 아마존 강 유역을 중심으로 산다고 하나, 세계 적색 목록에서 희귀종으로 분류할 정도로 보기 힘들다.

청백무늬사향제비나비 [호랑나비과]

Parides erlaces xanthias (아종)

- 날개 편 길이 72mm 안팎 (페루)

암컷은 수컷과 달리 앞날개에 흰무늬만 있고 뒷날개에 붉은 무늬 대신 주황색 무늬가 넓게 나타나는데, '하모디우스측범나비(*Eurytides harmodius*)'가 이 종의 암컷을 모델로 의태를 하는 것으로 유명하다. 페루에서 볼리비아까지 분포한다.

붉은띠사향제비나비 [호랑나비과]

Parides panthonus

- 날개 편 길이 74mm 안팎 (가이아나)

암수 모두 앞날개는 별 무늬 없이 검은색이고, 뒷날개의 붉은 무늬는 외연으로 갈수록 작아진다. 가이아나와 브라질에 분포한다.

연지곤지사향제비나비 [호랑나비과]

Parides neophilus olivencius (아종)

- 날개 편 길이 72mm 안팎 (페루)

수컷은 앞날개에 청회색 무늬가 있으며, 날개 끝이 뾰족하다. 이 종과 닮은 종이 여럿 있어 구별이 쉽지 않다. 매우 흔한 종으로, 주로 페루에서 아마존 강 유역에 분포한다.

오렐라나사향제비나비 [호랑나비과]

Parides orellana

- 날개 편 길이 110mm 안팎 (브라질)

뒷날개가 특이하게 주홍빛이 선명하다. 아마존 강의 열대 우림 지역에서 발견되는데, 그리 흔하지 않다.

노랑점뒷붉은제비나비 [호랑나비과]

Eurytides xynias

- 날개 편 길이 60mm 안팎 (페루)

앞날개 안쪽 가장자리에 옅은 노란색 무늬가 두드러져 보인다. 에콰도르와 페루, 볼리비아에 분포한다.

녹색구름사향제비나비 [호랑나비과]

Parides sesostris

- 날개 편 길이 80mm 안팎 (페루)

수컷은 뒷날개 후연의 사향 냄새가 나는 부분을 펼치면 흰무늬가 뚜렷한데, 원래는 접혀 있는 부분이다. 암컷은 수컷과 달리 뒷날개 후연 부분에 붉은 무늬가 발달하였다. 멕시코에서 남아메리카의 중앙부까지 널리 분포한다.

하모디우스측범나비 [호랑나비과]

Eurytides harmodius

- 날개 편 길이 70mm 안팎 (페루)

*Parides*속 나비들을 모델로 의태를 하는데, 나비 가운데는 이와 같이 다른 나비류를 의태하는 종들이 많다. 멕시코에서 남아메리카에 분포한다.

밑파란측범나비 [호랑나비과]

Eurytides pausanias

● 날개 편 길이 90mm 안팎 (페루)

측범나비류와 전혀 다르게 독을 가지고 있는 *Heliconius*속 독나비들을 의태하는 것으로 보인다. 현재 많이 감소하는 종으로 알려져 있어, 이 종의 생태 조사가 필요하다고 한다. 중앙 아메리카에서 아마존 강 상류 지역에 분포한다.

78㎜ ×1.2

콜럼버스측범나비 [호랑나비과]

Eurytides columbus

● 날개 편 길이 85mm 안팎 (페루)

앞날개 중실을 가로지르는 검은 띠는 후각까지 미쳐 외연의 검은 띠와 연결되는 것이 특징이다. 콜롬비아, 에콰도르, 페루 등에 분포한다.

85㎜ ×0.5

서빌레긴꼬리측범나비 [호랑나비과]

Eurytides serville

● 날개 편 길이 78mm 안팎 (페루)

'콜럼버스측범나비(*E. columbus*)'와 매우 닮았으나 앞날개의 무늬가 짙은 갈색이다. 콜롬비아와 에콰도르, 볼리비아에 분포한다.

78㎜ ×0.6

몰로프스긴꼬리제비나비 [호랑나비과]

Eurytides molops

● 날개 편 길이 61mm 안팎 (페루)

같은 속의 종들은 뒷날개의 꼬리 모양 돌기가 길다. 남아메리카 대륙의 열대에 널리 분포한다.

61㎜ ×0.62

긴꼬리노랑측범나비 [호랑나비과]

Eurytides thyastes

● 날개 편 길이 80mm 안팎 (페루)

뒷날개의 칼 모양의 꼬리가 유난히 길다. 흔한 종으로, 페루에서 볼리비아까지 분포한다.

80㎜ ×0.6

띠검은측범나비 [호랑나비과]

Eurytides dolicaon

● 날개 편 길이 81mm 안팎 (페루)

'긴꼬리노랑측범나비(*E. thyastes*)'와 달리 중앙이 유백색이고 뒷날개의 꼬리 모양 돌기가 짧다. 흔한 종으로, 콜롬비아 남부에서 브라질 남부까지 분포한다.

81㎜ ×0.56

긴꼬리측범나비 [호랑나비과]

Eurytides telesilaus

• 날개 편 길이 72mm 안팎 (페루)

뒷날개 윗면의 아외연에 노란색 무늬가 있어 쉽게 구분된다. 파나마에서 브라질 남부까지 널리 분포한다.

72mm ×0.85

검은줄긴꼬리측범나비 [호랑나비과]

Eurytides agesilaus

• 날개 편 길이 60mm 안팎 (페루)

뒷날개 아랫면의 붉은 줄무늬 바깥으로 넓은 검은 띠가 나란하게 있어 쉽게 구별된다. 멕시코에서 브라질, 볼리비아에 분포한다.

62mm ×0.65

둥근날개노랑띠제비나비 [호랑나비과]

Papilio torquatus

• 날개 편 길이 72mm 안팎 (페루)

암컷의 형태는 다양하여 모두 다섯 가지 형이 알려져 있는데, 날개는 검은 바탕에 흰색, 노란색, 붉은색 무늬가 나타난다. 독이 있는 사향제비나비류를 의태하는 것으로 유명하다. 멕시코에서 브라질까지 분포한다.

72mm ×0.64

사향닮은제비나비 [호랑나비과]

Papilio chiansiades

• 날개 편 길이 73mm 안팎 (페루)

'노랑점뒷붉은제비나비(*Eurytides xynias*)'와 의태 관계에 있다. 브라질의 아마존 강 상류와 에콰도르의 안데스 산맥 동쪽과 페루에 분포한다.

73mm ×0.7

세꼬리멋진제비나비 [호랑나비과]

Papilio warscewiczi

• 날개 편 길이 94mm 안팎 (페루)

앞날개의 중실에 무늬가 없고, 뒷날개에 꼬리 모양 돌기가 3개 있다. 에콰도르에서 볼리비아까지 분포한다.

94mm ×0.55

토아스호랑나비 [호랑나비과]

Papilio thoas

• 날개 편 길이 110mm 안팎 (브라질)

호랑나비 무리들 중에서 유난히 꼬리 모양 돌기가 길다. 중앙 아메리카 대륙에도 분포한다.

116mm ×0.45

붉은무늬제비나비 [호랑나비과]

Papilio anchisiades

- 날개 편 길이 95mm 안팎 (베네수엘라)

이 종은 사향제비나비 계열인 *Parides*속을 모델로 의태를 하는 것으로 보인다. 먹이 식물은 보통 '제비나비(*P. bianor*)' 처럼 운향과의 귤나무 등이며, 애벌레는 흰 점이 있는 녹색과 갈색을 띤다. 원래는 중남미 열대에 분포하나 미국 남부까지 날아가기도 한다.

94mm ×1.0

아리스테우스제비나비 [호랑나비과]

Papilio aristeus

- 날개 편 길이 112mm 안팎 (페루)

앞날개의 중실에서 제2,3실까지 노란색 무늬가 크게 나타나는데, 일부 암컷에서는 이 무늬가 청색인 경우도 있다. 파나마에서 남아메리카의 열대 지역까지 분포한다.

112mm ×0.46

세꼬리붉은무늬제비나비 [호랑나비과]

Papilio isidorus

- 날개 편 길이 78mm 안팎 (페루)

'붉은무늬제비나비(*P. anchisiades*)' 와 닮았으나 뒷날개 외연에 짧은 돌기가 뚜렷하다. 파나마에서 볼리비아를 거쳐 안데스 산맥까지 널리 분포한다.

78mm ×0.65

작은붉은띠검은흰나비 [흰나비과]

Pereute callinira

- 날개 편 길이 61mm 안팎 (페루)

앞날개의 제2맥 주위로 작은 검은 점이 있는 것으로 구별된다. 콜롬비아와 에콰도르, 페루, 볼리비아에 분포한다.

61mm ×0.85

붉은띠검은흰나비 [흰나비과]

Pereute callinice

- 날개 편 길이 74mm 안팎 (페루)

날개의 바탕이 검고 앞날개 중앙에 가로로 붉은 띠가 있어서 흰나비 무리 같아 보이지 않는다. 안데스 산맥 서쪽으로 베네수엘라에서 페루까지 널리 분포한다.

74mm ×0.7

메니페검은눈큰흰나비 [흰나비과]

Anteos menippe

- 날개 편 길이 83–95mm (페루)

날개 끝 부분이 황적색을 띠고 외연을 따라 검은 띠가 발달한다. 나는 힘이 강하여 먼 거리를 여행할 수 있으며, 미국 남부까지 이동한 경우도 있다고 한다. 수컷은 축축한 진흙 위에서 흔하게 볼 수 있다. 중앙 아메리카와 남아메리카 지역에 널리 분포한다.

83mm ×0.6

노랑눈멧노랑나비 [흰나비과]

Anteos clorinde

- 날개 편 길이 90mm 안팎 (페루)

앞날개 중실의 노란색을 제외하고는 우윳빛을 띤다. 날개의 생김새는 구북구의 '멧노랑나비(*Gonepteryx rhamni*)'와 닮았다. 멕시코 등 중앙 아메리카 대륙에도 분포한다.

뾰족잠자리흰나비 [흰나비과]

Dismorphia nemesis

- 날개 편 길이 56mm 안팎 (페루)

앞날개는 너비가 좁고 날개 끝이 뾰족하다. 앞날개는 검은색이고, 뒷날개 아랫부분만 노랗다. 멕시코에서 남아메리카까지 널리 분포하며, 이와 유사한 종이 수십 종이나 있다.

붉은무늬큰노랑나비 [흰나비과]

Phoebis philea

- 날개 편 길이 85mm 안팎 (페루)

수컷은 전체가 진노랑 바탕에 앞날개의 중실 부위와 뒷날개의 외연에 붉은색이 나타난다. 암컷은 '루리나노랑나비(*P. rurina*)' 처럼 두 가지 형이 있다. 수컷은 암컷과 격렬하게 짝짓기를 하는 것으로 유명하다. 애벌레는 콩을 먹는다. 남아메리카 지역에 널리 분포한다.

잠자리흰나비 [흰나비과]

Dismorphia orise

- 날개 편 길이 78mm 안팎 (페루)

언뜻 보면 네발나비과 잠자리나비아과와 닮은 날개 형태와 색상을 가지고 있는 흰나비로 유명한 종류이다. 가이아나에서 아마존강 유역까지 분포한다.

루리나노랑나비 [흰나비과]

Phoebis rurina

- 날개 편 길이 74mm 안팎 (페루)

수컷은 전체가 진한 노란색을 띠나, 암컷은 흰색인 형과 흰 바탕에 뒷날개 외연으로 붉은색 띠가 나타나는 두 가지 형이 있다. 특이하게 흰나비 무리 중에서 뒷날개에 꼬리 모양 돌기가 발달되어 있다. 평지나 산지에서 모두 흔한 편으로, 남아메리카 지역에 널리 분포한다.

유리긴꼬리네발부전나비 [부전나비과]

Chorinea faunus

- 날개 편 길이 28mm 안팎 (브라질)

날개의 대부분은 유리질처럼 투명하다. 날개맥과 전연, 외연이 검고, 중앙에 세로로 검은 줄이 선명하다. 특히 뒷날개의 후각 부근에 붉은 점무늬와 긴 꼬리가 인상적이다. 남아메리카 지역에 널리 분포한다.

28㎜ ×1.3

진주별네발부전나비 [부전나비과]

Helicopis acis

- 날개 편 길이 44mm 안팎 (브라질)

같은 무리의 나비 중에서 가장 크고, 수컷의 앞날개 기부에는 비로드처럼 갈색 광택이 난다. 또, 앞날개 외연의 검은 띠가 매우 넓다. 희귀종으로, 가이아나와 수리남, 아마존강 유역에 분포한다.

44mm ×1.1

삼색네발부전나비 [부전나비과]

Ancyluris formosissima

- 날개 편 길이 44mm 안팎 (페루)

날개 아랫면의 붉은색, 흰색, 녹색 부분이 보는 각도에 따라 조금씩 다르다. 아침 일찍 물가나 물기가 많은 바위에 잘 앉는다. 희귀종으로, 에콰도르와 페루에 분포한다.

* '네발부전나비'는 수컷의 앞다리가 축소되어 제 역할을 하지 못하는 데서 생긴 말이다. 그래서 과거에는 부전나비와 네발나비 사이의 종류로 분류한 적이 있는데, 본 도감에서는 최신 분류법에 따라 부전나비류에 포함시켰으나 아직 과제로 남아 있다.

35mm ×1.3

제비네발부전나비 [부전나비과]

Rhetus dysonii

- 날개 편 길이 34mm 안팎 (페루)

뒷날개의 꼬리 모양 돌기가 제비 꼬리처럼 날씬하다. 수컷은 날개가 짙은 청색을 띠지만 금속 광택이 나지 않는다. 암컷은 약한 푸른빛을 띤 검은 바탕에 흰 띠와 붉은색 무늬가 나타나는 독특한 생김새이다. 코스타리카와 파나마, 남아메리카 열대 지역에 널리 분포한다.

34mm ×2.4

파란띠별네발부전나비 [부전나비과]

Ancyluris meliboeus

- 날개 편 길이 36mm 안팎 (페루)

'맵시별네발부전나비(*A. aulestes*)'와 비슷하나 뒷날개 아랫면 후각부의 붉은 점무늬가 다르다. 가이아나, 브라질 북부, 에콰도르, 페루에 분포한다.

36mm ×1.4

맵시별네발부전나비 [부전나비과]

Ancyluris aulestes

- 날개 편 길이 45mm 안팎 (페루)

날개 윗면은 검은색 바탕에 붉은색 줄무늬가 있고, 아랫면은 금속 광택의 녹청색과 붉은색이 뒤섞인 듯이 보인다. 남아메리카의 열대 지역에 분포한다.

34mm ×1.3

♂

긴꼬리별네발부전나비 [부전나비과]

Rhetus arcius

- 날개 편 길이 34mm 안팎 (페루)

날개 끝이 뾰족하여 빠르게 난다. 뒷날개에 꼬리 모양 돌기가 있는데, 수컷은 가슴 등판과 꼬리 모양 돌기 쪽으로 금속 광택의 청색이 짙게 나타나지만 암컷은 덜하다.

34mm ×1.1

♂

잔날개별네발부전나비 [부전나비과]

Lasaia moeros

- 날개 편 길이 26mm 안팎 (볼리비아)

날개 아랫면은 바탕색이 적갈색이다. 페루와 볼리비아에 분포한다.

26mm ×1.75

♂

붉은띠별네발부전나비 [부전나비과]

Amarynthis meneria

- 날개 편 길이 38mm 안팎 (페루)

개체에 따라 붉은 띠의 변이가 심하고, 흰 무늬의 유무에도 변이가 많다. 수컷의 아랫면은 비스듬한 강한 빛에서 진한 청색 광택이 난다. 콜롬비아와 볼리비아, 베네수엘라, 가이아나에 분포한다.

38mm ×2.3

♂

뒤빗살별네발부전나비 [부전나비과]

Necyria westwoodi

- 날개 편 길이 45mm 안팎 (페루)

날개의 붉은 무늬 등에서 심한 변이가 나타난다. 수컷의 앞날개 아랫면은 청색 광택이 난다. 브라질과 볼리비아, 페루에 분포한다.

45mm ×1.0

♂

만티네아별네발부전나비 [부전나비과]

Caria mantinea

- 날개 편 길이 31mm 안팎 (브라질)

앞날개 아랫면의 중실은 붉은색이고, 중실 바깥으로 금속 광택이 나는 무늬가 퍼져 있다. 에콰도르와 볼리비아 등 아마존 강 유역에 분포한다.

31mm ×1.6

♂

아폴론별네발부전나비 [부전나비과]

Lyropteryx apollonia

- 날개 편 길이 45mm 안팎 (페루)

암컷은 수컷과 달리 뒷날개 외연에 붉은색 띠가 나타난다. 중앙 아메리카와 남아메리카에 분포한다.

45mm ×1.1

은하별박이네발부전나비

[부전나비과]

Stalachtis euterpe

- 날개 편 길이 56mm 안팎 (브라질)

다른 아종 중에는 날개의 붉은 띠가 매우 넓어진 경우도 있다. 아마조나스와 가이아나에 분포한다.

헤라클레스모르포나비 [네발나비과]

Morpho hercules

- 날개 편 길이 145mm 안팎 (브라질)

날개의 윗면은 흑갈색, 앞날개 중실 아래와 뒷날개 기부는 엷은 황록색을 띤다. 아외연에는 3줄의 흰 점무늬가 발달한다. 브라질 남부와 파라과이, 페루 등지에 분포한다.

태양모르포나비

[네발나비과]

Morpho hecuba

- 날개 편 길이 140mm 안팎 (브라질)

같은 무리 중에서 큰 종으로, 날개를 펼치면 마치 태양이 떠오르는 듯한 분위기를 연출한다. 암수 차이가 그다지 크지 않다. 페루, 베네수엘라, 콜롬비아, 가이아나의 아마존강 하류 유역에 분포한다.

♂ 140mm ♀ 140mm ×0.35

테세우스모르포나비

[네발나비과]

Morpho theseus

- 날개 편 길이 130mm 안팎 (콜롬비아)

날개 윗면은 회갈색, 아외연부와 외연부는 흑갈색인데, 앞날개에는 3줄의 무늬가 나타난다. 뒷날개 기부는 흰색을 띤다. 콜롬비아와 온두라스, 파나마, 베네수엘라, 에콰도르, 페루에 널리 분포한다.

키세이스태양모르포나비 [네발나비과]

Morpho cisseis

- 날개 편 길이 134mm 안팎 (브라질)

날개 윗면은 검은색, 기부에서 중앙부까지는 엷은 청색을 띤다. 개체에 따라 날개 윗면의 색이 엷은 보랏빛을 띠기도 한다. 수컷은 정글의 나무 위를 빠르게 날아다닌다. 주로 볼리비아, 콜롬비아, 에콰도르의 아마존강 하류 유역에 분포한다.

암피트리온모르포나비 [네발나비과]

Morpho amphitrion

- 날개 편 길이 155mm 안팎 (브라질)

'헤라클레스모르포나비(*M. hercules*)' 와 닮았으나 수컷의 날개 끝이 더 예리하게 돌출되어 있다. 날개 윗면은 흑갈색이고, 기부에서 중앙부까지 엷어지면서 청록색을 띤다. 페루에 분포하며, 다른 아종은 볼리비아에 분포한다.

* 학자에 따라 이 종을 *theseus*의 아종으로 취급하기도 한다.

155㎜ ×0.62

검푸른모르포나비 [네발나비과]

Morpho justitiae

- 날개 편 길이 132mm 안팎 (브라질)

닮은 종들과 달리, 앞날개 외연 부위에 흰 점무늬가 줄지어 나타난다. 멕시코와 코스타리카, 콜롬비아, 에콰도르에 분포한다.

132㎜ ×0.38

텔레마쿠스모르포나비 [네발나비과]

Morpho telemachus exsusarion (아종)

- 날개 편 길이 134mm 안팎 (볼리비아)

아종 *martini*보다 훨씬 크고, 날개 색이 어둡다. 이 아종은 볼리비아를 중심으로 분포한다.

134㎜ ×0.37

텔레마쿠스모르포나비 [네발나비과]

Morpho telemachus martini (아종)

- 날개 편 길이 110mm 안팎 (브라질)

아마존 강 하류 유역인 가이아나, 베네수엘라, 콜롬비아, 페루, 볼리비아에 분포한다.

110㎜ ×0.46

파노데무스모르포나비 [네발나비과]

Morpho phanodemus

- 날개 편 길이 160–165mm (브라질)

날개 윗면은 흑갈색, 앞날개 중앙부는 좁은 편이며, 엷은 청색 또는 녹색의 광택을 띤다. 뒷날개 아외연의 무늬는 약간 나타나나 앞날개에서는 거의 소실한다. 페루, 에콰도르, 콜롬비아에 분포한다.

♂ 165㎜ ♀ 160㎜ ♂×0.31 ♀×0.32

아낙시비아모르포나비 [네발나비과]

Morpho anaxibia

- 날개 편 길이 130mm 안팎 (브라질)

모르포나비류 중에서 몸에 청색 비늘을 지닌 종류는 이 종뿐이다. 날개 아랫면의 눈알 모양 무늬는 황갈색으로, 그 중앙부에 검은색 부위가 없다. 브라질 남부에 분포한다.

* 모르포나비의 표본은 보통 배가 잘린 상태인 것이 많은데, 배와 함께 두면 배에서 기름이 배어 나와 날개를 못 쓰게 만드는 일이 많다. 그래서 모르포나비는 채집한 후 배를 잘라 따로 둔다.

130mm ×0.7

에로스모르포나비 [네발나비과]

Morpho sulkowskyi eros (아종)

- 날개 편 길이 83-87mm (볼리비아)

수컷의 날개 윗면은 엷은 청색으로 강하게 광택이 나지만 보는 각도에 따라 노란색으로도 보이는데, 날개 아랫면의 무늬가 투시되어 나타난다. 암컷은 날개 윗면의 청색 광택이 약하다. 볼리비아에 분포한다.

* 이 종을 *eros*종으로 승격해서 취급하는 학자도 있다.

♂ 83mm ♀ 87mm ♂×0.6 ♀×0.58

타미리스모르포나비 [네발나비과]

Morpho thamyris

- 날개 편 길이 77mm 안팎 (브라질)

'에로스모르포나비(*M. sulkowskyi eros*)'와 닮았으나 날개 외연의 검은 띠가 뚜렷하다. 또, 앞날개의 아랫면은 눈알 모양 무늬가 2개뿐으로 '에로스모르포나비'의 4개와는 다르다. 브라질 남부에 분포한다.

♂ 78mm ♀ 77mm ×0.65

아도니스모르포나비 [네발나비과]

Morpho adonis

- 날개 편 길이 102-123mm (페루)

'애가모르포나비(*M. aega*)'와 닮았으나 약간 색이 엷고 광택이 덜 난다. 앞날개 아랫면의 제2실에 눈알 모양 무늬가 있다. 뒷날개 아랫면의 중앙에 엷게 띠가 있다. 아마존강 하류인 가이아나와 콜롬비아, 페루에 분포한다.

♂ 102mm ♀ 123mm ♂×0.5 ♀×0.41

애가모르포나비 [네발나비과]

Morpho aega

- 날개 편 길이 90mm 안팎 (브라질)

수컷은 날개 윗면이 밝은 청색을 띠나 암컷은 황갈색을 띤다. 주로 브라질의 열대 우림에 살며, 애벌레는 대나무 종류를 먹는 것으로 알려져 있다. 브라질과 파라과이에 매우 흔하다.

* 매년 600만 마리 이상을 길러 애호가들에게 보급하고 있는데, 이런 대량 사육에도 불구하고 개체 수의 변동에는 큰 영향을 끼치지 않는다고 한다.

80mm ×1.1

오로라모르포나비 [네발나비과]

Morpho aurora

- 날개 편 길이 90mm 안팎 (볼리비아)

날개 아랫면에 있는 눈알 모양 무늬의 노란색 안쪽이 황갈색으로 검은색을 띠지 않는다. 날개 끝 부위는 검다. 남아메리카 북부인 볼리비아와 페루 등지에 분포한다.

×0.55

레테노르모르포나비 [네발나비과]

Morpho rhetenor

- 날개 편 길이 130mm 안팎 (브라질)

같은 무리 중에서 수컷의 날개가 청색 광택이 가장 강하고 색이 짙다. 암컷은 전체가 다갈색이다. 수컷은 날개 끝이 뾰족하며, 전연에 흰 점무늬가 약하게 보인다. 암컷은 노란색과 갈색을 띤다. 애벌레는 대나무 종류를 먹는다. 베네수엘라, 에콰도르, 수리남 등지에 분포한다.

♂ 128mm ♀ 133mm ♂×0.4 ♀×0.38

헬레나모르포나비 [네발나비과]

Morpho helena

- 날개 편 길이 144~165mm (브라질)

같은 무리 중에서 날개 윗면의 청색 광택이 가장 강하고, 수컷은 반 마일이나 떨어진 곳에서도 볼 수 있을 정도라고 한다. 하지만 암컷은 다갈색으로 훨씬 크며, 아주 희귀해서 보기 힘들다. 페루와 브라질, 가이아나 등지에 분포한다.

♂ 144mm ♀ 165mm ♂×0.35 ♀×0.31

카시카모르포나비 [네발나비과]

Morpho cacica

- 날개 편 길이 150mm 안팎 (페루)

'레테노르모르포나비(*M. rhetenor*)'와 닮았으나 약간 크고, 수컷의 날개 끝 부위의 너비가 약간 넓다. 수컷의 날개 윗면은 어두운 청색 광택이 강하게 나나 앞날개는 흰색의 아외연 무늬가 줄지어 나타난다. 페루에 분포한다.

키프리스모르포나비 [네발나비과]

Morpho cypris

- 날개 편 길이 107mm 안팎 (콜롬비아)

수컷은 금속 광택이 나는 밝은 청색으로, 날개 가운데와 외횡선에 흰 띠가 있다. 이에 비해 암컷은 다갈색을 띠는데, 매우 드물다고 한다. 암수 모두 날개 아랫면은 바탕색이 갈색이며, 눈 모양 무늬가 퇴화되었다. 니카라과, 페루, 파나마, 콜롬비아, 코스타리카 등지에 분포한다.

아마톤테모르포나비 [네발나비과]

Morpho amathonte

- 날개 편 길이 112mm 안팎 (콜롬비아)

수컷의 날개는 청색이 강하게 빛나고 외연에 검은색 띠가 테를 이룬다. 암컷 쪽이 더 넓다. 또, 앞날개 전연부는 흑갈색 또는 검은색이다. 날개 끝은 조금 돌출하여 뾰족하다. 콜롬비아, 니카라과, 베네수엘라, 에콰도르 등지에 분포한다.

카테나리아모르포나비 [네발나비과]

Morpho catenaria

- 날개 편 길이 100–120mm (브라질)

'루나모르포나비(*M. luna*)'와 닮았으나 날개 끝 부위의 외연 날개맥에 흑갈색 무늬들이 줄지어 보이는 점이 다르다. 브라질 남부에 분포한다.

♂ 112mm ♀ 120mm, ♀ 100mm | ♂×0.45 ♀×0.43

네스티라모르포나비 [네발나비과]

Morpho nestira

- 날개 편 길이 130mm 안팎 (브라질)

'디디우스모르포나비(*M. didius*)'와 닮았으나 날개 아랫면의 눈 모양 무늬가 아주 작고, 날개 외연의 검은색 부위가 '디디우스모르포나비'보다 약간 넓어 보인다. 브라질 남부에 분포한다.

메넬라우스모르포나비 [네발나비과]

Morpho menelaus

- 날개 편 길이 130–140mm (가이아나)

가장 넓은 범위에 분포하는 모르포나비 종으로, 미국 남부에서도 채집된 적이 있다. 수컷에 비해 암컷은 날개 외연을 따라 짙은 검은색을 띤다. 이 종을 잡을 때에는 밝은 청색의 채집망을 쓰면 이 나비가 멀리서 날아든다고 한다. 열대 우림의 가장자리에서 볼 수 있으며, 주로 남아메리카의 베네수엘라, 콜롬비아와 볼리비아, 브라질에 분포한다.

♂ 116mm, ♂ 120mm ♀ 130mm | ♂×0.43 ♀×0.4

디디우스모르포나비 [네발나비과]

Morpho didius

- 날개 편 길이 148–156mm (페루)

같은 무리 중에서 큰 편에 속하며, 암컷의 날개는 황갈색 바탕에 날개 외연으로 검은색이 나타난다. 수컷은 '아마톤테모르포나비(*M. amathonte*)' 보다 날개 외연의 띠가 더 굵고, 날개 끝 검은 무늬 사이에 흰무늬가 발달한다. 열대 우림의 상층부를 날아다니거나 절개지에서 자주 보인다. 페루와 에콰도르에 분포한다.

♂ 148mm ♀ 156mm | ♂×0.34 ♀×0.33

고다르티모르포나비 [네발나비과]

Morpho godarti

- 날개 편 길이 133mm 안팎 (볼리비아)

수컷은 날개 색이 엷은 청색이며 보라색 광택이 약하게 보인다. 암컷은 '디디우스모르포나비(*M. didius*)' 와 닮았다. 볼리비아와 페루에 분포한다.

133mm | ×0.65

그라나덴시스모르포나비 [네발나비과]

Morpho granadensis

- 날개 편 길이 104mm 안팎 (콜롬비아)

수컷 날개의 청색 띠의 너비에 따른 지역 변이가 있다. 다른 모르포나비와 큰 차이가 없으며, 애벌레는 콩과식물의 일종을 먹는 것으로 알려져 있다. 니카라과와 코스타리카, 에콰도르, 파나마, 콜롬비아에 분포한다.

104mm | ×0.48

데이다미아모르포나비 [네발나비과]

Morpho deidamia

- 날개 편 길이 135mm 안팎 (가이아나)

암수 모두 '네오프톨레무스모르포나비(*M. neoptolemus*)'와 닮았으나 수컷 날개 기부의 어두운 청색 부위의 색조는 조금 밝다. 또, 뒷날개 제2실이 넓게 검은색을 띠지 않는다. 암컷은 날개 중앙의 청색 부위의 너비가 좀더 넓다. 아마존 강 하류 유역인 볼리비아와 베네수엘라, 브라질 동부에 분포한다.

135mm ×0.7

네오프톨레무스모르포나비 [네발나비과]

Morpho neoptolemus

- 날개 편 길이 100–122mm (브라질)

암수 모두 날개 중앙에 흰 띠가 크게 발달하는데, 암컷 쪽이 색이 연하다. 아마존 강 하류 유역인 에콰도르와 볼리비아, 베네수엘라, 콜롬비아, 브라질에 분포한다.

♂ 100mm ♀ 122mm ♂×0.5 ♀×0.41

펠레이데스모르포나비 [네발나비과]

Morpho peleides

- 날개 편 길이 114–122mm (콜롬비아)

암수 모두 날개 윗면이 금속 광택을 띤 청색으로, 날개 외연으로 넓게 흑갈색 무늬가 나타난다. 날개 아랫면에는 고리 모양의 무늬가 줄지어 있다. 남아메리카보다는 중앙 아메리카에 더 흔하며, 애벌레는 콩과식물의 일종을 먹고 산다. 남아메리카의 아마존 강 유역에 분포한다.

♂ 122mm ♀ 114mm ♂×0.41 ♀×0.44

아킬레나모르포나비 [네발나비과]

Morpho achillaena

- 날개 편 길이 105–113mm (브라질)

날개의 청색 부위는 기부까지 미치고, 기부는 어두운 색을 띠나 다른 종처럼 폭넓게 검은색 또는 흑갈색을 띠지 않는다. 브라질 동부에 분포하는데, 여러 아종으로 나누어진다. 이 밖에 가이아나, 베네수엘라, 페루, 콜롬비아, 아르헨티나에 분포한다.

♂ 113mm ♀ 105mm ♂×0.41 ♀×0.48

아킬레스모르포나비 [네발나비과]

Morpho achilles

- 날개 편 길이 104mm 안팎 (페루)

날개 중앙의 흰 띠가 가장 좁게 보인다. 베네수엘라, 페루, 콜롬비아, 우루과이, 가이아나에 분포한다.

♂ 102mm ♀ 104mm | ♂×0.5 ♀×0.49

파트로클루스모르포나비 [네발나비과]

Morpho patroclus

- 날개 편 길이 112mm 안팎 (페루)

'아킬레스모르포나비(*M. achilles*)' 보다 약간 크고, 중앙의 흰 띠가 더 넓다. 베네수엘라, 페루, 콜롬비아, 볼리비아에 분포한다.

100mm | ×0.5

페루모르포나비 [네발나비과]

Morpho pseudagamedes

- 날개 편 길이 117mm 안팎 (페루)

중앙의 흰 띠가 중앙에서 외연 쪽으로 넓어져 거의 반이 밝게 보인다. 콜롬비아와 베네수엘라, 페루, 볼리비아에 분포한다.

♂ 112mm ♀ 117mm | ♂×0.45 ♀×0.43

우라누스부엉이나비 [네발나비과]

Caligo uranus

- 날개 편 길이 134mm 안팎 (콜롬비아)

앞날개는 짙은 보라색 광택이 나나 뒷날개는 외연을 따라 황토색 띠가 있다. 날개 아랫면은 날개 전체로 볼 때 바깥쪽으로 넓은 흰 띠가 수직으로 보여 다른 종과 구별된다. 멕시코에서 과테말라, 온두라스, 니카라과, 콜롬비아에 분포한다.

134mm | ×0.75

아트레우스부엉이나비 [네발나비과]

Caligo atreus

- 날개 편 길이 140mm 안팎 (브라질)

'우라누스부엉이나비(*C. uranus*)' 와 달리 앞날개는 보라색 광택이 덜 나며, 뒷날개에 황토색 대신에 연한 노란색 띠가 수직으로 발달되어 있다. 콜롬비아와 베네수엘라, 코스타리카, 파나마, 페루, 에콰도르에 분포한다.

140mm ×0.66

이도메네우스부엉이나비 [네발나비과]

Caligo idomeneus

- 날개 편 길이 114mm 안팎 (콜롬비아)

위아래로 긴 사각 모양이다. 날개 윗면은 청백색 빛이 나고, 아랫면은 다른 부엉이나비류보다 바탕색이 밝다. 이른 아침이나 황혼 무렵에 활발하게 날아다닌다. 아르헨티나와 브라질 중부, 가이아나, 수리남을 포함한 남아메리카에 널리 분포한다.

114mm ×0.35

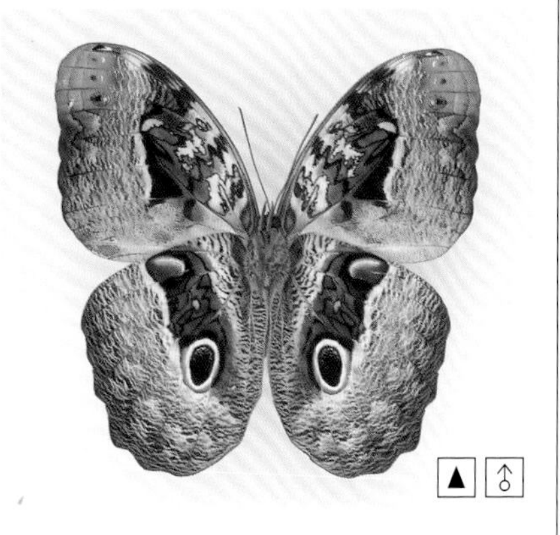

벨트라오부엉이나비 [네발나비과]

Caligo beltrao

- 날개 편 길이 120mm 안팎 (브라질)

날개 윗면은 청색과 검은색, 황토색이 있으나 아랫면은 갈색의 잔물결 무늬와 부엉이 눈 모양 무늬가 있다. 어두운 숲 속에서 산다. 브라질 남부와 아르헨티나, 파라과이에 분포한다.

110mm ×0.4

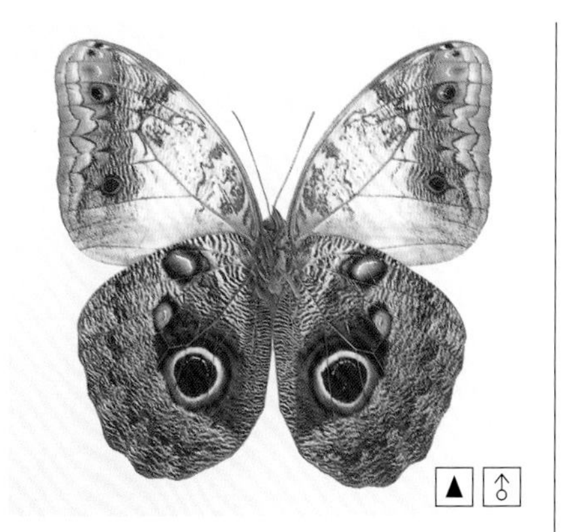

멤논부엉이나비 [네발나비과]

Caligo memnon

- 날개 편 길이 94mm 안팎 (콜롬비아)

뒷날개의 부엉이 눈 모양 무늬 부위는 짙은 흑갈색을 띤다. 주로 바나나 농장 주변에 가면 쉽게 만날 수 있는데, 애벌레가 바나나를 먹는 것으로 알려져 있다. 멕시코에서 코스타리카, 파나마, 베네수엘라, 콜롬비아에 분포한다.

94mm ×0.5

마티아부엉이나비 [네발나비과]

Caligo martia

- 날개 편 길이 105mm 안팎 (브라질)

날개 아랫면의 무늬가 매우 복잡하고 현란해서 독특하다. 브라질 남부에 분포한다.

105mm ×0.45

희미무늬부엉이나비 [네발나비과]

Caligo eurilochus

- 날개 편 길이 150mm 안팎 (콜롬비아)

날개 아랫면의 무늬가 가장 밝고 단순하다. 뒷날개 아랫면의 부엉이 눈 모양 무늬도 가장 덜 뚜렷하다. 가이아나와 아마존 동부 및 중부에 걸쳐 분포한다.

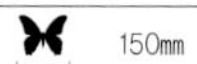

흰줄큰부엉이나비 [네발나비과]

Caligo superbus

- 날개 편 길이 124mm 안팎 (브라질)

앞날개의 위아랫면 중앙에 수직으로 흰 띠가 있다. 볼리비아와 페루에 분포한다.

* 학자에 따라 이 종을 '이도메네우스부엉이나비(*C. idomeneus*)'의 아종으로 취급하기도 한다.

브라질부엉이나비 [네발나비과]

Caligo brasilensis

- 날개 편 길이 120mm 안팎 (브라질)

뒷날개의 아랫면에 있는 무늬가 부엉이 눈과 닮은 특징이 있다. 부엉이나비류 중 가장 흔하다. 수컷의 날개 윗면의 절반은 청회색이고 암컷은 짙은 회색이다. 애벌레는 바나나 잎을 먹는다. 콜롬비아와 베네수엘라, 브라질, 페루, 아르헨티나에 널리 분포한다.

작은눈부엉이나비 [네발나비과]

Opsiphanes bogotanus

- 날개 편 길이 78mm 안팎 (페루)

부엉이 눈 모양 무늬가 뒷날개의 위쪽에 치우쳐 있다. 안데스 산맥의 경사지와 콜롬비아 계곡에 분포하며, 다른 아종은 에콰도르 북서부에 분포한다.

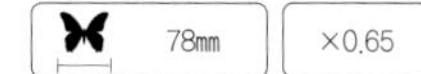

▲ ♂

부엉이나비 [네발나비과]

Caligo teucer

● 날개 편 길이 114mm 안팎 (브라질)

부엉이나비류 가운데 중형종에 속하며, 날개 무늬가 덜 뚜렷하다. 가이아나와 아마존에 분포한다.

114mm ×0.42

♂

샛별독나비 [네발나비과]

Heliconius telesiphe

● 날개 편 길이 78mm 안팎 (페루)

뒷날개 중앙의 띠가 흰색 또는 노란색으로 구분되는 아종이 있다. 안데스 산맥 동쪽의 해발 1000~2600m의 고산 지대에 살며, 콜롬비아 남부에서 페루 중부에 분포한다.

78mm ×0.65

♂

노란점박이귤빛독나비 [네발나비과]

Heliconius hecale

● 날개 편 길이 94mm 안팎 (볼리비아)

날개는 적황색 바탕에 흑갈색 무늬가 있어 우리 나라 '애기세줄나비(*Neptis sappo*)' 처럼 보인다. 앞날개에 노란색 무늬가 조금 나타난다. 여러 가지 다른 환경에 잘 적응한다. 중앙 아메리카와 남아메리카 지역에 분포한다.

94mm ×0.54

♂

흰무늬독나비 [네발나비과]

Heliconius sapho

● 날개 편 길이 75mm 안팎 (에콰도르)

'흰띠독나비(*H. cydno*)' 와 서로 의태 관계에 있는데, 앞날개의 흰 날개가 제4실에서 외연 쪽을 향해 이 모양으로 튀어나온 것으로 구분된다. 살아 있는 개체에서는 향긋한 냄새가 나서 '흰띠독나비' 와 구분되기도 한다. 멕시코와 콜롬비아, 에콰도르에 분포하나, 그리 흔하지는 않다.

75mm ×1.3

♂

♂

♂ 62mm ♂ 66mm ♂×0.82 ♂×0.76

붉은점알락독나비 [네발나비과]

Heliconius erato

● 날개 편 길이 66mm 안팎 (페루)

날개는 검은색 바탕에 붉은색 무늬가 있는데, 뒷날개는 방사상으로 맥을 따라 퍼져 있다. 아종 중에는 날개 윗면이 청색을 띠는 것도 있다. 숲 사이를 천천히 활강하며 여러 꽃에 잘 날아온다. 애벌레는 흰색인데, 날카로운 가시 돌기가 길게 뻗쳐 나 있다. 중앙 아메리카에서 브라질까지 분포하는 흔한 종이다.

♂

♂

노랑무늬독나비 [네발나비과]

Heliconius wallacei

- 날개 편 길이 76mm 안팎 (페루)

밤에는 먹이 식물에서 멀리 떨어지지 않은 장소에서 작게 무리를 지어 앉아 있는 습성이 있다. 이 나비는 노란 점무늬가 축소되어 있으나 대부분의 독나비들은 검은색, 푸른색, 붉은색, 노란색이 잘 발달되어 있다. 이러한 원색 무늬는 어두운 정글 속에서 날고 있을 때 매우 돋보이는 역할을 하는데, 이는 천적들에게 경고의 메시지를 전하는 것이기도 하다. 안데스 산맥 동쪽의 열대 지역에 분포한다.

♀

♂ 78mm ♀ 78mm | ♂×1.25 ♀×0.65

도리스독나비 [네발나비과]

Heliconius doris

- 날개 편 길이 78mm 안팎 (콜롬비아)

날개는 검은색 바탕에 앞날개에 노란색 무늬가, 뒷날개에 청보랏빛 무늬가 나타난다. 무늬와 색상이 안정된 종으로, 앞날개의 중실 후연을 따라 가는 노란색 줄무늬가 나타나고, 뒷날개 윗면의 후연을 따라 각 실에 노란색 점무늬가 하나씩 있는 것이 특징이다. 확트인 풀밭이나 삼림 지대 또는 인근 도로에 살며, 꽃에 잘 날아드는 흔한 종이다. 중앙아메리카와 남아메리카에 분포한다.

♂

♂

♂

♂

멜포메네붉은줄독나비 [네발나비과]

Heliconius melpomene

- 날개 편 길이 70–76mm (페루, 브라질, 콜롬비아)

매우 흔한 종으로, 지역에 따라 색채 변이가 있는데, 때로는 날개의 빛깔이나 무늬로 보면 '붉은점알락독나비(*H. erato*)' 와 매우 닮았다. 꽃이 핀 산 가장자리 풀밭에 잘 날아다닌다. 남아메리카의 열대와 아열대 지역에 분포한다.

* 살아 있을 때에는 이 나비에게서 볶은 쌀 냄새가 나는데, '붉은점알락독나비' 는 느릅나무의 냄새가 난다고 한다.

76mm, 70mm 76mm, 72mm | ×0.68

흰점보라독나비 [네발나비과]

Heliconius hecalesia

- 날개 편 길이 78mm 안팎 (콜롬비아)

'헤칼레독나비(*H. hecale*)'와 비슷하나 뒷날개 외연을 따라 노란색 무늬가 배열되어 있어 잘 구별된다. 꽃에 날아와 꽃의 꿀을 빠는 일이 많고, 축축한 습지에 잘 앉는다. 천천히 날면서 나무숲을 누비며 날아다닌다. 멕시코에서 콜롬비아를 거쳐 베네수엘라까지 분포한다.

78mm ×0.65

줄리아귤빛독나비 [네발나비과]

Dryas julia

- 날개 편 길이 76mm 안팎 (페루)

날개는 귤빛 바탕에 앞날개에 가는 눈썹 모양의 검은색 띠가 있다. 주로 풀밭에 날아다니며 여러 꽃을 찾는데, 애벌레는 시계꽃(Passionflower)을 먹는다. 남아메리카 일대에 분포한다.

76mm ×0.67

옥색독나비 [네발나비과]

Philaethria dido

- 날개 편 길이 104mm 안팎 (페루)

날개는 일반 독나비 무리처럼 가로로 길고, 밝은 청색 바탕에 짙은 갈색 띠로 나누어져 있다. 주로 중앙 아메리카나 남아메리카 열대 우림의 숲 가장자리를 높이 날아다니는데, 암컷은 알을 낳으려고 숲의 하부층으로 내려온다. 온두라스와 파나마, 콜롬비아, 페루, 볼리비아, 파라과이, 브라질에 널리 분포한다.

104mm ×1.0

탈레스독나비 [네발나비과]

Eueides tales

- 날개 편 길이 68mm 안팎 (가이아나)

뒷날개 아랫면의 아외연부에 있는 두 줄의 흰 줄무늬가 특징이 있다. 베네수엘라 서부, 콜롬비아, 에콰도르, 브라질 북부, 가이아나, 수리남 등지에 분포한다.

68mm ×0.75

주노은점독나비 [네발나비과]

Dione juno

- 날개 편 길이 62mm 안팎 (페루)

'표범무늬독나비(*Agraulis vanillae*)'와 서식 지역이 동일하나, 날개 윗면의 전연과 외연이 검어서 형태 차이를 보인다. 중앙 아메리카와 남아메리카 일대에 널리 분포한다.

62mm ×0.82

테검은줄독나비 [네발나비과]

Eueides aliphera

- 날개 편 길이 54mm 안팎 (페루)

독나비류 중에서 가장 광범위하게 분포하는 종으로, 멕시코에서 파라과이까지 분포한다.

54㎜ ×0.95

열대투명잠자리나비 [네발나비과]

Godyris duillia

- 날개 편 길이 73mm 안팎 (페루)

잠자리나비류 중에서 매우 큰 종으로, 뒷날개 후연은 갈색이다. 안데스 산맥 동쪽의 콜롬비아와 볼리비아, 페루 등지에 분포한다.

73㎜ ×0.7

검은줄투명잠자리나비 [네발나비과]

Dircenna dero

- 날개 편 길이 67mm 안팎 (베네수엘라)

날개는 투명하고 맥이 짙으며, 특히 테두리가 검다. 멕시코에서 브라질까지 널리 분포한다.

67㎜ ×0.75

콤마잠자리나비 [네발나비과]

Melinaea comma simulator (아종)

- 날개 편 길이 80mm 안팎 (에콰도르)

속명 *Melinaea*는 그리스 신화의 아프로디테 여신의 다른 이름이고, 종명 *comma*는 앞날개의 주황색 무늬 가운데에 있는 점무늬가 기호 '콤마' 같다고 하여 붙여진 이름으로, 이 나비의 생김새를 잘 표현하고 있다. 콜롬비아와 에콰도르, 페루에 분포한다.

80㎜ ×1.2

줄굵은왕나비 [네발나비과]

Ituna ilione

- 날개 편 길이 80mm 안팎 (페루)

잠자리나비류와 닮은 왕나비 무리이다. 중앙 아메리카와 남아메리카 대륙의 열대 지역에 분포한다.

80㎜ ×0.64

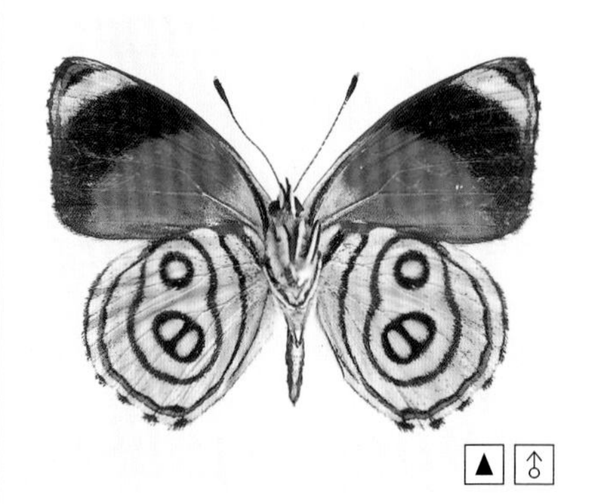

팔십숫자나비 [네발나비과]

Callicore hystaspes

- 날개 편 길이 38mm 안팎 (페루)

날개 아랫면이 밝고, 언뜻 보면 80이라는 숫자가 보인다. 아마존 강 서부인 콜롬비아에서 볼리비아, 브라질까지 분포한다.

38㎜ ×1.3

보라줄숫자나비 [네발나비과]

Callicore hesperis

- 날개 편 길이 38mm 안팎 (페루)

뒷날개 아랫면의 숫자가 보이는 곳에 흰 점 무늬가 나타난다. 날개 윗면은 청람색이 감돈다. 콜롬비아와 에콰도르, 페루, 브라질 서부, 볼리비아에 널리 분포한다.

38mm ×2.5

은점숫자나비 [네발나비과]

Callicore cajetani

- 날개 편 길이 44mm 안팎 (페루)

날개 아랫면이 대체로 짙은 노란색 바탕에 중앙에 흰 줄 띠가 나타난다. 페루와 에콰도르에 분포한다.

43mm ×1.15

팔십구숫자나비 [네발나비과]

Diaethria clymena

- 날개 편 길이 40–45mm (페루)

날개 윗면보다 아랫면의 무늬가 예쁘고, 아랫면 중앙에 89라는 숫자 무늬가 있다. 애벌레는 녹색에 노란색 무늬가 있고, 머리에 2개의 긴 가시 돌기가 나 있다. 남아메리카에 널리 분포하는데, 아마존 강 유역에 많다.

40mm ×1.25

홍줄숫자나비 [네발나비과]

Callicore cynosura

- 날개 편 길이 50mm 안팎 (페루)

수컷의 날개 윗면은 붉은색이지만 아랫면은 오렌지색인 데 비해 암컷은 날개 윗면과 아랫면이 모두 오렌지색이다. 뒷날개에는 기묘한 소용돌이 무늬가 있다. 남아메리카의 열대와 아열대 지역에 분포한다.

57mm ×0.9

숫자나비

숫자나비들은 남아메리카 열대 지역의 해발 800m 이상 지역에 분포하는데, 주로 산지에 많다. 날개 윗면의 단순한 색상보다는 아랫면의 무늬에 아라비아 숫자가 나타나는 매우 흥미로운 종이다. 80, 88, 89 등 여러 숫자가 보여 친근감을 느끼게 되는데, 인가 주변에 평범하게 날아다니기도 하여, 우리 나라 나비 중 날개에 숫자 표시가 나는 '거꾸로여덟팔나비' 처럼 흔한 종들이다. 다만, 애벌레의 먹이 식물이나 생활사 등이 대부분 밝혀지지 않아, 아직 연구할 부분이 많은 무리이다.

남미숫자나비 [네발나비과]

Callicore pacifica

- 날개 편 길이 38mm 안팎 (니카라과)

앞날개에 노란색 띠가 특징적이고, 뒷날개 윗면 후각 부위에 남색 무늬가 있다. 멕시코에서 니카라과까지 분포한다.

38㎜ ×2.4

노란줄숫자나비 [네발나비과]

Callicore aegina

- 날개 편 길이 43mm 안팎 (페루)

뒷날개 중앙에는 타원의 점무늬가 한쪽에만 5개가 나타난다. 개울가 습지에서 호랑나비, 흰나비 무리와 함께 물을 빨아먹고 있는 경우가 많다. 과테말라, 브라질 북부, 볼리비아, 페루, 에콰도르와 중앙 아메리카에 널리 분포한다.

43㎜ ×1.2

귤빛줄숫자나비 [네발나비과]

Callicore pastazza

- 날개 편 길이 60mm 안팎 (페루)

앞날개의 귤빛 띠의 모양은 개체에 따라 변이가 심하다. 같은 속의 다른 나비와 달리 더듬이의 끝이 노랗지 않고 배 아래에 노란 줄이 있다. 아마존 강 서부인 에콰도르, 브라질, 볼리비아 등지에 분포한다.

60㎜ ×0.85

삼원색네발나비(*Agrias*속 나비)

빨강, 파랑, 노랑 또는 오렌지색의 세 가지 색이 조합된 날개를 가진 '삼원색네발나비'들은 '하늘에서 춤추는 보석' 또는 '아마존의 섬광' 등으로 표현되며, 애벌레가 마약의 원료인 코카나무 잎을 먹는 것으로 유명하다. 어른벌레는 자연 상태에서 보기 어려울 뿐만 아니라, 채집을 했다고 하더라도 훼손된 개체가 대부분이다. 게다가 사육이 불가능하기 때문에 깨끗한 개체를 보기 어렵다. 어른벌레는 일반적으로 바나나 트랩으로 채집한다. 이렇게 어렵게 채집한 특별한 아종이나 아름다운 무늬를 가진 것 중에는 매우 비싼 값으로 거래되는 것도 있다고 한다.

이 속의 나비들은 학계에 알려진 지 200여 년이 지났지만 지리적 변이나 개체 변이가 심해서 계통 분류에 어려움이 많아, 지금까지 학자들마다 일치된 분류 방식이 없다.

♂

클라우디나삼원색네발나비

[네발나비과]

Agrias claudina croesus (아종)

- 날개 편 길이 65mm 안팎 (브라질 아마조나스)

뒷날개에 청색 무늬가 약간 나타난다. 주로 브라질 동부와 동중부에서 아마존 강 북쪽의 낮은 지대까지 분포한다.

♀

▲ ♀

♂ 65mm ♀ 77mm | ♂×1.56 ♀×0.65

클라우디나삼원색네발나비

[네발나비과]

Agrias claudina lugens (아종)

- 날개 편 길이 64–71mm (페루)

뒷날개의 청색 무늬가 거의 없어져서 검게 보인다. 아마존 강 상류의 페루 쪽에 분포한다.

♂

▲ ♂

71mm | ×0.7

클라우디나삼원색네발나비

[네발나비과]

Agrias claudina sardanapalus (아종)

- 날개 편 길이 73mm 안팎 (브라질 마니코어)

이 나비는 생김새의 변화가 많아 여러 아종과 형(form)으로 나뉜다. 아마존 강 전 유역에 걸쳐 널리 분포한다.

♂

▲ ♂

73mm | ×0.69

아미돈삼원색네발나비 [네발나비과]

Agrias amydon tryphon (아종)

● 날개 편 길이 70mm 안팎 (페루 사티포)

매우 빠르게 날아다니는 나비로, 주로 열대 우림의 나무 꼭대기 위로 날아다닌다. 가끔 수컷은 나뭇진에 모이기도 한다. 열대와 아열대의 중남미에 걸쳐 남아메리카권 나비 중 가장 널리 분포한다. 분포 범위가 넓어 여러 아종과 형으로 나뉘며, 지역에 따라 희귀한 아종들이 많다.

* 특히 이 종의 특징이 복잡해서, 학자에 따라서는 이 아종을 다른 종으로 분류하기도 한다.

70mm ×0.72

페리클레스삼원색네발나비

[네발나비과]

Agrias pericles aurantiaca (아종)

● 날개 편 길이 62mm 안팎 (브라질 오비두스)

'아미돈삼원색네발나비(*A. amydon*)'와 닮았으나 뒷날개 아랫면의 날개 무늬가 다르다. 브라질의 아마존 강 유역, 베네수엘라, 가이아나, 페루 남부와 볼리비아 등지에 분포한다.

* 학자에 따라서는 이 종을 '아미돈삼원색네발나비'의 아종으로 취급하기도 한다.

62mm ×0.8

나르시수스삼원색네발나비

[네발나비과]

Agrias narcissus obidonus (아종)

● 날개 편 길이 76mm 안팎 (브라질 오비두스)

날개는 청람색 광택이 나고 외연이 검다. 앞날개 중앙에 붉은 띠가 발달하는데, 변이가 심하다. 수컷은 뒷날개 내연 쪽으로 성표인 털뭉치가 있다. 가이아나, 베네수엘라, 수리남과 아마존 강 하류의 브라질에 분포한다.

76mm ×0.65

나르시수스삼원색네발나비

[네발나비과]

Agrias narcissus

● 날개 편 길이 65–75mm (♀ 브라질(파라), ♂ 주루티)

아종 *obidonus*보다 청람색 광택이 조금 약하다. 브라질 일부 지역에만 보인다.

♂ 65mm ♀ 75mm ♂×1.3 ♀×0.67

청색예쁜삼원색네발나비

[네발나비과]

Agrias beatifica

● 날개 편 길이 70mm 안팎 (페루 팅고마리아)

날개 바깥부에 청색 광택이 강하게 나타난다. 해발 200~300m인 곳에 많이 서식한다. 콜롬비아와 에콰도르, 페루, 브라질의 아마조나스에 분포한다.

청색예쁜삼원색네발나비

[네발나비과]

Agrias beatifica beata (아종)

● 날개 편 길이 67mm 안팎 (페루 사티포)

날개 색이 원명 아종보다 검다. 페루의 일부 지역에만 분포한다.

붉은띠프레포나나비 [네발나비과]

Prepona praeneste buckleyana (아종)

● 날개 편 길이 82mm 안팎 (볼리비아)

날개는 검은색 바탕에 붉은색 띠가 있다. 뒷날개 중앙에 청색 기가 감돈다. 주로 아마존강 유역을 중심으로 분포한다.

82mm ×0.62

붉은띠프레포나나비 [네발나비과]

Prepona praeneste

● 날개 편 길이 88mm 안팎 (페루)

현재 여러 형(form)이 혼동되어 있어서 정확히 몇 종인지 파악되지 않고 있다. 대부분 검은색 바탕에 붉은 띠나 청색 띠가 돋보인다. 대부분 열대 우림의 높은 나뭇가지 위에서 날아다니다가 가끔 땅바닥에 내려오므로 가까이에서 보기 어렵다. 페루의 산지에 분포한다.

88mm ×1.05

청띠프레포나나비 [네발나비과]

Prepona dexamenes

- 날개 편 길이 93mm 안팎 (페루)

'유게네스프레포나나비(*P. eugenes*)'와 닮았으나 날개 아랫면의 기부에서 중앙까지의 부분이 더 밝다. 페루와 볼리비아, 브라질에 분포한다.

 93㎜ ×0.54

데모폰프레포나나비 [네발나비과]

Prepona demophon

- 날개 편 길이 89-106mm (브라질)

남아메리카에 분포하는 30여 종의 프레포나나비류 중에서 가장 흔한 종이다. 열대 우림의 숲 주위를 활발하게 다니면서 간혹 바나나향에 이끌려 날아온다. 브라질에 분포한다.

♂ 89㎜ ♀ 106㎜ ♂×0.57 ♀×0.48

옴팔레프레포나나비 [네발나비과]

Prepona omphale

- 날개 편 길이 79mm 안팎 (페루)

날개의 청색 띠만 보면 위와 아래만 가늘고 가운데가 부푼 모양이다. 수컷의 앞날개 윗면 청색 띠를 둘러싼 부분에 보랏빛 광채가 난다. 암컷은 보기가 쉽지 않다. 아마존 강 중류와 가이아나에 분포한다.

 79㎜ ×1.2

큰청띠프레포나나비 [네발나비과]

Prepona meander

- 날개 편 길이 85-105mm (페루)

날개는 검은색 바탕이고, 중앙에 광택이 나는 청색 띠가 세로로 나 있다. 날개 아랫면은 회갈색 바탕이어서 대조를 이룬다. 남아메리카와 중앙 아메리카, 서인도 제도의 산림 지대에 널리 분포한다.

 86㎜ ×0.6

유게네스프레포나나비 [네발나비과]

Prepona eugenes

- 날개 편 길이 83mm 안팎 (페루)

'청띠프레포나나비(*P. dexamenes*)'와 닮았으나 날개 아랫면이 조금 어둡고 날개 중앙에서 바깥에 검은 줄무늬가 발달되어 있다. 아마존 강 유역 및 그 일대의 남아메리카 여러 곳에 분포한다.

83㎜ ×0.6

체루비나청띠네발나비 [네발나비과]

Doxocopa cherubina

• 날개 편 길이 56mm 안팎 (페루)

날개 가장자리가 모가 난 것이 우리 나라 오색나비 계열과 닮았으며, 날개 중앙에 띠처럼 밝은 청색 광채가 난다. 반면, 날개 아랫면은 밝은 갈색을 띤다. 산지에 살며, 애벌레는 팽나무류의 잎을 먹는다. 남아메리카와 중앙 아메리카에 널리 분포한다.

×0.9

둥근날개별네발나비 [네발나비과]

Asterope degandii

• 날개 편 길이 54mm 안팎 (브라질)

날개 아랫면 기부에 넓게 귤빛 무늬가 나타난다. 아마존 강 서부와 페루에 분포한다.

×1.7

아담시별네발나비 [네발나비과]

Asterope adamsi

• 날개 편 길이 45mm 안팎 (페루)

날개의 바깥 가장자리가 둥글다. 해발 2000~3000m의 높은 산지에 보인다. 페루에 분포한다.

* 학자에 따라서는 '둥근날개별네발나비(*A. degandii*)' 의 아종으로 취급하기도 한다.

×1.15

뒷날개청띠네발나비 [네발나비과]

Doxocopa cyane

• 날개 편 길이 44mm 안팎 (콜롬비아)

'체루비나청띠네발나비(*D. cherubina*)' 와 닮았으나 뒷날개에만 넓게 청색 띠가 나타난다. 암컷은 청색 띠 대신 주황색을 띤다. 멕시코에서 콜롬비아와 에콰도르에 분포한다.

×1.1

엘리스주황띠네발나비 [네발나비과]

Doxocopa elis

• 날개 편 길이 43mm 안팎 (에콰도르)

날개 끝이 튀어나왔고, 사진에 나타나 있지는 않지만 수컷에는 보는 각도에 따라 '오색나비(*Apatura ilia*)' 처럼 보랏빛이 나는 구조색이 있다. 콜롬비아와 에콰도르, 페루, 볼리비아에 분포한다.

×1.1

쪽빛별네발나비 [네발나비과]

Asterope leprieuri optima (아종)

- 날개 편 길이 50mm 안팎 (에콰도르)

날개의 기부 쪽으로 진한 쪽빛 무늬가 있고, 뒷날개의 중실을 중심으로 검은색의 성표가 있다. 수리남과 아마존 강 하류 지역에 분포한다.

별네발나비 [네발나비과]

Asterope hewitsoni

- 날개 편 길이 52mm 안팎 (페루)

더듬이의 끝이 매우 부푼 모양으로 동그랗다. 또, 뒷날개 아랫면의 검은색 점들이 별을 뿌려 놓은 것같이 보인다. 간혹 앞날개의 노란색 무늬는 붉은색으로 나타나는 것도 있다. 콜롬비아와 페루의 서부 아마존 강 유역에 분포한다.

붉은둥근날개별네발나비 [네발나비과]

Asterope sapphira

- 날개 편 길이 58mm 안팎 (브라질)

암수의 차이가 큰 종이다. 수컷은 진한 청색을 띠고, 중앙부에 검은색 띠가 있으나 암컷은 진한 오렌지색 띠와 연한 청색과 녹색, 검은색 무늬가 섞여 있다. 아마존 강 하류와 브라질에 국한하여 분포한다.

58㎜ ×0.87

베이지뒤줄점네발나비 [네발나비과]

Perisama arhoda

- 날개 편 길이 43mm 안팎 (콜롬비아)

같은 속의 나비들은 무늬와 색이 비슷하여 구별이 쉽지 않으나, 앞날개에 있는 녹색 띠의 너비나 모양이 약간씩 차이가 있다. 또, 뒷날개 기부의 붉은색 무늬가 다르다. 콜롬비아에 분포한다.

43㎜ ×2.1

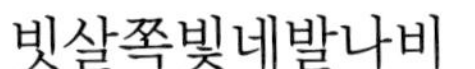

빗살쪽빛네발나비 [네발나비과]

Asterope philotima

● 날개 편 길이 58mm 안팎 (브라질)

'쪽빛별네발나비(*A. leprieuri*)' 와 매우 닮았으나 뒷날개에 있는 붉은 무늬의 너비와 위치가 달라 구별된다. 남아메리카의 여러 지역에 분포한다.

* D'Abrera(1987)는 '쪽빛별네발나비' 의 한 형으로 보고 있으나, 뒷날개의 붉은 무늬가 달라 다른 종으로 보기도 한다. 본 도감에서는 다른 종으로 취급하였다.

흰뒤줄점네발나비 [네발나비과]

Perisama canoma

● 날개 편 길이 40mm 안팎 (페루)

뒷날개 아랫면에 있는 검은색의 두 줄 사이에 검은 점이 나타나고, 아랫면은 광택이 있는 흰 바탕이다. 높은 지대의 개울가나 축축한 땅바닥에 수컷들이 잘 앉는다. 에콰도르와 페루에 분포한다.

* 같은 속의 나비들은 모두 남아메리카 열대의 고산 지대에 산다.

귤빛뒤줄점네발나비 [네발나비과]

Perisama nyctimene

● 날개 편 길이 38mm 안팎 (페루)

앞날개 후연의 청색 무늬가 특이하게 구부러져 있어 쉽게 구별되며, 뒷날개 아랫면은 오렌지색을 띤다. 에콰도르와 페루에 분포한다.

끝뾰족주황네발나비 [네발나비과]

Historis odius orion (아종)

● 날개 편 길이 96mm 안팎 (페루)

날개는 넓으며, 앞날개 기부에서 중앙까지 주황색이다. 날개의 아랫면은 '나뭇잎나비(*Kallima inachus*)' 의 바탕색과 닮았다. 쿠바와 자메이카, 푸에르토리코의 중앙 아메리카에서 남아메리카 아르헨티나까지 분포한다.

96㎜ ×1.0

갈색뒤줄점네발나비 [네발나비과]

Perisama philinus

- 날개 편 길이 38mm 안팎 (페루)

날개 아랫면은 '귤빛뒤줄점네발나비(*P. nyctimene*)'와 닮았으나 날개 윗면의 청색 무늬가 다르다. 이 청색 무늬는 개체에 따라 광택이 나지 않거나 작아진 것, 아예 없어진 것 등 다양하게 나타난다. 페루와 볼리비아에 분포한다.

흑갈색뒤줄점네발나비 [네발나비과]

Perisama cecidas

- 날개 편 길이 38mm 안팎 (페루)

뒷날개 아랫면은 흑갈색 바탕이며, 같은 속의 다른 종과 달리 검은색 줄이나 점이 없는 특징이 있다. 페루와 에콰도르, 콜롬비아에 분포한다.

쪽빛뒷붉은네발나비 [네발나비과]

Panacea prola

- 날개 편 길이 68mm 안팎 (페루)

날개 윗면은 짙은 쪽빛이 기부에서 날개 중앙까지 나타나고, 뒷날개 아랫면은 온통 붉은색을 띤다. 산악 지대에 사나 수컷은 악어의 눈물을 빨아먹는다고 하여 유명하다. 코스타리카와 파나마, 아마조나스, 가이아나에 분포한다.

♂ 69mm ♀ 66mm ×0.75

앞끝여섯별네발나비 [네발나비과]

Historis acheronta

- 날개 편 길이 80mm 안팎 (브라질)

'끝뾰족주황네발나비(*H. odius*)'와 닮았으나 날개 끝에 흰 점무늬가 더 많고, 뒷날개에 꼬리 모양 돌기가 발달되어 있다. 멕시코에서 브라질까지 널리 분포한다.

75mm ×1.2

끝세별주홍네발나비 [네발나비과]

Smyrna blomfildia

- 날개 편 길이 68mm 안팎 (페루)

날개 윗면은 주황색과 검은색으로 단순하나, 특히 뒷날개 아랫면은 원과 같은 무늬와 거미줄 같은 무늬가 얽혀 있다. 온두라스와 페루, 파라과이에 분포한다.

 68mm | ×0.75

주황굵은띠네발나비 [네발나비과]

Nessaea obrinus

- 날개 편 길이 66mm 안팎 (페루)

뒷날개의 주황색 띠가 매우 선명하다. 아마존 강 유역인 콜롬비아와 베네수엘라, 볼리비아 및 가이아나에 분포한다.

♂ 66mm ♂ 62mm | ×0.77

끝붉은뒷노랑네발나비 [네발나비과]

Batesia hypochlora

- 날개 편 길이 80mm 안팎 (페루)

앞날개보다 뒷날개가 노란색이 두드러져 화려한 종으로, 흔한 편이다. 아마존 강 서부에 분포한다.

♂ 92mm ♂ 75mm | ♂×0.55 ♂×0.68

네청줄네발나비 [네발나비과]

Nessaea hewitsoni

- 날개 편 길이 68mm 안팎 (페루)

수컷의 경우 뒷날개에 청람색 띠가 나타나나 암컷은 미약하다. 아마존 강 중부와 서부의 열대 우림에 분포한다.

＊ 같은 속에 속하는 나비들은 날개에 청람색 줄무늬가 비스듬히 나 있는데, 종마다 약간의 차이가 있다. 그러나 날개 아랫면은 구별이 어렵다.

68mm | ×1.35

수붉은띠네발나비 [네발나비과]

Catonephele acontius

- 날개 편 길이 60mm 안팎 (페루)

수컷은 날개의 외연이 심하게 굴곡이 져 있고 중앙에 주황색 띠가 뚜렷한데, 암컷은 연한 노란색의 '세줄나비(*Neptis philyra*)'와 같아 보여 매우 다르다. 콜롬비아 중부에서 아마존 강 유역, 가이아나, 페루에 분포하는데, 페루에서는 해안에서 해발 1500m의 높은 지역까지 분포한다.

60㎜ ×1.4

수붉은큰점네발나비 [네발나비과]

Catonephele numilia

- 날개 편 길이 67mm 안팎 (페루)

앞날개에 2개, 뒷날개에 1개, 모두 3개의 짙은 오렌지색 무늬가 있다. 암컷은 수컷과 달리 3개의 황백색 띠가 있다. 멕시코에서 파라과이와 브라질까지 널리 분포한다.

67㎜ ×0.75

뾰족분홍나뭇잎나비 [네발나비과]

Siderone marthesia

- 날개 편 길이 55mm 안팎 (페루)

날개 모양이 곡선을 이룬다. 변이가 심한 종이어서, 과거에는 여러 종으로 나뉘었던 적이 있다. 멕시코에서 가이아나, 페루와 브라질까지 널리 분포한다.

55㎜ ×0.9

청뾰족돌기네발나비 [네발나비과]

Memphis arginussa

- 날개 편 길이 54mm 안팎 (페루)

'청색뾰족네발나비(*M. offa*)'와 달리 날개 외연에 청백색 점무늬가 있고, 날개 아랫면이 훨씬 어둡다. 멕시코에서 페루와 브라질 동부까지 분포한다.

54㎜ ×0.9

청줄꼬리뾰족네발나비 [네발나비과]

Polygrapha cyanea

- 날개 편 길이 62mm 안팎 (페루)

언뜻 보면 쌍돌기나비아과 무리처럼 생겼다. 날개 아랫면은 은백색 바탕에 짧은 검은 선무늬가 있다. 콜롬비아와 에콰도르, 페루에 분포한다.

62㎜ ×0.82

끝뾰족넓은네발나비 [네발나비과]

Coenophlebia archidona

- 날개 편 길이 98mm 안팎 (콜롬비아)

날개 윗면은 노란색 바탕으로 외연이 검다. 날개 아랫면은 낙엽과 같은 색을 띤다. 콜롬비아와 볼리비아에 분포한다.

98mm ×1.0

청색뾰족네발나비 [네발나비과]

Memphis offa

- 날개 편 길이 53mm 안팎 (페루)

'알버타뾰족네발나비(*M. alberta*)' 에 비해 수컷 뒷날개의 꼬리 모양 돌기는 흔적적이나 암컷은 길다. 콜롬비아에서 볼리비아까지 분포한다.

53mm ×0.9

불꽃뾰족네발나비 [네발나비과]

Fountainea eurypyle confusa (아종)

- 날개 편 길이 51mm 안팎 (페루)

날개의 붉은색이 강하다. 중앙 아메리카의 멕시코에서 페루까지 분포한다.

51mm ×0.9

주황긴꼬리네발나비 [네발나비과]

Consul fabius

- 날개 편 길이 72mm 안팎 (페루)

'히포나긴꼬리네발나비(*C. hippona*)' 보다 작고, 날개 끝 주위의 주황색 무늬가 나누어져 있다. 멕시코에서 아르헨티나 북부까지 분포하는데, 지역에 따라 변이가 심하다.

72mm ×0.7

알버타뾰족네발나비 [네발나비과]

Memphis alberta

- 날개 편 길이 52mm 안팎 (페루)

날개의 외연과 후연의 굴곡이 심하다. 페루와 볼리비아에 분포한다.

* *Memphis*속은 넓은 의미로 *Anaea*속에 속한다.

52mm ×0.9

히포나긴꼬리네발나비 [네발나비과]

Consul hippona

- 날개 편 길이 86mm 안팎 (브라질)

독나비와 같이 날개의 너비가 넓은데, 뒷날개의 꼬리 모양 돌기가 길다. 아마존 강 유역에 분포한다.

붉은긴꼬리네발나비 [네발나비과]

Marpesia petreus

- 날개 편 길이 78mm 안팎 (페루)

뒷날개에 막대 모양의 긴 꼬리 모양 돌기가 있으며, 날개 끝이 양쪽으로 튀어나왔다. 미국 남부에서 아르헨티나 북부까지 널리 분포한다.

주황꼬리네발나비 [네발나비과]

Marpesia berania

- 날개 편 길이 45mm 안팎 (페루)

한쪽 날개에 4개씩 세로줄 무늬가 질서 있게 나타난다. 애벌레는 무화과를 먹는다. 온두라스에서 브라질까지 분포한다.

* 남아메리카에는 꼬리네발나비류가 매우 많다.

꼬마세줄나비 [네발나비과]

Dynamine meridionalis

- 날개 편 길이 31mm 안팎 (파라과이)

작은 나비로, 날개 윗면에 우리 나라 '애기세줄나비(*Neptis sappo*)'와 같은 흰 줄무늬가 있다. 날개 아랫면은 희고, 뒷날개 외횡대에 눈알 모양 무늬가 나타난다. 수컷의 날개 윗면은 광택이 나는 황록색이다. 파라과이에 분포한다.

31mm ×1.6

윗붉은띠줄네발나비 [네발나비과]

Adelpha phylaca

- 날개 편 길이 45mm 안팎 (페루)

우리 나라 '줄나비(*Limenitis camilla*)'와 날개의 모양이나 색깔이 비슷하나 앞날개 전연 쪽의 띠가 붉다. 날개 아랫면은 훨씬 붉은색을 띤다. 멕시코에서 볼리비아와 브라질에 분포한다.

페루붉은띠네발나비 [네발나비과]

Adelpha lara

- 날개 편 길이 45mm 안팎 (페루)

같은 속에 속하는 나비는 중앙 아메리카와 남아메리카에 60~100여 종이 분포하는데, 닮은 종들이 많아 분류의 해석이 여러 갈래이다. 이들의 분류와 생태 분야에서 아직 연구할 부분이 많다. 베네수엘라와 볼리비아의 안데스 산맥을 중심으로 분포한다.

디르케노랑띠네발나비 [네발나비과]

Colobura dirce

- 날개 편 길이 57mm 안팎 (파라과이)

앞날개의 노란색 띠가 두드러지고, 날개 아랫면은 연미색 바탕에 검은 선이 가늘게 퍼져 있다. 멕시코에서 파라과이까지 분포한다.

주황오색나비 [네발나비과]

Epiphile lampethusa

- 날개 편 길이 52mm 안팎 (페루)

같은 속의 나비 중 앞날개에 있는 주황색 무늬의 너비가 넓은 편이다. 페루 북부와 볼리비아, 브라질 서부에 분포한다.

52mm ×1.8

오레아오색나비 [네발나비과]

Epiphile orea

- 날개 편 길이 46mm 안팎 (페루)

날개는 흑갈색 바탕에 앞날개는 붉은 줄이 있고, 뒷날개는 청색 무늬가 있다. 날개는 우리 나라의 '쐐기풀나비(*Aglais urticae*)'처럼 생겼는데, 빨리 나는 습성이 비슷할 것으로 생각된다. 브라질 중부와 남부, 파라과이, 아르헨티나 북부에 분포하며, 다른 아종은 페루, 베네수엘라, 콜롬비아에 분포한다.

46mm ×1.1

뒷청줄뱀눈나비 [네발나비과]

Antirrhaea avernus

- 날개 편 길이 77mm 안팎 (브라질)

같은 속에 속하는 종은 20여 종으로, 뒷날개가 각이 지고, 끝이 뾰족한 꼬리 모양 돌기가 있다. 뒷날개에 청색 타원 무늬가 3쌍이 있다. 애벌레는 야자를 먹는 것으로 알려져 있다. 주로 중앙 아메리카와 남아메리카의 열대 우림에 분포한다.

77mm ×0.55

네레이스붉은눈뱀눈나비

[네발나비과]

Pierella nereis

- 날개 편 길이 58mm 안팎 (브라질)

날개 중앙의 흰 띠는 뒷날개가 더 넓고, 그 바깥쪽으로 주홍빛 무늬가 돋보인다. 브라질 남부에 분포한다.

58mm ×0.85

붉은톱날뱀눈나비

[네발나비과]

Taygetis chrysogone

- 날개 편 길이 90mm 안팎 (페루)

같은 속에 속하는 종은 30여 종으로, 날개는 갈색 바탕이며, 뒷날개에 톱니 모양으로 나누어진 바깥쪽은 황금색을 띤다. 주로 중앙아메리카와 남아메리카에 분포한다.

* 그리스 어로 'chryso-'는 '황금'이라는 뜻이다.

80mm ×1.2

흰깃뾰족뱀눈나비

[네발나비과]

Junea whitelyi

- 날개 편 길이 70mm 안팎 (페루)

날개의 외연이 톱날처럼 튀어나오고, 앞날개보다 뒷날개에 흰색 무늬가 발달되어 있다. 페루와 볼리비아에 분포한다.

70mm ×0.7

레나청치마뱀눈나비

[네발나비과]

Pierella lena

- 날개 편 길이 64mm 안팎 (페루)

뒷날개는 갈색 바탕에 청색 무늬가 비치고, 중앙 바깥쪽으로 청색 점무늬가 있다. 아마존 강 유역과 가이아나, 브라질 등지에 분포한다.

64mm ×0.75

끝흰치마뱀눈나비

[네발나비과]

Pierella astyoche

- 날개 편 길이 51mm 안팎 (브라질)

같은 속 나비 중에는 뒷날개 바깥 부위에 뱀눈 모양 무늬가 적은 편이다. 아마존 강 중부와 가이아나에 분포한다.

♂ 51mm ♀ 50mm ×1.0

♂

끝흰치마뱀눈나비 [네발나비과]

Pierella astyoche lucia (아종)

● 날개 편 길이 51mm 안팎 (페루)

날개는 갈색 바탕에 뒷날개의 아랫면 외연에 뱀눈 모양 무늬가 있다. 원명 아종과 달리 뒷날개 후각 부근에 흰 무늬가 있다. 페루에 분포한다.

51㎜ ×1.4

♂

잔눈치마뱀눈나비 [네발나비과]

Pierella rhea

● 날개 편 길이 74mm 안팎 (브라질)

날개는 노란색이 감도는 갈색으로, 뒷날개 중앙에서 바깥쪽으로 갈색이 짙어진다. 세로줄이 3개가 보이며, 뒷날개의 외횡선을 따라 흰 점이 보이는 짙은 흑갈색 원무늬가 줄지어 있다. 주로 아마존 강 유역에 분포한다.

74㎜ ×1.0

♂

피에라투명뱀눈나비 [네발나비과]

Haetera piera

● 날개 편 길이 55mm 안팎 (페루)

*Cithaerias*속의 나비와 거의 생김새가 닮았으나, 뒷날개 중실이 사각 모양이며, 제4맥이 위로 심하게 굽어 보인다. 가이아나와 브라질 남부에 분포한다.

55㎜ ×1.2

♂

피에라투명뱀눈나비 [네발나비과]

Haetera piera unocellata (아종)

● 날개 편 길이 59mm 안팎 (볼리비아)

원명 아종보다 뒷날개의 검은 원무늬의 수가 적고 더 투명하다. 볼리비아에 분포한다.

* 학자에 따라서는 다른 종으로 취급하려는 경향도 있다.

59㎜ ×1.15

투명뱀눈나비류

투명뱀눈나비 무리는 아마존 강 유역의 열대 우림 어두운 정글의 습한 곳에서 산다. 보통 날 때에는 지면을 살짝 닿으면서 지나가는데, 날개가 투명하여 눈에 잘 띄지 않는다. 다만, 뒷날개의 붉은색 또는 푸른색, 갈색의 무늬만이 돋보여, 잎에 앉아 날개를 펼치면 갑자기 꽃이 피는 것 같은 착각을 불러일으킨다. 매우 민감하기 때문에 다가가기가 쉽지 않다. 주로 아마존 강 유역에 분포한다.

오로라투명뱀눈나비 [네발나비과]

Cithaerias aurorina

- 날개 편 길이 46mm 안팎 (페루)

대개 날개는 투명하고, 뒷날개의 외연 쪽으로 붉은빛이나 보랏빛이 나며, 뱀눈 모양 무늬가 있다. 날개맥은 대체로 뚜렷하다. 아마존 강 서부에 분포한다.

* 같은 속의 나비들은 남아메리카에 약 5~15종이 있는 것으로 알려져 있는데, 학자에 따라 종을 구별하는 관점이 달라서이다.

에스메랄다투명뱀눈나비 [네발나비과]

Cithaerias esmeralda

- 날개 편 길이 44mm 안팎 (브라질)

'뒷분홍투명뱀눈나비(*C. pyropina*)' 보다 뒷날개의 무늬가 약하다. 주로 열대 우림의 숲 가운데에 산다. 보통 숲 속의 빈 공간에 햇빛이 스며드는 나뭇잎 위에 잘 앉으며, 한번 앉으면 눈에 잘 띄지 않는다. 아마존 강 중부와 동부에 분포한다.

엷은분홍투명뱀눈나비 [네발나비과]

Cithaerias menander

- 날개 편 길이 55mm 안팎 (에콰도르)

뒷날개의 뱀눈 모양 무늬 주변이 밝다. 남아메리카에 분포한다.

뒷분홍투명뱀눈나비 [네발나비과]

Cithaerias pyropina

- 날개 편 길이 60mm 안팎 (페루)

뒷날개 외연은 분홍빛과 청보랏빛이 돈다. 볼리비아와 페루, 브라질에 분포한다.

나비의 변이

나비의 변이는 날개 모양이나 색 등이 여러 요인에 의해 달라지는 것을 말한다. 실내에서 인공적으로 사육했을 때에는 비교적 변이가 많이 나타나지만, 자연 상태에서는 그리 많이 나타나지는 않는다. 현재까지 변이의 요인은 정확하게 밝혀져 있지는 않으나, 크게 유전적인 요인과 환경적인 요인으로 나눌 수 있다.

변이의 종류는,

첫째, 분포학적인 면에서 지리적 변이가 있어서 지역적인 형태 차이가 나는 것을 의미한다.

둘째, '거꾸로여덟팔나비' 처럼 계절적 변이가 있다.

셋째, '은줄표범나비' 의 암컷에서처럼 황색형과 흑갈색형이 나타나는 유전적인 현상을 말한다. '노랑나비' 와 '오색나비' 에서도 같은 현상이 있다.

이 밖에 드물게 나타나는 나비의 변이로 흑화형이 있는데, 날개의 색이 어두워지는 현상을 말한다. 반대로 날개의 색이 밝아지는 백화형도 있다. 또, 날개에 다른 색이나 무늬가 엉뚱한 부분에 나타나는 경우도 있다.

청얼룩팔랑나비 [팔랑나비과]

Jamadia hospita

- 날개 편 길이 58mm 안팎 (페루)

날개는 청회색 바탕에 흰무늬가 있으며, 억센 날개를 가졌다. 생태에 관해서 알려진 내용이 별로 없다. 과테말라에서 콜롬비아와 볼리비아까지 분포한다.

 58mm ×1.4

금보라제비나방 [제비나방과]

Uranus leilus

- 날개 편 길이 77mm 안팎 (페루)

호랑나비류를 의태하는 나방으로, 낮에 날아다닌다. 남아메리카에 분포한다.

 77mm ×0.6

여왕흰밤나방 [밤나방과]

Thysania agrippina

- 날개 편 길이 210mm 안팎 (페루)

날개에 물결무늬가 가득하다. 세계 최대의 밤나방 종으로, 남아메리카에만 분포한다.

 210mm ×0.5

왕눈이붉은산누에나방 [산누에나방과]

Automeris amanda

- 날개 편 길이 83mm 안팎 (에콰도르)

뒷날개에 눈알 모양 무늬가 두드러진다. 다른 산누에나방류와 달리 뒷날개에 꼬리 모양 돌기가 없다. 남아메리카에 분포한다.

 83mm ×0.62

왕눈무늬나비굴벌레나방 [나비굴벌레나방과]

Castnia daedalus

- 날개 편 길이 177mm 안팎 (페루)

날개는 짙은 갈색 바탕에 흰무늬가 뚜렷하게 나타난다. 애벌레는 나무 줄기 속을 파먹는다. 남아메리카에 분포한다.

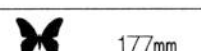 177mm ×0.5

나비굴벌레나방 [나비굴벌레나방과]

Castnia licus

- 날개 편 길이 95mm 안팎 (남아메리카)

호랑나비 및 네발나비 무리와 많이 닮았다. 생김새로 보면, 나비로 착각하게 만드는 더듬이가 특징인데, 더듬이의 끝이 팔랑나비류처럼 부풀어 있다. 애벌레는 식물의 줄기 속을 파 먹는다. 주로 중앙 아메리카와 남아메리카 일대에 분포한다.

95㎜ ×0.54

칠레뿔굽은사슴벌레 [사슴벌레과]

Chiasognathus latreillei

- 몸 길이 35mm 안팎 (칠레)

'그란티뿔굽은사슴벌레(*C. granti*)' 와 닮았으나 대형종은 드물고, 광택이 강한 딱지날개의 빛깔이 약간 밝은 편으로 녹갈색 또는 적갈색을 띠며, 수컷의 큰턱은 보다 짧은 편이다. 칠레에만 분포한다.

35㎜ ×1.2

딱정벌레목

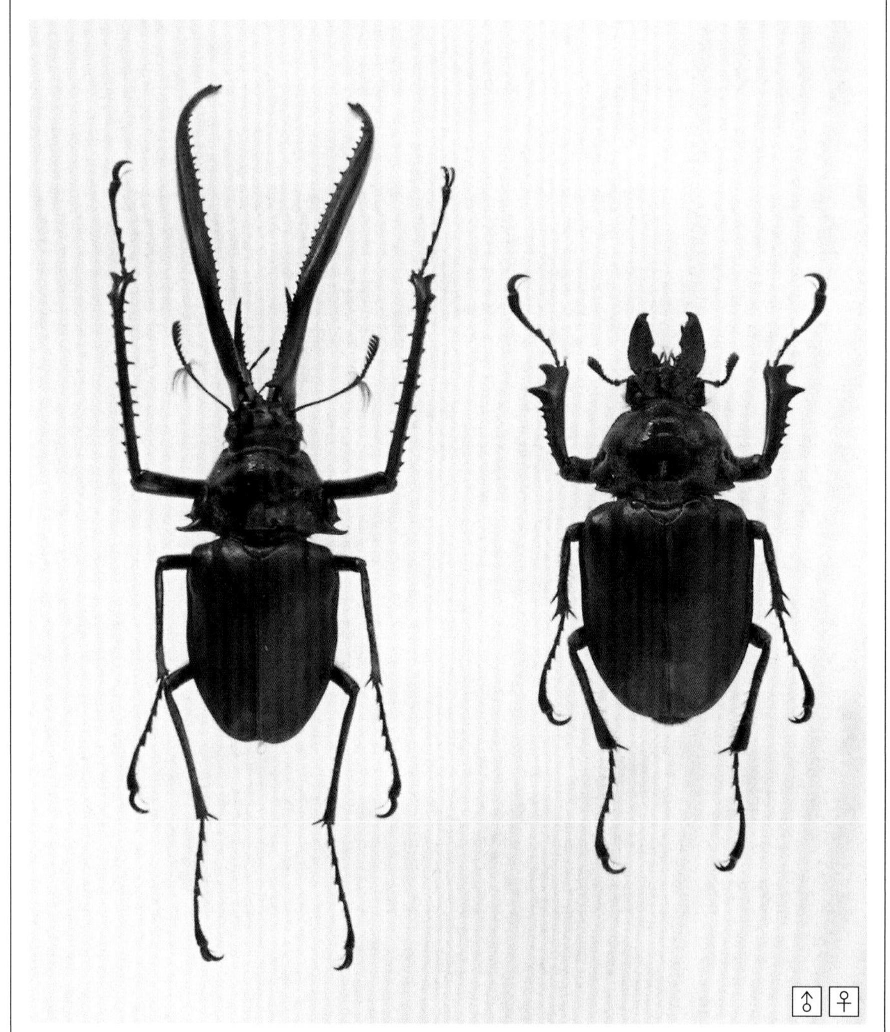

그란티뿔굽은사슴벌레 [사슴벌레과]

Chiasognathus granti

- 몸 길이 82mm 안팎 (칠레)

우리 나라는 물론 동남 아시아산 '사슴벌레(*Lucanus maculifemoratus*)' 의 모습과 다른 종류로, 몸은 둥글어 '장수풍뎅이(*Allomyrina dichotoma*)' 와 같은 모양이다. 수컷의 큰턱은 가위 모양으로 가늘고 길다. 더듬이도 큰턱 정도로 가늘고 길다. 이처럼 수컷의 돌기가 본래의 목적보다 매우 많이 커지는 현상을 어떤 학자는 과잉 진화라고 해석한다. 칠레와 아르헨티나에 분포한다.

♂ 82㎜ ♀ 90㎜ ×0.6

칠레딱정벌레 [딱정벌레과]

Ceroglosus valdiviae chiloensis (아종)

- 몸 길이 26mm 안팎 (칠레)

몸은 짙은 녹색 바탕에 광택이 조금 있다. 딱지날개는 세로로 골이 있으며, 양 가장자리가 붉은 기가 돈다. 칠레에 분포한다.

26㎜ ×2.0

녹색칠레딱정벌레 [딱정벌레과]

Ceroglosus sybarita

- 몸 길이 26mm 안팎 (칠레)

'칠레딱정벌레(*C. valdiviae chiloensis*)'와 닮았으나 딱지날개의 양 가장자리에 붉은 기가 없이 녹색을 띤다. 칠레에 분포한다.

붉은등줄소똥구리 [소똥구리과]

Oxyternun festivum

- 몸 길이 23mm 안팎 (브라질)

몸에 두드러진 돌기가 보이지 않는다. 남아메리카 대륙에 널리 분포한다.

녹색등줄소똥구리 [소똥구리과]

Oxyternun conspicillatum

- 몸 길이 23mm 안팎 (페루)

몸은 옆으로 퍼진 모습을 하고 있으며, 녹색 바탕에 검은 줄무늬가 있다. 앞가슴등판에서 앞쪽으로 뭉뚝하게 돌기가 뻗지만 머리에는 특별한 돌기가 없다. 남아메리카 서부에 분포한다.

광택소똥구리 [소똥구리과]

Phanaeus splendidorus argentinus (아종)

- 몸 길이 20mm 안팎 (아르헨티나)

몸은 붉은색 광채가 두드러지지만 지역에 따라 차이가 많다. 남아메리카에 널리 분포한다.

보라광택소똥구리 [소똥구리과]

Phanaeus imperator

- 몸 길이 ♂ 21mm, ♀ 25mm 안팎 (아르헨티나)

앞가슴등판에 검은색 이빨 모양 돌기가 한 쌍 있으며, 그 바깥쪽으로 작은 돌기가 한 쌍 더 있다. 개체에 따라 차이가 있으나 보라색 광택이 강하게 난다. 남아메리카 전역에 분포한다.

♂ 21mm ♀ 25mm ×1.6

악타이온장수풍뎅이 [장수풍뎅이과]

Megasoma actaeon

- 몸 길이 ♂ 98mm, ♀ 72mm 안팎 (에콰도르)

대형종으로, 몸은 통통한 편이고 머리 앞쪽으로 긴 뿔이 나 있다. 앞가슴등판 양 어깨에도 앞쪽으로 뻗은 굵은 뿔 모양의 돌기가 있다. 남아메리카의 아마존 강 유역을 중심으로 분포한다.

♂ 98mm ♀ 72mm | ♂×0.67 ♀×0.7

수중긴다리초록풍뎅이 [풍뎅이과]

Chrysophora chrysophora

- 몸 길이 30mm 안팎 (에콰도르)

몸은 전체가 금속 광택이 나는 녹색이다. 기어다닐 때의 모습은 액세서리가 움직이듯 매우 아름답다. 수컷은 뒷다리 종아리마디가 길고 갈고리처럼 보인다. 페루와 에콰도르에 분포한다.

♀ 30mm ♂ 30mm | ×1.2

잉카알락풍뎅이 [풍뎅이과]

Inca clathatus

- 몸 길이 47mm 안팎 (페루)

머리에 한 쌍의 뿔 모양 돌기와 앞가슴등판의 무늬가 아름답다. 몸 전체에 잔털이 빽빽하다. 페루에서 브라질까지 분포한다.

47mm | ×1.1

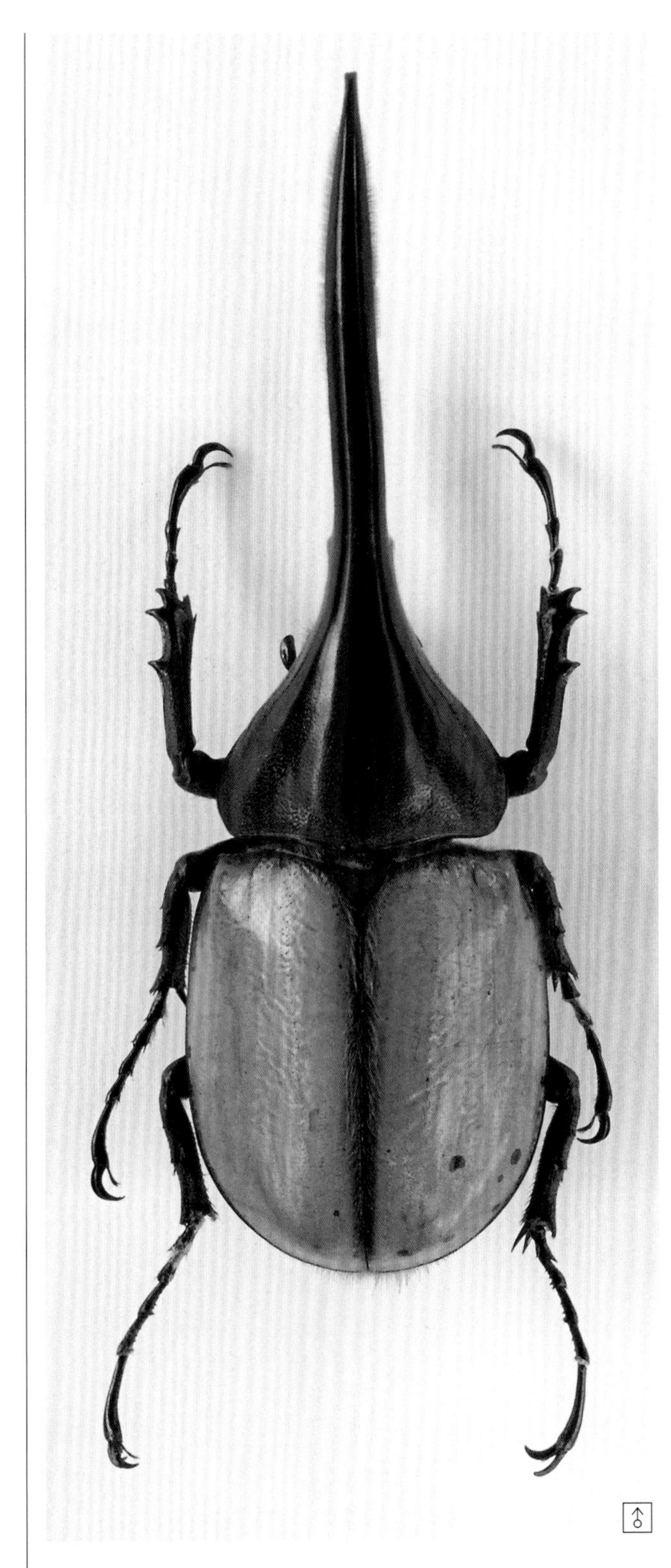

♂

헤라클레스장수투구벌레 [풍뎅이과]

Dynastes hercules ecuatorianus (아종)

• 몸 길이 120-180mm (에콰도르)

딱정벌레류 중 세계 최대로, 머리와 앞가슴등판에 솟은 뿔이 대단히 길다. 가슴은 검은색, 딱지날개는 진한 노란색에 갈색 점무늬가 있다. 중앙 아메리카와 서인도 제도에 분포한다.

 126mm ×1.27

♂

헤라클레스장수투구벌레 [풍뎅이과]

Dynastes hercules lichyi (아종)

• 몸 길이 120-180mm (콜롬비아)

딱정벌레류 중 인기가 높은 종으로 많은 사랑을 받는다. 몸이 거대하고 힘이 세어서 '헤라클레스'라는 이름이 붙었다. 머리와 앞가슴등판에 솟은 뿔로 밀치거나 그 사이로 집는 힘이 대단하다. 머리와 가슴에 긴 뿔이 발달한 것이 특징이며, 딱지날개에 검은 점무늬가 있는 경우가 많다. 아종 *ecuatorianus*보다 조금 크고, 딱지날개의 색이 진한 편이다. 북아메리카 남부와 서인도 제도, 남아메리카 북부에 분포한다.

140mm ×1.0

넵툰장수투구벌레 [풍뎅이과]

Dynastes neptunus

- 몸 길이 135–150mm (콜롬비아)

'헤라클레스장수투구벌레(*D. hercules ecuatorianus*)'와 달리 딱지날개가 검고, 수컷의 가슴 위에 솟은 큰 뿔 아래로 작은 뿔 2개가 나 있어서 구별된다. 남아메리카 북부에 널리 분포한다.

135㎜ ×1.2

맵시보라비단벌레 [비단벌레과]

Psiloptera bicarinata

- 몸 길이 33mm 안팎 (브라질)

몸 전체는 녹색 바탕이고, 앞가슴등판에 가로로 검은색 띠가 뚜렷한 것이 특징이다. 또, 딱지날개는 붉은색을 띠는데, 개체에 따라 강도가 다르다. 딱지날개의 홈줄은 두드러진다. 가이아나와 브라질에 널리 분포한다.

33㎜ ×1.3

점박이보라비단벌레 [비단벌레과]

Psiloptera reichei

- 몸 길이 32mm 안팎 (브라질)

'맵시보라비단벌레(*P. bicarinata*)'와 닮았으나 약간 뚱뚱하고, 앞가슴등판 중앙이 움푹 패어 있어서 구별된다. 남아메리카에 분포하며, 같은 속에는 500여 종이 있다.

32㎜ ×1.3

가위톱장수하늘소 [하늘소과]

Macrodontia cervicornis

● 몸 길이 132mm 안팎 (브라질)

더듬이는 짧은 편이고, 큰턱이 가위처럼 길게 앞으로 발달한다. 대형종은 앞가슴과 딱지날개를 비벼 소리를 내지 않고 뒷다리 종아리마디를 딱지날개 테두리에 비벼 소리를 내는 습성이 있다. 남아메리카에 분포한다.

132mm ×0.72

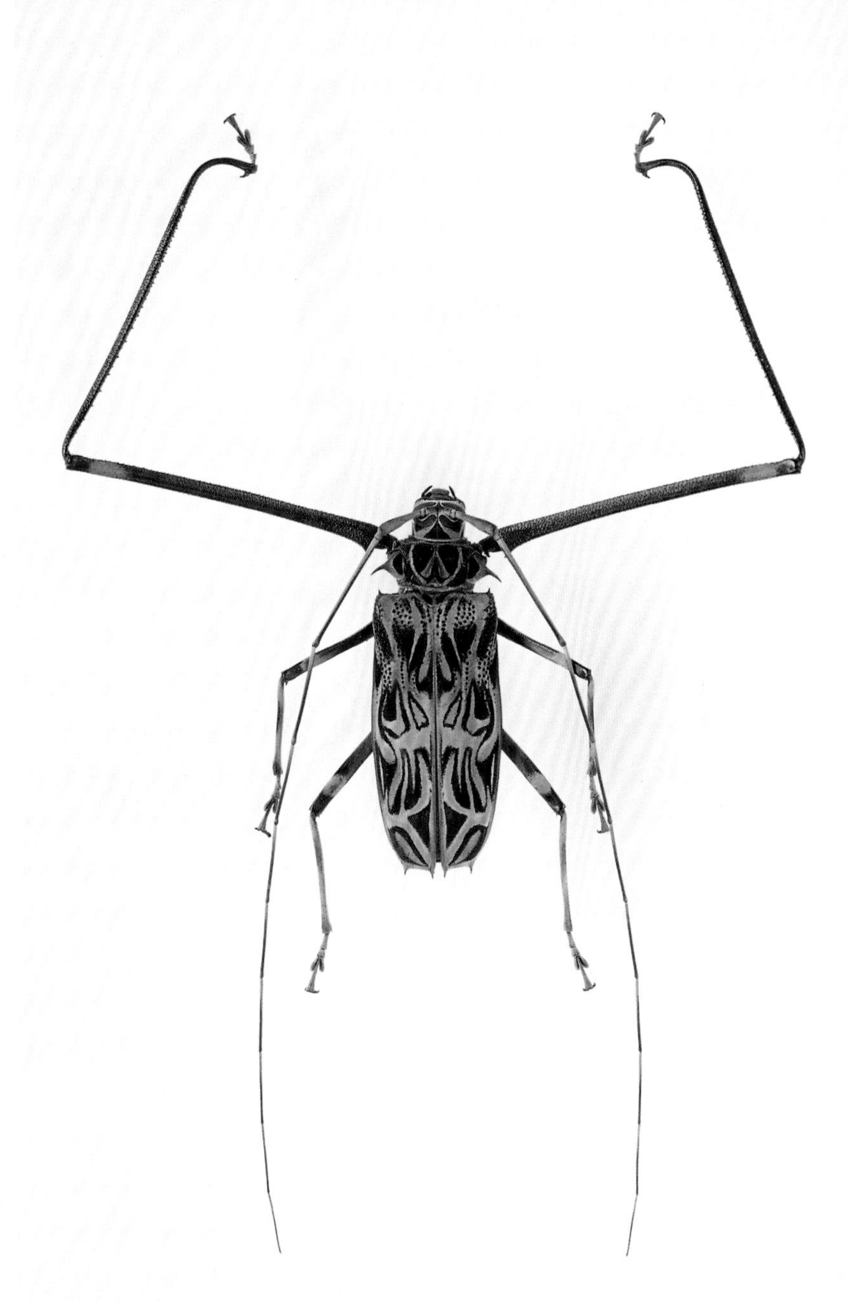

긴앞다리하늘소 [하늘소과]

Acrocinus longimanus

● 몸 길이 71mm 안팎 (페루)

남아메리카 열대 지방에 사는 유명한 종으로, 몸의 등판은 회갈색 바탕에 검은색과 붉은색 무늬가 어우러져 있어서 아름답다. 앞다리는 길어서 몸 길이의 2~3배에 이른다. 낮보다는 해가 질 무렵에 활동이 활발해진다. 애벌레는 무화과나무 속에서 산다. 페루에 분포한다.

71㎜ ×0.7

발광방아벌레 [방아벌레과]

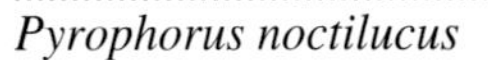

Pyrophorus noctilucus

● 몸 길이 25mm 안팎 (페루)

앞가슴 양쪽에 노란색 원형의 구조물이 있는데, 여기에서 청백색의 빛이 나오며, 반딧불이처럼 배의 밑부분에서 붉은빛을 낸다. 중앙 아메리카와 남아메리카에 분포한다.

* 이 곤충이 내는 빛이 생각보다 밝은데, 과거 파나마 운하 공사를 할 당시 응급 수술을 해야 할 상황에서 조명 기구가 없자 이 곤충을 여러 마리 잡아 불을 밝혀 수술을 했다는 일화가 있다.

25㎜ ×1.6

남미장수하늘소 [하늘소과]

Callipogon armillatus

- 몸 길이 98mm 안팎 (페루)

앞가슴 양쪽에 날카로운 바늘 모양 돌기가 각각 4개씩 나 있다. 앞가슴등판 위에 넓게 갈색 털이 빽빽이 들어차 있다. '멕시코장수하늘소(*C. barbatus*)' 처럼 과거에는 동아시아 대륙과 아메리카 대륙이 붙어 있었다는 증거로 활용된다. 페루, 아르헨티나 등 아마존 강 유역에 분포한다.

기간테우스장수하늘소 [하늘소과]

Titanus giganteus

- 몸 길이 137mm 안팎 (브라질)

하늘소 무리 중에서 뿔을 제외한 나머지 길이가 가장 길다. 애벌레는 다 자라면 몸 길이가 무려 250mm나 되는데, 크고 맛이 좋아 현지인이 식용으로 이용한다. 아마존 강 유역에 널리 분포한다.

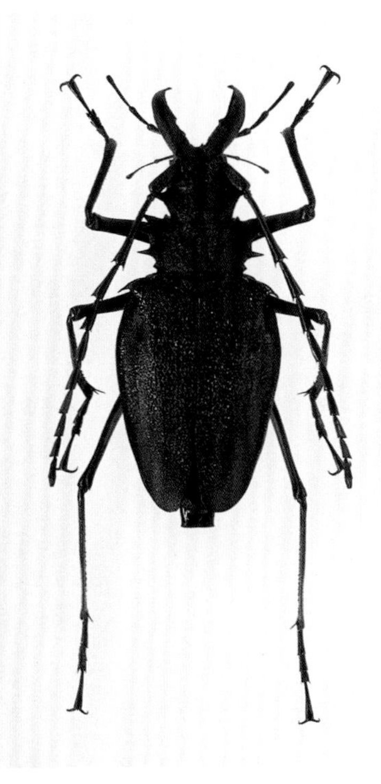

♀

남미뚱보하늘소 [하늘소과]

Psalidognathus friendli

- 몸 길이 63mm 안팎 (에콰도르)

하늘소 무리 중에서 몸이 뚱뚱하고 입이 거대하게 변형되어 있다. 남아메리카 특산종으로, 나무가 없는 맨땅 위에서 생활하는 것으로 알려져 있다. 브라질, 에콰도르, 콜롬비아 등지에 분포한다.

♀

사막거저리 [거저리과]

Gyriosomus batesi

- 몸 길이 24mm 안팎 (칠레)

사막을 기어다니기에 알맞게 다리가 길고, 몸은 방패처럼 둥글다. 딱지날개에는 빗살처럼 생긴 무늬가 있어 특징적이다. 피부는 수분 증발을 막을 수 있도록 충분히 두꺼우며, 날 필요가 없기 때문에 뒷날개는 퇴화되었다. 밤에 모래밭에서 잘 기어다닌다. 만일 낮에 활동하다가는 강렬한 햇빛 때문에 열사할 수 있다. 남아메리카의 건조한 지역에 분포한다.

* 거저리류는 딱정벌레 중에서 형태 변이가 심한 무리로, 세계에 15,000여 종이 있다.

메뚜기목

덕스붉은얼굴메뚜기 [메뚜기과]

Tropidacris dux

- 몸 길이 98mm 안팎 (브라질)

머리는 붉고, 앞가슴등판은 우툴두툴하게 생겼으며, 특히 뒷날개가 붉어서 예쁘다. 멕시코에서 남아메리카의 북부 지역에 걸쳐 널리 분포한다.

잠자리목

꼬마물잠자리 [잠자리과]

Chalcopteryx rutilans

- 몸 길이 40-45mm (브라질)

물잠자리치고는 작은 크기이다. 물가에서 살고, 남아메리카에 분포한다.

에티오피아구

ETHIOPIAN REGION

아프리카권

넓은 열대권으로 이루어진 아프리카는 동남 아시아나 남아메리카에 비해 곤충의 종류가 적고, 몸과 날개 색도 그다지 화려하지 않은 종류가 많으나 개중에는 독특하고 특이한 곤충들이 많다. '아프리카왕제비나비, 골리앗장수꽃무지'와 같이 이 지역 고유종이 적지 않으나, 보통 동남 아시아와 계통이 같은 종류도 상당히 많다. 다만, 사향제비나비류가 전혀 보이지 않는 점은 매우 이상하다.

나비목

아프리카왕제비나비 [호랑나비과]

Papilio (Druryeia) antimachus

- 날개 편 길이 150–240mm (아프리카 중앙부)

날개 편 길이가 세계 최대인 나비로, 호랑나비류보다는 왕나비류처럼 보인다. 일반 호랑나비류와 달리 날개가 가늘고 긴 특징을 가지고 있다. 날개에 비해 더듬이는 짧은 편이다. 아프리카 적도의 원시림에 서식하는데, 수컷은 물가 진흙에 잘 날아오며, 숲 가장자리를 높게 날아다닌다. 꽤 희귀한 종으로 알려져 있으나, 아프리카 중부 지역에서는 1년 내내 볼 수 있다. 붉은 기가 있는 날개 색은 카데놀리드계 독성분을 지니고 있기 때문이라고 한다. 아프리카 중앙부에 분포한다.

잘모키스제비나비 [호랑나비과]

Papilio (Iterus) zalmoxis

- 날개 편 길이 140–170mm (아프리카 중앙부)

아프리카에 사는 거대한 호랑나비류이다. 암컷은 수컷과 달리 회청색을 띠는데, 날개 중앙에 노란 기가 감돈다. 암컷을 발견하면 현상금을 주겠다고 했을 정도로 암컷이 귀한 것으로 알려져 있다. 자이르 중부와 나이지리아, 라이베리아에 걸쳐 분포한다.

왕노랑무늬호랑나비 [호랑나비과]

Papilio hesperus

- 날개 편 길이 98mm 안팎 (콩고)

수컷과 달리 암컷은 뒷날개의 후각 부위에 붉은 무늬가 나타난다. 카메룬과 콩고, 앙골라, 말리, 탕가니카에 분포한다.

105㎜ ×0.48

노랑점줄호랑나비 [호랑나비과]

Papilio lormieri

- 날개 편 길이 106mm 안팎 (중앙아프리카공화국)

언뜻 보면 *P. demodocus*와 닮았으나 뒷날개에 꼬리 모양 돌기가 있어 구별된다. 흔한 종으로 연중 볼 수 있으며, 귤나무에서 애벌레를 쉽게 볼 수 있다. 아프리카 중앙부에 분포한다.

106mm ×0.85

니레우스녹색제비나비 [호랑나비과]

Papilio nireus

- 날개 편 길이 88mm 안팎 (우간다)

'파란줄제비나비(*P. hornimani*)'와 닮았으나 날개 중앙의 무늬가 가늘다. 아프리카 중서부에 분포한다.

브로미우스녹색제비나비 [호랑나비과]

Papilio bromius

- 날개 편 길이 90mm 안팎 (콩고)

날개 중앙에 넓게 청록색 띠가 있고, 아외연으로 불규칙하게 청록색 점무늬가 있다. 암수 차이가 거의 없는 흔한 종으로 알려져 있으며, 주로 산림 지대에 산다. 우리 나라의 제비나비류와 습성이 비슷하다. 콩고를 중심으로 아프리카 서부에 분포한다.

90mm ×0.55

파란줄제비나비 [호랑나비과]

Papilio hornimani

- 날개 편 길이 100mm 안팎 (케냐)

검은색 바탕에 금속성 파란 무늬가 날개 중앙과 뒷날개 아외연에 있다. '제비나비(*P. bianor*)'와 날개 모양은 같으나 날개 색은 전혀 다른 특징이 있다. 수컷은 비 온 뒤 진흙에 잘 날아오므로 쉽게 보이나 암컷은 매우 드물다. 흔한 종으로, 아프리카 중앙부에 분포한다.

아프리카흰제비나비 [호랑나비과]

Papilio dardanus

- 날개 편 길이 95–110mm (우간다)

날개는 연미색이 대부분을 차지하고, 앞날개는 외연에, 뒷날개는 중앙 바깥으로 검은 무늬가 있다. 수컷은 꼬리 모양 돌기가 긴 반면에 암컷은 대개 왕나비 계열의 의태 관계로 없거나 작다. 현지에서도 암컷 보기가 힘들어 암컷을 소장하기가 매우 어렵다고 한다. 애벌레는 귤나무 잎을 먹는다. 아프리카 사하라 사막 이남 지역과 마다가스카르, 코모로 공화국에 분포한다.

95mm ×0.5

노빌리스아프리카제비나비

[호랑나비과]

Papilio nobilis

- 날개 편 길이 100mm 안팎 (우간다)

연한 노란색의 제비나비이다. 수컷에 비해 암컷이 매우 귀하다. 암컷은 수컷보다 날개 끝과 외연의 흑갈색 무늬가 더 크다. 현재 3 아종이 알려져 있다. 고도가 높은 산지에 살며, 아프리카 동부에 분포한다.

녹색잔줄제비나비

[호랑나비과]

Graphium latreillianus theorini (아종)

- 날개 편 길이 65mm 안팎 (카메룬)

수컷은 노란 띠무늬가 있고, 암컷은 연한 녹색 띠무늬가 있다. 아프리카 중앙부에 분포한다.

앙골라흰띠제비나비

[호랑나비과]

Graphium angolanus pylades (아종)

- 날개 편 길이 63mm 안팎 (아프리카)

날개의 전연과 외연 쪽으로 검은 바탕에 흰 점무늬가 있으며, 뒷날개에 꼬리 모양 돌기가 전혀 없다. 매우 흔한 종으로, 아프리카 대륙에 널리 분포한다.

63mm ×0.8

포르카스제비나비

[호랑나비과]

Papilio phorcas

- 날개 편 길이 84mm 안팎 (중앙아프리카공화국)

수컷의 날개 중앙의 띠무늬는 녹색이 진하나, 암컷은 노란 기가 있는 연한 녹색을 띤다. 애벌레는 운향과 식물을 먹는다. 흔한 종으로, 산림 지대에 많다. 아프리카 중앙부에 분포한다.

연미색줄제비나비

[호랑나비과]

Graphium adamastor

- 날개 편 길이 58mm 안팎 (중앙아프리카공화국)

날개의 색이 짙지 않은 특징이 있다. 콩고와 그 주변 국가에 분포한다.

58mm ×0.85

연녹색줄제비나비

[호랑나비과]

Graphium tynderaeus sorreloanthus (아종)

- 날개 편 길이 70mm 안팎 (콩고)

우리 나라의 '청띠제비나비(*G. sarpedon*)'와 다르게 뒷날개가 둥글어 보인다. 날개는 검은 바탕에 연한 노란색 무늬가 복잡하게 퍼져 있다. 아프리카의 열대와 아열대의 산림 지대에 분포한다.

아프리카암노랑나비 [흰나비과]

Catopsilia florella

- 날개 편 길이 60mm 안팎 (이집트)

수컷은 약간 녹색 기가 도는 흰색이고, 암컷은 노란색을 띤다. 암수 모두 날개 아랫면이 더 노랗다. 서식 지역에 따른 변이가 매우 심한 편이다. 아프리카 초원 지대에 잘 적응한 흰나비류로, 이 밖에 인도, 중국, 인도네시아에도 분포한다.

은점쌍꼬리부전나비 [부전나비과]

Aphnaeus argyrocyclus

- 날개 편 길이 26mm 안팎 (중앙아프리카공화국)

날개에 은색 점무늬가 뚜렷하고, 뒷날개에 꼬리 모양 돌기가 2개씩 있다. 아이보리코스트와 카메룬, 가봉, 콩고, 자이르, 우간다에 분포한다.

* 사진의 표본은 왼쪽의 꼬리 모양 돌기가 떨어짐.

아프리카붉은부전나비 [부전나비과]

Axiocerses harpax

- 날개 편 길이 21mm 안팎 (아프리카 중앙부)

날개 끝이 검고 나머지는 붉은 예쁜 나비이다. 뒷날개에 꼬리 모양 돌기가 있다. 애벌레는 아카시아 잎을 먹는 것으로 알려져 있다. 아프리카의 열대와 아열대에 분포한다.

* 사진의 표본은 오른쪽 꼬리 모양 돌기가 떨어짐.

녹색쌍돌기나비 [네발나비과]

Charaxes eupale

- 날개 편 길이 60mm 안팎 (아프리카 중앙부)

날개 윗면보다 아랫면의 무늬가 더 아름답다. 아프리카 서부에서 중앙부에 분포하는 흔한 종이다.

불꽃쌍돌기나비 [네발나비과]

Charaxes fulvescens

- 날개 편 길이 68mm 안팎 (탄자니아)

날개의 기부에서 중앙까지는 밝고 그 바깥쪽은 황토색이다. 세네갈과 카메룬, 가봉, 자이르, 우간다, 케냐까지 널리 분포한다.

갈색무늬쌍돌기나비 [네발나비과]

Charaxes pollux

- 날개 편 길이 87mm 안팎 (카메룬)

날개 윗면과 달리 아랫면의 무늬가 복잡하다. 아프리카 서부에서 동부에 분포하는 흔한 종이다. 이 지역에 쌍돌기나비아과에 속하는 나비가 많이 산다.

큰흰무늬쌍돌기나비 [네발나비과]

Charaxes castor

- 날개 편 길이 102mm 안팎 (중앙아프리카공화국)

아프리카 *Charaxes*속 중 가장 큰 종이다. 뒷날개 외연이 톱날같이 되어 있는데, 그 중 2개가 길어 꼬리 모양 돌기가 생긴다. 숲 지대, 관목 지대, 해안가 숲 등 여러 환경에서 산다. 애벌레는 콩과식물을 먹는다. 아프리카 중앙부에 분포한다.

102mm ×0.5

하늘쌍돌기나비 [네발나비과]

Charaxes zingha

- 날개 편 길이 60mm 안팎 (중앙아프리카공화국)

뒷날개는 앞날개보다 작고 끝이 맵시 있게 튀어나왔다. 시에라리온에서 앙골라와 우간다에 분포한다.

60mm ×0.8

쌍돌기나비 [네발나비과]

Charaxes candiope

- 날개 편 길이 90mm 안팎 (아프리카 서부)

날개는 황토색 바탕에 외횡대가 검다. 날개 아랫면은 날개맥이 녹색을 띠며, 수컷의 뒷날개 꼬리 모양 돌기는 안쪽이 길고 바깥쪽이 짧으나 암컷은 둘 모두가 길다. 앞날개의 외연은 깊이 패었고, 뒷날개의 돌기 2개 중 안쪽의 것은 굽었다. 애벌레는 파두(croton)를 먹고, 아프리카의 여러 사바나 환경에 적응하고 있다.

82mm ×1.1

아멜리아쌍돌기나비 [네발나비과]

Charaxes ameliae

- 날개 편 길이 90mm 안팎 (중앙아프리카공화국)

날개는 검은 바탕에 청색 띠무늬가 있다. 뒷날개의 꼬리 모양 돌기는 매우 짧다. 아프리카 중앙부에 분포한다.

90mm ×0.56

암갈색쌍돌기나비 [네발나비과]

Charaxes tiridates

- 날개 편 길이 98mm 안팎 (탄자니아)

수컷은 청색, 암컷은 갈색을 띤다. 시에라리온부터 나이지리아까지 분포한다.

98mm ×0.52

붉은띠쌍돌기나비 [네발나비과]

Charaxes lucretius

- 날개 편 길이 72mm 안팎 (중앙아프리카공화국)

수컷의 날개 윗면은 보는 각도에 따라 보라색 광택이 난다. 서아프리카에서 우간다, 케냐 서부까지 분포한다.

72mm ×0.7

붉은날개네발나비 [네발나비과]

Cymothoe sangaris

- 날개 편 길이 57mm 안팎 (중앙아프리카공화국)

수컷은 날개 윗면 전체가 선홍색을 띠나 암컷은 날개 중앙이 적황색을 띠고, 외연으로 검은색과 흰색 띠가 나타난다. 암컷에서 변이가 많다. 주로 아프리카 중앙부의 산림 지대에 분포한다.

57mm ×1.5

흰점붉은날개네발나비 [네발나비과]

Cymothoe aramis

- 날개 편 길이 46mm 안팎 (카메룬)

암수 모두 뒷날개 전연의 흰무늬가 특징적이다. 나이지리아와 카메룬, 가봉 등에 널리 분포한다.

♂ 46mm ♂ 42mm ♂×1.1 ♂×1.2

아프리카돌담무늬나비 [네발나비과]

Cyrestis camillus

- 날개 편 길이 48mm 안팎 (중앙아프리카공화국)

돌담무늬나비류 중에서 뒷날개의 꼬리 모양 돌기가 발달한다. 주로 숲이 발달한 산지에 살며, 나무 아래를 잘 떠나지 않는다. 서아프리카에서 콩고, 우간다, 케냐, 모잠비크, 말라위, 로디지아 동부까지 분포한다.

* 돌담무늬나비류는 열대 아시아 지역에 사는데, 이 종은 아프리카에 산다.

옥색진주네발나비 [네발나비과]

Salamis parhassus anthiops (아종)

- 날개 편 길이 80mm 안팎 (케냐)

아프리카 특산 나비로, 날개 모양은 '공작나비(*Inachis io*)'와 비슷하다. 날개는 은회색 바탕에 아랫면으로 검은 무늬가 있고, 그 가운데에 8개의 작은 붉은 점무늬가 박혀 있다. 특히 날개 아랫면은 광택이 찬란하다. 애벌레는 아칸서스류의 식물을 먹는다. 흔한 종으로, 아프리카 대부분의 지역에 분포한다.

끝흰노랑줄예쁜네발나비 [네발나비과]

Euphaedra losinga

- 날개 편 길이 94mm 안팎 (카메룬)

날개 끝이 흰색이어서 언뜻 보면 찢어진 느낌이 든다. 아프리카 중앙부에 분포한다.

94mm ×1.0

아프리카예쁜네발나비 [네발나비과]

Euphaedra preussi

- 날개 편 길이 65mm 안팎 (아프리카 중앙부)

같은 속의 나비들은 날개가 원색적이고 변이가 심해서, 같은 종을 다른 종으로 오해하기도 한다. 아프리카 중앙부에 분포한다.

65mm ×0.78

암노랑예쁜네발나비 [네발나비과]

Euphaedra adonina

- 날개 편 길이 72mm 안팎 (아프리카 중앙부)

수컷은 붉은색인데, 암컷 날개가 노란색을 띤다. 아프리카 서부에서 중앙부에 널리 분포한다.

♂ 78mm ♀ 72mm ♂×0.65 ♀×0.7

녹색판예쁜네발나비 [네발나비과]

Euphaedra imperialis

- 날개 편 길이 72mm 안팎
 (아프리카 중앙부)

날개 아랫면에는 녹색 기가 있다. 가봉과 카메룬에 분포한다.

흰줄파란예쁜네발나비 [네발나비과]

Euphaedra paradox

- 날개 편 길이 59–60mm
 (중앙아프리카공화국)

아랫입술의 수염이 옅은 붉은색이고, 앞날개 아랫면의 중실에 3개의 검은 점이 있는 것이 특징이다. 카메룬에서 남서 자이르와 앙골라에 분포한다.

♂ 59mm ♀ 60mm | ♂×0.86 ♀×0.85

암검은예쁜네발나비 [네발나비과]

Euphaedra eleus

- 날개 편 길이 59–85mm
 (중앙아프리카공화국)

우리 나라 '수노랑나비(*Chitoria ulupi*)' 처럼 암수의 색상 차이가 크다. 아프리카 중앙부에 널리 분포한다.

♂ 64mm ♀ 84mm | ♂×0.79 ♀×0.6

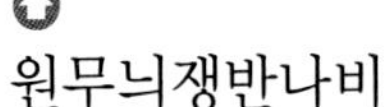

원무늬쟁반나비 [네발나비과]

Euxanthe trajanus

- 날개 편 길이 84mm 안팎 (카메룬)

무늬로만 보면 왕나비아과와 비슷하나 실제는 쌍돌기나비아과와 가깝다. 날개는 둥근 모양이다. 같은 속의 나비는 아프리카와 마다가스카르에만 6종이 분포하는 에티오피아구 특산종이다.

* 종명 '*trajanus*' 는 로마 황제의 이름이다.

흑백무늬쟁반나비 [네발나비과]

Euxanthe eurinome

- 날개 편 길이 77mm 안팎 (우간다)

'연녹색쟁반나비(*E. crossleyi*)' 와 닮았으나 바탕색이 짙다. 아프리카 중앙부에만 분포하며, 진귀한 종으로 알려져 있다.

연녹색쟁반나비 [네발나비과]

Euxanthe crossleyi

- 날개 편 길이 73mm 안팎 (중앙아프리카공화국)

같은 속 나비 중 날개 색이 밝은 편에 속하는 종이다. 나이지리아에서 우간다, 잠비아 등지에 분포한다.

주홍무늬공작나비 [네발나비과]

Junonia westermanni

- 날개 편 길이 45mm 안팎 (우간다)

날개는 검은 바탕에 주홍색 타원형 무늬가 4개 있다. 우리 나라 '공작나비(*Inachis io*)'와 근연 관계에 있다. 아프리카 서부에서 앙골라, 자이르, 에티오피아까지 분포한다.

콩고붉은수염네발나비 [네발나비과]

Palla decius

- 날개 편 길이 68mm 안팎 (콩고)

암컷은 수컷에 비해 크고, 날개 가운데에 있는 흰 띠의 너비가 넓다. 뒷날개에 있는 수염 같은 붉은색 무늬가 '붉은수염네발나비(*P. ussheri*)' 보다 너비가 좁다. 아프리카 중앙부에 분포한다.

붉은수염네발나비 [네발나비과]

Palla ussheri

- 날개 편 길이 80mm 안팎 (중앙아프리카공화국)

수컷은 앞날개가 검고 중앙의 굵은 흰 띠가 뚜렷하다. 뒷날개는 중앙의 오렌지색 띠가 후연 쪽으로 갈수록 넓어진다. 이에 비해 암컷은 날개 전체의 중앙 부분에 오렌지빛이 감도는 흰 띠가 넓게 나타난다. 흔한 종으로, 아프리카 열대 지역의 산림 지대를 중심으로 분포한다.

찰흙빛네발나비 [네발나비과]

Pseudacraea clarki

- 날개 편 길이 69–76mm (중앙아프리카공화국)

언뜻 보면 희미무늬나비아과의 나비와 닮았으나 날개가 더 강인해 보이고, 날개 색이 짙다. 자이르 등지에 분포한다.

♂ 69mm ♀ 76mm | ♂×0.74 ♀×0.67

흰점얼룩오색나비 [네발나비과]

Hypolimnas deceptor

- 날개 편 길이 69mm 안팎 (나이지리아)

우리 나라에 날아오는 '남방오색나비(*H. bolina*)'와 근연 관계에 있으며, 생김새는 '암붉은오색나비(*H. misippus*)'의 수컷과 닮았다. 아프리카 동부 해안가에 분포한다.

69mm ×0.74

끝검은왕나비 [네발나비과]

Danaus chrysippus

- 날개 편 길이 82mm 안팎 (이집트)

많은 나비가 이 나비를 모델로 의태하는 것으로 알려져 있으며, 변이가 심하다. 날개는 바탕색이 짙은 주황색에 앞날개의 끝 부위가 검고 흰 점이 있다. 뒷날개는 밝은데 외연이 검다. 주로 아프리카의 평지에 흔하며, 이동성이 강하다. 열대 아프리카와 동양구, 오스트레일리아권까지 널리 분포한다.

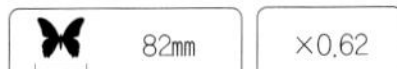
82mm ×0.62

케냐얼룩왕나비 [네발나비과]

Amauris hecate

- 날개 편 길이 78mm 안팎 (케냐)

날개 전체가 짙은 갈색에 앞날개에 흰 점무늬가 나타나고, 뒷날개 기부가 밝다. 주로 열대 우림 지역에 사는데, 아직도 생태 파악이 잘 안 되어 있다. 아프리카 중앙부에 분포한다.

78mm ×0.65

주홍얼룩왕나비 [네발나비과]

Danaus (Tirumala) formosa

- 날개 편 길이 82mm 안팎 (케냐)

날개는 기부 일부와 중앙 바깥쪽이 짙은 갈색 바탕에 연미색으로 얼룩져 있고, 중앙 안쪽으로 앞날개는 주황색을, 뒷날개는 연미색을 띤다. 흔한 종으로, 정원이나 야외 어디에서나 잘 발견된다. 아프리카 중앙부에 분포한다.

82mm ×1.1

경고색

나비와 나방들은 나름의 위장술로 자신을 보호하는 경우가 많다. 보통 주변과 닮으면 천적들에게 쉽게 들키지 않는다는 데서 착안한 적응 현상으로, 실제로 나방이 나무에 앉아 있을 때에는 거의 찾기 어려운 경우가 많다. 그런데 일부 종류들은 이 위장술과 전혀 색다른 전략을 쓴다. 오히려 눈에 잘 띄는 밝은 날개 색을 띠어, 자신이 독성을 지니고 있다고 거짓 광고를 하는 것을 말하는데, 천적들에게 매우 효과적이다. 이런 배경에는, 어린 새처럼 학습 경험이 없는 경우라도 본능적으로 경고색을 띤 곤충들을 피하려고 하는 점 때문이다. 우리 나라에서 유럽까지 널리 분포하는 '푸른띠뒷날개나방(*Catocala fraxini*)'은 앞날개가 나뭇결처럼 생겨, 나무에 붙어 쉴 때에는 좀처럼 발견하기 어렵다. 그러나 위협을 느끼면 밝은 무늬의 청회색 뒷날개를 숨기기보다는 앞날개를 쳐들어 드러냄으로써 천적을 놀라게 만든다.

이 밖에 '뱀눈박각시(*Smerinthus planus*)'처럼 뒷날개의 눈알 모양 무늬를 보이게 하는 종류도 있으며, 날개 중앙의 무늬가 부엉이 눈을 닮은 부엉이나비류의 경우도 대표적인 경고색을 가지고 있는 종류라고 할 수 있다.

딱정벌레목

타란두스사슴벌레 [사슴벌레과]

Mesotopus tarandus

- 몸 길이 ♂ 78mm, ♀ 51mm 안팎 (자이르)

몸은 검고 광택이 강하다. 큰턱은 둥글게 굽었는데, 수컷은 앞쪽이 펜치 모양으로 생겼다. 아프리카 중부에서 서부에 분포한다.

♂ 78mm ♀ 51mm ×1.0

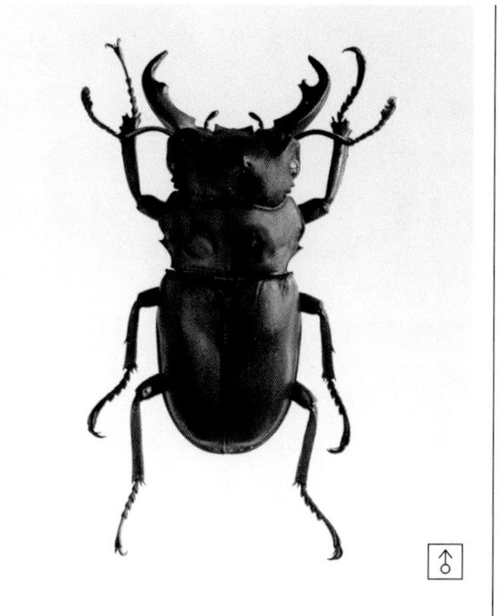

멜리붉은사슴벌레 [사슴벌레과]

Homoderus mellyi

- 몸 길이 30mm 안팎 (콩고)

몸은 적갈색 바탕에 머리의 기부 가까이와 앞가슴등판에 검은 점이 두드러져 보인다. 머리는 개미처럼 커 보이고, 큰턱이 발달되었다. 아프리카 서부에 분포한다.

30mm ×1.5

아프리카삼각턱사슴벌레[사슴벌레과]

Prosopocoilus natalensis

- 몸 길이 30mm 안팎 (탄자니아)

몸은 적갈색 기가 있는 검은색이다. 수컷의 큰턱은 펜치 모양으로 생겼고, 머리는 앞쪽으로 반원 모양으로 함몰되었다. 아프리카 중앙부에 분포한다.

30mm ×1.5

넓적소똥구리 [소똥구리과]

Kheper sp.

- 몸 길이 24mm 안팎 (탄자니아)

사바나 초원에 사는 초식 동물의 배설물에서 많이 발견되는데, 정확한 종명을 모른다. 아프리카 중앙부에 분포한다.

24mm ×1.5

골리앗장수꽃무지 [꽃무지과]

Goliathus goliatus quadrimaculatus(아종)

- 몸 길이 68mm 안팎 (콩고)

몸 색깔이 검으며, 콩고산은 딱지날개의 바탕색이 밝다.

68mm ×0.9

앞에서 본 모양 (♂)

골리앗장수꽃무지

[꽃무지과]

Goliathus goliatus

- 몸 길이 ♂ 68–98mm (카메룬)

'레기우스장수꽃무지(*G. regius*)' 다음으로 큰 꽃무지로, 콩고의 콩고 강 북쪽에 주로 분포한다. 카메룬산의 개체는 딱지날개가 자주색이 강하나 콩고산의 개체는 흰색이다. 어른벌레는 *Vernonia conferta*의 꽃가루를 먹는다고 한다. 아프리카 중부에 널리 분포한다.

* 대형 꽃무지로, 세계에 약 90속 410종이 알려져 있다. 아프리카와 아시아의 열대 지역에서 번성하며 중앙 아메리카 대륙의 멕시코에 소수의 종이 분포한다. 이들은 대형종이라는 이유 외에도 색깔이 아름다워서 애호가들이 많다. 분류할 때 앞가슴등판의 모양과 딱지날개 어깨 부분의 들어간 정도를 살핀다.

♂ 98㎜, ♀ 72㎜, ♀ 68㎜ | ♂×0.9, ♀×1.0

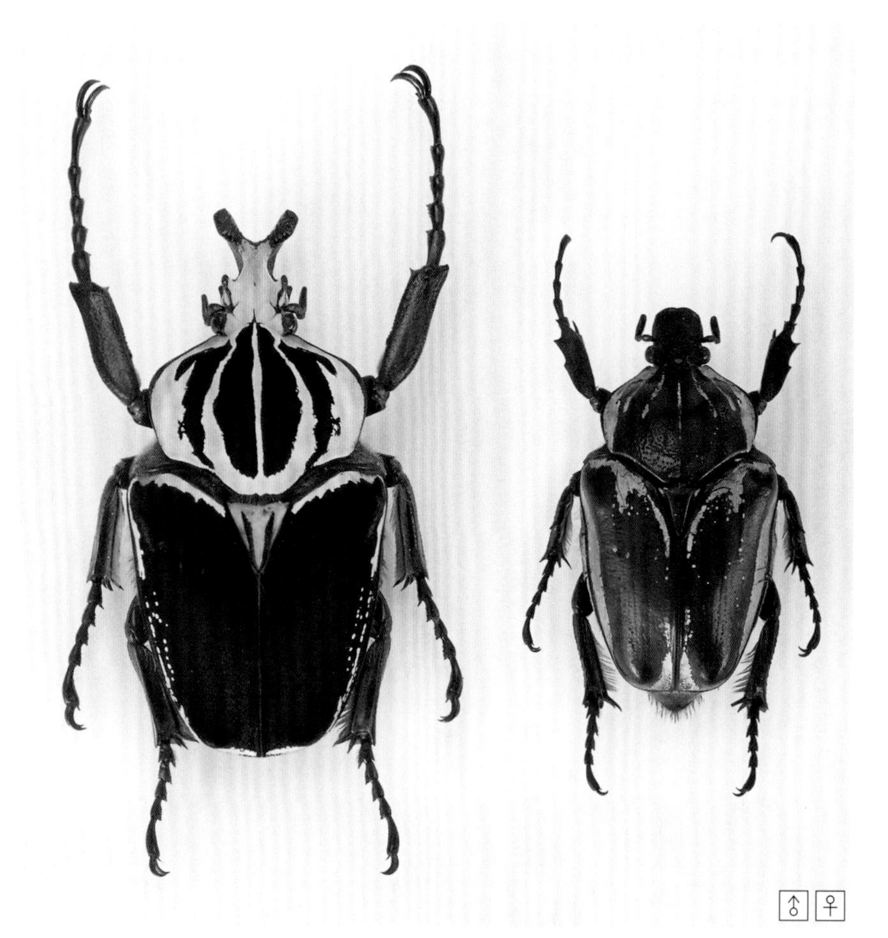

골리앗장수꽃무지 [꽃무지과]

Goliathus goliatus apicalis (아종)

- 몸 길이 ♂ 96mm, ♀ 71mm 안팎 (콩고, 카메룬)

이 아종은 딱지날개의 무늬와 색이 다른 아종과 조금 다르다.

♂ 96mm ♀ 71mm ×0.75

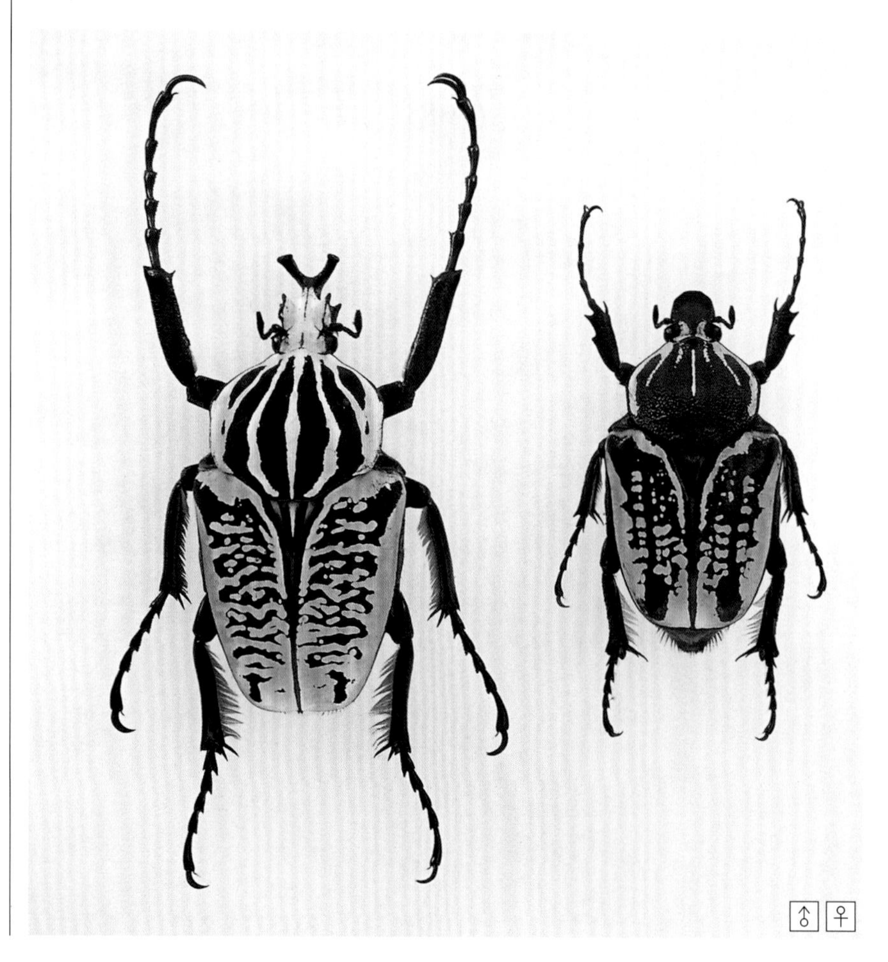

꼬마골리앗장수꽃무지 [꽃무지과]

Goliathus albosignathus kirkianus (아종)

- 몸 길이 ♂ 60mm, ♀ 48mm 안팎 (짐바브웨)

같은 속 중에서 가장 작은 종으로, 다리가 가는 점이 특징이다. 등의 무늬는 노란 기가 강하고, 가운뎃다리와 뒷다리 안쪽의 털뭉치는 황백색을 띤다. 어른벌레는 아카시아 같은 나뭇진에 잘 모인다. 짐바브웨, 잠비아의 잠베지 강 유역과 그 북부, 말라위, 모잠비크, 탄자니아에 분포한다.

♂ 60mm ♀ 48mm ×1.0

♂ ♂ ♀

♂

카시쿠스장수꽃무지

[꽃무지과]

Goliathus cacicus

- 몸 길이 ♂ 56–98mm, ♀ 58–79mm (코트디부아르)

머리 앞으로 난 뿔 모양 돌기는 좌우로 갈라진다. 수컷 앞가슴등판은 황갈색 바탕에 검은색 세로줄이 나타난다. 작은방패판도 황갈색을 띤다. 딱지날개는 회색 바탕에 양 어깨에 검은색 무늬가 뚜렷하다. 암컷은 머리 앞의 돌기가 없고 색이 훨씬 어둡다. '레기우스장수꽃무지(*G. regius*)' 와 사는 장소가 거의 같다. 라이베리아, 적도 기니, 코트디부아르, 가나에 분포한다.

×0.75

♂ ♀

검은등노랑얼룩큰꽃무지

[꽃무지과]

Fornasinius fornasinii

- 몸 길이 ♂ 48mm, ♀ 47mm 안팎 (케냐)

골리앗장수꽃무지류와 닮았으나 대체로 몸의 너비가 넓다. 몸의 바탕색은 검은데, 딱지날개에 오염된 것 같은 노란색 무늬가 퍼져 있다. 이 무늬는 르완다에 분포하는 개체는 붉은색을 띠는 등 나라마다 변이가 있다. 우간다 동부, 케냐 서부, 자이르 동부, 부룬디, 탄자니아, 모잠비크에 분포한다.

♂ 48mm
♀ 45mm

×1.0

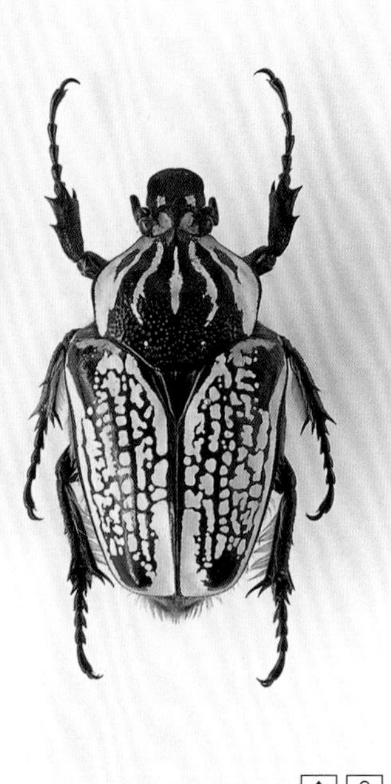

♂ ♀

등그물장수꽃무지 [꽃무지과]

Goliathus orientalis

- 몸 길이 ♂ 90mm, ♀ 60mm 안팎 (자이르, 콩고)

'카시쿠스장수꽃무지(*G. cacicus*)' 보다 약간 작으며, 딱지날개의 무늬가 그물 모양으로 독특한 생김새이다. 바탕색은 흰색으로 붉은 기가 전혀 보이지 않는다. 어른벌레는 사바나 지역에 산다. 자이르 남동부, 앙골라 북부, 탄자니아 서부, 잠비아에 분포한다.

* 과거에는 '카시쿠스장수꽃무지'의 아종으로 취급하기도 했다.

♂ 90mm ♀ 60mm ×0.8

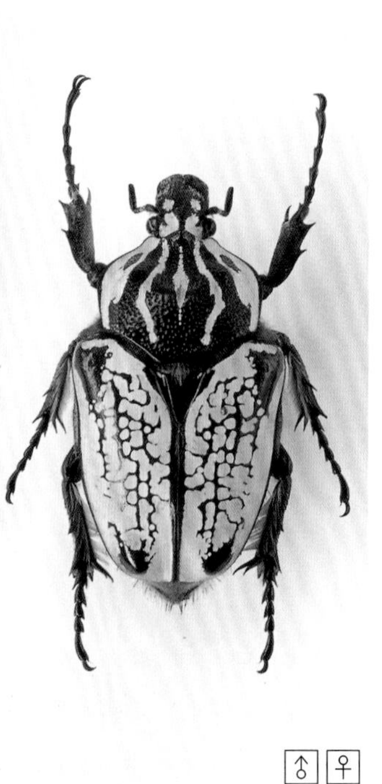

♂ ♀

등그물장수꽃무지 [꽃무지과]

Goliathus orientalis pustulatus (아종)

- 몸 길이 ♂ 90mm, ♀ 62mm 안팎 (콩고)

원명 아종과 닮았으나 앞가슴등판, 딱지날개의 무늬가 조금 다르고 색깔이 더 짙다.

♂ 90mm ♀ 62mm ×0.8

레기우스장수꽃무지 [꽃무지과]

Goliathus regius

- 몸 길이 ♂ 58-115mm, ♀ 56-82mm (코트디부아르)

꽃무지 무리 중 세계 최대로, 수컷은 흰색과 검은색의 무늬로만 되어 있으며, 암컷은 훨씬 어둡다. 어른벌레는 나뭇진에 모이는데, 야외에서 관찰하기가 쉽지 않다. 적도 기니, 시에라리온, 코트디부아르, 부르키나파소 남부, 가나, 토고, 베냉, 나이지리아에 분포한다.

* 학자에 따라서는 이 종을 '골리앗장수꽃무지(*G. goliatus*)'의 아종으로 취급하기도 한다.

♂ 92mm ♀ 74mm | ×0.75

등붉은큰꽃무지 [꽃무지과]

Fornasinius russus

- 몸 길이 ♂ 55mm, ♀ 54mm 안팎 (우간다)

머리를 제외하고는 대부분이 적갈색을 띤다. 수컷의 앞가슴등판은 광택이 덜 난다. 콩고산 개체들의 경우 몸이 검어지기도 하는데, 채집한 암컷은 검은색 개체이다. 콩고, 가봉, 중앙아프리카공화국, 자이르 북부, 우간다 서부에 분포한다.

♂ 55mm ♀ 54mm | ×0.9

쌍뿔녹색톱다리사슴꽃무지 [꽃무지과]

Stephanocrates dohertyi

- 몸 길이 ♂ 48mm, ♀ 41mm 안팎 (케냐)

몸은 튼튼해 보이고, 머리 앞의 뿔은 2개가 솟아 있다. 앞다리 종아리마디는 너비가 넓은 편이고, 안쪽이 등산용 칼처럼 움푹 패어 있는 것이 특징이다. 발목마디는 구슬을 엮어 놓은 듯한 생김새이다. 특히 수컷의 딱지날개는 녹색을 강하게 띤다. 케냐의 산지에 분포한다.

♂ 48mm ♀ 40mm | ×1.0

삼지창왕꽃무지 [꽃무지과]

Mecynorhina oberthuri decorata (아종)

- 몸 길이 ♂ 68mm, ♀ 62mm 안팎 (탄자니아)

최근에는 많이 채집되고 있으나 1950년대에 이 종은 거의 국보급에 해당할 정도로 귀했다. 일본에서 최초로 수집된 표본이 무려 170만 엔으로 거래되었던 적도 있다고 한다. 특히 적갈색 바탕의 딱지 날개에 파도 모양의 검은 무늬가 있는 개체는 진귀하다. 탄자니아 북동부 킬리만자로 산 주위의 산맥에 분포한다.

♂ 68mm ♀ 62mm ×1.1

녹색삼지창왕꽃무지 [꽃무지과]

Mecynorhina torquata immaculicollis (아종)

- 몸 길이 ♂ 58-83mm, ♀ 47-62mm (카메룬)

머리 위는 수컷만 희고, 몸은 짙은 녹색을 띤다. 수컷은 앞가슴등판 양 가장자리와 뒷가장자리만 희지만, 암컷은 흰 띠가 가늘게 나타나거나 수컷처럼 녹색 바탕만 있다. 딱지날개 양 가장자리 부분에 적갈색 무늬가 있고, 배의 끝과 뒷다리 종아리마디에 적갈색 긴 털이 있다. 앞다리 종아리마디의 가시돌기는 크게 발달되어 있다. 카메룬, 중앙아프리카공화국 남부, 콩고, 가봉, 자이르 남서부 등지에 분포한다.

♂ 83mm ♀ 64mm, ♀ 62mm ×0.7

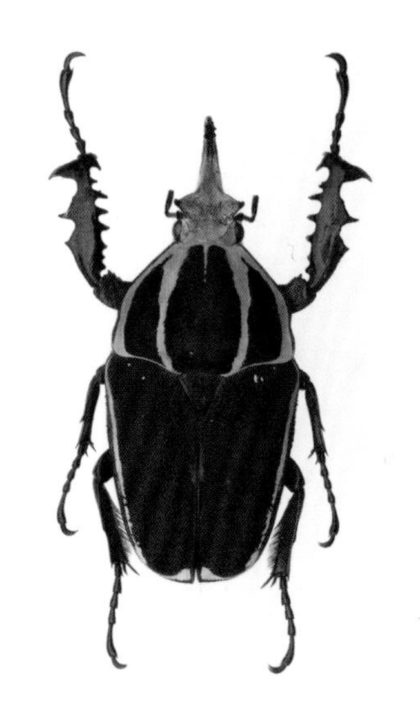

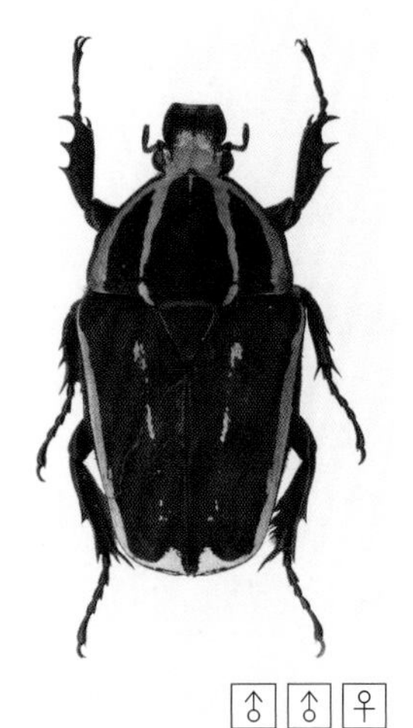

♂ ♂ ♀

녹색삼지창왕꽃무지 [꽃무지과]

Mecynorhina torquata ugandensis
(아종)

- 몸 길이 ♂ 56-89mm, ♀ 46-63mm (자이르, 콩고)

아종 *immaculicollis*와 닮았으나 딱지날개에 적갈색 무늬가 있으며, 흰 줄무늬가 굵고 크다. 흰 줄무늬의 크기는 변이의 폭이 넓다. 자이르 북동부, 우간다 서부, 르완다 등지에 분포한다.

♂ 74mm, ♂ 63mm ♀ 63mm | ×0.64

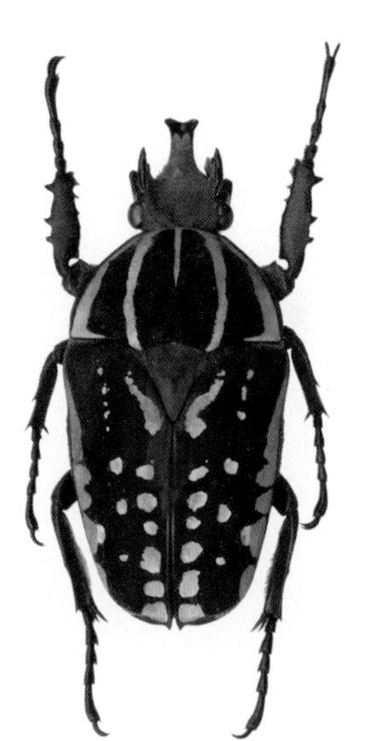
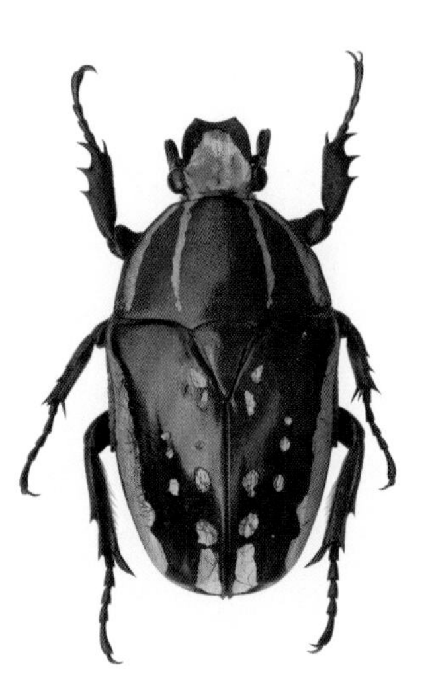

♂ ♀

흰점삼지창왕꽃무지 [꽃무지과]

Mecynorhina polyphemus

- 몸 길이 ♂ 44-72mm, ♀ 41-48mm (카메룬)

머리 위는 희고, 몸은 짙은 녹색을 띤다. 앞가슴등판에 세로로 네 줄, 딱지날개에 노란 점무늬가 이어진다. 수컷은 뿔이 발달하나 그다지 길지 않다. 코트디부아르, 가나, 카메룬 등지에 분포한다.

♂ 50mm ♀ 48mm | ×1.0

♂ ♀

흰점삼지창왕꽃무지 [꽃무지과]

Mecynorhina polyphemus confluens
(아종)

- 몸 길이 ♂ 45-72mm, ♀ 42-54mm (자이르)

원명 아종보다 조금 크고, 수컷 머리에 난 뿔 돌기가 크게 발달한다. 몸에 있는 노란 점들과 줄무늬는 희미하게 보인다. 이 아종은 중앙아프리카공화국, 가봉, 콩고, 자이르 등지에 분포한다.

♂ 70mm ♀ 52mm | ♂×0.8 ♀×0.9

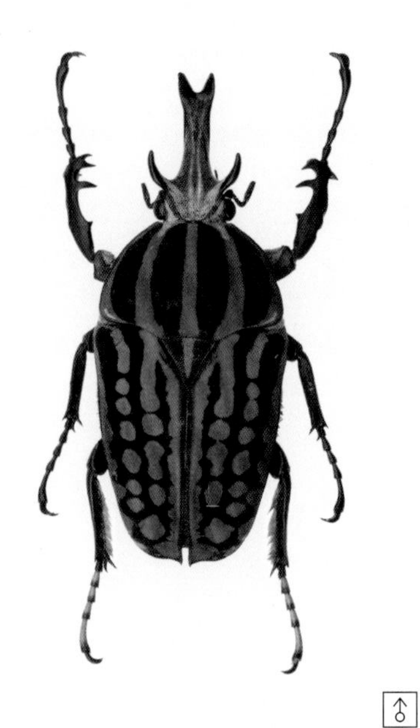

♂

아프리카삼지창왕꽃무지 [꽃무지과]

Mecynorhina savagei

- 몸 길이 ♂ 39–68mm, ♀ 40–47mm (콩고)

'흰점삼지창왕꽃무지(*M. polyphemus*)' 보다 조금 작은 편이다. 몸은 검은 바탕에 적갈색 무늬가 세로로 길게 늘어져 매우 아름답다. 앞다리 종아리마디에 가시가 날카롭게 발달한다. 흔한 편으로, 개체 수가 적지 않다. 코트디부아르, 가나, 중앙아프리카공화국, 자이르 북부에서 동부, 우간다 등지에 널리 분포한다.

♂ ♀

꼬마장수꽃무지 [꽃무지과]

Argyrophegges kolbei

- 몸 길이 35mm 안팎 (탄자니아)

*Argyrophegges*속에는 1종만 있다. 골리앗장수꽃무지류와 수컷의 뿔 모양 및 앞다리 종아리마디 바깥쪽 가시 돌기는 비슷하지만 나머지 특징이 다르다. 수컷 개체는 진주빛 광택이 나는 유백색으로, 매우 아름답다. 탄자니아 북부와 동북부에 분포한다.

♂ 35mm ♀ 35mm | ×0.8

♂

십육점박이사슴꽃무지 [꽃무지과]

Amaurodes passerinii nigricans (아종)

- 몸 길이 38mm 안팎 (자이르)

수컷의 뿔은 약간 길고 끝이 둘로 갈라지며 끝이 잘린 듯한 모양이다. 이 아종은 다른 아종들에 비해 큰데, 앞가슴등판이 어둡고, 딱지날개의 16개의 주황색 원무늬가 매우 어둡다. 자이르 동남부에 분포한다.

38mm | ×1.0

♂

♀

긴무늬삼지창왕꽃무지 [꽃무지과]

Mecynorhina kraatzi

- 몸 길이 ♂ 38–70mm, ♀ 40–44mm (카메룬, 나이지리아)

'아프리카삼지창왕꽃무지(*M. savagei*)' 보다 조금 작은 편이고, 몸의 무늬는 기본적으로 닮았으나 앞가슴등판의 중앙과 양 어깨에만 적갈색 무늬가 있고, 딱지날개에는 선무늬만 있어 구별된다. 또, 수컷 머리에 난 뿔 돌기는 가늘고 길다. 귀한 종으로 알려져 있다. 카메룬과 나이지리아에만 분포한다.

♂ 68mm ♀ 44mm | ♂×0.8 ♀×1.0

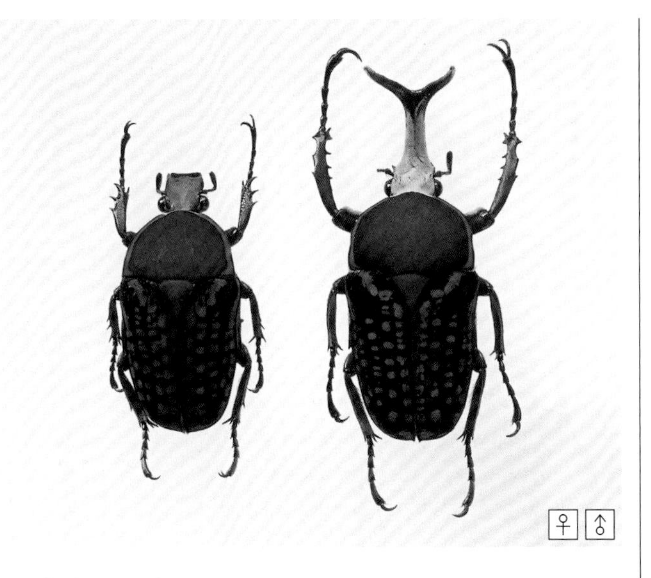

♀ ♂

큰흰뿔꽃무지 [꽃무지과]

Megalorhina harrisi eximia (아종)

- 몸 길이 ♂ 47mm, ♀ 34mm 안팎 (콩고)

수컷의 머리는 희고, 암컷은 녹색과 붉은색을 띤다. 앞가슴등판은 적갈색 또는 녹색이고, 가장자리로 붉은 테가 있다. 딱지날개에는 붉은 점무늬가 붉은색 또는 녹색 바탕에 가득 나타난다. 카메룬과 중앙아프리카공화국, 콩고에 분포한다.

♀ 34mm ♂ 49mm | ×1.0

♀ ♂

큰흰뿔꽃무지 [꽃무지과]

Megalorhina harrisi procera (아종)

- 몸 길이 ♂ 52mm, ♀ 42mm 안팎 (자이르)

같은 종 중에서 가장 대형의 아종으로, 딱지날개는 적갈색 바탕에 검은 줄무늬가 있다. 자이르 동남부에 분포한다.

♀ 42mm ♂ 54mm | ×1.0

♂ ♀

노랑털다리사슴꽃무지 [꽃무지과]

Cheirolasia burkei histrio (아종)

- 몸 길이 ♂ 29mm, ♀ 26mm 안팎 (잠비아)

수컷의 앞다리 발목마디의 한 마디는 길어서 특이하며, 발목마디 아래로 노란 털뭉치가 있다. 탄자니아 남부와 말라위, 잠비아에 분포한다.

* *Cheirolasia*속은 동아프리카를 중심으로 1종 6아종이 분포한다.

♂ 29mm ♀ 26mm | ×1.0

♂

비코스타오색꽃무지 [꽃무지과]

Ptychodesthes bicostata

- 몸 길이 24mm 안팎 (토고)

몸 전체가 녹색을 띠는데, 딱지날개는 갈색 기가 나타나며, 여러 개의 융기된 줄이 나타난다. 수컷의 앞다리 종아리마디는 단순하나 암컷은 바깥쪽으로 2개의 가시 돌기가 있다. 가운데가슴의 배 부분에 긴 돌기가 나 있다. 중앙아프리카공화국과 토고에 분포한다.

24mm | ×1.6

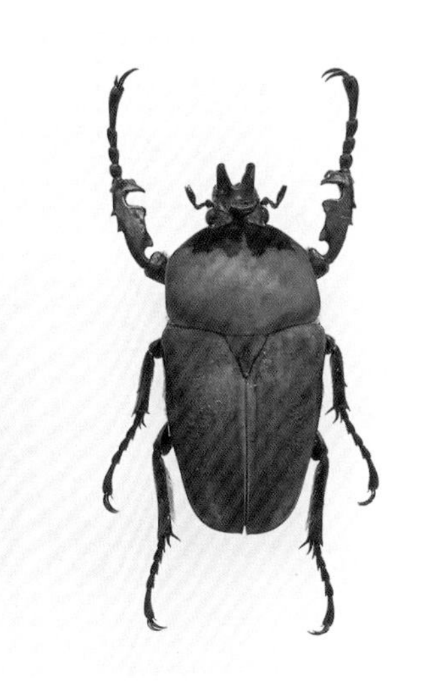

♂

톱다리사슴꽃무지 [꽃무지과]

Stephanocrates bennigseni

- 몸 길이 41mm 안팎 (자이르)

'쌍뿔녹색톱다리꽃무지(*S. dohertyi*)'와 거의 생김새가 같으나 수컷 머리의 뿔 돌기가 짧고 갈라져 있으며, 앞가슴등판이 강하게 솟아나 있어서 구별된다. 앞가슴등판 전연 중앙에 적자색 무늬가 있다. 앞다리 종아리마디의 모양은 '쌍뿔녹색톱다리꽃무지'와 거의 같다. 자이르에 분포한다.

41mm | ×0.9

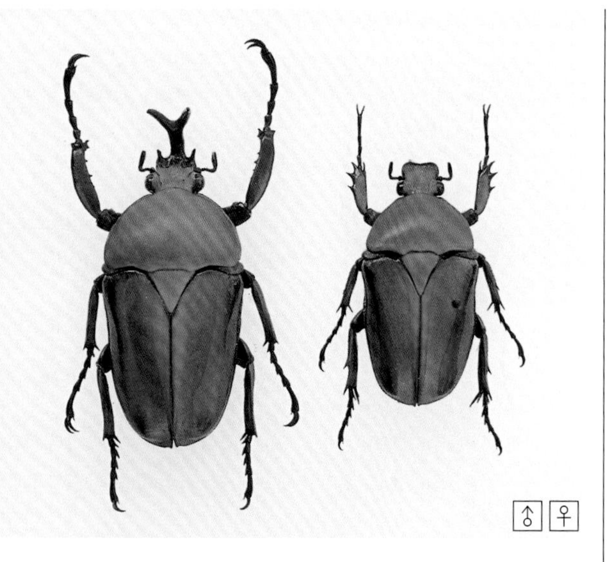

주황띠큰뿔꽃무지

[꽃무지과]

Eudicella schultzeorum pseudowoermanni (아종)

- 몸 길이 ♂ 41mm, ♀ 32mm 안팎 (카메룬)

같은 속 중에서 대형에 속한다. 몸은 녹색을 띠며, 딱지날개에 세로로 황갈색 줄무늬가 연하게 나타난다. 같은 속의 다른 아종인 *opedebeeki*보다 딱지날개의 황갈색 부위가 훨씬 좁다. 딱지날개의 뒷부분이 닮은 종에 비해 더 둥글다. 카메룬 특산종이다.

♂ 45mm ♀ 32mm ×1.0

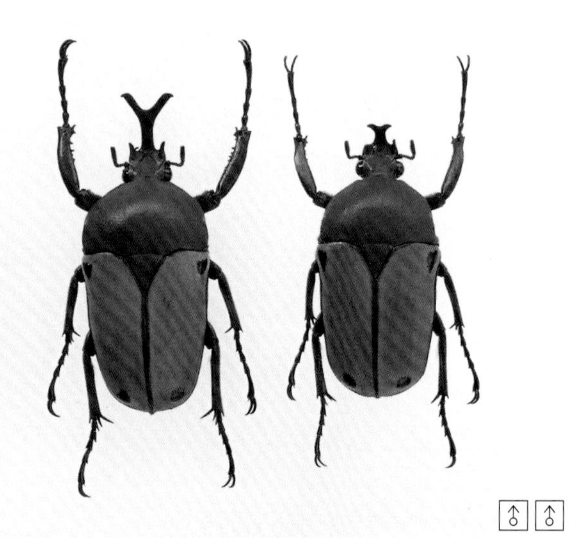

유탈리아큰뿔꽃무지

[꽃무지과]

Eudicella euthalia rungwensis (아종)

- 몸 길이 37mm 안팎 (탄자니아)

보통 같은 종은 머리 위와 앞가슴등판, 작은방패판이 녹색을 띠나, 이 아종처럼 자녹색을 띠는 경우도 있어서 아종으로 분류하는 것은 문제가 있는 것으로 보인다. 탄자니아를 중심으로 케냐, 모잠비크, 말라위, 짐바브웨 등지에 분포한다.

♂ 42mm ♂ 36mm ×1.0

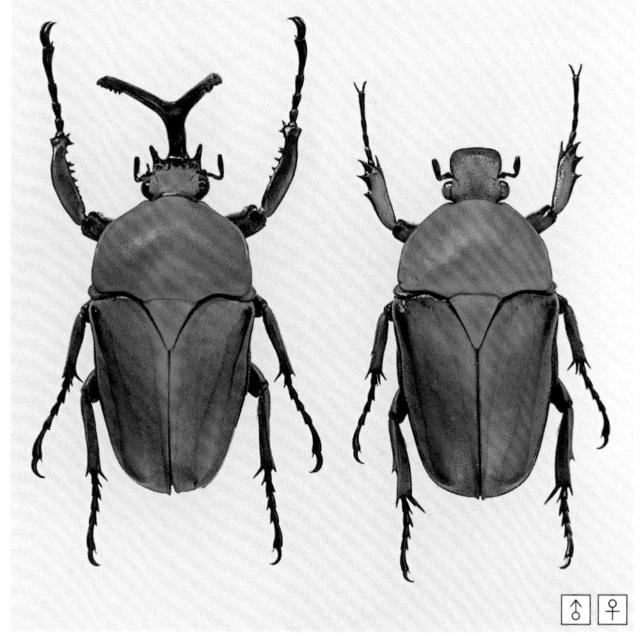

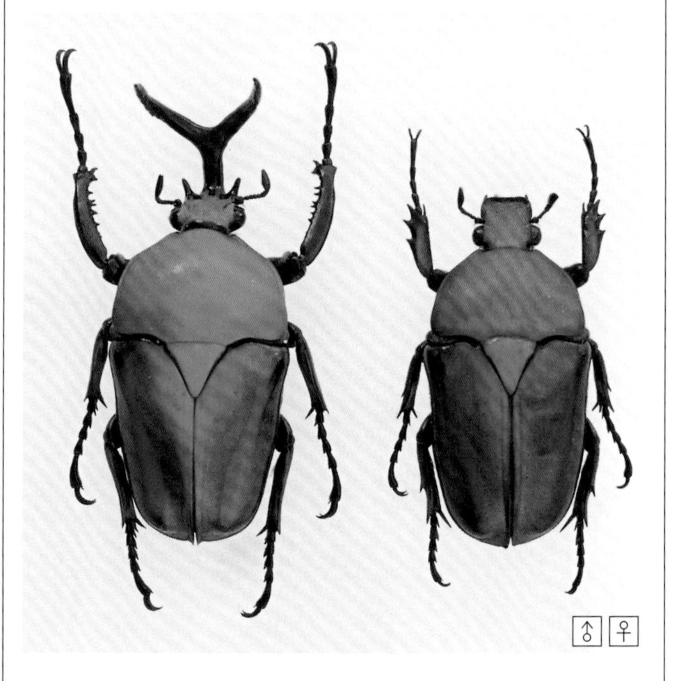

금속광택큰뿔꽃무지

[꽃무지과]

Eudicella gralli

- 몸 길이 ♂ 47mm, ♀ 36mm 안팎 (위:콩고, 아래:카메룬)

같은 속 중에서 수컷 머리방패 앞의 뿔 돌기가 가장 크다. 몸 색깔 또는 딱지날개의 무늬나 색에 의해 여러 아종으로 나뉜다. 원명 아종은 등 쪽의 녹색 부분이 가장 짙고 아름답다. 중앙아프리카공화국, 가봉, 콩고, 자이르, 카메룬 등지에 분포한다.

♂ 43mm, ♀ 36mm ♂ 46mm, ♀ 36mm ×1.3

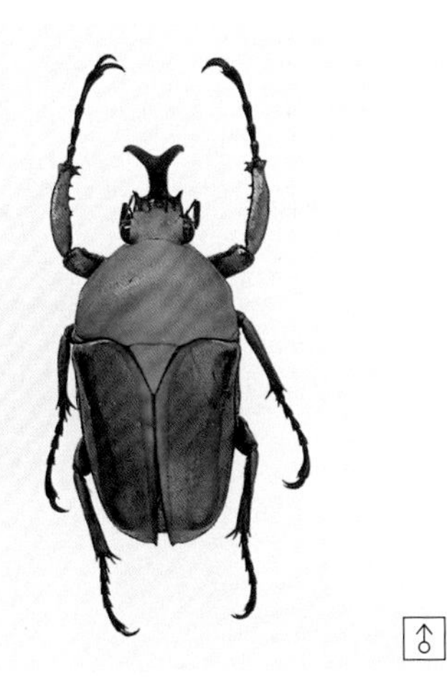

노랑딱지큰뿔꽃무지 [꽃무지과]

Eudicella woermanni

- 몸 길이 33mm 안팎 (카메룬)

'금속광택큰뿔꽃무지(*E. gralli*)' 와 같은 지역에 살며, 생김새도 비슷하다. 다만, 수컷 머리방패 앞의 뿔 돌기가 약간 작다. 황갈색의 딱지날개 양쪽에 있는 녹색 줄무늬가 아래로 가면서 넓어지는 모양이 독특하다. 중앙아프리카공화국, 카메룬, 가봉에 원명 아종이 분포하고, 자이르, 우간다, 르완다 등지에는 다른 아종이 분포한다.

스미스큰뿔꽃무지 [꽃무지과]

Eudicella smithi bertherandi (아종)

- 몸 길이 ♂ 37mm, ♀ 31mm 안팎 (르완다)

'꼬마노랑큰뿔꽃무지(*E. tetraspilota*)' 와 거의 차이가 없으나 약간 크고 딱지날개의 색이 더 짙다. 앞가슴등판과 작은방패판의 색은 녹색이 강하다. 양 딱지날개가 만나는 부분은 녹색을 띤다. 르완다에 분포한다.

* 이 종은 이 밖에 13아종이 더 알려져 있으며, 자이르, 우간다, 케냐, 말라위, 짐바브웨에 분포한다.

넉점박이주걱꽃무지 [꽃무지과]

Cyprolais loricata kiellandi (아종)

- 몸 길이 27mm 안팎 (탄자니아)

소형의 아종으로, 수컷 머리방패 앞의 뿔 돌기는 미약하다. 몸 전체가 적갈색으로, 딱지날개는 광택이 난다. 탄자니아의 산지에만 분포한다.

27mm ×1.2

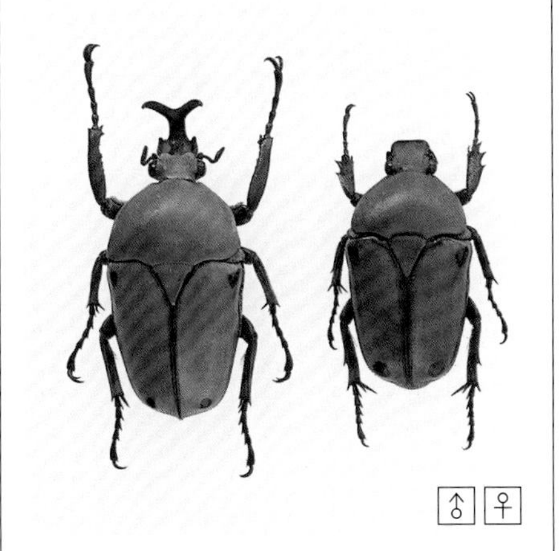

꼬마노랑큰뿔꽃무지 [꽃무지과]

Eudicella tetraspilota

- 몸 길이 ♂ 33mm, ♀ 26mm 안팎 (자이르)

수컷 머리방패 앞의 뿔 돌기는 마치 호랑나비 애벌레의 취각 같다. 몸은 녹색 기가 있는 황토색에서 황갈색을 띠고, 딱지날개는 황갈색에서 노란색을 띤다. 다리는 짙은 갈색이다. 자이르, 앙골라, 콩고에 분포한다.

♂ 33mm ♀ 26mm ×1.0

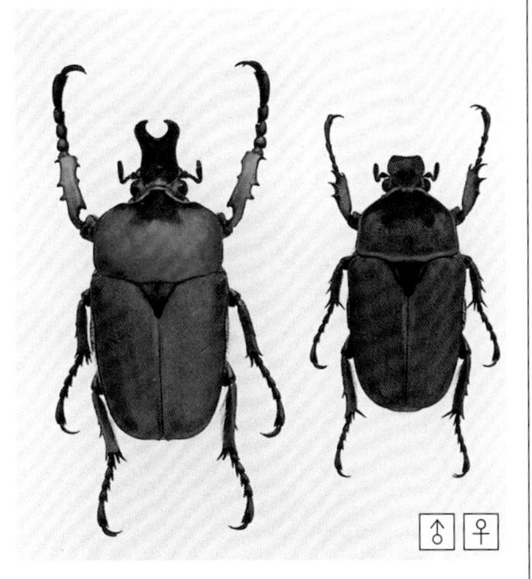

녹색앞다리사슴꽃무지 [꽃무지과]

Compsocephalus dmitriewi

- 몸 길이 ♂ 35mm, ♀ 29mm 안팎 (에티오피아)

몸은 녹색과 다갈색, 적갈색을 띤 아름다운 종으로, 수컷의 뿔은 굵고 집게처럼 생겼다. 앞가슴등판 전연에 움푹 팬 부분이 있다. 앞다리 종아리마디에는 이빨 모양 돌기가 여러 개 있다. 에티오피아에만 분포한다.

♂ 35mm ♀ 29mm ×1.0

넉점박이주걱꽃무지 [꽃무지과]

Cyprolais loricata

- 몸 길이 ♂ 28mm, ♀ 29mm 안팎 (자이르)

약간 소형으로, 앞가슴등판이 솟아나 있다. 앞가슴등판은 녹색을 띤 갈색으로, 딱지날개는 거의 황갈색이다. 딱지날개의 양 어깨와 아래 모서리에는 검은색 무늬가 나타나므로 4개의 점이 있는 것으로 보인다. 자이르 동부에서 말라위까지 분포한다.

♂ 28mm ♀ 29mm ×1.1

넉점박이주걱꽃무지 [꽃무지과]

Cyprolais loricata oberthueri (아종)

- 몸 길이 ♂ 35mm, ♀ 29mm 안팎 (콩고)

원명 아종보다 크고 강인해 보인다. 특히 앞가슴등판과 작은방패판이 녹색을 띠어서 구별된다. 다리는 짙은 갈색인 원명 아종과 달리 검은색이다. 중앙아프리카공화국, 콩고, 자이르 남부에서 서부에 걸쳐 분포한다.

♂ 35mm ♀ 29mm ×1.0

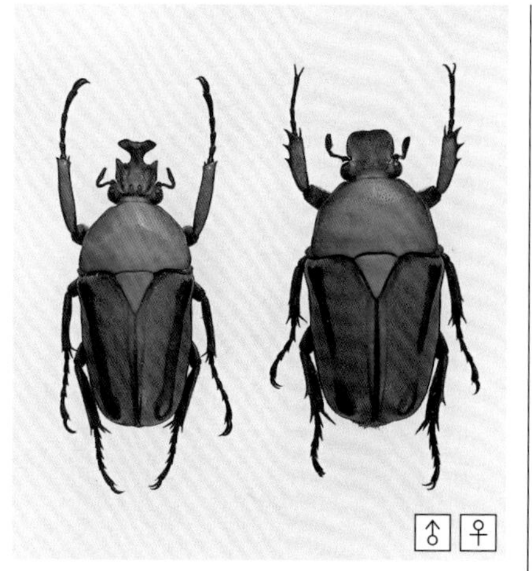

녹색등줄주걱꽃무지 [꽃무지과]

Cyprolais hornimani

- 몸 길이 ♂ 31mm, ♀ 32mm 안팎 (중앙아프리카공화국)

딱지날개에 녹색 줄이 있는 것이 특징인데, *Cyprolais*속에서는 이례적이다. '넉점박이주걱꽃무지(*C. loricata*)'와 닮았으나 몸이 가늘어 보이고, 종아리마디가 녹색을 띠어서 구별된다. 딱지날개의 광택이 강하다. 카메룬과 가봉, 자이르, 콩고, 중앙아프리카공화국 등지에 분포한다.

♂ 31mm ♀ 32mm ×1.0

세뿔흰주걱꽃무지 [꽃무지과]

Rhamphorrhina bertolonii

- 몸 길이 ♂ 30mm, ♀ 28mm 안팎 (탄자니아)

수컷 머리의 뿔은 끝이 3개로 갈라져 특색이 있다. '흰주걱꽃무지(*R. splendens*)'와 달리 겹눈 사이의 가시 돌기는 없다. 앞가슴등판과 작은방패판의 색은 녹색과 적등색을 나타내며, 변이가 심하다. 말라위, 탄자니아, 케냐 등지에 분포한다.

♂ 30mm ♀ 28mm ×1.0

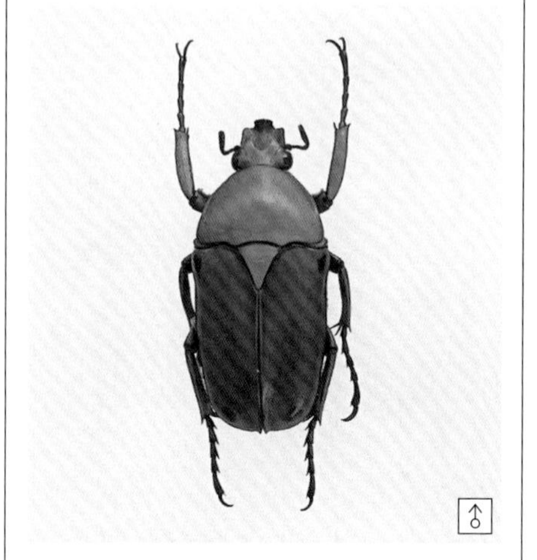

셀레네주걱꽃무지 [꽃무지과]

Cyprolais selene

- 몸 길이 27mm 안팎 (자이르)

약간 소형으로, 수컷 머리의 뿔은 작고 네모나다. 머리와 앞가슴등판, 앞다리는 녹색을 띠나 딱지날개는 다갈색을 띤다. 자이르 동부와 우간다, 케냐에 분포한다.

×1.3

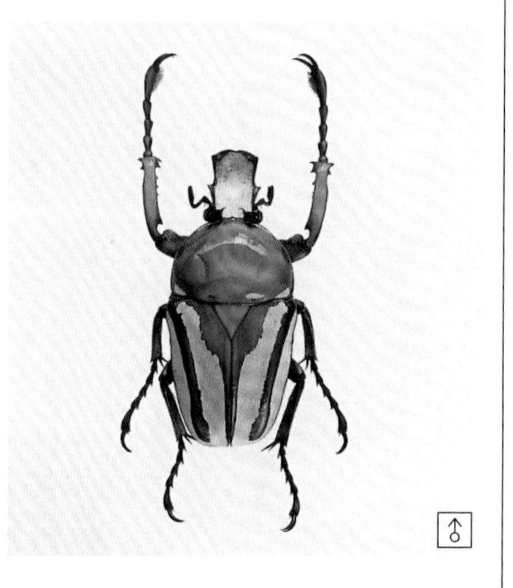

흰주걱꽃무지 [꽃무지과]

Rhamphorrhina splendens petersiana (아종)

- 몸 길이 30mm 안팎 (말라위)

앞다리 종아리마디 안쪽 기부에 1개의 이빨 돌기가 나 있고, 겹눈 사이에 1쌍의 가시 돌기가 있다. 전체 돌기의 모양은 오각형을 이룬다. 짐바브웨 북부와 모잠비크, 말라위에 분포한다.

30mm ×1.1

고동맵시꽃무지 [꽃무지과]

Anisorrhina jacksoni

- 몸 길이 21mm 안팎 (자이르)

몸은 적갈색 바탕에 앞가슴등판에 검은 무늬가 있다. 수컷의 머리방패 끝에는 혀 모양의 돌기가 나 있다. 딱지날개의 짙은 노란색 무늬는 뭉뚝하게 나타나는데, 닮은 종들 사이에서 약간씩 다르게 보인다. 자이르 동남부에 분포한다.

21mm ×1.7

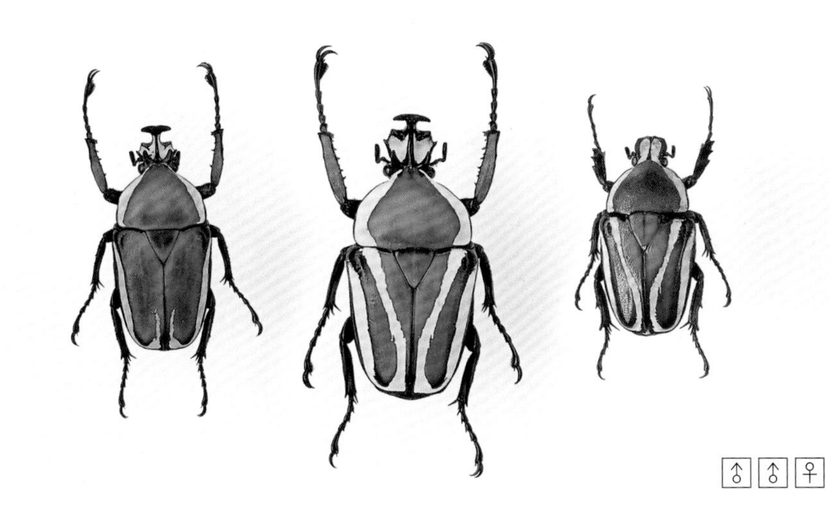

흰방패긴팔녹색꽃무지 [꽃무지과]

Dicronorhina derbyana

- 몸 길이 ♂ 46mm, ♀ 36mm 안팎 (남아프리카공화국)

머리방패의 중앙은 흰색을 띠고, 겹눈 사이에 1쌍의 삼각 모양의 돌기가 있다. 몸은 광택이 있는 녹색 또는 녹동색으로, 앞가슴등판 양 어깨에서 가장자리와 딱지날개 위의 흰 띠무늬의 변이가 심하다. 말라위, 탄자니아 남부, 모잠비크, 자이르 동남부, 짐바브웨, 남아프리카공화국, 앙골라, 보츠와나, 나미비아 등지에 널리 분포한다.

♂ 36mm, ♂ 46mm ♀ 32mm ×0.83

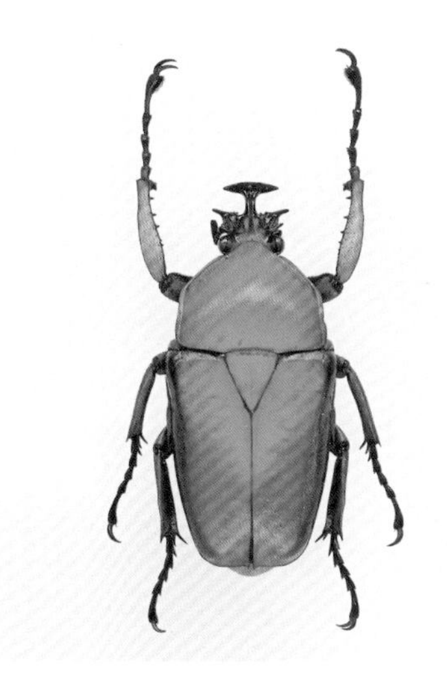

미칸스긴팔녹색꽃무지 [꽃무지과]

Dicronorhina micans

- 몸 길이 47mm 안팎 (콩고)

같은 속 중에서 가장 크다. '흰방패긴팔녹색꽃무지(*D. derbyana*)' 와 비슷하나 머리방패에 흰무늬가 없고, 앞쪽이 좌우로 돌출하였다. 몸은 녹색을 띤다. 나이지리아, 수단, 카메룬, 중앙아프리카공화국, 적도 기니, 가봉, 콩고, 앙골라, 자이르, 우간다, 케냐, 탄자니아에 널리 분포한다.

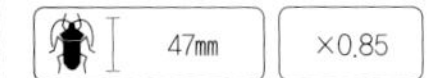

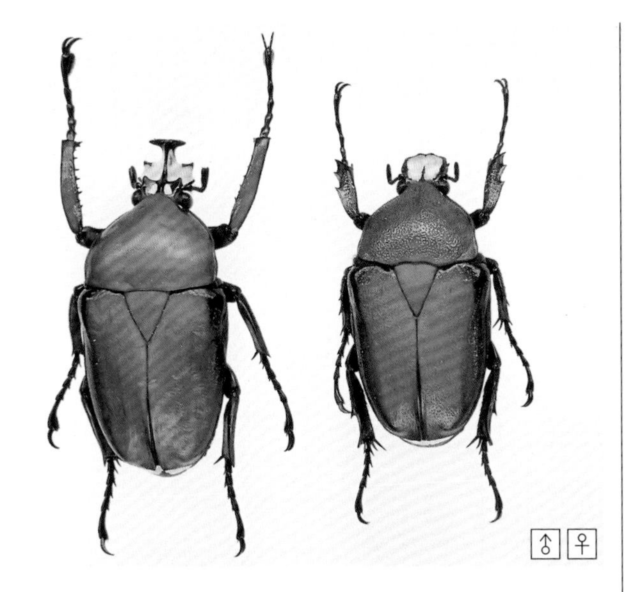

흰방패긴팔녹색꽃무지 [꽃무지과]

Dicronorhina derbyana oberthueri (아종)

- 몸 길이 ♂ 44mm, ♀ 39mm 안팎 (케냐)

머리방패 위만 제외하고는 흰 띠무늬가 없으며, 전체적으로 녹색을 띤다. 소말리아 남부, 케냐 동부, 탄자니아 북부, 우간다에 분포한다.

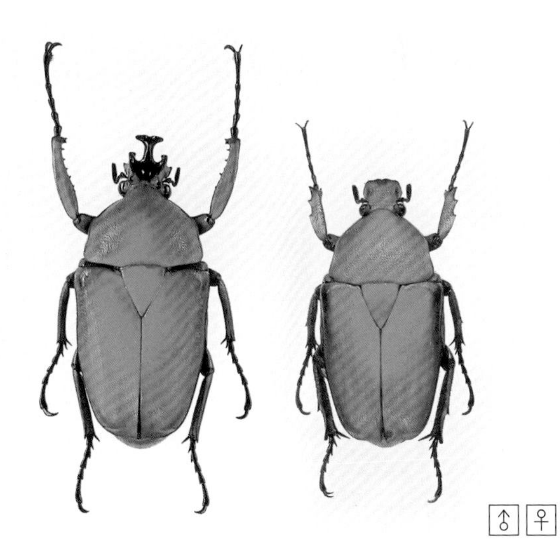

긴팔녹색꽃무지 [꽃무지과]

Dicronorhina cavifrons

- 몸 길이 ♂ 50mm, ♀ 43mm 안팎 (코트디부아르)

'미칸스긴팔녹색꽃무지(*D. micans*)' 와 닮았으나 전체적으로 좀더 가늘다. 수컷 머리방패 앞의 뿔 돌기는 그다지 발달되어 있지 않으나 위가 깊고 크게 패어 있다. 적도 기니, 코트디부아르, 라이베리아, 가나, 니제르, 나이지리아 등 아프리카 서부에 분포한다.

♂ 50mm ♀ 43mm ×0.8

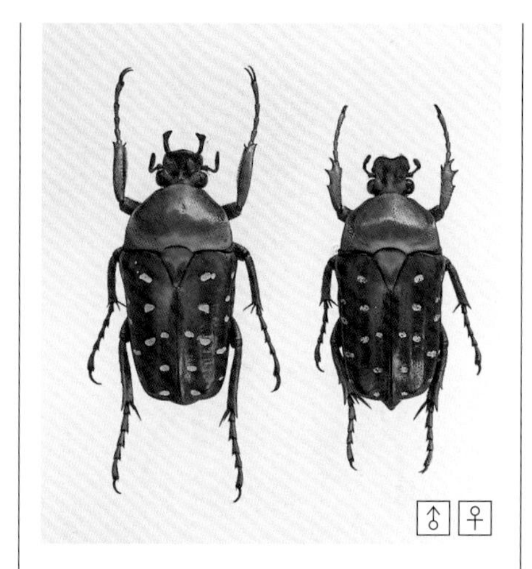

얼룩점박이꽃무지 [꽃무지과]

Stephanorrhina guttata

- 몸 길이 ♂ 29mm, ♀ 29mm 안팎 (콩고)

아종 *aschantica*와 거의 차이가 없으며, 그 경계 또한 불분명하다. 나이지리아, 카메룬, 중앙아프리카공화국, 가봉, 콩고, 자이르에 분포한다.

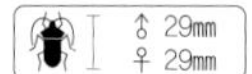

×1.1

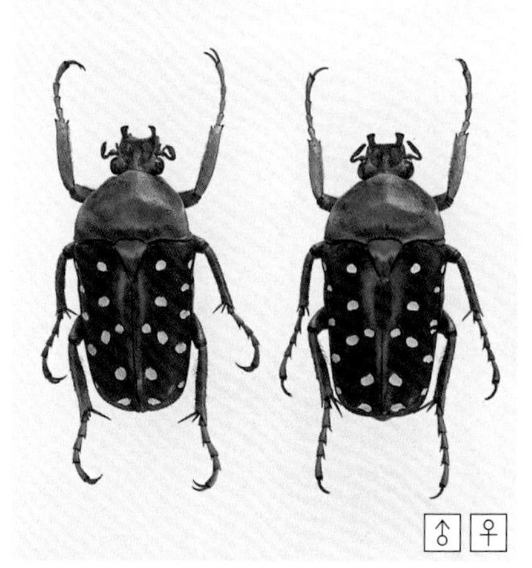

얼룩점박이꽃무지 [꽃무지과]

Stephanorrhina guttata aschantica (아종)

- 몸 길이 24mm 안팎 (토고)

딱지날개는 녹색 바탕에 흰 점이 둥글고 크게 있어서 매우 아름답다. 수컷의 머리 앞 뿔은 T자 모양이나 앞쪽의 돌기가 작다. 세네갈, 적도 기니, 시에라리온, 코트디부아르, 가나, 니제르, 부르키나파소, 토고, 베냉 등 중부 아프리카의 서부에 분포한다.

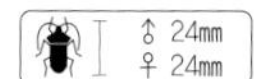

×1.25

황금점맵시꽃무지 [꽃무지과]

Dyspilophora trivittata shimbaensis (아종)

- 몸 길이 17mm 안팎 (케냐)

딱지날개의 짙은 노란색 무늬는 사각 모양인데, 변이가 심하다. 원명 아종은 케냐와 탄자니아, 말라위, 모잠비크, 시에라리온, 남아프리카공화국, 잠비아, 나미비아, 보츠와나에 분포하며, 이 아종은 케냐에만 분포한다.

×2.0

꼬마고동맵시꽃무지 [꽃무지과]

Taeniesthes specularis

- 몸 길이 17mm 안팎 (케냐)

몸은 광택이 강한 황토색 바탕에 앞가슴등판과 작은방패판, 딱지날개의 봉합 부위, 날개 끝 테두리에 검은 무늬가 굵게 나타난다. 머리방패에는 부속물이 없으며, 배 쪽은 적갈색을 띤다. 케냐와 탄자니아에 분포한다.

17mm ×2.0

♂

등테갈색맵시꽃무지 [꽃무지과]

Pedinorrhina swanzyana

- 몸 길이 18mm 안팎 (코트디부아르)

대체로 소형으로, 머리 등 쪽의 중앙은 세로로 약간 너비가 넓고, 약하게 융기한다. 몸 색깔은 어두우며, 양 가장자리로 적갈색 테가 가늘게 나타난다. 암수 모두 앞다리 종아리마디의 외연은 단순하다. 코트디부아르, 토고, 가나에 분포한다.

18mm ×2.0

♂

가면맵시꽃무지 [꽃무지과]

Plaesiorrhinella mhondana

- 몸 길이 23mm 안팎 (케냐)

몸의 등 쪽은 광택이 강한 검은색 바탕에 딱지날개에 짙은 노란색 무늬가 갈라져 나타나서 가면과 같은 모양이다. 같은 지역에서 채집한 개체라도 이 노란색 무늬가 서로 달라서 개체 변이가 다양하다. 케냐와 탄자니아, 말라위, 짐바브웨에 분포한다.

×1.7

♂

띠맵시꽃무지 [꽃무지과]

Plaesiorrhinella watkinsiana

- 몸 길이 23mm 안팎 (자이르)

몸의 형태는 약간 가늘고 길다. 몸은 녹색 바탕에 딱지날개의 2/3 부분에 한일자 모양의 노란색 무늬가 가늘게 나타난다. 카메룬과 중앙아프리카공화국, 콩고, 자이르, 우간다 등지에 분포한다.

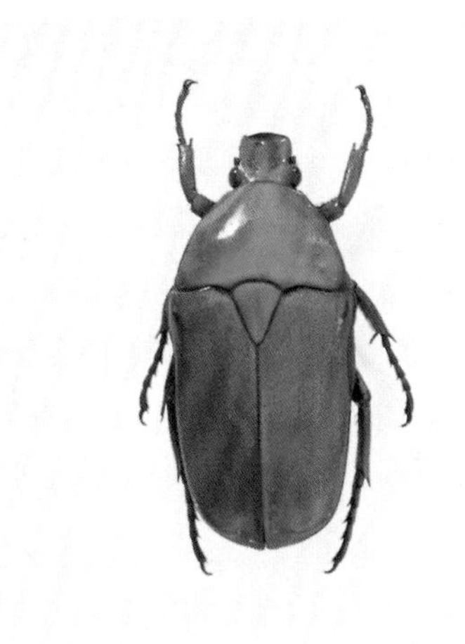

♂

아프리카오색꽃무지 [꽃무지과]

Chlorocala africana smaragdina (아종)

- 몸 길이 23mm 안팎 (자이르)

등 쪽에서 강한 광택이 난다. 머리방패 앞 가장자리 중앙은 약간 돌출해서 T자 모양의 융기가 있다. 딱지날개는 녹갈색을 띤다. 적도 기니와 가봉, 카메룬, 콩고, 우간다 등지에 분포한다.

* 같은 속에는 모두 15종이 알려져 있다.

♀

줄가슴꽃무지 [꽃무지과]

Gnathocera trivittata

- 몸 길이 20mm 안팎 (토고)

소형종으로, 머리는 앞쪽으로 좁아지고, 양 끝으로 침 모양의 돌기가 튀어나왔다. 이 종은 무려 16아종이 있을 정도로 생김새가 다양하다. 등 쪽의 흰무늬는 앞가슴등판 중앙, 그리고 앞가슴등판과 딱지날개의 가장자리에 나타나기도 하지만 전혀 없기도 하다. 시에라리온, 세네갈, 적도 기니, 코트디부아르, 가나, 토고 등지에 분포한다.

♂

띠맵시꽃무지 [꽃무지과]

Plaesiorrhinella watkinsiana recurva (아종)

- 몸 길이 23mm 안팎 (코트디부아르)

원명 아종보다 바탕색인 녹색이 짙고 광택도 한층 강하다. 딱지날개 위의 노란색 띠무늬는 없다. 적도 기니와 코트디부아르, 가나에 분포한다.

♀

등갈색줄꽃무지 [꽃무지과]

Melinesthes sp.

- 몸 길이 19mm 안팎 (코트디부아르)

이 종이 포함된 속에는 수컷 머리에 뿔 돌기가 11자 모양으로 있는 무리와 없는 무리가 있는데, 이 종은 없는 무리에 속한다. 아직 정확한 종명을 알 수 없으나 닮은 종이 단순히 적갈색을 띠는 것과 달리 독특한 무늬가 있다.

♂

무지개오색꽃무지 [꽃무지과]

Dymusia variabilis teocchii (아종)

- 몸 길이 21mm 안팎 (케냐)

몸의 등 쪽은 약간 튀어나왔으며, 점각이 많다. 바탕색은 녹색 기가 있는 갈색인데, 매우 광택이 강하다. 딱지날개에는 작은 흰색 점이 퍼져 있다. 중앙아프리카공화국에 분포한다.

21㎜ ×2.0

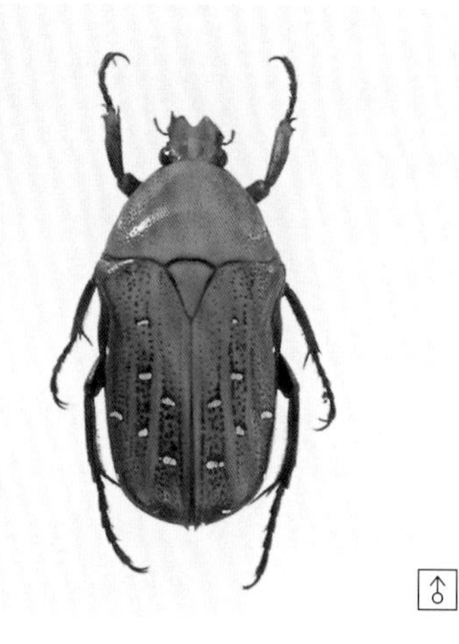

깨알무늬오색꽃무지 [꽃무지과]

Dymusia cyanea

- 몸 길이 20mm 안팎 (토고)

'무지개오색꽃무지(*D. variabilis*)' 와 닮았으나 바탕색인 녹색이 강하고 딱지날개의 흰 점무늬가 더 많다. 시에라리온, 적도 기니, 세네갈, 코트디부아르, 가나, 토고에 널리 분포한다.

지옥얼룩꽃무지 [꽃무지과]

Aphnochroa overlaeti

- 몸 길이 24mm 안팎 (케냐)

겹눈 앞쪽으로 예리한 돌기가 있다. 몸의 등 쪽은 복잡한 흰무늬가 있다. 딱지날개는 적갈색 바탕에 검은색 무늬가 얼룩지듯 보인다. 자이르와 잠비아, 우간다, 케냐 등지에 분포한다.

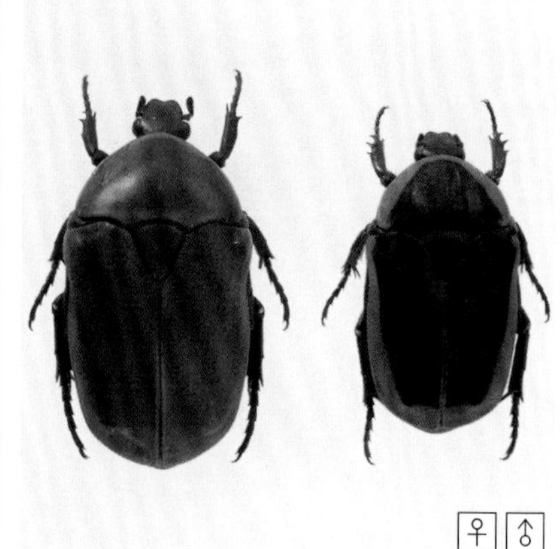

민무늬방패꽃무지 [꽃무지과]

Pachnoda marginata

- 몸 길이 30mm 안팎 (토고, 코트디부아르)

사하라 사막 주변부에 널리 분포하는 종으로, 8아종으로 나뉘었으나 개체 변이가 심해 아직도 연구 대상이 되고 있다. 몸이 매우 딱딱하여 표본을 할 때 곤충 침이 잘 들어가지 않는다. 시에라리온과 적도 기니, 코트디부아르, 토고, 나이지리아, 중앙아프리카공화국, 콩고, 자이르, 수단, 우간다, 케냐, 짐바브웨 등지에 널리 분포한다.

♂ 26㎜ ♀ 32㎜ ×1.15

오아시스얼룩꽃무지 [꽃무지과]

Chordodera quinquelineata

- 몸 길이 21mm 안팎 (코트디부아르)

수컷은 가느다란 앞다리 종아리마디 바깥으로 3개의 가시 돌기가 뚜렷하다. 앞가슴등판은 거의 삼각 모양으로, 5줄의 황백색 띠가 있다. 딱지날개는 대개 적갈색을 띠는 일이 많다. 코트디부아르에서 우간다까지 분포한다.

광대방패꽃무지 [꽃무지과]

Pachnoda cordata

- 몸 길이 18mm 안팎 (케냐)

딱지날개의 생김새가 우리 나라 '광대노린재(*Poecilocoris lewisi*)' 와 닮았다.

그림자방패꽃무지 [꽃무지과]

Pachnoda ephippiata falkei (아종)

- 몸 길이 26mm 안팎 (케냐)

몸의 등 쪽은 적황색 바탕에 검은색 무늬가 있다. 딱지날개 옆 가장자리 기부에 검은 점무늬가 나타나는 일이 많다. 우간다와 르완다, 케냐에 분포하며, 다른 아종은 탄자니아에 분포한다.

26㎜ ×1.5

♂

검은등방패꽃무지 [꽃무지과]

Pachnoda postica

- 몸 길이 22mm 안팎 (토고)

딱지날개의 무늬가 독특한데, '그림자방패꽃무지(*P. ephippiata*)' 와 닮았으나 다리의 색깔이 검은색이어서 차이가 난다. 이 밖에 *P. semiflava*와 *P. meloui*와도 비슷하다. 이들을 구별할 때에는 수컷 생식기 옆 가장자리의 바늘 모양을 잘 살펴보아야 한다. 토고와 코트디부아르에 분포한다.

* *Pachnoda*속 꽃무지들은 몸이 적황색과 검은색이며, 많은 종들이 포함되어 있다.

22㎜ ×1.8

♂

트리덴스꼬마꽃무지 [꽃무지과]

Tmesorrhina tridens

- 몸 길이 20mm 안팎 (코트디부아르)

같은 속 중에서 가장 작은 종으로 알려져 있다. 몸의 등 쪽은 광택이 강한 황록색 바탕이고, 종아리마디와 발톱마디는 밝은 적갈색을 띤다. 암수 모두 뒷다리 종아리마디 안쪽에 털이 나 있다. 코트디부아르와 카메룬, 자이르 동부와 남부, 나이지리아에 분포한다.

♂

가가테스검정콩꽃무지 [꽃무지과]

Diplognata gagates

- 몸 길이 28mm 안팎 (케냐)

매우 흔한 종으로, 딱지날개 양 가장자리와 끝을 제외하고는 매우 광택이 강하다. 딱지날개 가장자리 부분에는 움푹 팬 부분이 있다. 사하라 사막 이남의 아프리카 전 지역에 분포한다.

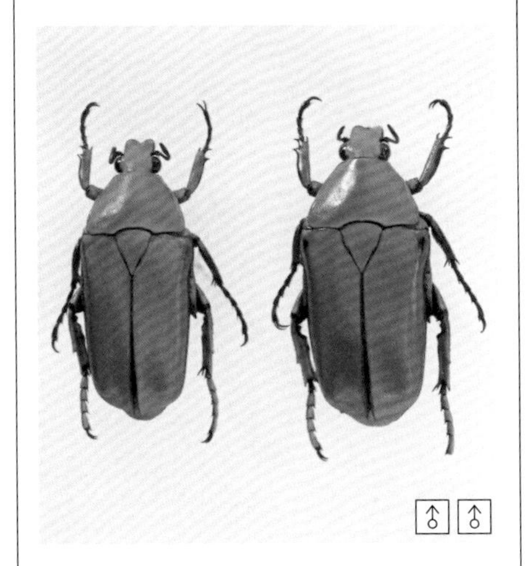

♂ ♂

녹색유리긴꽃무지 [꽃무지과]

Caleorrhina gracilipes

- 몸 길이 29mm 안팎 (토고, 카메룬)

몸 전체가 밝은 녹색 광택을 띠는데, 올리브색 기가 있어서 매우 아름답다. 몸은 너비가 약간 넓어 보인다. 중앙아프리카공화국과 콩고, 자이르에 분포한다.

♂ 27㎜ ♂ 29㎜ ×1.2

♂

검은가슴긴꽃무지 [꽃무지과]

Caleoerrhina semiviridis

- 몸 길이 25mm 안팎 (중앙아프리카공화국)

'녹색유리긴꽃무지(*C. gracilipes*)' 와 닮았으나, 몸의 녹색 바탕색이 더 짙고, 머리와 앞가슴등판, 다리가 검다. 케냐와 탄자니아에 분포한다.

♀

이리스얼룩꽃무지 [꽃무지과]

Tmesorrhina iris saundersi (아종)

- 몸 길이 22mm 안팎 (코트디부아르)

발톱마디가 검은색인 것을 제외하고는 몸 전체가 짙은 녹색을 띤다. 자이르와 콩고 등지의 아프리카 중부와 서부에 널리 분포한다.

굴뚝알락꽃무지 [꽃무지과]

Pseudinca viticollis

- 몸 길이 20mm 안팎 (자이르)

흔한 종으로, 몸의 바탕색이 짙다. 아프리카 중부와 서부에 널리 분포한다.

청뚱보비단벌레 [비단벌레과]

Sternocera orissa

- 몸 길이 28mm 안팎 (남아프리카공화국)

곤충의 껍질은 장식품의 소재로 쓰이기도 하고, 일부 지역에서는 애벌레를 식용으로 하기도 한다. 아프리카 대부분 지역에 널리 분포한다.

* 현재 이 종이 속한 속은 아프리카를 중심으로 분포하나 일부 종들은 인도에서 중국 남부까지 분포 영역이 넓어진 것도 있다.

카스타네아뚱보비단벌레 [비단벌레과]

Sternocera castanea

- 몸 길이 52mm 안팎 (탄자니아)

몸 색깔이 적갈색, 녹갈색 등 다양하며, 앞가슴등판과 딱지날개에 금색으로 수놓아진 무늬가 특색이 있다. 아프리카 대부분 지역에 분포한다.

케냐굴뚝알락꽃무지 [꽃무지과]

Pseudinca sp.

- 몸 길이 19mm 안팎 (케냐)

몸 전체에 퍼져 있는 얼룩무늬의 변화가 심해 닮은 종들이 많다. 아프리카 중앙부에 분포한다.

금박뚱보비단벌레 [비단벌레과]

Sternocera pulchra fischeri (아종)

- 몸 길이 37mm 안팎 (탄자니아)

색채 변이가 심한 종으로, 딱지날개가 짙은 청색을 띤다. 다른 지역산은 녹색 또는 밝은 청색을 띠기도 한다. 아프리카 대부분 지역에 분포한다.

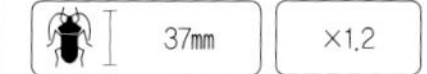

뚱보비단벌레 [비단벌레과]

Sternocera hildebrandi

- 몸 길이 52mm 안팎 (탄자니아)

같은 속의 비단벌레는 다른 비단벌레보다 머리가 앞으로 더 숙여져 있고, 딱지날개 앞부분이 부풀어 호빵 같으며, 딱지날개 끝이 급하게 좁아지는 생김새이다. 이 종은 딱지날개가 적갈색을 띤다. 탄자니아, 케냐, 에티오피아에 분포한다.

흰줄풍보비단벌레 [비단벌레과]

Sternocera interupta

- 몸 길이 35mm 안팎 (세네갈)

딱지날개가 짙은 갈색으로 광택이 난다. 딱지날개의 양 가장자리에 갈색 또는 연미색 띠가 세로로 가늘고 길게 나타난다. 아프리카 중 · 서부에 널리 분포한다.

잔줄녹색비단벌레 [비단벌레과]

Steraspis subcalida

- 몸 길이 40mm 안팎 (자이르)

같은 속의 종들은 색이 매우 다채롭다. 현재 같은 속에는 50여 종이 알려져 있다. 아프리카 사바나 지역에 분포한다.

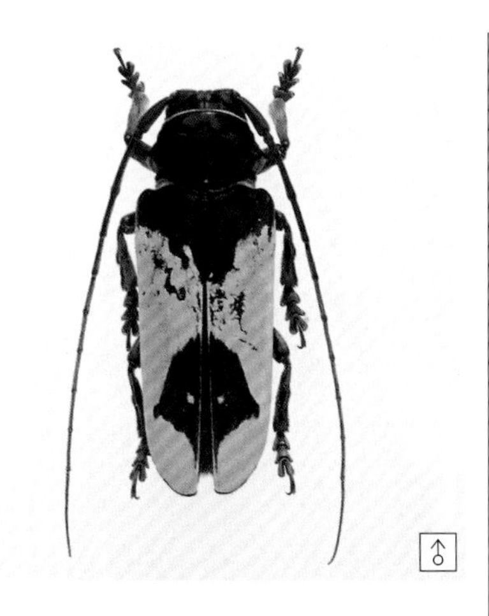

아프리카노란띠무늬하늘소 [하늘소과]

Phosphorus sp.

- 몸 길이 35mm 안팎 (아프리카 중부)

딱지날개의 노란색 바탕에 검은색 마름모꼴 무늬가 특징이 있다. 아프리카 중부에 분포한다.

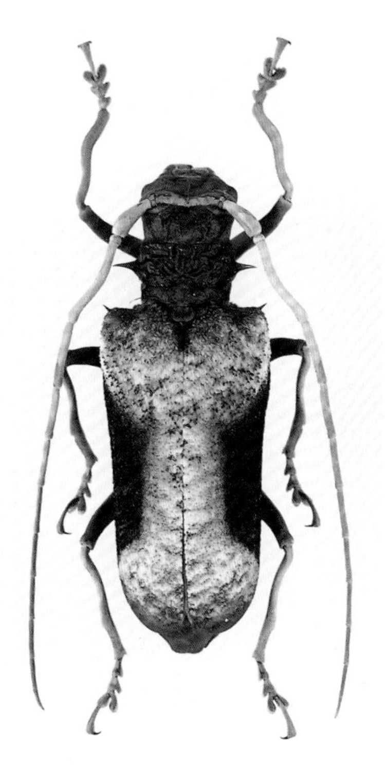

기가스검은옆구리하늘소 [하늘소과]

Pterognatha gigas

- 몸 길이 ♂ 75mm, ♀ 70mm 안팎 (코트디부아르)

수컷은 더듬이가 몸 길이의 2배 이상 크다. 앞가슴등판 양 가장자리 중앙에 바늘 모양 돌기 1쌍이 날카롭게 나 있다. 특히 다리 종아리마디가 구부러진 모습이 특징이 있다. 아프리카의 중부와 서부에 널리 분포한다.

♂ 75mm ♀ 70mm | ♂×0.7 ♀×0.9

뿔가슴커피하늘소 [하늘소과]

Acantophorus maculatus ssp. (아종)

- 몸 길이 68mm 안팎 (코트디부아르)

큰턱이 발달하여 이빨 돌기가 강하게 보이고, 앞가슴등판 양쪽에 가시 돌기가 3쌍이 있다. 딱지날개에는 눈이 흩날리는 듯한 모양의 회갈색 무늬가 있다. 아프리카 중앙부에 널리 분포하며, 지역적으로 약간의 생김새 차이가 난다.

  68mm ×1,0

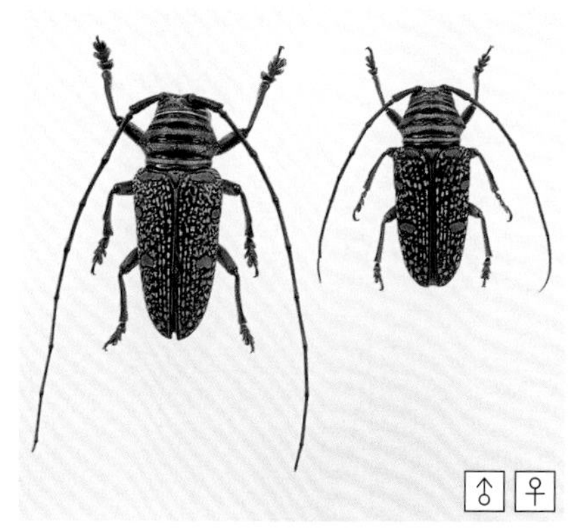

♂ ♀

레갈리스깨주름하늘소 [하늘소과]

Zographus regalis

- 몸 길이 24mm 안팎 (코트디부아르)

여러 활엽수를 먹는다고 하며, 비교적 흔한 종으로 알려져 있다. 딱지날개의 무늬가 이채롭다. 아프리카 서부와 중앙부에 널리 분포한다.

♂ 24mm ♀ 20mm ×1,0

오나투스붉은점공바구미 [바구미과]

Brachycerus ornatus

- 몸 길이 38mm 안팎 (탄자니아)

몸은 공 모양으로, 앞가슴등판과 딱지날개의 배 부위가 모두 공처럼 생겼다. 등은 붉은 점들이 선처럼 세로로 줄지어 있다. 이 종의 생태 등에 관한 정보가 없다.

 38mm ×1,2

♀

매미목

♂

붉은가두리옥색뿔매미 [뿔매미과]

Rhinortha sp.

- 날개 편 길이 63mm 안팎 (자이르)

 63mm ×1,0

♂

붉은치마뿔매미 [뿔매미과]

Rhinortha sp.

- 날개 편 길이 63mm 안팎 (자이르)

 63mm ×1,0

마다가스카르권

아프리카 곤충상과 거의 같으나 대륙에서 떨어진 섬으로서의 독특한 고유종도 많다. '별박이사향제비나비, 마다가스카르비단제비나방'과 같이 다른 곳에서는 볼 수 없는 독특한 종들이 많다.

나비목

♂

별박이사향제비나비 [호랑나비과]

Parides antenor

- 날개 편 길이 128mm 안팎 (마다가스카르)

분류학적으로 다른 사향제비나비류와 계통이 다른 종으로 보고 있다. 암수의 무늬의 차이는 별로 없다. 아프리카 대륙에는 사향제비나비류가 전혀 분포하지 않는데, 이 종은 이 섬과 남아시아가 지사적(地史的) 관계로 볼 때 서로 가까웠던 증거로 주목을 받고 있다. 마다가스카르 특산종이다.

133mm ×0.75

♂

번개줄무늬제비나비 [호랑나비과]

Papilio delalandei

- 날개 편 길이 80mm 안팎 (마다가스카르)

검은 바탕에 노란 줄무늬가 나타나는데, 중앙의 수직인 것이 가장 크다. 이 무늬가 바깥쪽으로 내민 모습은 번개치는 모양을 닮았다. 마다가스카르에만 분포한다.

80mm ×0.6

♂

마다가스카르녹색제비나비 [호랑나비과]

Papilio epiphorbas

- 날개 편 길이 80mm 안팎 (마다가스카르)

날개의 녹색 무늬가 진한 녹색이고, 너비가 좁다. 마다가스카르와 코로모스에 분포한다.

80mm ×0.63

♂

마다가스카르제비나비 [호랑나비과]

Papilio oribazus

- 날개 편 길이 73mm 안팎 (마다가스카르)

같은 속 나비 중 독특한 빛깔의 무늬를 가진다. 마다가스카르 특산종이다.

73mm ×0.65

노랑점무늬호랑나비 [호랑나비과]

Papilio demodocus

● 날개 편 길이 82mm 안팎 (마다가스카르)

뒷날개의 전연과 후각에 눈 모양 무늬가 크게 발달하였다. 뒷날개의 꼬리 모양 돌기는 없다. 주로 정원이나 풀밭처럼 밝은 곳을 유난히 좋아한다. 애벌레는 운향과 식물의 잎을 먹고 자라는데, 워낙 흔해서 애벌레 때문에 귤 농사를 망치기도 한다. 원래 아프리카와 중동에 분포하였는데, 나중에 마다가스카르에 이입된 종이다.

* '성탄절나비' 라는 애칭도 있다.

82mm ×1.1

마다가스카르청띠제비나비 [호랑나비과]

Graphium cyrnus

● 날개 편 길이 60mm 안팎 (마다가스카르)

날개의 점무늬가 띠의 형태로 나타나지 않는다. 흔한 종으로, 마다가스카르의 해안을 중심으로 분포한다.

60mm ×0.8

에봄바긴꼬리청띠제비나비 [호랑나비과]

Graphium evombar

● 날개 편 길이 63mm 안팎 (마다가스카르)

우리 나라 '청띠제비나비(*G. sarpedon*)' 와 계통적으로 가까우나, 뒷날개에 긴 꼬리 모양 돌기가 있어 구별된다. 마다가스카르 특산종이다.

63mm ×0.75

나뭇잎진주네발나비 [네발나비과]

Salamis anteva

● 날개 편 길이 65mm 안팎 (마다가스카르)

'나뭇잎나비(*Kallima inachus*)' 와 닮아 보이나 전혀 다른 계통의 나비이다. 마다가스카르에 분포한다.

65mm ×0.7

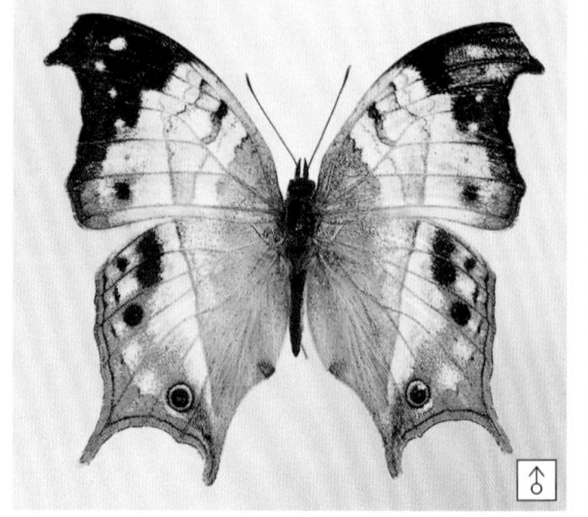

뾰족진주네발나비 [네발나비과]

Salamis duprei

● 날개 편 길이 57mm 안팎 (마다가스카르)

바깥쪽으로 심하게 내민 날개 끝 주위만 검고 나머지는 흰색이다. 우리 나라 '공작나비(*Inachis io*)' 의 날개 모양과 닮아 빠르게 날아다닌다. 같은 속에 속하는 나비는 아프리카 특산으로, 모두 8종이 있다. 마다가스카르의 산림을 중심으로 분포한다.

57mm ×0.8

청띠쌍돌기네발나비 [네발나비과]

Charaxes cacuthis

● 날개 편 길이 63mm 안팎 (마다가스카르)

'쌍돌기나비(*C. candiope*)' 무리 중에서 뒷날개의 쌍꼬리의 길이가 거의 같다. 마다가스카르 특산종이다.

63mm ×0.7

♂

먹나비 [네발나비과]

Melanitis leda helena (아종)

- 날개 편 길이 70mm 안팎 (마다가스카르)

우리 나라 '먹나비(*M. leda*)'와 닮았으나 색이 좀더 붉어서 아종 관계에 있다. 마다가스카르에 분포한다.

70mm ×1.1

♂

톱니오색나비 [네발나비과]

Hypolimnas dexithea

- 날개 편 길이 94mm 안팎 (마다가스카르)

뒷날개 외연의 톱니 모양의 돌기가 독특하다. 현재 마다가스카르에만 있는 특산종이다.

94mm ×0.75

자웅 감합체

한 개체의 외형이 수컷과 암컷의 모습을 함께 가지는 것을 말한다. 가끔 자웅동체라는 말을 쓰는데, 엄밀한 의미로 보면 올바른 표현이 아니다. 이런 경우 날개나 몸에 암수의 특징이 섞여 있는 경우를 말하게 된다. 이는 포유류에서 남성과 여성 생식기에서 나오는 호르몬이 피를 통해 흐르면서 신체 각 부위가 각 성의 특징을 갖게 하는 데 반해서, 나비는 몸체의 각 부분이 독립적이어서 각 세포의 유전적 구성에 의해 성의 발현이 결정되기 때문이다.

나비의 성을 결정하는 염색체는 사람의 경우와 정반대로 ZZ가 수컷이고 ZW는 암컷이 된다. 암컷의 난자의 종류, 즉 Z 혹은 W에 의해 암수가 결정된다.

나비의 감합체가 생기는 방법에는 두 가지가 알려져 있다. 하나는, 나비가 ZZ 염색체나 ZW 염색체를 가진 2개의 핵인 난자로부터 태어날 때이다. 또 다른 방법은, 수컷 어린 나비의 첫 세포 분열 때 이상이 생겨 한 세포에서 Z염색체가 소실된 경우이다. 성을 결정하는 것은 Z염색체의 양이기 때문에 반쯤 정상적인 수컷(ZZ)이거나 Z염색체 하나만 있는 암컷이 된다. 일반적으로 암수가 몸을 절반씩 나누는 예는 희귀하며, 대부분 같지 않은 비율로 섞여서 나타난다.

어떤 경우 ZZW 유전 구조를 가진 돌연변이체는 2개의 Z가 들어 있기 때문에 수컷의 특성이 나타나나 날개에 모자이크된 상태로 암컷의 특징이 나타나게 된다. 그러나 '푸른부전나비(*Celastrina argiolus*)'의 사진처럼 암수의 날개 색이 완전히 다른 종류에서만 보일 뿐 암수의 차이가 크지 않은 종류에게서는 실제 자웅 감합체가 있더라도 알 수 없는 경우가 많다.

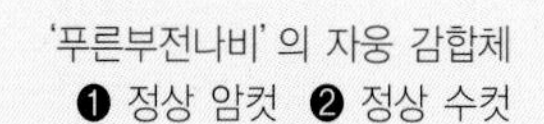

'푸른부전나비'의 자웅 감합체
❶ 정상 암컷 ❷ 정상 수컷
❸, ❹ 자웅 감합체 (❸ 제주도, ❹ 경기도 천마산)

마다가스카르긴꼬리산누에나방

[산누에나방과]

Argema mittrai

- 날개 편 길이 130-153mm (마다가스카르)

뒷날개의 꼬리 모양 돌기가 매우 길다. 수컷이 길고 암컷이 짧은 편이다. 마다가스카르의 특산종으로, 마다가스카르 섬에서는 드물지 않다.

♂ 130㎜ ♀ 153㎜ | ♂×0.58 ♀×0.3

아폴로산누에나방

[산누에나방과]

Ceranchia apollina

- 날개 편 길이 112mm 안팎 (마다가스카르)

날개는 거의 흰색인데, 날개 중앙에 태양과 같은 원무늬가 있다. 마다가스카르에만 분포한다.

마다가스카르비단제비나방

[제비나방과]

Chrysiridia riphearia

- 날개 편 길이 80-100mm (마다가스카르)

아름다운 나방으로, 낮에 날아다닌다. 매우 흔한 종으로 마다가스카르에 살며, 다른 아종은 아프리카 대륙에 분포한다.

80㎜ | ×0.6

딱정벌레목

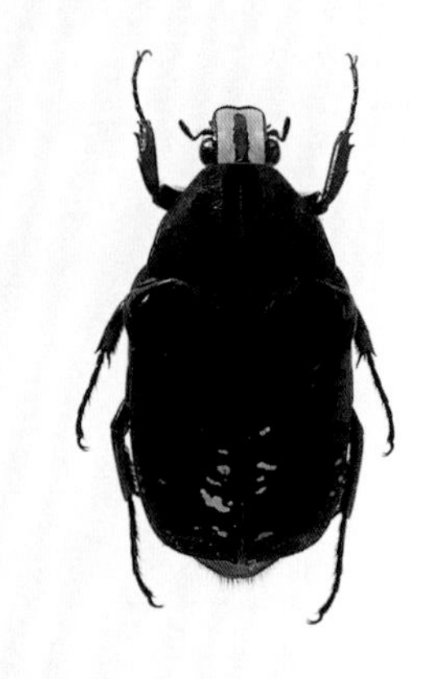

형광맵시꽃무지

[꽃무지과]

Euchroea coelestis peyrierasi (아종)

- 몸 길이 32mm 안팎 (마다가스카르)

원명 아종에 비해 바탕색이 어둡다. 마다가스카르에 분포한다.

32㎜ | ×1.2

♂

형광맵시꽃무지 [꽃무지과]

Euchroea coelestis

- 몸 길이 31mm 안팎 (마다가스카르)

같은 속에 속하는 종은 모두 마다가스카르에 분포하는 아름다운 종으로, 짙은 흑청색 바탕에 녹색 형광처럼 빛난다. 마다가스카르에 분포한다.

♂

노란줄깨보라넓적비단벌레 [비단벌레과]

Polybothris grandidieri

- 몸 길이 26mm 안팎 (마다가스카르)

몸은 짙은 갈색 바탕에 황갈색 무늬가 깨알처럼 보인다. 앞가슴등판 중앙에 세로로 긴 띠 모양이 있고, 딱지날개 양 가장자리에 원무늬 2개가 두드러져 보인다. 종아리마디는 녹색을 띤다. 마다가스카르에 분포한다.

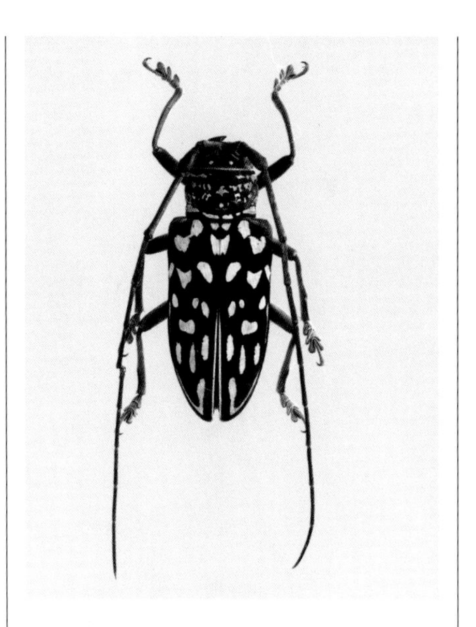

아프리카알락하늘소 [하늘소과]

Stellognatha maculata

- 몸 길이 25mm 안팎 (마다가스카르)

몸은 검은 바탕에 우윳빛의 점무늬가 줄지어 나타난다. 아직 이 종에 관한 상세한 정보가 없다. 마다가스카르에 분포한다.

25mm ×1.5

깨알무늬고동비단벌레 [비단벌레과]

Lampropepla rothschildi

- 몸 길이 38mm 안팎 (마다가스카르)

독특한 생김새의 비단벌레로, 앞가슴등판의 바탕색이 녹색, 보라색, 노란색 등 변이가 있다. 마다가스카르에만 분포한다.

깨보라넓적비단벌레 [비단벌레과]

Polybothris sumptuosa

- 몸 길이 35mm 안팎 (마다가스카르)

몸은 짙은 갈색으로, 녹색과 노란색 점무늬가 퍼져 있다. 마다가스카르에만 분포한다.

메뚜기목

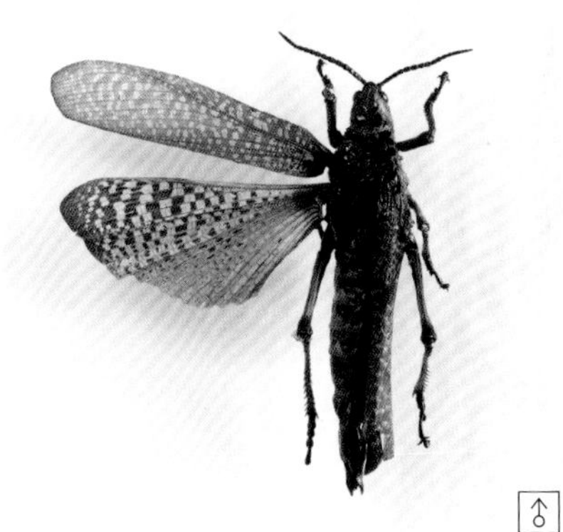

♂

마다가스카르붉은날개메뚜기 [메뚜기과]

Phymateus madagascariensis

- 날개 편 길이 75mm 안팎 (마다가스카르)

날 때 날개를 펼치면 뒷날개가 특히 붉어서 크고 아름답게 보인다. 현재 마다가스카르에만 분포한다.

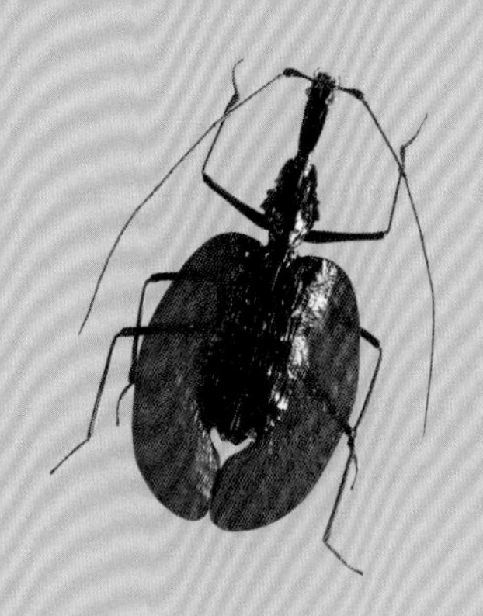

부 록

용어 해설

겨울잠〔冬眠〕 : 온대나 한대 지역의 곤충들은 겨울에 활동을 멈추어야 하는 시기가 있다. 이 때 각 곤충마다 각기 다른 형태로 생리적인 정지 기간을 갖게 되는 것을 말한다.

계절형 : 한 해에 되풀이해서 여러 번 나타나는 곤충의 경우, 같은 종이라도 계절에 따라 크기나 날개 모양, 날개 색이 달라지는 것을 말한다. 일반적으로 봄형〔春型〕과 여름형〔夏型〕, 가을형〔秋型〕이 있는데, 호랑나비는 이른 봄에 나타나는 작은 개체를 봄형, 초여름에서 가을에 나타나는 큰 개체를 여름형이라고 한다.

나비길〔蝶道〕 : 나비가 날아다니는 일정한 길을 말한다. 대개 나비는 '산제비나비' 처럼 산꼭대기 부근에서 일정한 높이로 길을 따라 날아다니는 경우가 많다.

다식성(多食性) : 한 애벌레가 여러 종류의 식물을 먹는 경우를 말한다.

단성 생식(單性生殖, 단위 생식) : 진딧물이나 꿀벌의 여왕벌처럼 암수가 짝짓기하지 않은 채 암컷 스스로 알을 낳아 자손을 만드는 것

단식성(單食性) : 애벌레가 한 종류의 식물만 고집해서 먹는 경우를 말한다. 예를 들면 애호랑나비는 족도리풀만 먹는다.

대용(帶蛹) : 애벌레가 번데기가 될 때 배 끝을 아래로 둔 채 고정시키고 자신이 토한 실로 가슴과 배를 실로 매다는 모습을 말한다. 일반적으로 나비의 호랑나비과와 흰나비과, 부전나비과, 팔랑나비과에서 보인다.

먹은 흔적〔食痕〕 : 애벌레가 먹이 식물을 먹고 남긴 흔적

먹이 식물〔食草·食樹〕 : 곤충 애벌레들이 먹이로 삼는 식물. 곤충에 따라 먹는 식물이나 부위가 다르다.

미접(迷蝶) : 우리 나라에 살지 않는 남방계 곤충인 경우 다음 세대까지 연속해서 발생하지 못한다. 이 때 나비인 경우 '미접(迷蝶)' 또는 '우산접(遇産蝶)' 이라고 한다. 일반적으로 이들은 바람이나 태풍 등 자연 현상에 따르거나 또는 배나 비행기 등 인위적인 수단을 통하여 본래 살던 장소에서 다른 곳으로 이주한다.

발향린(發香鱗) : 나비의 수컷 날개의 비늘가루 중 특별히 향기를 내는 것을 말하는데, 아마 암컷에게 냄새 신호를 보내기 위한 것으로 보인다. '큰줄흰나비' 의 발향린이 크고 뚜렷할 뿐만 아니라 향기가 강한 것으로 유명하다.

배우 행동(配偶行動) : 수컷이 암컷에게 짝짓기를 유도하기 위해 암컷 주위를 낮게 천천히 나는 행동으로, 인간에 비유하면 혼례 의식과 같은 것이다. 이 같은 행동은 종마다 약간의 차이가 있으므로 같은 종끼리 짝짓기하는 데 중요한 행동으로 보인다.

번데기화 : 완전 탈바꿈을 하는 곤충에서 번데기가 되는 과정

보호색 : 쉽게 눈에 띄지 않도록 곤충의 날개나 몸이 주변과 닮은 색을 띠는 것

불완전 탈바꿈 : 메뚜기나 사마귀, 잠자리 등 번데기 과정을 거치지 않고 애벌레에서 직접 어른벌레로 바뀌는 것

성표(性標) : 날개의 무늬나 색깔, 다리 모양 등 생식기 외에 특정한 부위에 나타나는 성(性) 표시. 성표가 있는 종류는 암수를 쉽게 구별할 수 있다.

수용(垂蛹) : 애벌레가 번데기로 될 때 배 끝을 위로 한 다음 자신이 토한 실로 배 끝만 고정시키고 머리를 아래로 하여 매달리는 모습을 말한다. 일반적으로 네발나비과에서만 볼 수 있으며, 수용이 대용보다 진화된 형식이라고 한다.

수태낭(受胎囊, 짝짓기주머니) : 짝짓기를 끝낸 수컷이 암컷의 배 끝에 분비물을 내어 붙인 물질을 말한다. 수태낭이 생긴 암컷은 마치 정조대가 채워진 것처럼 더 이상 짝짓기할 수 없다. 수태낭은 '애호랑나비' 와 '모시나비', '붉은점모시나비' 등 주로 원시 호랑나비에서 보이는데, 각각 수태낭의 생김새가 다르다.

앞번데기〔前蛹〕 : 애벌레가 번데기가 되기 직전에 배 끝을 실로 고정하여 움직이지 않는 상태를 유지한다. 모습은 애벌레와 같으나 색이 약간 밝은데, 약 1-2일 후 번데기로 탈바꿈하게 된다.

어린벌레〔若蟲〕 : 곤충의 애벌레 중에서 특히 어른벌레와 닮은 불완전 탈바꿈을 하는 종류의 애벌레를 말한다. 예를 들어 메뚜기의 애벌레는 어른벌레와 모습은 같지만 날개가 덜 자라 있다.

여름잠〔夏眠〕 : 7월 말에서 8월 무렵 연중 기온이 가장 높을 때 일시적으로 활동을 멈추고 쉬는 행동으로, 일부 곤충에서 볼 수 있다.

연문(緣紋) : 잠자리나 일부 다른 곤충에서 앞날개의 앞선두리 쪽으로 날개맥에 의해 닫힌 작은 날개실을 말한다.

영(齡) : 애벌레가 어느 정도 크면 더 크기 위해서 키틴질로 된 허물을 벗어야 한다. 이 때 허물을 벗는 횟수에 따라 1령, 2령, 3령…이라고 부른다. 또, 마지막 영을 '종령 애벌레' 라고 하며, 이후 번데기가 된다.

완전 탈바꿈 : 탈바꿈 과정에서 나비처럼 알, 애벌레, 번데기, 어른벌레의 과정을 꼭 거치는 경우를 말한다. 이 과정을 거치는 종류는 나비를 비롯하여 나방, 벌, 파리, 딱정벌레 등이 속한다.

일광욕 : 곤충은 주위의 온도에 따라 체온이 달라지는 변온 동물이다. 체온이 떨어지면 활동하기 어려우므로 대기의 온도가 낮은 오전 중에 날개를 펴거나 양지바른 곳에 앉아 햇빛으로 체온을 높이려는 행동을 한다. 일반적으로 기온이 14℃ 이상, 체온은 30℃ 이상이 되어야 활동할 수 있는 것으로 알려져 있다.

작은방패판 : 딱정벌레나 노린재 무리의 좌우 날개 사이에 보이는 가운데가슴 부분을 말한다.

점각(點殼) : 딱정벌레나 노린재 무리에서 몸에 나타나는 작고 우틀두틀하게 튀어나온 돌기

짝짓기 거부 행동 : 암컷이 채 성숙하지 못했거나 이미 짝짓기를 끝낸 경우, 대드는 수컷에 대해 암컷이 짝짓기 하기를 거부하는 행동. 예를 들면, 배추흰나비의 암컷은 날개를 펼치고 배 끝을 위로 치켜들어 짝짓기를 거부한다.

취각(臭角, 냄새뿔) : 호랑나비과의 애벌레는 천적에게 위협을 느낄 때 머리와 앞가슴 사이에서 주황색의 뿔 같은 돌기가 나오는데, 이 돌기에서 고약한 냄새를 풍겨 적들을 퇴치시킨다. 이 냄새는 애벌레가 직접 만든 물질이 아니고 먹이 식물 속에 들어 있던 것을 모은 것이다.

텃세 행동〔占有行動〕 : 주로 곤충의 수컷이 한 공간을 점유하여 다른 개체가 침입하면 그 뒤를 쫓는 행동. 아마 암컷과의 안정된 짝짓기를 하려는 행동으로 보이는데, 나는 힘이 강한 종류는 제비의 뒤를 쫓기도 한다.

토착종(土着種) : 우리 나라에서 살면서 알부터 어른벌레까지 모든 단계를 거치는 나비

파악기 : 밑들이목 등 수컷의 배 끝에 보이는 생식 기관으로, 암컷의 생식기를 붙잡는 역할을 한다. 밑들이목 수컷은 독특하게 이것을 위로 뻗치는 습성이 있다.

흡밀 식물(吸蜜植物) : 곤충은 영양분을 얻기 위해 특정한 식물에서 꽃의 꿀을 빠는 경우가 있다. 이 때, 이 특정한 식물을 '흡밀 식물' 또는 '꿀 빠는 식물' 이라고 한다. 그러나 몇몇 곤충은 꿀을 빨지 않고 참나무의 진이나 썩은 과일, 동물의 배설물 등을 먹는 경우도 있으며, 육식성인 종류도 많다.

흡수 행동(吸水行動) : 곤충이 물가나 습지에서 물을 먹는 행동을 말한다. 나비의 경우 먹었던 물을 다시 배설하는데, 이 행동은 물 속의 무기물만 섭취하고 나머지 물은 배출하기 때문이다.

학명 찾아보기

A

B

C

D

E

F

G

H

I

J

K

L

M

N

O

P

R

S

T

U

V

W

X

Z

한국명 찾아보기

ㄱ

ㄴ

ㅂ

ㅋ

ㅌ

ㅍ

ㅎ

참고 문헌

Bauer, E. and T. Frankenbach, 1999. *Butterflies of the World Nymphalidae* Ⅰ. *Agrias* Goecke & Evers.

Chou, I., 1990. 中国蝶類誌(上, 下). 854pp. 河南科学技術出版社.

D'Abrera, B., 1978. *Butterflies of the Australian Region* (2nd edn.). 415pp. Hill House. Victoria. Melbourne.

D'Abrera, B., 1990. *Butterflies of the Holarctic Region* Part Ⅱ. Hill House. Victoria. Melbourne.

D'Abrera, B., 1995. *Butterflies of the Neotropical Region* Part Ⅲ. Brassolidae, Acraeidae & Nymphalidae (Partim). 525pp. Hill House. Victoria. Melbourne.

De Vries, P. J., 1987. *The butterflies of Costa Rica and their natural history*. 327pp. Princeton Univ. Press.

De Vries, P. J., 1997. *The butterflies of Costa Rica and their natural history*. Vol. Ⅱ. Riodinidae. 288pp. Princeton Univ. Press.

Eliot, J. N., 1973. The higher classification of the Lycaenidae (Lepidoptera) : tentative arrangement. *Bull. Br, Mus. nat. Hist.* (Ent.) 28 : 371-505.

Eliot, J. N., 1992. *The butterflies of the Malay Peninsula*. 595pp., 69 pls. Malayan Nature Society. Kuala Lumpur.

Feltwell, J., 1992. *Butterflies of North America*. 192pp. Smithmark Publisher.

Feltwell, J., 1993. *The encyclopedia of butterflies*. 288pp. Prentice Hall. New York.

Fleming, W. A., 1974. *Butterflies of West Malaysia and Singapore*. 148pp. Longman. Malaysia.

Igarashi, S. and Fukuda, H., 1997. *The life histories of Asian Butterflies.* Vol. 1. 549pp. Tokai Univ. Press. Tokyo.

Igarashi, S. and Fukuda, H., 2000. *The life histories of Asian Butterflies.* Vol. 2. 711pp. Tokai Univ. Press. Tokyo.

Kaoru, S. and Shinji N., 1998. *The Cetoniine Beetles of the World.* Mushi-Sha's Iconographic series of Insects 3. Mushi-Sha. Tokyo.

Lewis, H. L., 1987. *Butterflies of the World*. 312pp. Harison House. New York.

Pyle, M., 1981. *Field guide to North American Butterflies*. 924pp. The Audubon Soceity.

Reichholf-Riehm, H., 1991. *Field guide to butterflies & moths of Britain and Europe*. 287pp. London.

Sakaguchi, K., 1979-1982. *Insects of the World* Ⅰ-Ⅵ. Hoikusha Publishing Co., Ltd. Osaka.

Smart, P., 1975. *The illustrated encyclopedia of the butterfly world*. 275pp. London.

Thomas, J. A., 1993. *Butterflies of the British isles*. 160pp. Hongkong.

Tuzov, V. K., 1997. *Guide to the butterflies of Russia and adjacent territories*. Vol. Ⅰ. 480pp. Pensoft Publishers.

Tuzov, V. K., 2000. *Guide to the butterflies of Russia and adjacent territories*. Vol. Ⅱ. 580pp. Pensoft Publishers.

岡野磨王差朗・大藏丈三朗, 1985. グリーンブックス 129 世界のモルフォチヨウ. 66pp. ニュー・サイエンス社.

今森光彦・海野和男・松香宏隆・山口進, 1984. 世界のチヨウ. 小学舘の学習百科図鑑 43. 158pp. 東京.

大島進一, 1979. 学研の図鑑 世界のチヨウ. 学習研究社. 142pp. 東京.

白水隆, 1960. 原色台湾蝶類大図鑑. 481pp., 76pls. 保育社. 大阪.

山崎柄根, 1977. 学研の図鑑 世界の昆虫. 学習研究社. 164pp. 東京.

阪口浩平, 1983. 図説 世界の昆虫 Ⅰ-Ⅵ. 保育社. 大阪.

저자 소개

주흥재 (1936~)

서울대학교 의과대학을 졸업하고,
경희의료원 외과 교수를 역임하였다.
현재 한국나비학회 자문위원이다.
저서로는 '한국의 나비', '제주의 나비' 등이 있으며,
특히 제주도 나비를 연구하는 데 많은 노력을 기울이고 있다.

김현채 (1955~)

경상대학교 임학과를 졸업하였다.
현재 한국나비학회 회장이며,
서대문 자연사박물관 자문위원이다.
딱정벌레를 오랫동안 연구하고 있으며,
현재 한국산 하늘소를 분류학적으로 정리하는 작업을 하고 있다.

김성수 (1957~)

경희대 생물학과 및 동 대학원을 졸업하였다.
경희여고에서 오랫동안 교편 생활을 하다가 퇴직,
2007년 동아시아환경생물연구소를 설립하고
본격적인 곤충 연구 활동을 하고 있다.
현재 한국나비학회 총무이사, 한국곤충학회 이사이다.
저서로는 '한국의 나비', '곤충자원편람', '제주의 나비' 등이 있다.

윤인호 (1920~2004)

우리 나라 나비의 생태 연구를 처음 시도하여
이에 대한 자료를 많이 남겼다.
특히 외국 곤충에 흥미가 많아 생전에 외국 곤충을 많이 수집하였다.
이는 과거 어려운 사정 속에서도 꾸준히 수집 활동을 한 결과이며,
이 책에 실린 나비들 중 많은 부분이 이 분의 수집품이다.
'한국산 유리창나비의 생활사' 등 논문 6편이 있다.

세계곤충도감

INSECTS OF THE WORLD

초판 인쇄 : 2007년 12월 10일
초판 발행 : 2007년 12월 20일

지은이 : 주흥재 · 김현채 · 김성수 · 윤인호
펴낸이 : 양철우
펴낸곳 : (주)교학사

저자와의
협의에 의해
검인 생략함

기획 / 유홍희
편집 / 황정순
교정 / 차진승 · 하유미 · 김천순 · 강옥자
디자인 / 이수옥
제작 / 서후식
원색 분해 · 인쇄 / 본사 공무부

등록 / 1962. 6. 26. (18-7)
주소 / 서울 마포구 공덕동 105-67
전화 / 편집부 312-6685, 영업부 7075-151~155
팩스 / 편집부 365-1310, 영업부 7075-160
대체 / 012245-31-0501320
홈페이지 / http://www.kyohak.co.kr

값 80,000원

Insects of the World
by Joo Hoong-Zae, Kim Hyun-Chae,
Kim Sung-Soo, Yun In-Ho

Published by Kyo-Hak Publishing Co., Ltd. 2007
105-67, Gongdeok-dong, Mapo-gu, Seoul, Korea
Printed in Korea

ISBN 978-89-09-09689-8 96490